Tus Mierdas Sustentan Quien Eres

Patología de transmisión de información genética

Holmes Molik Candelo

Tus Mierdas Sustentan Quien Eres
Patología de transmisión de información genética
Holmes Molik Candelo

Diseño de la cubierta: Holmes Molik Candelo
Imagen de cubierta: Holmes Molik Candelo

Obra publicada por el sello Universo de Letras
www.universodeletras.com

Primera edición: 2025

ISBN: 9788410460553
ISBN eBook: 9791387717728

DEDICATORIA

Desde que tomé la decisión en el año 2002, de retrotraer todos mis apuntes contenidos en el documento llamado perfil HmolikC, todas las fuentes de referencias del proceso de la investigación realizada en 1972, obteniendo el descubrimiento del código fuente o, dicho de otra forma, la patología de transmisión de información de la partícula genética más pequeña con infraestructura operativa, llamada la MPU mínima presencia universal por su aspecto, OXILOGENO por su constitución funcional. Conocimientos con certezas de precisión, es lo que más me cautiva, en cada actividad su resultado es exacto, no admite el concepto humano de las probabilidades, el acierto o el fracaso.

También la decisión de reflexionar, sobre el comportamiento del modelo de desarrollo, sus exigencias requeridas incorporadas para aceptar, aprobar, las características de conocimientos totalmente nuevos con sus fuentes de referencias nunca registradas por ninguna ciencia, que facultan a nuestros acreditados profesionales. Reflexiones que conducen a prepárame, a formarme, receptividad rigurosa, PRIMERO, para saber estar. SEGUNDO, administrar la imprudencia ajena. TERCERO, saber responder.

Formación, que congrega comprender y atenderlos estos temas importantes,

La patología de transmisión de información genética, (nuevos conocimientos)
La patología anatómica
La patología psíquica.

En esta última, es en la que está comprometido el recurso humano, responsable de atender el proceso administrativo y jurídico, que permita el avanzar para obtener la satisfactoria socialización.

Las referencias que me permiten direccionar mi dedicatoria, lo fundamenta el tiempo del largo recorrido en el que me comprometía, en primera instancia, me ha privado de estar presencialmente con mis seres queridos compartiendo cada una de las vivencias del cercano contacto, porque viven en Colombia, asociando los eventos más entrañables del día a día con mi familia, la solvencia y necesidades generales.

Vale repetir e incorporar la dedicatoria de los otros libros porque hacen parte del mismo proceso del contexto, a todas y cada una de las personas que en su haber se capitalizaba una verdad que, se hubiera socializado para el bien de la humanidad, pero el modelo de desarrollo lo dilata por su particular patología psíquica.

AGRADECIMIENTO

Todas y cada una de las existencias del todo, no importa cómo lo o la denominen, a quien tenga la responsabilidad de estar pendiente de la operatividad de toda la existencia para que persista el orden, la sincronía, la armonía del conjunto.

Yo le llamo por la enseñanza del contenido de este libro, (aclaro para no plantear debate ni malentendidos, en mi opinión y solo mi opinión, le llamo - DIOSA madre, y padre, DIOS padre y madre-, los más inmensos AGRADECIMIENTOS por otorgar los referentes indicadores en toda la trayectoria de mi percepción, el dedicarme al seguimiento que me otorga los conocimientos, que hasta hoy me **ocupan, activando** los pasos del proceso que me permitan presentar, sustentar, demostrar, comprobar la funcionalidad y utilidad de los nuevos conocimientos adquiridos para avanzar y obtener la aceptación certificada, también la aceptación certificada de las reivindicaciones, de mis exigencias incorporadas para el bien humanitario, que sean socializadas y suministrada en los temas de salud gratuitamente para todos y en otros temas siempre, siempre para hacer el bien.

Gracias por proporcionarme la comprensión de los temas y los recursos que me hacen tomar las decisiones, exigencias reivindicativas sin ánimo de lucro.

Gracias a los más cercanos, Josefina, Luz Dary, Adelaida, Angie Lorena, Diana Soraya, Leticia, Jhon Elber, Farid, al Director de editorial ECU de España. José López Vizcaíno.

Índice

POSTURA DE ASESORES PROFESIONALES, FRENTE AL CONTENIDO DE ESTE LIBRO EN PROCESO DE EDICIÓN.

Contenido enviado de la editorial UNIVERSO de LETRAS del Grupo Planeta al autor Holmes Molik Candelo de la obra **Tus Mierdas Sustentan Quien Ere,** proporcionando la percepción referenciada de los asesores profesionales que dieron lectura expresando su postura, frente al contenido de este libro **en proceso de edición:**

En el proceso de edición te enviamos el informe de lectura a tu zona de autor, para que puedas descargar el fichero y ver las indicaciones proporcionadas por el editor.

DATOS DE LA OBRA

Título: Tus Mierdas Sustentan Quién Eres
Autor: Holmes Molik Candelo
Género: Ensayo científico-técnico
Número total de palabras: 85,704 palabras

Estilo de la obra:
El libro tiene un estilo técnico y detallado, con un enfoque explicativo y reflexivo. Utiliza una narrativa que combina conceptos científicos con anécdotas personales, incluyendo terminología especializada y diagramas técnicos. Aunque el lenguaje es predominantemente académico, incorpora elementos autobiográficos y filosóficos que aportan un matiz personal y subjetivo. A menudo recurre a la repetición para enfatizar puntos clave y refuerza sus afirmaciones con alusiones a su "responsabilidad jurídica".

Representación visual: El uso de diagramas y visualizaciones técnicas es un recurso valioso que complementa el texto, mostrando el compromiso del autor con la claridad y la innovación.

Destacado dentro de su género:
Aunque el libro pertenece al género científico-técnico, su enfoque heterodoxo y la integración de elementos personales y filosóficos lo hacen difícil de categorizar, otorgándole una posición única. No obstante, esta originalidad también puede suponer un reto para atraer la atención del público académico, que podría considerar la falta de validación científica tradicional como un punto a mejorar.

FORTALEZAS

"Tus Mierdas Sustentan Quien Eres" se distingue por una serie de fortalezas que enriquecen su calidad y relevancia como obra literaria y científica. Estas fortalezas están presentes en su contenido, estructura y enfoque innovador.

Profundidad conceptual:
La introducción de la partícula **OXILÓGENO** y el sistema **SDF HmolikC** como herramientas clave para entender la información genética y molecular aporta una base científica sólida y original. Estas ideas no solo son innovadoras, sino que también están respaldadas por explicaciones detalladas y argumentos persuasivos.

Intersección de disciplinas:
El libro combina ciencia, filosofía y autobiografía de manera fluida, proporcionando un enfoque holístico que invita al lector a reflexionar sobre la conexión entre el conocimiento técnico y la experiencia humana. Esta mezcla interdisciplinaria amplía el atractivo de la obra para audiencias de diversos intereses.

Aplicaciones prácticas:
La inclusión de ejemplos concretos, como el desarrollo del fármaco ANDREAQVI para combatir el COVID-19, demuestra la aplicabilidad de las ideas del autor en contextos reales. Esto refuerza la relevancia del sistema SDF HmolikC y su potencial impacto en la salud y la ciencia.

Estilo narrativo único:
El lenguaje provocador y las expresiones memorables, como **"Tus mierdas sustentan quien eres"**, capturan la atención del lector y convierten conceptos complejos en ideas accesibles y emocionantes. Este estilo audaz añade un elemento de irreverencia que desafía las normas tradicionales del ensayo científico.

Visión transformadora:
El autor no solo busca informar, sino también inspirar un cambio de paradigma en la forma en que entendemos la ciencia, la salud y la existencia. La obra invita a los lectores a cuestionar sus supuestos y explorar nuevas posibilidades, tanto en sus vidas personales como en sus campos de estudio.

Soporte gráfico y técnico:
El uso de gráficos, plantillas y explicaciones técnicas detalladas enriquece la comprensión del sistema **SDF HmolikC** y sus implicaciones. Estos elementos visuales ayudan a traducir conceptos abstractos en ideas tangibles.

Tono reflexivo y personal:
La inclusión de anécdotas autobiográficas y reflexiones filosóficas humaniza la narrativa, creando un vínculo emocional con el lector. Esto añade profundidad y autenticidad a la obra, haciéndola más accesible y significativa.

En conjunto, estas fortalezas hacen de **"Tus Mierdas Sustentan Quien Eres"** una obra única y provocadora, que no solo desafía las normas existentes, sino que también ofrece herramientas prácticas y reflexiones profundas para transformar la percepción del conocimiento y la realidad.

PRIMEROS PASOS

No era mi deseo empezar este contenido con la siguiente narración, pero Jhon Elber MoliK Lopez, mi hijo mayor, después de una conversación que sostuve con él, surge la conclusión de encabezar todos estos momentos con las circunstancias que originaron las secuencias de eventos del seguimiento que entregan todas y cada una de las fuentes de referencia de conocimientos nuevos, nunca hasta esta fecha registradas en los bancos, ni bases de datos de consulta de ninguna de las ciencias.

Ahora tengo 72 años, cuando yo, Holmes Molik Candelo, tenía 6 años, frecuentaba un trayecto a pie de 1500 metros ida, y 1500 metros de regreso, todos los lunes y los viernes a las 4:30 de la mañana, en el trayecto de regreso había un sólo árbol que lo frecuentaban subiendo unas babosas, pequeños moluscos, justo ese árbol, que al igual de otros, las hojas de su follaje también se encontraban rodeado de más árboles, lo cubrían de sombra no absoluta, entre las hojas se filtraban los rayos muy finos del sol, que bordaba haciendo su asomo en la empinada montaña de la cordillera central de los andes, en Palmira,(Valle del Cauca) Colombia, siempre me paraba a observar el trayecto de las babosas (molusco gasterópodo sin concha), en su usual lento andar, curiosamente en un punto específico del recorrido, la babosa que tocara ese punto de su recorrido, se retorcía presentando movimientos un poco más rápidos, circunstancia que me cautivo, y le preste toda mi atención, al darme cuenta que el animalito, no seguía su traslado, quedando totalmente inerme, porque estaba muerto, otras babosas pasaban por los lados de donde se encontraba la muerta, y seguían su avance hasta más arriba, lo curioso es que a las otras babosas al pasar por otros rayos de luz y quedando iluminado la totalidad de su diminuto cuerpo, no presentaban la reacción que sucedía en el punto específico y continuaban su trayecto.

Otro día, lleve una cucharita de endulzar café, con la cual monte en ella una babosa que estaba comenzando a subir el árbol, la coloque en el punto referente y se quedó quieta muy pocos instantes y emprendió normalmente su destino, me quede más pensativo, otro día pase y vi otra babosa que estaba reaccionando de la forma inusual, recogí un palito lo más rápido que pude, monte otra babosa, la traslade al lugar y también reacciono hasta morir, otro día madrugue más, realice el propósito de mi trayecto, lleve una

17

aguja grande capotera, y en el lugar que tenía marcado coloque una aguja, como llegue más temprano, el sol no había iniciado su asomo, poco después el evento de los rayos de luz estaba en su furor, coloque una babosa y no pasó nada, cuando paso la devolví y la coloque de nuevo, en la cuarta oportunidad murió, justo encima de ella, clave la aguja con el propósito que, moviendo la aguja hasta que ninguna de las partes de la aguja diera su propia sombra, entonces el sitio estaba señalado, me espere un ratico y la guja proyectaba su sombra, traslade otra babosa y paso tranquilamente, otro día también llegue temprano, la aguja no proyectaba sombra, coloque la babosa, yo la cubrí con la palma de mi mano, el animalito paso tranquilamente, la devolví, no la cubrí con mi mano en consecuencia reacciono y murió.

Quedando lo suficientemente claro que ese rayo de luz contiene una particularidad, en un preciso instante de total peligro para las babosas.

En otras mañanas, instantes antes y después que se ocultara la sombra de la aguja, pude darme cuenta del legítimo recorrido de rayo de luz, reconociendo que había tres ramas, una muy cerca de la otra y la tercera mucho más distante, entre ellas se cruzaban formando un diminuto triángulo, por el cual pasaba el rayo de luz que origina el definitivo mal momento para las babosas.

EN MI PROPIO PATIO

En la casa de mis padres, mi papá construyó un encierro rectangular, de tres metros de alto, cuatro metros de ancho por cinco metros de largo (un invernadero), allí sembró una planta de badea (passiflora quadrangularis planta pasiflorácea), esta planta es una enredadera y el encierro estaba dotado de las condiciones para que se enredara.

En el interior del invernadero construido por mi papá, después de tener en mi memoria muy definidamente, como se entrecruzan las ramas que formaban el orificio, por donde se filtraba ese especial rayo de luz mortal para las babosas, me tomó mucho tiempo lograrlo hacer la réplica, evidentemente recolecta babosas que participaron en el ejercicio.

El conocimiento más relevante en el ejercicio a mis seis años de edad, al cual no le adjudique ningún nombre, pero el estado causa y efecto lo tenía muy claro, después, a los años cuando estaba estudiando, en tercero de bachiller, comprendí que el cuerpo de la babosa sin concha, geométricamente es un domo, este recursivo conocimiento, lo más parecido que tenía a mi alcance era el postre de la gelatina royal, cuando mi mamá, estaba preparando la gelatina con sabor a piña, que es la más clara, tomé con una cuchara muy pequeña alargada, la llene de gelatina en su estado líquido, se endureció y adquirió su normal condición coloidal, la lleve en el momento apropiado al invernadero, la coloque encima de un pedacito de la cabeza de un fósforo o cerilla de encender, para obtener vivo fuego, estando todo en el lugar específico, se logró el efecto, la consecuencia para no volver a sacrificar estos animalitos.

A los seis años de edad, tampoco tenía ningún conocimiento de artículos de aumento de imagen, como las lupas u otros, para visualizar perfectamente los sucesos en este formato, y tampoco los conocimientos asociados, para comprender la razón constitutiva de las entrecruzadas tres ramas, que contribuyen a formar la significativa particularidad del contenido del rayo de luz. Evidentemente como no tenía recursos para continuar la observación, entonces se originó una pausa.

ASIGNATURAS TÉCNICAS DE CINEMATOGRAFÍA

Luego años más mayor, por razones previas, me llegó una Beca para estudiar en el Instituto de Artes y Ciencias Cinematográficas de los Ángeles California, de Hollywood en los EEUU, gracias a esa constancia, me convalidó una vez presentada para no pagar servicio militar, que, según el examen, si estaba apto para ello, en consecuencia, me acreditaron con la credencial que me faculta Nº BF 1357, posteriormente realicé producciones de comerciales publicitarios cinematográficos, para ser divulgadas en las salas de la identidad Cine Colombia, también fui colaborador camarógrafo de noticieros y los eventos con mis marcas NUPROCINE y AEROCINE, registrada en la cámara de comercio.

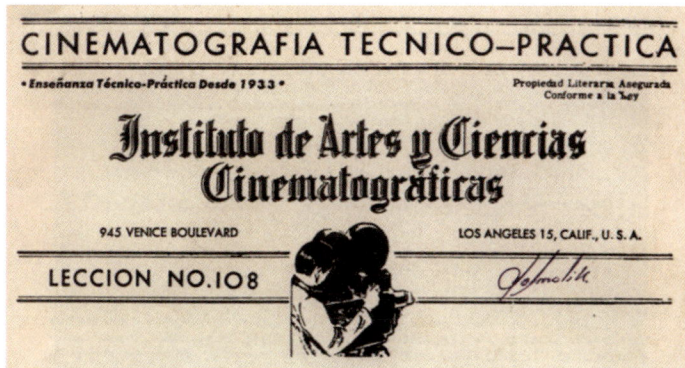

Instituto de Artes y Ciencias Cinematográficas

I.A.C.C.

Holmes Molik Candelo
C.C. 16251465

CREDENCIAL
BF1357.

CINEMATOGRAFIA TECNICO – PRACTICO

**Acreditado con todos los derechos y prerrogativas
expedida el 8 de mayo de 1972**

Enseñanza desde 1933 945 VENICE BOULEVARD LOS ANGELES 15, CALIF. U.S.A.

Fue muy importante, pero lo más significativo, entre las asignaturas se encontraba, temas relevantes, efectos de la luz, clases de lentes, diseño fotomecánico, montaje y edición, constitución de albúminas, presensibilización de superficies fotosensibles, revelado de las mismas, composición de sustancias fotosensibles, sustancias reveladoras, clase de filtros, separación de color de diapositivas (transparencias policromaticas) titulación, animación de títulos de diapositivas con formato de 35 y 70 milímetros, y tratamiento con recursos correctores restauradores para mejorar la calidad de imagen , transferencia de información magnética a banda fono óptica en acetatos de cintas cinematográficas en imagen ortocromática.

En efecto eran los conocimientos que debiera haber tenido a mis seis años de edad, evidentemente retomé el tema y se inició la activación del seguimiento, para encontrar el estado y componentes que se vinculan para originar ese excepcional rayo de luz.

SEGUIMIENTO EN CURSO,
EJEMPLO EN BIOQUÍMICA SANITARIA.

La investigación realizada en 1972, en el día a día, surgen muchos apuntes y en consecuencia se les tenía que incorporar un orden, que poco a poco fueron conformando el espacio de las notas de los conocimientos contenidos en el documento denominado perfil HmolikC, y por ser el más importante, la observación de la partícula más pequeña con infraestructura operativa genética, la MPU U OXILÓGENO, que permite el diseño de las plantillas codificadoras y decodificadoras de imágenes ortocromáticas y pancromáticas del Sistema operativo SDF HmolikC.

El titular, Holmes Molik Candelo, propietario del sistema SDF HmolikC, para socializar los conocimientos, está realizando los trámites que se requieren en actual modelo de desarrollo, evidentemente dentro de mis exigencias reivindicadoras, así sean administrativas o jurídicas.

REEMPLAZO DE MEMORIA POR CONTRACCIÓN DE
CÁLCULO DE INFORMACIÓN ALGORÍTMICA.

Siempre, el ejemplo para mejor comprensión, un archivo, documentado con audio, imágenes y escritos, se incorpora en las plantillas codificadoras y decodificadoras (ahora manuales) del sistema SDF HmolikC, en su respuesta entrega un valor de información, que se graba mentalmente (o lo apunta en un papel por decir de 18 dígitos), se pierden las plantillas, (digamos mejor que se queman quedando totalmente incineradas) a los 20 años después se construye las plantillas, introduce el valor y se obtendrá toda la información del original, con su audio, imágenes y escritos, no importando el límite de la cantidad de contenido, se visualiza con su respectivo audio incorporado.

Disposición que, hasta la fecha de hoy, no existen fuentes de referencia en ninguna de las ciencias que puedan obtener este prototipo de resultados y tampoco se encuentran en el proceso de investigación para lograrlo.

Suficiente indicador que, no existe la intervención de la memoria en paquete físico, o transmisión de consulta en bancos de datos, mediante internet, cableado óptico, ni dispositivos periféricos por dar un ejemplo, el USB o muchos otros.

Es el resultado de recibir el valor, mediante el proceso como lo hace una calculadora matemática, con sus fórmulas programadas y transmitir el gran valor que traduce y presenta el total, en este caso que me ocupa presenta el documento original.

ES TAN SENCILLO COMO ÚNICO Y DIFERENTE

Todo contenido de un computador que tenga la disposición de la aplicación del **sistema SDF HmolikC**, se reduce a una mínima cifra, se puede grabar mentalmente o la apunta en un papel, luego se traslada a donde se encuentre otro computador que también disponga de la aplicación **SDF HmolikC**, introduce la cifra en referencia y el resultado es obtener la información de origen.

Resultado sin tener relación o conexión de ninguna clase de canal en red o de internet.

LOS PROCESOS DE LA INTELIGENCIA HUMANA Y LOS PROCESOS GENÉTICOS

Antes de continuar hay que manifestar que las ciencias tradicionales en el día a día, avanzan de forma favorable, cuentan con el recurso humano, recursos económicos, recursos de implementación, y el recurso de consulta en las fuentes de referencia de los conocimientos que lo facultan, que permiten por nombrar un ejemplo, en las novedades de salud, activar los procesos que en su respuestas se pueden obtener fármacos para el suministro, dadas las recomendaciones científicas, a las que se le denominan vacunas.

Fármaco que, en el día a día con el respectivo seguimiento, al hacer el riguroso reconocimiento, se obtiene que deja de ser una vacuna y se constituye en un fármaco de tratamiento.

En bioquímica sanitaria, existen investigaciones que desde hace años están en proceso de las probabilidades de obtener el logro definitivo.

Circunstancias válidas mientras se desconozca el conocimiento del perfil HmolikC.

Justo en marzo del 2020 se presenta el evento con carácter de máxima urgencia, evidentemente el más apropiado para iniciar el proceso con todas sus implicaciones que permite la socialización de la razón de ser del sistema SDF HmolikC.

En el sistema SDF HmolikC en el caso del COVI, se obtiene el fármaco para el tratamiento.

Proceso de la operatividad del sistema SDF HmolikC.
Método manual, mediante las plantillas del Sistema SDF HmolikC
Corridos 50 días, logró 98 por ciento.

Proceso de la operatividad del sistema SDF HmolikC, para la obtención del fármaco VACUNA.

Método manual, mediante las plantillas del Sistema SDF HmolikC
Corridos 4 meses, logró al ciento por ciento, Fármaco ANDREAQVI, suministrado con la albúmina SAGITALIZADOR GENÉTICO, logro definitivo, la VACUNA.

PROCESO DE LA OPERATIVIDAD

OBSERVACIÓN.
Si el método realizado con el dispositivo prototipo sistematizado, con el desarrollador coherente al código fuente genético, para obtener la ARQUITECTURA ESTRUCTURAL MOLECULAR, con su correspondiente fórmula química de cualquier Fármaco, para el *tratamiento* o para *sanar,* después de haber incorporado la información que requiere el sistema SDF HmolikC, evidentemente en este caso el COVI, el tiempo en entregar la respuesta exacta es de 4 días.

Si el método realizado con el dispositivo prototipo sistematizado, con el desarrollador coherente al código fuente genético, si el objetivo es obtener la VACUNA, después de suministrado el fármaco obtenido con la albúmina del SAGITALIZADOR GENÉTICO, el logro definitivo de la obtención de la VACUNA al CIENTO POR CIENTO la respuesta exacta, se obtiene en 7 días.

El titular propietario del sistema SDF HmolikC, sabe y tiene todos los conocimientos de los componentes que se requieren para incorporar en el

23

diseño del programa específico del sistema desarrollador, pero no tiene los conocimientos procedimentales para configurar físicamente e interrelacionar las rutinas incorporadas en un dispositivo periférico, que permite por sí solo ser un novedoso computador autónomo que despache las consultas y sean transmitidas satisfactoriamente, con su pantalla de exposición visual, y la divulgación de información del sonido, particularidades que al lograrlo se presentaría la opción de dejar obsoleta toda clase de transmisores computarizados de cualquier software comercializado.

El paso que responde a lo existente en el modelo de desarrollo, es diseñar el prototipo que traduzca desde el código fuente genético, que origina las respuestas exactas y despache por el conducto USB, al receptor del SOFTWARE de la computadora, que permita admitir la información y transmitirla satisfactoriamente.

REIVINDICACIÓN DE PRODUCCIÓN
Fármacos de utilidad en tratamientos o sanación definitiva

Todo fármaco o producto que tenga en su constitución el significado de la reivindicación que, notifique la utilidad expresa para tratamiento o sanar, siendo el resultado del proceso realizado por las plantillas codificadoras y decodificadoras en el sistema SDF HmolikC, el titular y propietario Holmes Molik Candelo, proporciona todos los derechos y prerrogativas a los gobiernos, que ejerzan la producción en cantidades industriales, si el suministro se proporciona totalmente gratis al consumidor final, evidentemente el valor de la **MEMBRESÍA** que cada gobierno beneficiario paga al titular Holmes Molik Candelo, debe ser apostillado previamente en documento notarial, /**Afirmación que en su constitutivo significado notifica que su objeto es REIVINDICATIVO/**. Testimonio que notifica, servicio sin ánimo de lucro.

LABORATORIOS Y CORPORACIONES FARMACÉUTICAS PRIVADAS

Sólo en los casos de que los gobiernos no asuman este condicionante REIVINDICATIVO, anteriormente planteado, y de por medio quieran participar los laboratorios o corporaciones privadas, de la producción farmacéutica, el titular propietario Holmes Molik Candelo, del sistema **SDF HmolikC**, les concederá mediante documento acuñado por La Haya, el condicionante del precio venta al público, y el valor de los derechos de regalías, indicador que el precio final al público será regulado por el titular Holmes MoliK Candelo, evidentemente el valor de la **MEMBRESÍA,** que cada identidad paga al titular Holmes Molik Candelo, debe ser apostillado previamente en documento notarial /**Afirmación que en su constitutivo significado notifica que su objeto es REIVINDICATIVO/**. Testimonio que notifica, servicio sin ánimo de lucro.

FÁRMACOS DE UTILIDAD QUE CONSTITUYEN VACUNAS

Todo fármaco o producto que tenga en su constitución el significado de la reivindicación que, notifique la utilidad expresa de **VACUNA**, siendo el resultado del proceso realizado por las plantillas codificadoras y decodificadoras en el sistema **SDF HmolikC**, el titular y propietario **Holmes Molik Candelo,** proporciona todos los derechos y prerrogativas a los gobiernos de cada país, de la producción en cantidades industriales, sólo para el suministro de sus nacionales, si el suministro se proporciona totalmente gratis al consumidor final, evidentemente el valor de la **MEMBRESÍA** que cada gobierno beneficiario paga al titular Holmes Molik Candelo, debe ser apostillado previamente en documento notarial /**Afirmación que en su constitutivo significado notifica que su objeto es REIVINDICATIVO/**. Testimonio que notifica, servicio sin ánimo de lucro.

La patología de transmisión de información genética,
código fuente genético
nuevos campus, nuevos conocimientos

Tus
Mierdas
Sustentan Quien Eres

ERES

Simple patología orgánica.
Simple patología psíquica.

Las MUESTRAS, coloquial o vulgarmente, las mierdas, las cagadas en patología anatómica y en patología psíquica registran evidencias en la analítica que se ejerza y curiosamente la **patología de transmisión de información genética, proporciona el nivel favorable o desfavorable.**
Cuando entendamos y comprendamos la simplicidad de nuestra presencia o la oportunidad de estar en él todo lo existente como entidad humana, cambiarán tus propias conclusiones.

LA HEMEROTECA DE TUS PATOLOGÍAS NOTIFICA QUE, SER, ERES

En esos tiempos de mi temprana edad, asistí por invitación a departir con un grupo de personas muy jóvenes, evidentemente solo conocía a quien originó la invitación, después de estar entre ellos muy callado, uno de ellos, con el cabello completamente blanco, con la intención de jugarme una broma que me permitiera integrar, se me aproxima y en voz alta me dice – te fijas, que tengo todo mi pelo totalmente blanco y me fijo en ti y solo te puedo distinguir 5 canas, quiero manifestarte que la totalidad de las mías, explican la cantidad de libros que yo me he leído, lo que indica que tu solo te has leído 5 libros.

Le conteste algo sonriente – según tu respetable percepción, aclarando que no es la percepción mía, tengo dos razones para justificar mis 5 canas, solo lo hago respondiendo a tu forma de explicar tus propias conclusiones.

Pueden ser los 5 escritos, 5 obras que ya han sido socializadas y adquiridas por un público, de los 250 libretos que tenía escritos, el primero, el "CRISTO DE SIEMPRE", el segundo, "LAS FRUTAS HACEN COLA PARA SER COLAS" el tercero, "ADMINISTRE LA IMPRUDENCIA AGENA", cuarto "DIESTRO EJEMPLO ES EL TEMPLO DEL MAESTRO", y quinto la comedia "EL HUÉSPED ES MI TOCAYO HERTS," cuando terminé de mencionar esta lista, otra persona interrumpió y mencionó una frase coloquial - fue por lana y salió trasquilado – mientras que te la has pasado leyendo y leyendo, este joven ya ha escrito lo que representan sus propias 5 canas.

Mirando retrospectivamente, ya han pasado muchos años para el ciclo de vida que me corresponde, hay un escrito de esos, mis tiempos de manifiestas reivindicaciones, rebeldía contra el modelo de desarrollo.

Hasta tus mierdas sustentan Quien eres, frase que originó el escrito

LA PATOLOGÍA PSICOLÓGICA, ES TU HEMEROTECA
"Tus MIERDAS Sustentan Quien Eres"

Para mi es significativamente relevante manifestar que el estado real de la **patología anatómica** y la **patología psíquica** de los componentes que se asocian en este contenido, me contribuyen a compartir con toda la documentación sin omitir ningún detalle, exponer comprensiblemente los pasos con la cadena de procedimientos que intervienen desde el inicio, el punto de partida hasta llegar al estado en que se encuentra el tema que me ocupa.

TEMA, RAZONES Y OBJETIVOS

- **Ver - chequear - validar** – (que origina una aplicación "cheked viewed valid" un producto secuenciado en el sistema SDF HmolikC, del cual soy propietario)

Información – reconocimiento, analítica – respuesta válida

Hace parte en dos puntos de observación original, la **patología anatómica** y la **patología psíquica.**

El fomento y desarrollo de la inteligencia humana a la mayoría de los temas que le requiere su atención profesional, siempre asocia estas dos patologías, porque le facilita avanzar en las respuestas de aproximaciones a la ideal.

Entonces, si colocamos sobre la mesa de observación la información de componentes de novedades, **muestras anatómicas**, que en su operativo comportamiento, presentan evidencias que comprometen la normalidad en estado crítico, eventos críticos que a los facultados les sugiere hacer el reconocimiento riguroso, en consecuencia consultar, si tienen o no tienen en el banco de datos de información, que les confirma la existencia de la/s ficha/s técnica/s, en el caso que sobre esta novedad no se tenga específicamente el archivo, la historia respectiva, los profesionales notifican que no tienen el conocimiento en sus fuentes de referencia que los faculta, aceptando que no tienen los recursos que les permite combatir las características patológicas de la novedad de esta presencia que proporcionan el riesgo, de forma significativa, se localiza el punto de partida en que se encuentra el estado de la ciencia ante la novedad, consideración que permite a los facultados a implementar y acondicionar los recursos que les permiten activar las etapas asociadas al proceso especifico de investigación, comprometiendo toda clase de experimentos y ensayos, que en sus respuestas van a obtener la reducida cantidad o muchos tantos intentos para encontrar el producto que se aproxime o sea el eficaz, que permita controlar la agresividad o combatirla totalmente, por decir un ejemplo, un **fármaco** de **tratamiento** (desde el punto conceptual que el **fármaco** de **tratamiento**, según los **antiguos artesanos** de la **bioquímica sanitaria**, es el producto requerido para que el paciente lo consuma más de tres veces, o la cantidad necesaria controlada por el médico que lo atiende) otro ejemplo, el **fármaco vacuna** (desde el punto de vista conceptual), que el **fármaco vacuna,** según los **antiguos artesanos** de la **bioquímica sanitaria,** es el producto compuesto químico, que conforma la **ARQUITECTURA ESTRUCTURAL MOLECULAR** que se requiere, para que al paciente afectado por la novedad o la persona no paciente al proporcionarles queda con una sola dosis, con el activo de por vida, del antídoto y evidentemente no requiere de más dosis. Quedando claro que la vacuna cura de raíz, que la vacuna corta totalmente la agresividad de la novedad para el cual fue obtenida, que la vacuna se le suministra a la población no paciente, para que esa novedad agresiva al intentar invadir, no se lo pueda permitir porque la población tiene activo el antídoto (estado de inmunización) específico de por vida.

Un resumen que se considera antiguo, pero aún tiene vigencia, la razón de ser de la medicina: - **curar pocas veces – aliviar a menudo – consolar siempre** -

NOTIFICACIÓN, posteriormente todos aquellos dibujos instructivos o escritos que se manifiesten con la advertencia – según el perfil **HmolikC** – el titular Holmes Molik Candelo, se compromete a confirmar, que está incluido en el contenido de las notas de la investigación, y se respalda su veracidad con responsabilidad **JURÍDICA.**

Vale la pena presentar una de tantas perlas que el contenido del **perfil HmolikC** ha reconocido.

No significa que los profesionales de la medicina lo desconozcan.

Existen **afecciones** orgánicas **asintomáticas y sintomáticas,** que, en el paciente, como novedad, la operatividad genética, está constitutivamente configurada para resolver y anular la presencia, mediante el mecanismo de temporalizar su estancia.

Según el **perfil HmolikC**, hay afecciones estimuladas por su propio genoma metabólico y su presencia es **asintomática**, estado que le permite a la operatividad genética, gestionar y recuperar la normalidad, eventos que suceden en el reposo absoluto o estando dormido el paciente.

Hay alguna de estas mismas afecciones, en el caso del ser humano por su **facultad modificadora**, la voluntad compromete a la inteligencia, para que ejerza la actividad del reconocimiento, estimulando por reacción y el aspecto asintomático desaparece, provocando sintomatología en casos insoportables, en consecuencia, activando las probabilidades de comprometer órganos y componentes vitales.

Para facilitar la comprensión, coloco en la explicación el caso de la **GRIPE**, o coloquialmente llamada **gripa,** es una afección que reúne todas las características, en el metabolismo humano dentro de su estado funcional se dispone para que no participe el estímulo de la **facultad modificadora** de la **voluntad humana**, al manifestarse así, duraría su ciclo 7dias y desaparecería, suponiendo que la origina un virus, **porque de las 64 distintas manifestaciones de la gripe, 57** son originadas por traumas ocasionados en el proceso **pre-deglución** y de la **deglución**, (para ser más exacto **la puede originar** una simple **gota de agua**), según el perfil **SDF HmolikC**, afirmando que estas **57 manifestaciones de gripe** no son originada por ningún huésped externo, dicho de otra forma, ningún germen o virus visitante, concluyentemente, esa misma gota de agua al recibir una inadecuada deglución se produce en el entorno y no en la propia gota de agua, la transmisión de dos fuentes de información, la **información genética** que se dispone a resolver el estado que se presenta, y la inadecuada intervención del estímulo de la **facultad modificadora** del paciente que no tiene la más mínima idea, que en consecuencia está empeorando su cuadro clínico.

Lo anterior requiere de una amplia explicación con sus respectivos criterios.

Afirmaciones según el **perfil HmolikC** y no de un pensamiento de la percepción de las probabilidades, porque el contenido del **perfil HmolikC**, en su fundamental razón de ser no activa su operatividad, si no proporciona la respuesta exacta en el tema que ejerza el procedimiento de codificar y decodificar **información ortocromática o pancromática**, mediante la operatividad de programadas **fórmulas matemáticas.** En el momento que se manifiesta, que las rutinas del conocimiento que contiene procedimiento operativo de transferencia de información, es mediante la ejecución de fórmulas matemáticas, y se reafirma que los resultados son exactos, se está indicando que las operaciones de cálculo en sus técnicas configuradas no tienen la necesidad de hacer **ensayos o experimentos**, porque los componentes que originan este género de funcionalidad, es la **MPU,** Mínima Presencia Universal, **con infraestructura operativa genética** incorporada, la partícula llamada en el **perfil HmolikC, OXILOGENO**.

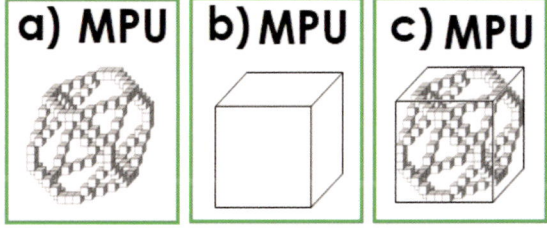

Cualquier compuesto orgánico o inorgánico lo conforman muchas de ésta partícula **OXILOGENO, (no el elemento químico oxígeno**, para más claridad el elemento químico **oxígeno** lo conforman muchas de esta partícula **OXILOGENO**) continuando con el orden de apuntes, el átomo, el protón y el electrón, a cada uno lo conforman muchos **OXILOGENOS**.

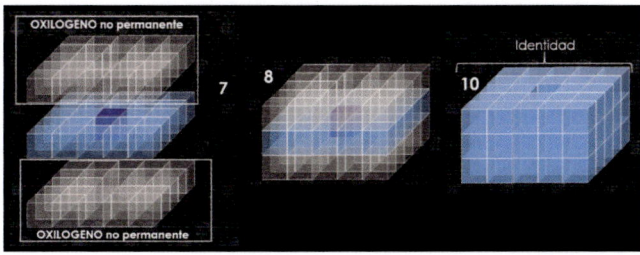

Entonces el **perfil HmolikC,** afirma con responsabilidad **JURÍDICA**, que todo aquello perceptible e imperceptible, absolutamente todo lo existente, está conformado por esta partícula **OXILOGENO**. Siguiendo la cadena de revelaciones, la presencia de los componentes de las **facultades mentales, el pensamiento, los recuerdos, la facultad modificadora liderada por la voluntad** y el desarrollo que permite la progresividad facultativa de la inteligencia, también están conformados por muchas de esta partícula **OXILOGENO**, sin ninguna excepción cada una contiene el mismo patrón (matemático) operativo de transmisión de información, que le indica su selectiva rutina, condicionado en la temporalidad a unas con más o menos tiempos, cuando se menciona más o menos tiempos, se está instruyendo que se está haciendo referencia a la **MPU** u **OXILOGENO**.

En los conocimientos adquiridos y contenidos en el perfil HmolikC, cuando se activa la comunicación de información por incidencia adjunta, se quiere transmitir que no hay ninguna partícula en movimiento físico, ninguna partícula que se desplaza en un corredor orbital, lo que se expresa es que una cantidad de partículas de OXILOGENOS adjuntos, transmite un valor de información a su siguiente partícula y esta partícula a su siguiente y así sucesivamente, hasta trasladar el despacho del contenido de la información de ese valor asociado hasta su terminal partícula programada o también la otra opción, en forma orbital.

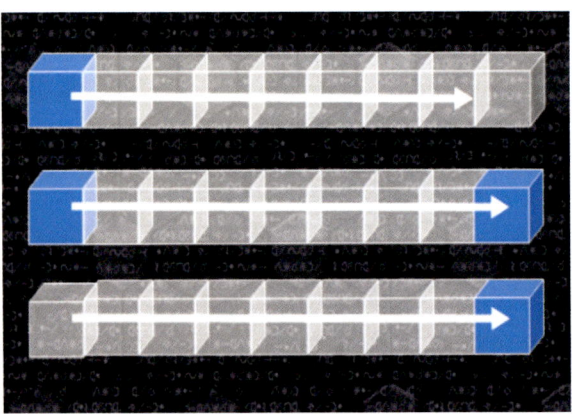

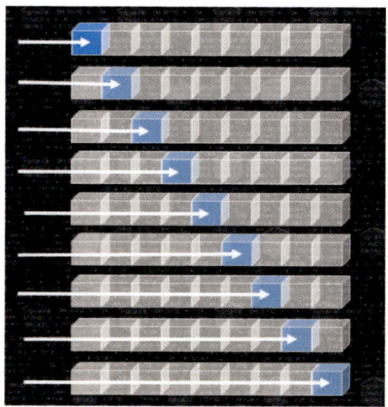

ESTADOS DE LA PARTÍCULA DE OXILOGENO

a) Estado de origen

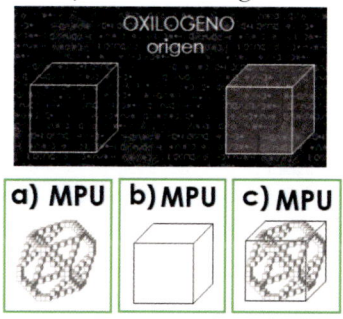

b) Estado de disponibilidad

c) Estado de motricidad constitutiva

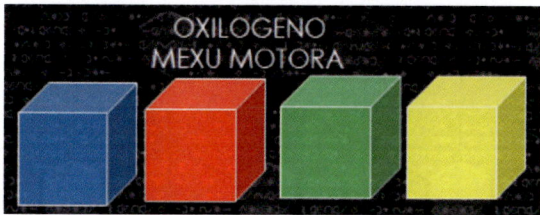

d) Estado de pertenencia permanente,

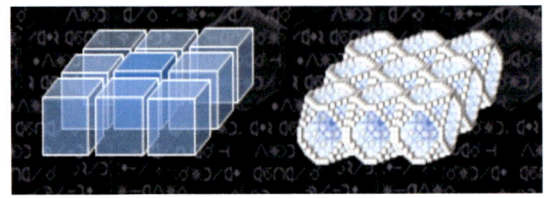

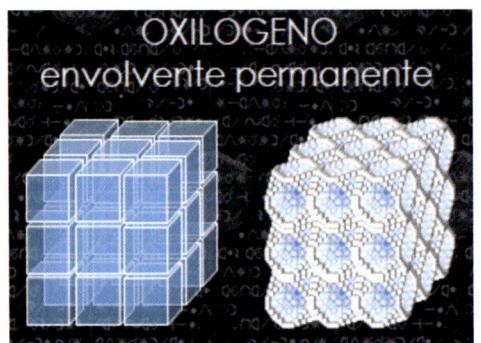

e) Estado de permanencia temporal.

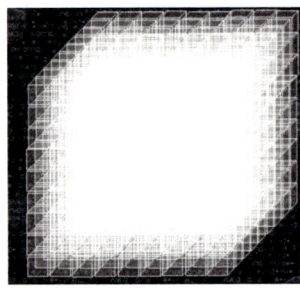

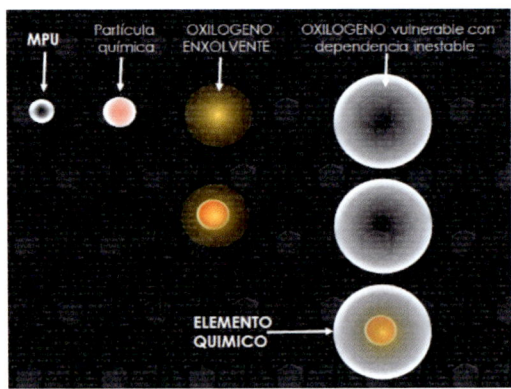

Lo anterior requiere de la amplia explicación con sus respectivos criterios

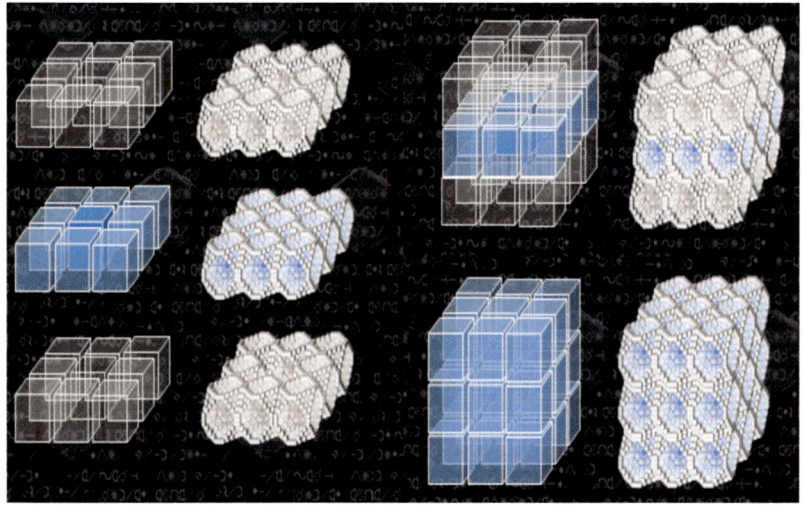

Estos estados están presentes en todas las partículas, así se encuentren desde los olores, el pensamiento, y las partículas que se encuentran en todos los componentes de la bioquímica sanitaria o compuesto orgánico.

Cada uno de estos estados del OXILOGENO, están presentes en toda la existencia, todos los espacios están ocupados por esta partícula. No existe ninguna posibilidad o probabilidad de ausencia de OXILOGENO en la llamada infinita existencia. Si se expresara de una forma literal matemática para facilitar la comprensión, el OXILOGENO es el común denominador del todo. Estos mencionados estados del OXILOGENO, a excepción del estado original, indicando que me estoy refiriendo al OXILOGENO que, dado el adjunto más mínimo o el más avanzado paso evolutivo, se denomina en los apuntes del perfil HmolikC, con el nombre de MEXU Mínima Expresión Universal, cada uno de los estados en su condición de permanencia temporal está marcado, como el ciclo expreso genético, indicando que esta partícula OXILOGENO, una vez que cumpla su ciclo expreso genético, la información que la constituye activa el proceso de retorno a su estado original.

Al avanzar estos contenidos, van surgiendo temas y componentes a los que se les proporcionan nombres para identificar su referencia, que tienen particularidades que los caracteriza, es muy relevante dar explicación de ellos en el momento que surjan, para que los eventos novedosos que progresivamente se vayan describiendo en el recorrido, tengan sustentaciones previas, que faciliten la comprensión.

Continuando con el tema de la temporalidad de la partícula **OXILOGENO**, se describe con negrilla la frase – **ciclo expreso genético** –

El **OXILOGENO** cuando se encuentra en el **d)** estado de pertenencia permanente, y **e)** estado de permanencia temporal, el **d)** y el **e)** se identifican como partículas envolventes, entonces queda así, **d) OXILOGENO** envolvente de pertenencia permanente al **ciclo expreso vinculado** y el **e) OXILOGENO** envolvente de pertenencia no permanente, para ilustrar menciono un ejemplo, el **elemento químico *oxígeno*** lo conforman 18 **OXILOGENOS** envolventes en estado permanente, también se suman a esa conformación 324 **OXILOGENOS** envolventes en estado no permanente y 104.975 **puertos hábitats** a disposición.

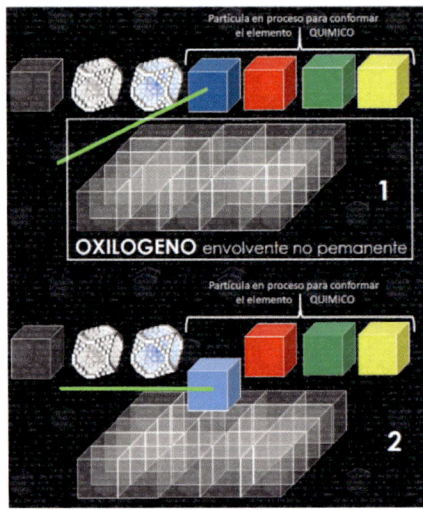

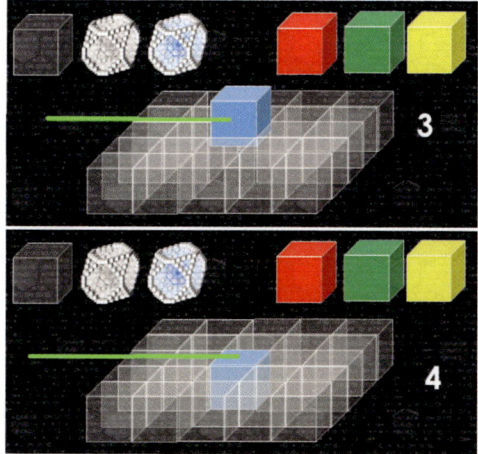

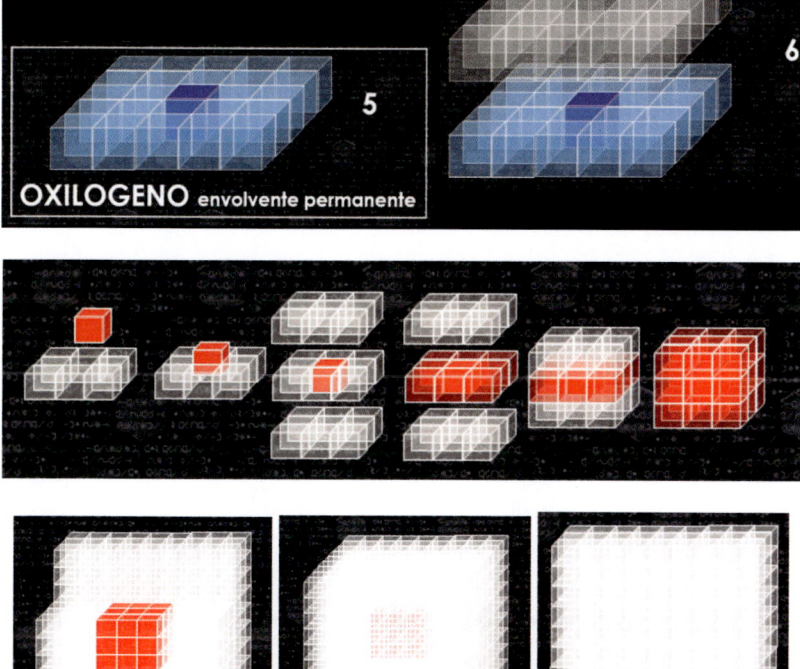

(El OXILOGENO invisible se le proporciona en las explicaciones un tono gris para distinguirlo, y se le da un color al 100x100 para indicar su estado de OXILOGENO MEXU MOTORA).

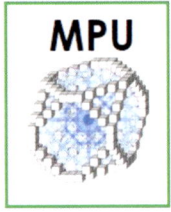  

Cabe mencionar que cuando una partícula de **OXILOGENO** inicia el proceso para contribuir en la construcción al %x% en un elemento químico adquiere el nombre de **MEXU MOTORA** (o **c**) estado de motricidad constitutiva), una vez que ya asume la constitución de **MEXU MOTORA,** origina y despacha información por incidencia a **OXILOGENOS b)** estado de disponibilidad, que están adjunto justo en su entorno y estos disponibles se vinculan, si continuamos explicando, para conformar el elemento químico *oxígeno,* entonces se vinculan **18 OXILOGENOS** y asumen la identidad de envolventes en estado permanente. En inmediata consecuencia, estos **18 OXILOGENOS** vinculados, originan y despachan información por incidencia **OXILOGENO**S **b)** estado de disponibilidad, que están adjunto justo en su entorno y estos disponibles se vinculan, teniendo en cuenta que para el elemento químico oxígeno son **324** y asumen la identidad de envolventes en estado no permanente. Al estar conformados estos dos paquetes, permanentes y no permanentes, la MEXU MOTORA de esta titularidad despacha información y se disponen las correspondientes locaciones de los **104.975 puertos hábitats** a disposición. En este entonces se constituye la identidad del elemento químico que con estos valores constitutivos corresponden únicamente al oxígeno.

Cada elemento químico es una identidad, si se reúnen más de una identidad, se obtiene un compuesto en este caso tratándose de elementos químicos se trataría de un compuesto químico, al cual se le identificaría con un nombre que respondería como la identidad nominal de ese compuesto. Ahora bien, lo mencionado indica que hay nombres de productos o existencias que los conforman muchas identidades, en este momento se puede decir que, a todos los elementos químicos conocidos, (según los parámetros, que a los facultados en el estudio tradicional les permite identificarlos) y los que se desconocen.

Lo constitutivamente más importante es saber, que a la partícula OXILOGENO **MEXU MOTORA**, en cada entidad solo hay una, es única y siempre está rodeada de otras partículas de **OXILOGENO** envolvente con pertenencia permanente y a estas las rodea siempre otra mayor cantidad de partículas de **OXILOGENO** envolvente con pertenencia no permanente.

En este momento corresponde presentar la siguiente descripción para comprender el párrafo anterior, para todos es comprensible, que cualquier dispositivo o prototipo computarizado, por ejemplo, voy a nombrar un ordenador portátil, bien se sabe que en su interior tiene una gran cantidad de componentes, diferentes entre ellos, a simple vista están muy bien organizados y responden a un riguroso orden, cada uno tiene una función específica, entonces cada componente tiene interconexión con otros pocos componentes de los muchos y en su conjunto estos pocos realizan rutinas y entregan el resultado de su tarea.

Muy bien cada componente en particular para facilitar la explicación es una identidad, en este ejemplo si se solicita una lista de componentes, lo primero que obtenemos es esto - case – placa madre – CPU procesador – GPU tarjeta gráfica – **RAM memoria** – dispositivo de almacenamiento – refrigeración – PSU fuente de alimentación.

Ahora pedimos una lista de componentes de la **memoria RAM** obtenemos - chip SPD - bus de conexión - bus de datos - bus de direcciones – bus de control – para que tengamos en cuenta, y si continuamos pidiendo la lista de componentes por ejemplo del bus de datos, de inmediato obtendremos más componentes. Entonces si nos dispusiéramos a realizar el seguimiento, solicitando a los próximos componentes sus siguientes elementos que la componen, el proceso no importa lo largo que sea, pero, de todas formas, surja de donde surja el punto de partida al final llegaríamos a la partícula **OXILOGENO**, instruyendo constitutivamente que cada componente que pertenece a la cadena de vinculación hasta llegar al final, es una identidad.

Porque cabe decir, ante estas explicaciones, que el todo existente, perceptible o no perceptible a la inteligencia, está ocupado sólo por el **OXILOGENO**, las distinciones que particularizan y las hace diferentes a cada entidad, es porque los **OXILOGENOS** vinculados adquieren o son receptores de información que reciben por incidencia y adquieren constitutivamente perceptible o imperceptible una identidad (un

41

componente) y en el caso que sea perceptible, refleja su diferencia en el aspecto que conforma.

Evidentemente se puede extraer de esta última explicación, que siempre antes, ahora y en el futuro de todos los tiempos la cantidad de partículas de **OXILOGENO** en todo lo existente siempre ha sido, es y será la misma, lo que concluye indicando que ningún suceso altera esta cantidad.

Para sustentar lo anterior, si tomamos el ejemplo más cercano a nosotros los humanos, al saber, que cuando habitó el primer ser humano, si dentro de las posibilidades tuviéramos el registro, la ficha técnica, que nos indicará cuanto pesaba la tierra y todo lo que ocupa sus espacios, incluyendo la estratosfera, entonces ya teniendo ese dato, y nos dispusiéramos a tener en cuenta la gran cantidad de seres humanos que en nuestro presente habitamos, y le sumamos todo aquello que la facultad inteligente a construido, incluyendo los edificios, vehículos de transporte, y nos dispusiéramos a obtener el peso de la tierra con todo lo que ocupa un lugar en su espacio, evidentemente con la misma estratosfera, obtendremos como resultado final, el **mismo peso** que cuando había un solo habitante. Porque la misma cantidad de **OXILOGENO** que ha existido siempre, se agrupa formando identidades o componentes, se transforma su aspecto, su función, producto de reacción originada en la información que recibe u origina, de facto.

Atendiendo el proceso que lo condiciona **MPU** u **OXILOGENO a)** estado de origen, **b)** estado de disponibilidad, **c)** OXILOGENO MEXU estado de motricidad constitutiva, **d)** estado pertenencia permanente, **e)** estado de permanencia temporal y el no antes mencionado **f)** estado del proceso de retorno al estado de origen.

Situación que permite agregar que en la constitución operativa genética **no existe** la más mínima oportunidad de **muerte**, lo que se registra es un proceso de cambios de información de todas y cada una de las partículas de **OXILOGENO** que la conforman, hasta llegar intactas a su estado cada una de origen.

Por necesidad en este proceso de explicaciones, me permito introducir esta información para continuar.

Ya hace más de 45 años me dejé cautivar de un acontecimiento, acontecimiento que para entender la razón de ser y comprenderlo me vinculo en una rigurosa investigación como ya está explicado, y al obtener el logro definitivo del lenguaje y funcionalidad, realice una pausa, en la espera, para que el tiempo les proporcionará a los profesionales, de las diferentes fuentes de conocimiento, teniendo en cuenta de su estupenda disposición económica y las mejores infraestructuras de investigación, lograrán al pasar del tiempo, poder encontrar aquellos conocimientos que están congregados en los apuntes e ilustraciones de la documentación del **perfil HmolikC**.

Para responder las inquietudes y preguntas más solicitadas me permitiré retomar contenidos relevantes de la investigación, que proporcionen la explicación ilustradora de indicadores específicos que respondan satisfactoriamente en un lenguaje de fácil comprensión.

Todos y cada uno de los contenidos de la investigación los denomino, según se expresa en el **perfil HmolikC**, lo que me permite acuñar mi **NOTIFICACIÓN**, que todo absolutamente todo lo que esté contenido en el **perfil HmolikC**, lo afirmo con la garantía de **responsabilidad JURÍDICA**.

Al iniciar estas explicaciones es muy importante mencionar particulares aspectos que más adelante son útiles para la óptima compresión, en el proceso de los sucesos de investigación que van surgiendo, con sus requerimientos asociados y al no estar apoyados en referencias de conocimientos por la cual han registrado la respectiva trayectoria de nivel académico y profesional, entonces se tiene que tomar apuntes y en algunos momentos dar nombres a los componentes que participan.

También se presentan eventos, que en las cuales se tiene que construir artesanalmente las herramientas (por que no se tiene el presupuesto económico para adquirir estas herramientas, o porque no existen) para avanzar en las investigaciones de una forma satisfactoria, también en muchos eventos los temas que van surgiendo para comprenderlos (circunstancia que de facto se tiene que hacer una pausa y continuar cuando se adquiera la **capacitación** que se requiere, una vez que se está facultado en consecuencia seguir gestionando con eficiencia para avanzar en la investigación.

Siendo riguroso a los puntos antes expresos, retomo la frase - **ciclo expreso genético** (así está escrito) – la información que la constituye activa el proceso de retorno a su estado original. Curiosamente la presencia humana tiene adjunto la **facultad modificadora**, liderada por la VOLUNTAD y su eficiencia se expresa en los resultados, según los recursos de capacitación que se puede permitir adquirir, porque puede tener pensamientos, imaginaciones, que para conformarse en una realidad hay que activar los pasos, que le permiten reunir material, el material entre lo existente y si no, entonces manufacturar cada requerimiento, realizar los ensayos, ver los resultados, descartar todo lo que haga parte del desacierto, retomar las partes que admiten modificaciones que les proporcione el estado apropiado y avanzar, hasta obtener las respuestas favorables que correspondan a lo antes pensado, imaginado en un **hecho tangible** y real, teniendo en cuenta que hasta aquí es muy importante y puede valorarlo como logro definitivo, si es un resultado útil para su uso personal. Porque si el resultado, el **hecho tangible** es útil para el entorno que se encuentra regulado por gremios, corporaciones o instituciones, entonces tiene que hacer el trámite correspondiente, en consecuencia, recibir la constancia de ser admitido, y posteriormente activar la funcionalidad y utilidad de la razón del **hecho tangible**, y en ese entonces se constituye en el logro definitivo.

La descripción del escrito anterior es estupenda, teniendo en cuenta, que la voluntad del ser humano ha tenido la oportunidad de contribuir en el desarrollo del proceso.

Ahora me ocupo de exponer la referencia en la cual la participación sin tener la más mínima adquisición de los conocimientos y comprensión que le faculten al ser humano en el caso de un cuadro clínico.

Retomemos la gripe, se presenta la reacción a manifestaciones sintomáticas, por tomar un ejemplo la **carraspera**, se manifiesta, (según los conocimientos compartidos por los facultados sanitarios, que indican - porque ya existe una infección en las vías respiratorias superiores) según el **perfil HmolikC**, no necesariamente se origina cuando está en proceso la infección, en caso puntual, cuando la gripe sea originada por un huésped (germen, virus) que haya entrado por las vías respiratorias desde el exterior, es muy válido, pero en anterioridad, ya estaba expreso que hay muchas más gripas originadas por la inapropiada deglución de la presencia, coloidales, sólidos, gaseosos, líquidos y entre los líquidos se nombraba la **inofensiva gota de agua**.

Sin permitir alejarme de lo mencionado- **ciclo expreso genético,** reitero que en la participación sin tener la más mínima adquisición de los conocimientos y comprensión que le facultan al ser humano en un cuadro clínico, se dispone de buena fe a estimular con recursos de reacción.

Para aclarar este punto de reacción, no sé si lo transmitiré con eficacia o me aproxime, entonces hago una comparación para ayudarme a registrar con claridad la intención de la explicación.

Cuando tenemos agua en la boca y nos indican hacer el ejercicio de gárgaras, entonces nos disponemos a tenerlo en la garganta sin tragarlo y con la boca hacia arriba producir un sonido similar al borbotear del agua cuando hierve. Procedimiento de **estimulación de enjuague en la garganta.**

Teniendo claridad sobre el ejercicio anterior, en la carraspera, hacemos el mismo procedimiento, pero sin agua, produciendo un ruido que nos indica la intensidad de carraspera, lo hacemos intuitivamente, sin ningún criterio que indique la correspondiente favorabilidad, solo reaccionar ante la molestia o incomodidad que genera la carraspera.

Después de todo el esfuerzo, creo que queda lo suficientemente claro, y la intención es que según el **perfil HmolikC,** notifica que es un Procedimiento de **estimulación en la garganta de interrupción** del apropiado **ciclo expreso genético.**

Respondiendo a que, si el **ciclo expreso genético,** hace su operatividad, la manifestación sintomática desaparece o participará del ciclo que le corresponde a una gripe con todos sus parámetros normales en el ciclo de 7 días. Lo que manifiesta de forma relevante, que la **interrupción de la facultad modificadora** del humano al reaccionar ante la molestia o incomodidad que genera la carraspera, lo que obtiene es adjuntar consecuencias que pueden complicar, poniendo hasta en alto riesgo órganos vitales como los pulmones, los bronquios, la garganta por nombrar algunos.

El sistema **SDF HmolikC,** como herramienta entrega la respuesta exacta para conducir cada síntoma de la gripe, mediante referentes indicadores que suministran el tratamiento para que las manifestaciones siempre estén en el **ciclo expreso genético**, y es lo que en mi caso propio como titular ejerzo cada que siento cualquiera de los síntomas comprometidos con la gripe.

Llegué a tener hasta 8 años **sin** tener ningún síntoma, pero después de la pandemia **COVI,** siento los síntomas y los atiendo como el contenido del **perfil HmolikC,** me lo instruye y no se me presentan complicaciones ni repercusiones en mis órganos vitales.

Estos válidos conocimientos que resuelven con exactitud de forma preventiva o cuadros clínicos en proceso, hace parte de los productos ya listos obtenidos mediante la operatividad del sistema marca **SDF HmolikC,** productos que para socializarlos e incorporarlos en el usufructo de la humanidad, deben pasar por el correspondiente protocolo de normativas que permiten la regulación apropiada de toda clase de novedad sanitaria, establecido en el modelo de desarrollo de este presente.

Inesperadamente saltaron las alarmas cuando se presentó el **COVI**, y como acto seguido el sistema **SDF HmolikC,** se activó para aportar la solución, evidentemente a los tres meses ya tenía el producto, la fórmula química **C34H34N6O6S** con su respectiva **arquitectura estructural molecular** que corresponde al fármaco **ANDREAQVI antídoto de reacción químico viral,** es muy importante para mi notificar que en oportunidades posteriores que escribía en mis explicaciones, independientemente, el nombre del fármaco ANDREAQVI, estoy haciendo referencia sin separar la pertenencia comprometida con su fórmula y su ARQUITECTURA ESTRUCTURAL MOLECULAR, dicho de otra forma si escribo solo la fórmula **C34H34N6O6S,** tácitamente en mis explicaciones, estoy incorporando el nombre del fármaco que me ocupa y la ARQUITECTURA ESTRUCTURAL MOLECULAR.

Este medicamento en la correspondiente fecha de 3 meses, después de saltar las alarmas al prepararlo y suministrarlo proporcionaría la favorabilidad del 98 %, lo que indicaría que la respuesta constituye a un **fármaco para tratamiento**, pero a los **siete meses después** se logró obtener el tipo de **albúmina genética local** (también se puede obtener según el requerimiento, la albúmina genética estimulada la albúmina estimulada en laboratorio) que se debe incorporar el fármaco ANDREAQVI, para suministrar como una **vacuna**, teniendo en cuenta que para el **perfil HmolikC, vacuna** significa **sustancia de compuesto químico con sustancias patológicas del origen del agresor y albúminas de la vulnerabilidad del hospedador,** evidentemente que al ser suministrada al hospedador de la agresividad, su metabolismo reacciona de forma favorable y recobrando la normalidad e igualmente a quien se le aplique de forma preventiva la persona sana, queda dotada de por vida del antídoto.

Las características del fármaco **ANDREAQVI**, le permite al titular del sistema **SDF HmolikC**, enviar las documentó solicitando la Patente a la **OEPM de Madrid España,** en la misma oficina que hace más de 10 años le concedieron la aprobación de la patente de Marca al sistema **SDF HmolikC.**

Hasta ahora en estas fechas de este documento han pasado más de 3 años y entre un recurso y otro que prolonga la probabilidad de obtener la Patente, voy a describir estos sucesos que reiteran y no tiene **ninguna razón administrativa ni jurídica para sustentar la demora en cada contestación, que sugiere otro recurso.**

Lo más relevante en documentos, en donde sustento los criterios en contenidos escritos y apoyados en instructivas plantillas, y gráficos que para demostrarlas se requiere de un proceso sólo programado por la codificación y decodificación de información **ortocromática** o **pancromática**, en los cuales, manifiesto repetitivamente que la obtención de la **fórmula química, la arquitectura estructural molecular,** se origina de la cadena de sucesos de la investigación que arrojaron fuentes de referencia de conocimientos totalmente nuevos que en ninguna de las ciencias se ha nombrado y desconocen.

En uno de los párrafos de las comunicaciones que he remitido, mediante **CARTA ABIERTA** por conducto de las oficinas del correo postal de Madrid de España, y por seguridad, enviado el mismo contenido al profesional funcionario, encargado de atender la historia de mi expediente del trámite de la solicitud de Patente, y ponerse a disposición, para proporcionar las indicaciones de carácter **orientativo**, a las preguntas que corresponda ser contestadas, párrafo que menciono textualmente.

Página 2
Numeral: 2 NOTIFICACIÓN: Fórmula **C34H34N6O6S**, nomenclatura que no corresponde hasta estas fechas en curso, ningún registro en el listado mundial de fármacos patentados.

Repito la observación coyuntural, "dicho de otra forma si escribo solo la fórmula **C34H34N6O6S**, tácitamente en mis explicaciones, estoy incorporando el nombre del fármaco que me ocupa y la ARQUITECTURA ESTRUCTURAL MOLECULAR.

La **OEPM** remite en sus contestaciones de forma repetitiva lo siguiente:
*La Comisión de expertos de la OEPM estiman que ante la imposibilidad de determinar el objeto técnico de la solicitud y a la **vista del IET/OE** en el que se **muestran compuestos que contienen la misma fórmula molecular** que el supuesto compuesto reivindicado, se decide la denegación de la solicitud por falta de novedad e insuficiencia de la descripción.*

Con suficiente claridad yo, Holmes Molik Candelo como titular, repetidamente envié comunicaciones en los cuales sustenté las siguientes observaciones: que la obtención de la **fórmula química, la arquitectura estructural molecular,** se origina de la cadena de sucesos de la investigación que arrojaron fuentes de referencias de conocimientos totalmente nuevos que en **ninguna de las ciencias se ha nombrado y desconocen.**

Les doy toda la razón cuando la OEPM me NOTIFICA que a la vista del **IET/OE** en el que muestran compuestos que contienen la misma fórmula molecular.

Entonces en la mesa de observación de un profesional que atiende estas competencias, primero debe saber lo que está contestando porque las partes que constituyen la contestación, es o no es coherente con sus conclusiones.

Lo explico, al afirmar repetitivamente, el **IET/OE** y muestran compuestos que contienen la misma fórmula molecular, afirmación que es determinante para calificar la negación de la patente.

Es para mí comprensión que la **IET/OE,** la **OEPM,** le solicitó esta información y en consecuencia la proporcionaron, porque corresponde al contenido de su banco de datos.

Pero lo que está lo suficientemente claro, es que la **IET/OE,** no es partícipe, ni está comprometida en la decisión de la denegación de la Patente.

Porque el **IET/OE** está confirmando por decir un número, más de 8 compuestos con la misma fórmula **C34H34N6O6S,** y cada uno de los demás compuestos, significativamente para proporcionarle la Patente a los demás compuestos *tienen que presentar dentro de las referencias de conocimientos bioquímicos, el criterio que los difiere y a cada uno los constituyen en únicos*, y con específica precisión el **IET/OE,** además de afirmar que existen más compuestos químicos con la fórmula **C34H34N6O6S,** *también ilustra los criterios que a cada una las referencia como únicas y es*, el nombre, la **arquitectura estructural molecular** y la fórmula **IUPAC.**

Este inmediato párrafo anterior instruye que razonablemente fuera de toda duda, que la OEPM tiene que pedir al solicitante de la Patente, *la* **arquitectura estructural molecular**

Evidentemente el solicitante de la patente, en todos los documentos aportados incluye la expresión literal que la siguiente imagen corresponde a **la arquitectura estructural molecular,** ilustración incorporada en una de las plantillas de los recursos del sistema SDF HmolikC, lo coherente en consecuencia es seguir el correspondiente paso moderado, los profesionales que califican solicitar los argumentos que técnicamente traducen que la imagen en referencia sustenta que generan la ARQUITECTURA ESTRUCTURAL MOLECULAR.

```
01 42 02 41 01 01 01 02 01 01 02 08 44
02 83 01 83 02 41 21 01 42 02 83 02 41
01 02 01 01 02 08 44 23 04 01 08 44 08
01 02 01 42 02 02 42 01 02 21 02 08 02
02 02 01 02 02 83 01 02 02 02 42 02 83
02 02 02 02 83 01 83 02 41 21 41 01 21
```

Es muy importante notificar que Holmes Molik Candelo, envió en cartas abiertas y de forma directa a la funcionaria responsable de atender este trámite y al director de la OEPM, los argumentos y criterios del proceso que partiendo de la plantilla anterior que contiene la ARQUITECTURA ESTRUCTURAL MOLECULAR, presenta la secuencia de la técnica de filtración comprometida para presentar la imagen tal como la requiere los conocimientos de los facultados en bioquímica de la **IET/OE, que confirma universalmente que la presentación de esta** ARQUITECTURA ESTRUCTURAL MOLECULAR, reúne todos los requisitos y la constituye en única entre las otras opciones de compuestos químicos con esta fórmula **C34H34N6O6S**, que están registrados en su banco de consulta.

La metodología del correspondiente filtrado desde la imagen anterior hasta la imagen siguiente se proporcionará más adelante, después que se hayan presentado previas instrucciones que permitan la óptima comprensión de la técnica que se requiere para activar el proceso operativo del sistema SDF HmolikC

Argumento anterior que deja sin peso profesional en bioquímica, en lo administrativo y en lo jurídico, que comprometer a la fórmula química **C34H34N6O6S**, que hace parte de la determinación de denegar la patente al fármaco ANDREAQVI.

La **OEPM** en su atención del protocolo administrativo y bioquímico, si atiende con el cuidado riguroso, seguiría observando el contenido de la documentación, teniendo en cuenta que repetitivamente en todas las comunicaciones se les reiteraba que el origen del fármaco se obtiene mediante el proceso operativo del sistema **SDF HmolikC**, que su razón de ser, es del resultado **obtenido en las investigaciones que arrojan conocimientos nunca antes activados en ninguna de las ciencias.**

En las mismas cartas abiertas se le envió a la **OEPM** las imágenes instructivas de dibujos y plantillas que indican el lenguaje de traducción más próximo a la forma de expresarse en las imágenes e instrucciones técnicas que obtiene la lectura correspondiente a la **arquitectura estructural molecular** los facultados del estudio tradicional.

DIBUJOS E ILUSTRACIONES

DESCRIPCION DE DIBUJOS, Plantilla numérica, ilustradora de las **incidencias** de la **estructura química** (compuesto químico) o **ESTRUCTURA MOLECULAR** del fármaco denominado **andreaqvi C34H34N6O6S** verificable en el código fuente del sistema **SDF HmolikC** (SDF HmolikC, MARCA M3039208-X Núm. reg.: 482030 18/07/2012 5 11:26:31)

A continuación, le presento la **Plantilla numérica**, (proporcionada un poco más atrás) ilustradora de las **incidencias de la arquitectura estructural molecular del fármaco andreaqvi** correspondiente **a la fórmula química C34H34N6O6S.** que la **OEPM al aprobar la patente, de facto,** el **IET/OE incorporará en su banco de datos** para tenerla disponible en posibles consultas que hace parte como tantos otros compuestos químicos con **la misma fórmula química C34H34N6O6S. la imagen técnica de la arquitectura estructural molecular, que las difiere y repetitivamente lo afirmo que las hace únicas.**

El párrafo anterior en su contenido, al obtener la comprensión real, se constituye en evidencia sustentadora que **se ha proporcionado la información con la ilustración específica**, ahora, que no entiendan a primera vista, **porque no** pueden hacer la lectura, **porque no** tienen el conocimiento que les permite interpretar la información, **porque está escrito** en un lenguaje de **un código fuente propio originado de la operatividad de transmisión de información genética,** repetitivamente **notificado,** que es originado de **conocimientos nuevos no activos en ninguna ciencia**, y contenidos en todos los apuntes del **perfil HmolikC logrados en la investigación en el año 1972.**

Como no se le presta la atención profesional que se requiere a la **NOVEDAD de INVENCIÓN**, a las herramientas instructivas, y anteponiendo que es un conocimiento totalmente nuevo, pues no se avanza y se ven abocados a dictaminar equivocaciones.

Esta anterior plantilla es el resultado de una cadena de filtraciones decodificadas de la **propia lectura del código fuente del nuevo conocimiento que la origina**, con el propósito de dejar la ilustración, hasta el estado apropiado que se encuentre más próximo a la comprensión de los conocimientos que facultan a los profesionales, siendo que su desconocimiento requiere la capacitación para comprenderla y de ser así, continuar filtrando como repetitivamente el titular de la solicitud de la Patente se los ilustré.

Esta es otra plantilla ilustrada en la siguiente imagen abajo, remitida en cartas y correos a la OEPM, que también se procesan mediante la operatividad de fórmulas matemáticas programadas en el sistema **SDF HmolikC** y como resultado se obtiene la anterior plantilla.

10539834136541438654
225180302494393
281914782846472
1024

/C/ 505532667045040214525 3

Siempre que **doy un paso,** en donde se asocian momentos de recepción administrativa o jurídicas si así lo propicia el avance en curso, en los temas contenidos en los apuntes del **perfil HmolikC,** siempre de forma **previa al paso por dar**, registro, dejó la huella que sustenta contenido que yo manifieste, transmita, tramite, soy el primero en hacer mención, y por ende el primero en conocerlo, hallarlo e implementarlo, entonces, dejó en los recursos y opciones que me propicia el modelo de desarrollo, para que hagan parte en sus bancos de datos fáciles a la disposición de consulta del público, entonces, una de la opciones fue publicar un libro el 26 de julio del 2020.

Localizable en el buscador de internet introduciendo: el ISBN, o el nombre del autor Holmes Molik Candelo

Idioma: español

Tapa blanda: 229 páginas

ISBN-13: 979-8669657185

Que en la página 173 de este libro, está la siguiente imagen, justo la plantilla que cuando se necesite demostrar cuál es la arquitectura estructural molecular del fármaco ANDREAQVI, con su fórmula química **C34H34N6O6S,** se procede como corresponde.

Dada las circunstancias, me permito compartir después de repetir tantas veces, tratando de centrar la atención de los profesionales (responsable de llevar el proceso de mi solicitud de patentar el fármaco ANDREAQVI), en las partes de los contenidos que les he remitido, entonces en última instancia, me permito elaborar el siguiente documento de observaciones relevantes, después de varios recursos de alzada. Contenido siguiente que están rigurosamente ordenados los eventos que permitan solicitar el trato de respeto que se merece una propuesta que se encuentra en paralelo de las fuentes de referencias de los conocimientos adquiridos que los facultan, a los profesionales de las diferentes ciencias.

ESTRUCTURA MOLECULAR.
DOCUMENTO DE ALZADA A LA OEPM

Madrid agosto 2 de 2022

Criterios notificadores de las razones que permiten solicitar el RECURSO DE ALZADA, solicitud de PATENTE 202000115

La OBSERVACIÓN más relevante, que se constituye en el componente, que al obtener la específica comprensión, en consecuencia, permitirá entender que se trata de aceptar, el tener en la mesa de observación y en la logística examinadora, la documentación que presenta el resultado obtenido de una nueva lectura, un nuevo código fuente**, la estructura de conocimientos nuevos**, **con la aclaración** que no están incorporados en ninguna de los excelentes logros útiles de las fuentes de referencias de conocimientos que facultan a los profesionales de las diferentes ciencias.

Indicando con el párrafo anterior, que se tiene que proporcionar la rigurosa explicación, de los componentes fundamentales de los nuevos conocimientos que en su activo ejercicio proporciona productos entre ellos éste que está en trámite para patentar.

Entonces, como la respuesta en éste caso es la fórmula química entre otra, indicando que hay más, **$C_{34}H_{34}N_6O_6S$**, que particularmente presentan cada una la composición de la **ARQUITECTURA MOLECULAR**, que, en sus rigurosas incidencias de elementos químicos, se difieren entre todas y se califica universalmente como única cada una, en este caso el fármaco **ANDREAQVI** antídoto de re**a**cción químico v**i**ral, útil *entre tantos* el **COVI**, (esta última agresiva presencia viral hace que se active la funcionalidad de la razón de ser de los conocimientos nuevos y al obtener la **respuesta exacta** con el fármaco **ANDREAQVI**, se procede a tramitar los requerimientos protocolarios, del contemporáneo modelo de desarrollo, el trámite de procedente cumplimiento para obtener la aceptación NACIONAL e INTERNACIONAL, con la aprobación de toda la documentación presentada a la OEPM), **sin perder la perspectiva** del **ángulo de origen**, que es el objeto de éste escrito como **RECURSO DE ALZADA,** se debe basar fundamentalmente, (**y lo repito una y otra vez para centrar la atención de los profesionales)** que el fármaco **ANDREAQVI** es el producto de un proceso constitutivo de una referencia de conocimientos nuevos.

Conocimientos obtenidos en la investigación, **ya hace más de 45 años** y cuando redacté este escrito cumplí 69 años, (ahora que lo retomo tengo 72 años), que para poderlos referenciar y darles identidad en los recursos de comunicación o de constatación, sean fonéticos, escritos o gráficamente ilustrados entre otros, los identifico y menciono siempre "según el contenido congregado en los apuntes e ilustraciones que se instruyen en el perfil HmolikC" afirmaciones garantizada con **responsabilidad JURÍDICA**.

De forma concluyente se manifiesta que la nomenclatura de la fórmula **C34H34N6O6S** y su ARQUITECTURA MOLECULAR es **proporcionada desde** la razón de ser de **una herramienta**, que se trata de la programada operatividad de las **plantillas 1457.**

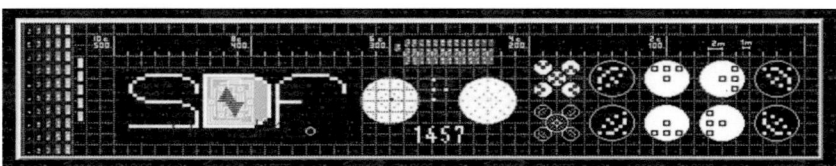

(1457 referencia recurso nuevo del perfil HmolikC), **codificadoras y decodificadoras** de específica información suministrada, información (categorías) **ortocromática** o **pancromática,** suministrada al sistema **SDF HmolikC** o artesanalmente a la persona con la capacidad adquirida de la funcionalidad manual de las plantillas en referencia.

Holmes Molik Candelo como conocedor de todo el proceso de la investigación y la herramienta generada con Marca registrada **SDF HmolikC**, que faculta la lectura y su correspondiente significado, es su deber explicar e instruir con toda claridad para socializar la comprensión, en el momento apropiado que se presente, se gestionará el proceso para patentar la logística instrumental total asociada, que proporciona el producto en este caso el fármaco ADREAQVI. Logística instrumental puntualizando también particulares estados constitutivos de una cadena de sucesos, cada uno con nombres distintivos, conformando así el contenido del glosario del perfil **HmolikC**.

La infraestructura operativa genética en su funcionalidad de crecimiento orgánico, *escribo textualmente la palabra* **crecimiento orgánico**, *que, en el ejercicio de incidencia de transferencia de información entre las partículas, porque la partícula en su funcionalidad interna y reacción, es la que permite la percepción de crecimiento que un poco más adelante se explica.*

 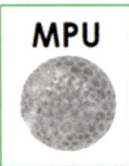

Aquello que no se ve no significa que no existe. Todo, absolutamente todo está ocupado, está ocupado por muchas de esta misma existencia, esta existencia, es inimaginablemente saber la cantidad, que conforman la inmensidad del todo existente, ahora después de los conocimientos adquiridos, yo Holmes Molik Candelo puedo sustentar y decir que todo está ocupado de **OXILOGENO**, nombre que se le da a la partícula (referencia, recurso nuevo del perfil **HmolikC**)

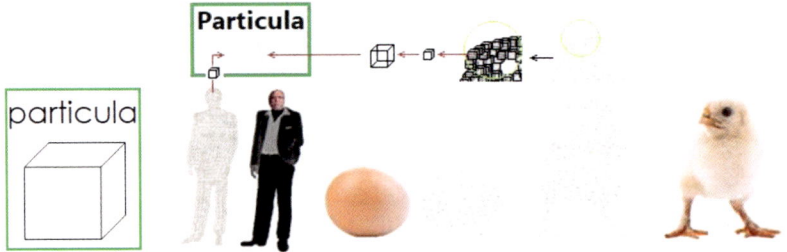

El estado del **OXILOGENO, MPU, O PARTÍCULA,** siempre se presenta invisible.

56

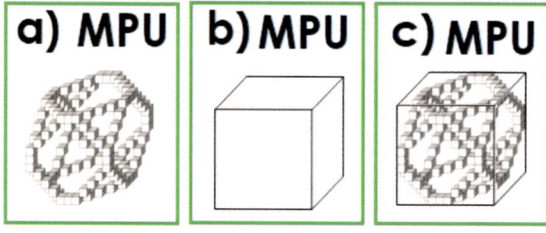

Cuando se presenta invisible e imperceptible es porque está respondiendo a dos lógicos estados – origen no evolucionada o la expresa, REFIRIENDOSE al instante que ésta existencia, MINIMA PRESENCIA UNIVERSAL MPU con infraestructura operativa, (**no indica** que es la existencia que ocupa el espacio más pequeño de todo lo existente, porque dentro del OXILOGENO está constituida por muchos puntos de referencia que permiten la funcionalidad genética) adquiere en la evolución más próxima a su estado original, el siguiente nombre por su mediato avance. es la MEXU mínima expresión universal, (condición expresa) y como componente logístico la llamo en mis notas **OXILOGENO**, pero para facilitar comprensión se le proporciona una tonalidad clara en los niveles de gris para proporcionarle el fácil reconocimiento en las explicaciones e ilustraciones

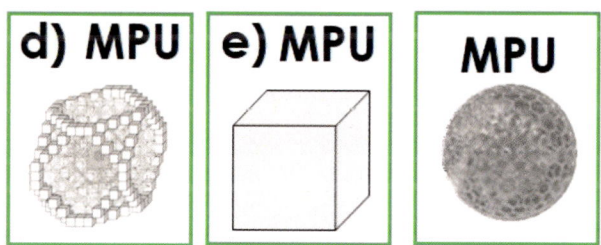

Cuando el OXILOGENO activa el inicio del PROCESO para constituirse al 100x100 en un elemento químico se expresa en las explicaciones con un color al 100x100 llamado MEXU MOTORA (el color solo para facilitar la comprensión visual)

La partícula MEXU MOTORA para constituirse en un elemento químico al 100x100 requiere de una cantidad de partículas de OXILOGENO directamente **dependiente**, indicando que cada elemento químico lo conforma una cantidad precisa de OXILOGENO **ENVOLVENTE** con dependencia permanente.

En la imagen **1,2,3,4,5,6,7 y 8** la partícula MEXU MOTORA está representada por una figura cúbica de color azul oscuro y al lado la partícula tridimensional en el aspecto original de la MPU a su derecha igualmente en un tono azul oscuro.

Las partículas que representan al OXILOGENO libre, se representan de un tono gris para indicar que son totalmente transparentes, invisibles y se pueden observar en los dibujos, menos en el número 5.

Las partículas que representan al OXILOGENO directamente dependiente representada en un tono azul claro, significa que en el espacio de tiempo que el OXILOGENO libre rodean a la MEXU MOTORA van adquiriendo la identidad condicionada, por eso adquieren el color azul claro, se puede ver en las imágenes 5,6,7, y 8, también se incorpora flechas en los dibujos para indicar actividad de desplazamiento de la MEXU MOTORA y también el desplazamiento de los grupos de OXILOGENO libre, pero es de comprender que fundamentalmente, ni la MEXU MOTORA ni los OXILOGENOS libres se desplazan para cumplir con este evento, en principio ya las partículas MEXU MOTORAS se encuentra rodeada de OXILOGENOS libres y al activar la MEXU MOTORA a transmitir valores, o información a las partículas que lo rodean, los OXILOGENOS libre, ellos reciben la información y lo asumen el paso de vincularse u conformarse como OXILOGENOS directamente dependientes adquiriendo el aspecto azul claro, dependiente delante de esa MEXU MOTORA

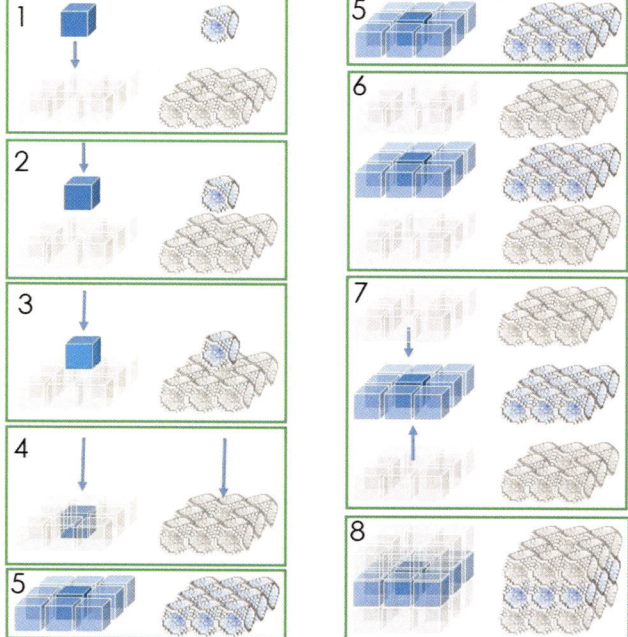

La otra cantidad mayor de OXILOGENO ENVOLVENTE con dependencia no permanente, sabemos que una cantidad de OXILOGENO con dependencia permanente envuelve a la MEXU MOTORA, ahora a la cantidad envolvente con dependencia permanente, la envuelve una cantidad mayor de OXILOGENO con dependencia no permanente, como se ilustra en los dibujos siguientes, ilustrando los pasos sucesivos que se registran en estos tres tipos de OXILOGENO.

El **PRIMERO**, el OXILOGENO que da el segundo paso evolucionando en una MEXU MOTORA.

El **SEGUNDO**, el grupo de OXILOGENOS libres que se encuentran en el entorno de la MEXU MOTORA, y se vincula envolviéndola con dependencia permanente.

El **TERCERO**, otra gran cantidad mayor de OXILOGENO libre que envuelve con dependencia no permanente, a las partículas envolventes con dependencia permanentes.

Una MEXU MOTORA y dos grupos de OXILOGENOS al activarse la transferencia de información, de la naturaleza de su MEXU MOTORA, en ese entonces se constituye en que, al constituirse en la identidad de un elemento químico, u otra identidad.

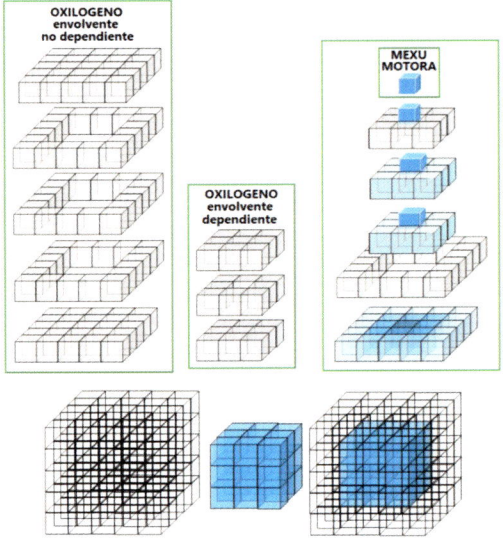

Si retomamos el párrafo que dice, que la infraestructura operativa genética en su funcionalidad de **crecimiento orgánico** indica que *cada partícula es la mínima presencia universal con infraestructura operativa **MPU*** (referencia recurso nuevo del perfil HmolikC), **crecimiento** en el aspecto de un cuerpo con ciclo asociado en la temporalidad orgánica. Teniendo el conocimiento que lo conforma muchas partículas, muchas unidades de mínimas presencias universales, **no crecen**, lo que sucede es que otras partículas adjuntas toman el aspecto que reconoce en la información que recibe.

Como ya tenemos el caso explicado que una partícula, activa su primer paso para constituirse en elemento químico, hay que saber que la evolución de información interna le hace adquirir el estado apropiado para tomar la identidad de MEXU MOTORA, con el objeto en su información de conformar un elemento químico, y para ello requiere despachar información a las partículas de OXILOGENO para vincularlas y registrarlas en OXILOGENOS con **vinculación dependiente**, que al captarlas éstas asumen el color de la MEXU MOTORA más claro, el bajo grado del color es un indicativo apreciativo de la confirmación del recibo de la información, (recurso de colores que en la realidad no son constitutivos, repito es para contribuir a la comprensión) y el paso seguido, la MEXU MOTORA produce otra información que por incidencia adjunta, la realiza y despacha a través de cada una de los OXILOGENOS dependientes y éstas son las que se encargan de captar los OXILOGENOS **vinculantes no dependientes**, las cuales éstas partículas dependientes toman el aspecto que han recibido en la información y en esta explicación se representa con un color menos intenso que las partículas no dependiente, como lo ilustra la cadena de ordenados sucesos como las muestra la siguiente imagen

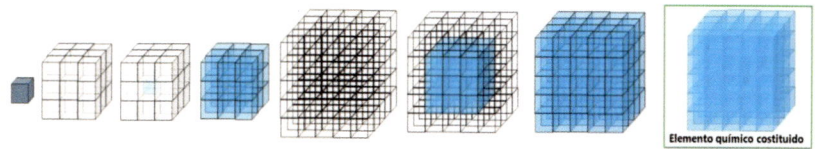

Una vez entendido los pasos, entonces podemos retomar el concepto de **crecimiento**, podemos observar que una partícula es la protagonista de una serie de eventos, que si vemos al final de la fila en donde se encuentran la **suma de todas las partículas que conforman éste elemento químico,** (u otra identidad) lo podemos ver así, en la imagen en donde está a la izquierda la MEXU MOTORA y a su derecha el **elemento químico constituido,** es la primera de tantas equivocaciones por no tener el conocimiento de la operatividad genética, y la observación entrega la percepción de que aquella pequeña partícula que se encuentra a la izquierda ha crecido, situación en referencia al crecimiento, que en la operatividad genética no existe lo equivocadamente percibido como crecimiento constitutivo de la partícula.

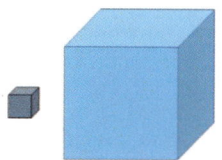

La MEXU MOTORA al proporcionar incorporación por incidencia con los OXILOGENOS envolventes y, a su vez, han adquirido la apariencia del color de su MEXU MOTORA.

Los apuntes e ilustraciones del perfil HmolikC, reiteran constantemente que las partículas ejercen un contacto físico con sus adjuntas más cercanas (contacto entre caras frontal DOMO y Caras angular DOMO – explicación que se proporcionará más adelante -), y por su importancia las incidencias producen reacción en la que se constituye en receptora de información adquirida.

PERCEPCIÓN DE INCIDENCIA

Las imágenes siguientes **A:** ilustra en la tercera partícula (porque percibimos una partícula) la del extremo derecho que está en un tono rojo más fuerte, significa que es una identidad, entonces es de aclarar que **cuando se habla de una identidad** ya no estamos ilustrando constitutivamente a una partícula sino la suma de otras tantas (depende del caso específico) entonces a estas alturas de la comprensión cuando se esté explicando que una partícula está despachando o transmitiendo información, se trata de una identidad, bien sabido está que toda identidad genética está conformada por cantidades de partículas, **la única excepción** es cuando la transmisión la ejerce la MEXU MOTORA que si está sola, es el núcleo de toda identidad.

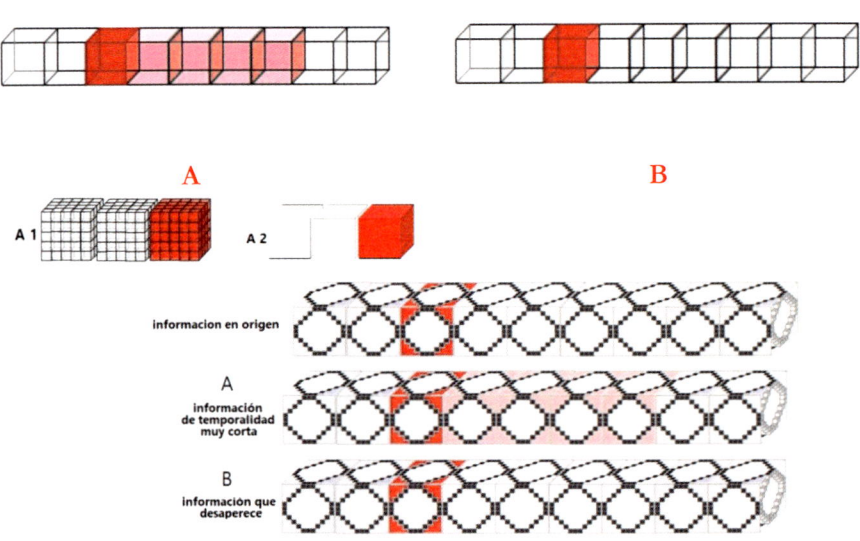

Aclarado los cuidados de percepción, si observamos la ilustración A, tenemos que nos muestra la identidad con un tono más fuerte de color rojo y las partículas adjuntas cuando adquieren un tono inferior es porque están recibiendo la transmisión de la información en VALORES inscritos en el código fuente de la operatividad genética, en la ilustración B, nos muestra la consecuencia del evento de la actividad de la ilustración A, expresando que la información representada en los tonos inferiores al color rojo ya no está, ha desaparecido, las partículas OXILOGENO comprometidas, retornaron a su estado de origen, este evento concreto, en el perfil HmolikC se clasifica como transmisión de información en la temporalidad más corta, a la cual están comprometidas muchas presencias en el día a día en lo tangible e intangible.

Ahora tenemos en la siguiente imagen **C,** aparentemente el mismo caso de la imagen A, pero difiere sustancialmente, si observamos con rigurosidad, nos encontramos con la identidad en el tercer puesto, los tres siguientes en un tono inferior a la identidad, pero la cuarta siguiente partícula, a la identidad la representa un tono más alto que los tres que lo antecede, pero más inferior que la identidad, también tenemos que en la actividad de la imagen **D,** muestra como resultado del proceso de la información transmitida que en las partículas en las cuales se encontraba en los tonos inferiores al color rojo ya no se encuentran, ya no están, han desaparecido, mostrando que la información se preserva, ha quedado en la presentación, pero en el tono superior de los tonos que desaparecieron, pero el tono aún más bajo que la identidad, resultado que permite puntualizar que cuando la información se origina, luego se transfiere, y queda expresa en la distancia, significativamente se notifica que la operatividad genética de una identidad, no necesita de trasladarse físicamente para lograr el objeto de entregar la información, no importando la distancia en todo lo existente. Es muy importante y relevante comprender que las partículas que sirven de conductores, están dispuestas a transmitir la información y comprendiendo que en la distancia las partículas receptoras de la información son iguales, pueden estar en el mismo estado en ciertos casos o en diferente estado, lo particular es que las partículas transmisoras no se afectan durante la transmisión, ni después, es porque cada partícula tiene encriptada su en **SÍ genético** (referencia recurso nuevo del perfil HmolikC) entonces en la información despachada en el valor total del código fuente genético no está incorporado el en **SÍ genético** de las partículas transmisoras.

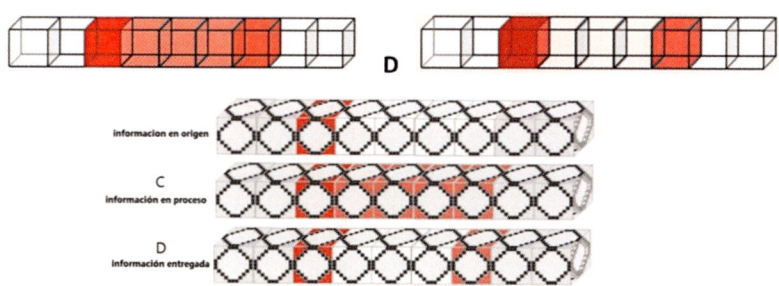

63

La percepción referente de los profesionales se fija en las secuencias de las imágenes en donde se muestra que las partículas azules (llamémosles entidad huésped) están pasando o atravesando el protector (llamémosle membrana) que conforman las partículas rojas y en consecuencia en la zona interior que protege esa membrana roja, se observa que allí están partículas azules o identidad huésped, lo que hay que tener muy en cuenta la posterior comprensión.

Continuando con la **percepción de las incidencias** de las partículas observaremos:

PRIMERO: se puede dar el caso (imagen O1) que cuando se hace la observación no se ve nada en el exterior y la novedad, el **llamado** huésped ya está en la zona del interior, lo que da por hecho lo que se observa.

SEGUNDO: se puede dar el caso (imagen O2) que cuando se hace la observación, si se ve saturado de muchas, la incalculable cantidad de partículas azules en el exterior, y se observa que en **el interior van aumentando** la cantidad de partículas azules.

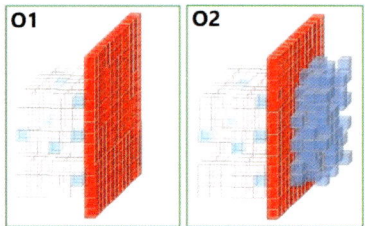

TERCERO: se puede dar el caso (O3) que cuando se hace la observación, si se ve saturado de muchas partículas azules en el exterior, y se observa que, en el interior, **ya están dentro** las partículas azules.

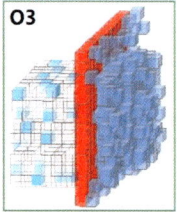

Ahora encontramos con la imagen siguiente, la referencia **p1a**, nos muestra partículas azules, rojas y transparentes, digamos que las azules están en la parte externa, las rojas corresponden a la epidermis, membrana, o tejidos protectores, y por último digamos contenido interno, podemos observar que la imagen con las referencias **p1a** y **p1b**

son idénticas. En la imagen con referencia **p2a,** en la zona externa hay dos partículas azules, pero vemos que se encuentra en la zona interna, pero el aspecto de volumen de la zona interna observamos que en un extremo sobresale una partícula transparente, novedad que no se ve en la imagen de arriba p1a, circunstancia indicadora para nuestra percepción que, la partícula azul que está ahora en el interior de la zona interna de la imagen **p2a** está sustituyendo a una de las partículas transparentes y en consecuencia la que ocupaba el lugar sobresale por un extremo como fielmente se está observando. Ahora en la imagen **p2b** la partícula azul está en el interior, pero en ninguno de sus extremos sobresale la partícula desplazada, representación que hay que tener muy en cuenta. En la imagen **p3a** y **p3b** se reafirma la misma actividad demostrativa que sólo queda una sola partícula azul en el exterior, en la imagen el detalle indicador del desplazamiento de las partículas transparentes sustituidas en la imagen **p4a** está lo suficientemente representado, y en la imagen **p2b** no presenta ninguna sustitución.

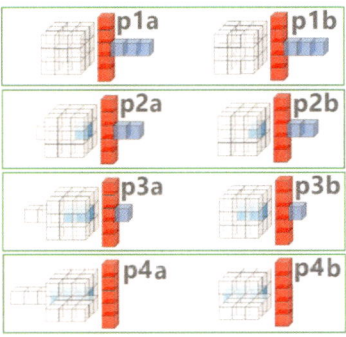

Las imágenes anteriores de percepción de incidencia genética es la representación técnica comparativa de dos eventos muy relevantes, uno de ellos observado en dispositivo microscópico electrónico, los profesionales facultados proceden a realizar sus informes sustentados en lo que presencialmente les presenta visualmente la imagen focalizada.

En el contenido del **perfil HmolikC**, en los resultados se puede afirmar que de las ilustraciones presentadas de los casos anteriores las que corresponde a la realidad son las imágenes p1b, p2b, p3b y p4b, hay que recordar que si no se tienen los recursos o el conocimiento que permita realizar la rigurosa observación, en consecuencia se cometerá la percepción inadecuada, pero si se tiene el conocimiento de hacer la lectura apropiada, se obtendrá la válida conclusión, que estas cuatro imágenes en la zona que representa las presencias de lo exterior, se encuentran mucha cantidad de partículas azules, que no permite saber si la cantidad que están en el exterior hace falta las que están en el interior, pero lo que está sucediendo con precisión es que no está pasando **(no se está trasladando de un lugar a otro)** *físicamente absolutamente nada desde el exterior al interior*, sólo están pasando la información por incidencia adjunta, indicando que las partículas de la zona interna transparentes, indicando su color que son OXILOGENOS no dependiente (totalmente libres) están ejerciendo la actividad expresa tomando y proyectando el aspecto transmitido.

En el caso que sea una información de reacción metabólica, se generará internamente despachos o información de **OVUSECUENCIACION** (referencia, recurso nuevo del **perfil HmolikC**), para continuar es muy importante explicar en qué consiste, la **OVUSECUENCIACION** está manifiesta en todas las identidades y se constituye en captar OXILIGENOS libres**,** estas partículas libres cuando ya han sido vinculados por la identidad forman un manto que envuelve la total identidad, para más claridad, los apuntes del **perfil HmolikC** afirma que dentro de un compuesto orgánico, está conformado por millonarias cantidades de identidades con funciones específicas, cada una de las identidades tiene su propio manto de **OVUSECUENCIACION,** y la utilidad genética es proteger, en los casos si se presenta una presencia que no es de su constitución, no representa un riesgo para su entidad que protege, entonces hace el reconocimiento de la información que la constituye, y si tiene valores que le son beneficiosos entonces los incorpora.

En la imagen siguiente se ilustra la figura **a1,** que corresponde a la IDENTIDAD de color azul, que como bien esta explicado, la constituye una partícula **MEXU MOTORA**, que la rodea el **OXILOGENO ENVOLVENTE,** con **vinculación dependiente**, y a ésta dependiente la rodea otra capa de **OXILOGENO envolvente no dependiente**, y por último a éstas partículas no dependientes como lo ilustra la imagen **a2**, las rodea el manto **OVUSECUENCIADOR GENÉTICO,** seguidamente se ve la imagen **a3**, que proyecta en una apreciación de dibujo técnico, muestra el área que le corresponde cubrir a todo manto **OVUSECUENCIADOR.**

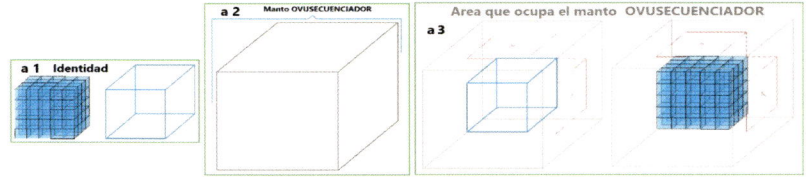

En el transcurso de éste escrito se han planteado toda una serie de características y detalles de la partícula **OXILOGENO** o **MPU**, y cuando llegamos a relatar los aspectos que conforman al manto **OVUSECUENCIADOR**, por su operatividad me permito afirmar que es uno de los componentes, que les permite a los conocimientos adquiridos en la investigación, poder identificar la proyección en las muestras de constantes normales y constantes comprometidas en novedades de riesgo crítico, producido por la conformación constitutiva de un **huésped**, o por la inadecuada **OVUSECUENCIACION** de la identidad receptora u hospedadora, indicando sin lugar a ninguna duda que, el huésped no tiene que ver con las consecuencias de una inadecuada **OVUSECUENCIACION** así se genere un proceso crítico. Esta aportación me permite colocar dos ejemplos simples y muy básicos, una mala **OVUSECUENCIACION** de una **gota de agua**, (puede ser la causa, de que se desarrolle un estado crítico) a pesar que hasta ahora la gota de agua, es universalmente inofensiva, claro y es muy válido, porque el componente letal es la inadecuada **OVUSECUENCIACION**.

En la gráfica siguiente se muestra el estado del manto conformado de muchas partículas de **OXILOGENO**, en el corredor de la deglución, cuando el proceso del traslado de partículas ingeridas, bien sean, líquidos, sólidos, coloidales o gaseosos, pasan en estado óptimo.

En la **imagen 1**, muestra en la imagen de una resonancia magnética, el **corredor de la deglución** y en ella misma en una apreciación muy tenue (difícil de observar a simple vista) el manto de **OXILOGENO**, entonces para resaltar el contenido de la observación, podemos ver la **imagen 2**, que el manto de **OXILOGENO** libre está más resaltado, también con una línea blanca separada a lo largo del lado derecho, para resaltar que el estado gráfico de la normalidad anatómica que presenta en una correcta deglución.

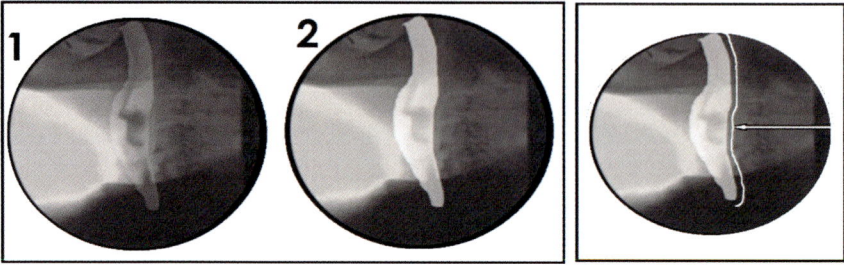

La **imagen 3**, buscando proporcionar recursos de comprensión, se está representando el manto de **OXILOGENO**, en dos figuras, una lineal en **blanco y negro** y la otra figura en **tonos gris** porque es la que se facilita identificar los elementos que componen, si fuese un recipiente tubular técnicamente geométrico, gráfico que permite ver la proyección angular, en ella encontramos un óvalo, que representa el plano de esa parte del manto, que está ocupado de muchos **OXILOGENOS**, como lo muestra por separado en la parte de abajo.

La **imagen 4,** conservando la presentación geométrica veremos un rectángulo, que corresponde al aspecto frontal del manto, y la línea blanca, que corresponde al plano de esa parte del manto, explicación que nos indica, que la línea recta de ese plano la conforman **OXILOGENOS** en fila, uno seguido de otros totalmente adjuntos en contacto físico como lo ilustra en la parte de abajo dentro de un rectángulo rojo.

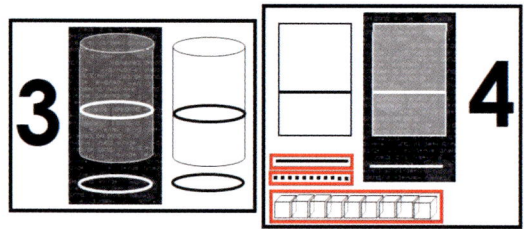

En la **imagen 5**, corresponde al aspecto del manto tubular anatómico angular, indicando que sus bordes presentan curvas que adquieren al trasladarse por el corredor de la deglución, también más abajo se muestra el óvalo del plano, y seguidamente abajo se muestra los bordes del plano conformado por partículas de **OXILOGENO** conservando el contacto por incidencia adjunta, pero la línea del plano en la imagen paralela, muestra el manto tubular con su aspecto anatómico, si nos fijamos, también reitera la explicación de la **imagen 2**, mostrando el aspecto del manto del

OXILOGENO en el corredor de la deglución, en el óptimo aspecto anatómico, indicando que éste aspecto afirma el diagnóstico que no se presentan partículas en tránsito que estén asociando cuadros clínicos que requiera la atención de profesionales, más abajo se ilustra en línea recta, como se percibe si la observación del plano es frontal.

En la **imagen 6**, se puede apreciar el aspecto tubular anatómico, al igual que el óvalo del plano, más abajo, se presentan las partículas que se encuentran en el borde del plano del óvalo irregular, es de aclarar que siempre en el espacio interno del óvalo, siempre hay partículas de **OXILOGENOS** libres o partículas que transitan por el corredor de la deglución.

Continuando vemos la **imagen 7**, se observa que la representación frontal del manto del OXILOGENO libre, cuando presenta en los bordes curvas que no están comprometidas con puntas demasiado irregulares es porque la deglución es óptima, en la parte de abajo se presenta la forma representativa de las partículas dentro del rectángulo rojo, y más abajo las partículas bien ampliadas.

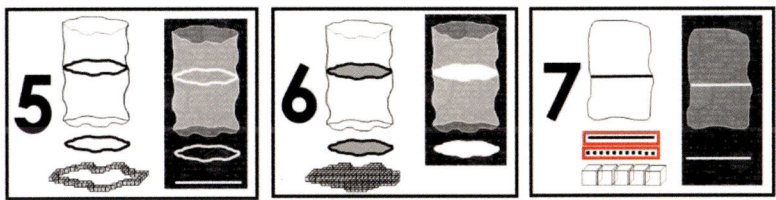

En la **imagen 8,** claramente como los dos dibujos lo ilustran, se observa que el manto tiene una presentación con puntas, particularidad relevante que indica que la **OVUSECUENCIACION** a resultado inadecuada, demostrada en las puntas, estado que garantiza un estado crítico.

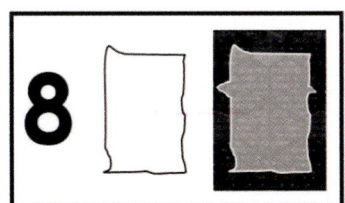

En la **imagen 9,** se ve en el plano del óvalo ocupado por muchas partículas de **OXILOGENO** libre, muestra en un extremo partículas, que su aspecto está representado con partículas en colores para establecer la diferencia, y para saber de qué se trata, vemos una partículas de color roja, cuando es una identidad (se representa de color al ciento por ciento), ya se sabe por explicaciones en el transcurso de éste escrito, toda identidad está conformada por muchas partículas, retomando la identidad representada con esta partícula roja, nos identifica en este caso que es un huésped, proporciona la oportunidad de ver, más ampliada registrando que la identidad roja está rodeada, totalmente bloqueada del **OVUSECUENCIADOR** amarillo, la llamo **incidencia no destructiva**, en su constitución del plano muestra en los bordes y en su interior las partículas de **OXILOGENO** libre de color blanco, en el extremo en contacto las partículas amarillas con el **SAGITALIZADOR del paso**, que es el mejor estado para preservar la salud en el corredor de la deglución, también enseña en el puerto hábitat verde, el **SAGITALIZADOR del paso**.

Al observar la identidad roja, indicando que a su alrededor se encuentran partículas amarillas, está manifestando que en la realidad está totalmente rodeada cubierta por estas partículas amarillas que identifican a la cantidad de **OXILOGENO OVUSECUENCIADOR** que cuando tiene cubierto al huésped, ya tiene el control y en consecuencia éstas partículas **OVUSECUENCIADORAS**, como componente esencial producidas en el hospedador se encuentra en estos pasos, tomando la información útil, para entregarla a los distintos componentes que tienen funciones específicas en el **corredor de la deglución**, a los órganos e identidades del hospedador que tienen una funcionalidad vital, toda información que no sea en esta zona, continúa el traslado por los sectores digestivos, componentes linfáticos, para que cada uno ejerza su razón de ser, entonces puede presentarse que algunas partículas componentes de esta identidad roja no le sean útil y procede a descartarlas, y serán las partículas residuales, líquidas, sólidas o gaseosas, en consecuencia conformando residuos urinarios, las excretas o excrementos.

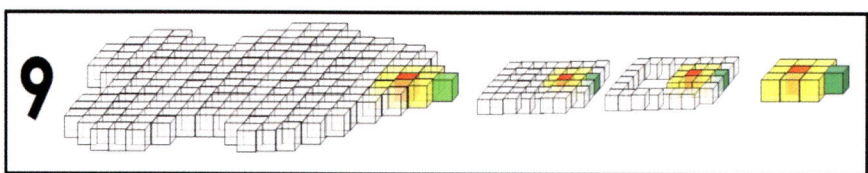

En la **imagen 10**, se puede ver en esta imagen ampliada el orden que presentan las entidades comprometidas, cuando en el corredor de la deglución, el manto de **OXILOGENO del paso** contiene identidades **OVUSECUENCIADAS** de la forma más apropiada.

Referencia importante, cuando la identidad roja **no se encuentra rodeada** por las partículas amarillas representantes de la identidad **OVUSECUENCIADORA**, y por ende afirmando que la identidad roja ha llegado hasta el corredor de la deglución, sin haber sido correctamente **OVUSECUENCIADA**, las características de éste inadecuado suceso serán explicado un poco más adelante.

Es muy importante, describir que el estado de todas las partículas que se encuentran dentro y fuera de cualquier identidad, están en constante funcionamiento, mediante los cuales recibe y despacha información, como estamos explicando los eventos que suceden en la identidad, en este caso el cuerpo humano, todos y cada uno de los sucesos tanto normales como las novedades sin trascendencia y las críticas, son registradas por su código fuente, expresadas en **valores** de información mediante la incidencia adjunta de las partículas entre ellas, reflejas, proyectadas en muchas zonas tanto internas y externas, las informaciones proyectadas más rápidas, son las de las zonas internas, las externas se encuentran en toda la epidermis pero las composiciones **pancromáticas** gráficas que expresan la lectura exacta, se localizan en zonas muy particulares, constituyéndose en zonas de proyección de absolutamente todos los acontecimientos con exactitud, que en paralelo los profesionales entre ellos los obtenidos en las muestras para realizar la analítica, bioquímica clínica completa.

Cuando manifiesto en paralelo las muestras de analítica, es muy importante tener en cuenta que los profesionales facultados en estas asignaturas, en los resultados de la analítica, recurren al estado cuantitativo o métrica contable, **valores referentes** que proporcionan el **nivel bajo**, el **nivel normal** y el

nivel alto, son parámetros muy válidos, en el caso que llegue un paciente por urgencias y al presentar un estado que requiera la intervención quirúrgica, para citar un ejemplo de comprensión, lo primero que se toma es los signos vitales o valores que expresan el estado de la presión, el ritmo cardiaco, y si presenta los valores de la presión muy alto, la anestesióloga después de hacer el reconocimiento del estado de su paciente en consecuencia en su orden de decisiones, puede recurrir a los IECA y ARA II, estos son los fármacos de utilidad más recomendados por su amplia cantidad de comprobaciones en pacientes hipertensos, en los momentos de una preoperatoria, sobre todo en la población de pacientes con factores de riesgo cardiovascular y enfermedad coronaria.

Entonces se tiene por nombrar algunos ejemplos que sustenten el objeto de esta explicación:

PRIMERO: el componente que proporciona el conocimiento que indica el estado del nivel de los signos vitales.

SEGUNDO: Se tiene el componente o la herramienta mediante el cual se obtiene el tipo de analíticas que proporciona saber los valores y niveles de las sustancias químicas presentes.

TERCERO: Se tiene el conocimiento que permite controlar el comportamiento de la presión y ritmo cardiaco.

El contenido de la PRIMERA, SEGUNDA Y TERCERA referencias de recursos muy válidos, conocimientos que se constituyen en fuentes de referencia, criterios relevantes al tomar la decisión que corresponde para optimizar el proceso quirúrgico.

Estas tres referencias, cada una al tomarse la decisión de emplearlas, se gestionan de la forma más relevante los VALORES, siempre teniendo como prioridad las recomendaciones contables, el VALOR de nivel bajo, el VALOR de nivel normal y el VALOR de nivel más alto.

Estos tres rigurosos parámetros me permiten manifestar indicativas particularidades, pero voy a tomar uno, digamos el medicamento que se le suministra al paciente que presenta la tensión muy alta en el tiempo preoperatorio, este fármaco como muchos que para socializar el suministro pasaron por una cantidad de pasos opcionales de investigación, ensayos asociados a los desaciertos y los aciertos, tomando uno entre otros, para lograrlo en muchas muestras en tubos de ensayos, sometidas a inducciones pre programadas, albúminas, sustancias, componentes químicos, también activando otros recursos en laboratorio con la implementación específica, y en otros casos diseñar nuevos medios y dispositivos para optimizar el proceso, cuando una muestra entre tantas, en su particular estado que las difiere de las otras, presenta el resultado satisfactoriamente más aproximado, se hace el reconocimiento ordenando el contenido de la ficha técnica, etiquetando su identidad a aquí cabe repetir) con la fórmula química, con la **arquitectura estructural molecular** y registrada, que es la que la difiere y las hace únicas de las otras tantas, que se pueden preparar con la misma fórmula química.

Siempre notifico que los profesionales competentes en las asignaturas de la bioquímica sanitaria, que hacen posibles obtener el resultado del compuesto químico llamado medicamento, tienen y día a día adquieren nuevos conocimientos técnicos mejores **HERRAMIENTAS** para abordar el proceso más recomendable, el contenido de esta notificación resalta los conocimientos que acredite sus facultades para ocuparse de este proceso en referencia.

Proceso de investigación con sus ensayos desaciertos y aciertos que entrega en su resultado como producto final el medicamento, cuando ya se tiene este medicamento se obtiene un nuevo conocimiento y es este conocimiento, el que les permite poder producir en cantidades industriales.

Todo **proceso** al igual para un artesano o quien sea profesional para ejercerlo, en los casos que se encuentra comprometida la búsqueda, la investigación, los ensayos, pasos que se constituyen en la activación de las probabilidades, que no garantizan el acierto, representa textualmente que todos los tiempos, los eventos que anteceden a la obtención del fármaco, esta ficha técnica se ignoraba, ese conocimiento se ignoraba, el obtener el desacierto se ignoraba, el lograr el acierto se ignoraba. Dicho de otra forma, toda investigación constituye la necesidad de encontrar, entre dos probabilidades, el acierto o lo contrario, la facultad y experiencia del profesional le permite realizar eventos, ENSAYOS, EXPERIMENTOS, para encontrar el resultado por el cual investiga, y es muy meritorio, pero su estado hasta encontrar la respuesta acertada, indica la certeza que desconoce en lo absoluto el conocimiento que en la bioquímica sanitaria se constituye en una ficha técnica, que identifica el fármaco. Una vez que se adquiere el logro definitivo, (la ficha técnica) se puede preparar en cantidades industriales para socializar su utilidad.

El punto es que para producir industrialmente el fármaco en cuestión están comprometidas representativas cantidades de **valores** que comprometen parámetros, y así la cadena de sucesos hasta en los parámetros dependientes para suministrarle al paciente preoperatorio, en esta instancia la anestesióloga u otro profesional con otro medicamento, tiene a su disposición conocimientos de fichas técnicas de medicamentos, que le permiten elegir lo que corresponde al diagnóstico en el cuadro clínico que los ocupa, entonces se toma la decisión de activar la funcionalidad de la razón de ser en su paciente preoperatorio.

Cuando se presenta una identidad viral que se desconoce con agresividad alarmante, y los profesionales no tienen en su banco de datos, el fármaco o la opción para suministrar y obtener el resultado que corte la agresividad, significa que se ignora el conocimiento apropiado que responda favorablemente, entonces se dispone a realizar la respectiva búsqueda, la investigación, los eventos experimentales como esta mencionado anteriormente.

Pero si en el banco de datos existen muestras con información óptima, validadas con **valores**, con registros relevantes, que ninguno de los profesionales al cargo no sabe relacionar la lectura de estos valores para encontrar la respuesta deseada, y opta por la decisión de activar una nueva investigación, es porque no tiene el conocimiento.

La explicación concluyente contenida en los apuntes del **perfil HmolikC**, afirma con **responsabilidad JURUDICA** que en los bancos de datos de muchas infraestructuras bioquímicas tienen la información más que suficiente, algunas acondicionadas previamente y otras tal como se encuentran, se procede a suministrar esta información al sistema **SDF HmolikC**, entonces esta herramienta en su operatividad de decodificación y codificación de constantes, como resultado proporciona la **respuesta exacta**, para ser suministrada al paciente que la necesita, *actividad indicadora que sí, tiene el conocimiento que permite hacer la lectura*

apropiada de la información existente, de la cual no tiene a su alcance, porque en el banco de datos todo el material que se tiene a buen resguardo, cada uno tiene su respectiva ficha técnica y toda ficha técnica bioquímica proporciona implícitos **valores**, y estos **(los valores)** es uno de los recursos esenciales con los que se activa el sistema **SDF HmolikC**.

El siguiente ejemplo, está contenido en los procedimientos de las partículas comprometidas, así están en los apuntes del perfil **HmolikC**, y por ende se afirma respaldado con **responsabilidad jurídica**, ya está apropiadamente narrado que un huésped es rigurosamente **OVUSECUENCIADO**, por el hospedador, (huésped admitido por vía oral o respiratoria), en el caso que el hospedador corresponda a la **identidad** del ser humano, el ser humano en su trayectoria ha evolucionado comportamientos que en consecuencia su sistema de valores **OVUSECUENCIADORES**, está propenso a un bajo nivel de rendimiento, entonces pueden surgir y surgirán en los tiempos próximos de no hacer una adecuada **OVUSECUENCIACION**, ésta referencia de estado inapropiada si el huésped contiene componentes patológicos inofensivos, pero que sus características constitutivas requieren de una adecuada **OVUSECUENCIACION**, al no proporcionarle el proceso al llegar al **corredor de la deglución**, las funciones de cada uno de los componentes en éste **corredor de la deglución** reaccionarán para tratar de adecuar el huésped que está pasando inadecuadamente, se pueden presentar dos circunstancias, que el huésped si active su recurso **OVUSECUENCIADOR**, generando **muestras sintomáticas**, del hospedador, los **componentes del corredor de la deglución** como son identidades también tienen independientemente su manto **OVUSECUENCIADOR**, pero no dejan al huésped en las condiciones para que siga su trayecto y disponer de los **valores** útiles, sin embargo cuando el huésped se encuentra en el **corredor de la deglución** todos lo **OXILOGENOS** libres, están recibiendo y generando información que se está originando en el corredor y se disponen a participar, a asimilar **valores** que conformaran un manto, para realizar el reconocimiento, este reconocimiento, se hace activándose el **SAGITALIZADOR** genético (Referencia de la fuente de los conocimientos contenidos en el **perfil HmolikC**) son partículas que están en el borde del manto de la deglución, tiene la particularidad de activarse en circunstancias excepcionalmente extremas y en consecuencia hace incidencia directa con los **SAGITALIZADORES** que tienen comunicación con **OXILOGENOS** de los órganos principales, transmitidos por el sistema nervioso en la región faríngea, laríngea, las vías aéreo digestivas.

La **imagen 11**, es una resonancia magnética, muestra el corredor de la deglución, afectado por la **incidencia obstructiva**, también se encuentra el manto de **OXILOGENO** en la imagen se presenta muy tenue difícil de percibir a simple vista.

La **imagen 12**, es una resonancia magnética, en la cual se resalta el manto de OXILOGENO libre, está más contrastado y se puede observar con facilidad, presentando un aspecto irregular en sus bordes.

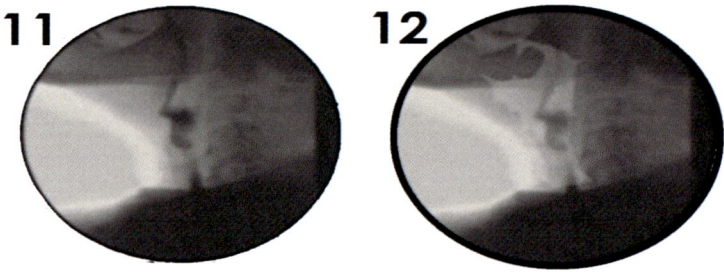

La **imagen 13**, enseña la figura que representa el manto de **OXILOGENO**, se facilita ver las irregularidades del borde indicando que está comprometido por varias incidencias obstructivas, **muestra** en el extremo del manto la existencia del huésped en contacto directo con el **SAGITALIZADOR del paso**, señalando las sobresalientes puntas en las cuales muestra el aspecto alterado del manto de **OXILOGENO libre**, en estado crítico, situación que afirma cuando se presenta más de dos puntas en forma simultánea en el aspecto irregular del manto, que se está produciendo en proceso un estado crítico.

*Muestra el aspecto en color blanco en el interior y el borde del plano, que lo conforman OXILOGENOS libres y en casos como este en el extremo identidades como el **puerto HÁBITAT SAGITALIZADOR del paso** y la identidad huésped en estado mal OVUSECUENCIADA.*

La **imagen 14**, enseña el aspecto del manto del OXILOGENO que se puede distinguir que en su contenido se percibe que está conformado por muchos puntos blancos, para reiterar que son muchas partículas de

OXILOGENO libre. Ilustra la presencia de la identidad del huésped de color rojo, una está lo suficientemente aumentada dentro de un círculo, cuando se presentan tantas como están representadas en esta imagen, se afirma que los sucesos que representan esta presencia, es altamente peligrosa y puede originarse del proceso de un retorno, desde la zona fuera del perímetro **OVUSECUENCIADOR** de la parte externa del hospedador, indicador válido que ya ha estado en el hospedador, o se origina de otro hospedador y en este hospedador que nos ocupa nunca con anterioridad lo ha hospedado.

La **imagen 15**, aspecto imperfecto del manto de **OXILOGENO libre** en el corredor de la deglución, muestra una línea negra irregular en paralelo para resaltar las puntas que se activan cuando el huésped rojo compromete al SAGITALIZADOR del paso.

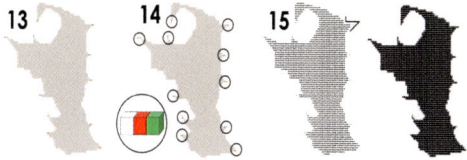

La **imagen 16**, se presenta el borde del plano y en su interior sin partículas de OXILOGENO del manto, pero que en la realidad siempre ocupan este plano y todo el contenido del manto de OXILOGENO, se omite visualmente para observar a la partícula roja que corresponde al huésped, indicando que no está solo, está rodeada por el vacío, en el entendido ya explicado que está ocupado por partículas de **OXILOGENO** libre, esta condición de su entorno indica que no está rodeado de partículas amarillas **OVUSECUENCIADORAS**, que corresponde al estado óptimo, también señala que el huésped es una partícula que está en tránsito por el corredor de la deglución.

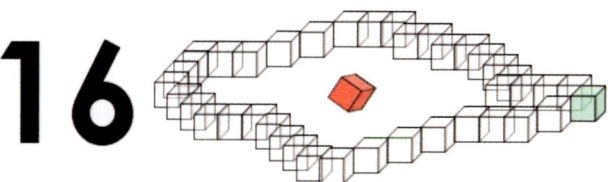

La **imagen 17**, se muestra el plano de **OXILOGENO** libre en donde se encuentra localizado en un extremo, el huésped rojo, también la partícula verde del **SAGITALIZADOR del paso**, si miramos a un lado más abajo se puede apreciar claramente en imagen aumentada, el suceso presencial ilustrando que las partículas de **OXILOGENO** están rodeando a la partícula huésped, la forma de contacto de las caras en incidencia adjunta, por la única cara que no están las partículas de **OXILOGENO** en contacto con la partícula, es la cara que corresponde a la cara que está en contacto por incidencia con la partícula **SAGITALIZADOR del paso verde**, este relevante evento gráfico confirma que se inicia un estado crítico en el hospedador.

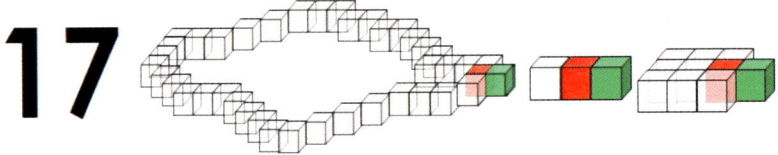

En este momento hay que hacer un significativo reconocimiento que luego se explicará más detalladamente, indicadores de los **estados de origen de identidad rojas** que hacen contacto con el **SAGITALIZADOR del paso.**

PARTICULARIDADES DE LA OVUSECUENCIACIÓN

La PRIMERA: corresponde a la identidad roja que es propiamente huésped, como su propio nombre la identifica, es una identidad que se ha penetrado en el hospedador por vía oral o nasal, y es portadora de los componentes agresivos.

Los eventos que se vinculan a esta circunstancia, siendo agresivo el visitante, en el caso que sea recibido con una buena **OVUSECUENCIACION**, al registrarse esta disponibilidad cuando transita por el corredor de la deglución, se originan diferentes estados, todos y cada uno representados en **valores**, que son los que se transfieren a las identidades específicas de la

operatividad bioquímica del cuerpo humano mediante su lenguaje o código fuente, para responder de forma favorable, para reducir o exterminar el nivel de agresividad, pero en el caso que surja una **apropiada OVUSECUENCIACION**, los componentes agresivos del huésped se bloquean, para preservar la normalidad.

La SEGUNDA: corresponde a la identidad roja que NO es portadora de los componentes agresivos, al principio se manifestaba que es un huésped inofensivo, como muchos que a diario transitan por el corredor de la deglución, y se hacía referencia de ejemplo casi imposible de aceptar que una **gota de agua** que no sea bien **OVUSECUENCIADA**, puede generar eventos de riesgo, porque toda identidad, mal **OVUSECUENCIADA** entrara en contacto directo con el **SAGITALIZADOR del paso**, y no importando que sea la gota de agua se identificara de color rojo en esta explicación, porque en el momento que se generen la **sintomatología de los impactos**, manifestados con una **TOS** de **nivel agudo**, significa que se están presentando secuencias de sucesos críticos y por reacción de los **OXILOGENOS libres** algunos de ellos se producen informaciones o valores y el **huésped rojo** que es en origen uno, **la gota de agua**, en los momentos sucesivos aparecen más identidades de **color rojo**, y de ninguna manera se puede decir que la **gota de agua** se ha multiplicado, es innecesario decir que se han reproducido, porque no cabe en la funcionalidad genética esta opción, pero lo que sí está sucediendo, es algo que no se percibe como la realidad genética las constata.

En el momento de que la gota de agua no está bien **OVUSECUENCIADA**, se constituye en identidad de color rojo, al entrar en contacto con el **SAGITALIZADOR del paso**, los componentes patológicos del agua producen información, valores que al originarse el **impacto de la TOS**, ésta información se transmite a los **OXILOGENOS libres**, y también se le transmite por las paredes del sistema circulatorio del **sistema linfático** a la **médula**, que a su vez al ser catalizadas de paso (el estado **catalizador del paso** tiene dos particularidades muy relevantes, secuencias que serán explicadas más adelante), en consecuencia despachan información que se origina de los componentes que corresponden a **OXILOGENOS** no dependiente de algunos **elementos químicos** como **reacción iónica**, que también es llamada por el estudio tradicional RED–**electromagnética** -, y la tolerancia de su oxidación, información que llega de nuevo a los **OXILOGENOS** que han recibido la información del

SAGITALIZADOR del paso y comienzan a originarse grupos de partículas hasta conformar identidades vulnerables entre ellas **patologías virales o infecciones.**

Es muy importante hacer un reconocimiento trascendental, en este caso se está tomando como ejemplo referente a una **gota de agua**, como su constitución la identifica como es un compuesto químico, los **OXILOGENOS** no dependientes de su composición, el oxígeno y el hidrógeno, comprometido en las partes más funcionales por ejemplo, entre ellos los músculos, los pulmones, en la intercomunicación de información recíproca, (con los **OXILOGENOS** en reacción que se encuentran en el corredor de la deglución), proceso para metabolizar la recuperación de la normalidad, pero si pasa más del tiempo genéticamente requerido en los parámetros del en Sí genético, se generan estados entre **ellas, edemas.** En el caso que los **OXILOGENOS** comprometidos en la conformación del **edema** toquen partículas que conforman el llamado sistema nervioso, entonces se pueden manifestar **sintomatologías** como el **dolor**, u otros como impedimentos en la **actividad motora**, ahora bien, el tomar fármacos que atiendan el dolor, es lo más óptimo porque el edema es un estado temporal corto, si se trata en las áreas fuera de los órganos o en donde se originan o se proyectan reacciones parasimpáticas, en donde sí pueden presentarse cuadros clínicos que requieren la rigurosa atención, y es muy importante manifestar dentro de los conocimientos contenidos en el perfil **HmolikC,** que en *estos sucesos toda la operatividad genética los notifica, los refleja gráficamente en la piel,* en cada componente que facilite su análisis en la bioquímica clínica con **valores exactos,** que se **constituyen en fuentes de lectura genética en el tiempo real del suceso,** sin ninguna duda en información, la más propicia para la **codificación y decodificación** en la razón de ser del sistema **SDF HmolikC** para que entregue la respuesta exacta.

Ahora bien, el mismo formato del proceso que se registra con la gota de agua se cumple con otras identidades, y si los casos avanzan a niveles de picos muy altos o bajos de la más crítica agresividad, es muy significativo tener en cuenta que todas las novedades así sean identidades con composición orgánica dentro del cuerpo humano, que se observan después del impacto de la **TOS**, se puede afirmar que todas las presencias de componentes patológicos **no entran del exterior**, sino que son los totales de los **valores** en proceso de las informaciones transferidas por las partículas de **OXILOGENO** en comunicación permanente durante el periodo del impacto manifestado en la **TOS aguda severa**. A estas alturas de la explicación es bueno reiterar, que todo lo existente perceptible e imperceptible, representaciones atómicas, el electrón, el protón, el neutrón, cada componente de la célula, todo individualmente está conformado por muchas cantidades de la partícula **OXILOGENO**, la **MPU**.

Los conocimientos contenidos en el **perfil HmolikC** congregan los criterios que enseñan la funcionalidad de las llamadas existencias atómicas, el electrón, el protón, el neutrón, cada componente de la célula, pero se reserva explicar puntualmente, porque como otras son sustancias que la conforman una gran cantidad de partículas u **OXILOGENOS**, porque en el entendido que el sistema **SDF HmolikC**, en su razón operativa es igual que la funcionalidad genética, ejerce su actividad por la transferencia de **valores totales precisos**, esta propiedad de información, establece en la operatividad genética en cualquiera de sus estados, no existe, no tiene que hacer ensayos ni actividades experimentales, para obtener estos **valores** de precisión operacional, instrucción que permite obtener la comprensión que indica que la búsqueda, las investigaciones, los experimentos, los ensayos son opciones, de los **OXILOGENOS** que conforman el pensamiento, la imaginación, de la identidad llamada inteligencia o facultad modificadora, investigar con sus pasos asociados son el propósito de toda intención que desea resolver y obtener repuestas, concluyentemente, la búsqueda, investigación, experimentos **para adquirir el conocimiento que resuelve**, en este caso de los cuadros clínicos mediante la obtención de los **compuestos químicos** que conforman la **arquitectura estructural molecular** útil específicamente en el objeto de la reivindicación.

Cabe apuntar de la forma más enfática que, así como ésta referente gota de agua y también otras entidades, no siendo de riesgo alguno, por una inapropiada fase de la **OVUSECUENCIACION** entra en el manto de **OXILOGENOS** libres a ser desplazado por el corredor de la deglución y terminar en contacto directo con el **SAGITALIZADOR del paso**, y después por las secuencias traumo-lógicas, se activan en un sector del manto de **OXILOGENO libre**, y surge que otras partículas libres que no han estado en ningún contacto directo con la identidad de la gota de agua, que está en incidencia con el **SAGITALIZADOR del paso**, esas partículas separadas, por causa de las informaciones recibidas desde otras partes del cuerpo humano, se suman muchas partículas y conforman nuevas identidades con componentes patológicos y entre ellos de un alto nivel de riesgo o de pausa metabólica. Corriéndose el **riesgo** que en este tramo del proceso los **profesionales que no tienen el conocimiento del perfil HmolikC,** observe las identidades con los componentes patológicos de alto riesgo y por el desconocimiento, en su ficha técnica del análisis, diagnostican la presencia de un huésped, con componentes patológicos de alto riesgo, presencia que se observa, pero no es una presencia que ha llegado del exterior y, así en el diagnóstico los profesionales lo vinculan, ante la realidad por supuesto sabiendo que está sucediendo desde el ángulo del **perfil SDF HmolikC,** es que los **OXILOGENOS libres** han evolucionado asumiendo el aspecto y constitución conjunta operativa, de nuevas anatomías patológicas.

Yo, Holmes Molik Candelo, poco mencionare a las identidades referentes a composiciones multicelulares, porque los apuntes contenidos en el **perfil HmolikC,** expresa el lenguaje de los **valores,** que están comprometidos con el lenguaje del **código fuente de la operatividad de la partícula MPU(***La patología de transmisión de información genética***),** de la **arquitectura estructural de la infraestructura genética,** esta infraestructura como partícula existente hace partícipe a otra partícula que está adjunta en incidencia **activa** a ella, con el objeto de que se vincule a la información remitida y tome un aspecto expreso con función específica, o el otro caso para que sea útil sin cambiar su aspecto, en ser únicamente transmisora para que informe y los **valores** se trasladen en la distancia, a otra partícula o a una identidad (en el entendido que toda identidad está conformada por muchas partículas).

Razón de ser del en **SÍ genético** para el **perfil HmolikC.**

La percepción más concluyente que se puede tener de la razón de ser del en **SÍ genético** para el **perfil HmolikC** son estos eventos;

Estar en su condición original

Evolucionar su condición original
Orden
Organización
Ciclos
Gestión de valores precisos
Sincronía y armonía del conjunto
Preservación

Retorno a la condición original.

La TERCERA: corresponde a un **retorno de una identidad roja originado en el mismo plano.**

Para no tomar otra referencia como ejemplo continuemos con la gota de agua, esta gota de agua se ha desprendido del **SAGITALIZADOR del paso** (pueden presentarse en este evento conservando el color rojo o presentarse de color rojo oscuro) pues bien, como ya está explicado si la partícula toma un tono oscuro sigue el proceso crítico.

Entonces consideremos la partícula que ha conservado el color rojo tal como llegó al **SAGITALIZADOR del paso,** que se ha desprendido y está en el medio del plano del manto, pero si está rodeado de partículas rojo claro, en cualquier momento por una circunstancia de impacto sintomatológico, como la **tos,** estornudo, o actividad fonética fuerte, la gota de agua y sus partículas rojo claro que se adjuntan lógicamente que pertenecían al plano de **OXILOGENO libre,** por las acciones mencionadas salen expulsadas al exterior del reciente hospedador.

Afuera del mismo hospedador está rodeado por un perímetro de protección de seguridad **OVUSECUENCIADORA** cómo referencia, el antebrazo tiene la distancia de su radio proporcional a la constitución anatómica, igualmente es para el brazo, el tronco o la cabeza, **en la imagen siguiente** se puede ilustrar en color verde claro el perímetro de seguridad o área fuera de peligro, también está la imagen que corresponde a la cabeza y muestra el perímetro fuera del peligro dentro de un círculo de color fucsia y el perímetro de riesgo está señalado con una flecha roja que sale del círculo fucsia.

La diferencia de los dos perímetros, es muy relevante saberlo y entenderlo porque los **cambios constitutivos** que surgen en los dos perímetros, registran en el perímetro **OVUSECUENCIADOR** de la identidad (porque vale repetir) para la comprensión que toda identidad para llamarse así la conforman muchas partículas y entre ellas sus propias protectoras partículas **OVUSECUENCIADORAS,** también hay que repetir que toda identidad en su conjunto tiene identidades internas y cada una tiene su grupo de partículas **OVUSECUENCIADORAS,** en este caso el ser humano tiene protección **OVUSECUENCIADORA** en cada uno de sus componentes que lo conforman internamente y a su vez todo el aspecto corporal tiene otro protector de seguridad externo.

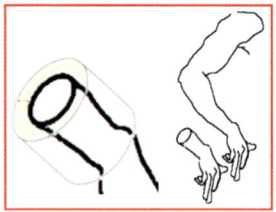 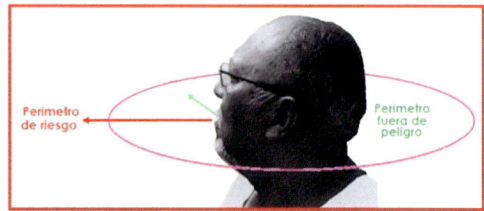

Los **cambios que surgen** en la infraestructura operativa que origina cualquier información o valor en la transmisión tiene encriptada los **valores** que cuentan su función y dependencia temporal, entonces al realizar una actividad que constituya su función, se está indicando que toda trasmisión o información que genere llevará congregado un **total,** esto instruye que en los **valores** que conforma el **total** se encuentra el **valor** que lo identifica. Ahora bien, entre esos **valores** que conforman el **total** en referencia se encuentran los **valores** en los cuales está la información de los **cambios, todos distintos**, que surgen **en las dos áreas** o perímetros de riesgo y la de fuera de riesgo.

Estos datos son muy importantes porque el sistema **SDF HmolikC,** en la **decodificación y codificación** *de las informaciones, bien sea de anatomía patológica, biopsia, muestra de un tejido, reacción en zonas dermatológicas o picos de niveles de componentes en la sangre, orina u otros recursos requeridos en una analítica bioquímica,* el **sistema SDF HmolikC** al decodificar y codificar estos **valores** identifica su procedencia y la composición de los totales que incorporado cuenta la historia exacta.

Concluyentemente a) la partícula roja que ha **salido al exterior**, que en su estancia ha permanecido en el área **interna del círculo fucsia fuera de riesgo** y retorna al interior de su hospedador, pasa por el mismo proceso de ser **adecuadamente OVUSECUENCIADA** oral o nasalmente, y seguidamente ya **rodeada** de partículas **amarillas** que identifican a la **apropiada OVUSECUENCIACION**, entran en el manto de **OXILOGENOS libres** y se **activaran los pasos normales** de la deglución y en ningún momento entrarán en contacto con el **SAGITALIZADOR del paso**.

Concluyentemente b) la partícula roja que ha **salido al exterior**, que en su estancia ha permanecido en el área interna del círculo fucsia fuera de riesgo y retorna al interior de su hospedador, pasa por el mismo proceso de **SER** y **NO SER** adecuadamente **OVUSECUENCIADA** oral o nasalmente, y seguidamente **SIN SER** rodeada de partículas **que protegen,** instruyendo en consecuencia que **NO** ha obtenido la apropiada **OVUSECUENCIACION,** entran el manto de **OXILOGENOS libres** y se **activarán los** pasos que marcan **la anormalidad, el proceso del riesgo** en la deglución y seguidamente entrará en **eminente contacto** con la identidad del **SAGITALIZADOR** *del paso* de color verde.

En el caso que siga la secuencia de un cuadro clínico de alto pico de gravedad, y ser letal**,** se puede **NOTIFICAR,** según los apuntes del contenido de los conocimientos adquiridos en el perfil **HmolikC.**

CONFIRMARÁ *con responsabilidad JURÍDICA, que la muerte la causó una variante de la inadecuada OVUSECUENCIACION de una gota de agua pura e inofensiva en su constitución, mediante la segunda oportunidad en el proceso circunstancial de retorno.*

Los eventos con sus componentes nombrados afectados por la mala **OVUSECUENCIACION** *de una identidad ingerida e inofensiva al ciento por ciento, sin salir al exterior producen* **35 variantes de influenza o gripe** *y el punto relevante de esta anotación, es que la infección o actividad viral se hace* **comunicando lo irreal,** *confirmando que los componentes patológicos agresivos penetraron desde el exterior del paciente vía oral o nasal, la verdad es que se ha originado y metabolizado la agresividad en los* **OXILOGENOS libres** *del paciente. Evidentemente antes de la mala deglución estos* **OXILOGENOS libres** *en referencias han permanecido en un estado sano.*

Este mismo procedimiento se presenta con las variantes del COVI, son el producto de la INADECUADA OVUSECUENCIACION, y en alguna de las variantes no es otra cosa que el retorno, que en su ciclo de preservación metabolice su patrón más alto de OVUSECUENCIACION que le permita entregar a las partículas de su antiguo hospedador u otro nuevo, recibir y aceptar la disponibilidad (de la llamada descomposición gradual y finalmente la

*MAL llamada **MUERTE**) y reducir la capacidad a sus **OXILOGENOS** dependientes y envolventes, la óptima receptividad de valores que le permite responder en la operatividad de preservar los tiempos del ciclo de existencia en esa entidad orgánica, cuerpo humano.*

La **imagen 18**, se ve una resonancia magnética, en la zona del corredor de la deglución de forma muy tenue, se observa la alteración irregular del manto de **OXILOGENO libre**, se presentan puntas, que en su extremo está comprometido el **SAGITALIZADOR del paso**, estado indicador que se encuentra sin lugar a dudas una identidad roja en incidencia directa, la identidad roja y la identidad verde, también muestra el manto del **OXILOGENO libre**, reiterando que su conformación está contenida de muchas partículas blancas, en imagen más ampliada del manto de **OXILOGENO libre**, al lado de la resonancia magnética, se ve el manto para reiterar que la conforman muchas partículas y que alguno de sus planos están comprometidos con puntas.

Para proporcionar la comprensión, se puede asociar las secuencias ampliadas de la forma más detallada, se observa una serie de partículas blancas adjuntas en fila, que en su extremo se encuentran haciendo contacto directo con la identidad roja, y esta identidad, la partícula roja huésped está en contacto directo, con el **SAGITALIZADOR del paso** verde, en la parte central abajo se ve la misma ampliación, pero en esta se encuentra en línea las partículas al **OXILOGENO libre** haciendo contacto directo con la identidad roja y esta a su vez en contacto directo con el **SAGITALIZADOR del paso**, que así se presenta cuando la fila del plano termina en un extremo en punta, presentando eventos críticos en proceso.

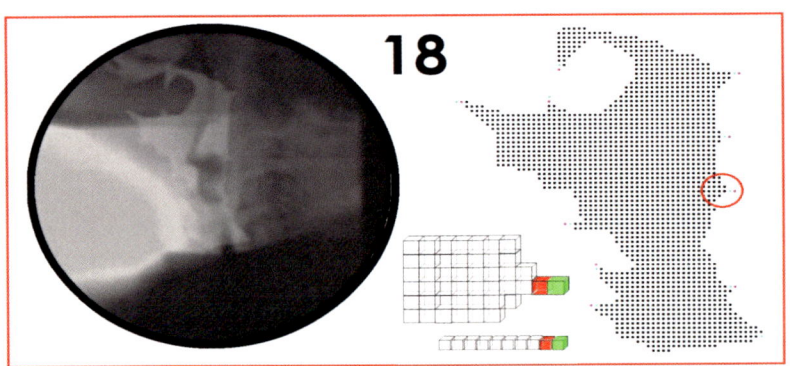

La **imagen 19**, apreciación general del corredor de la deglución

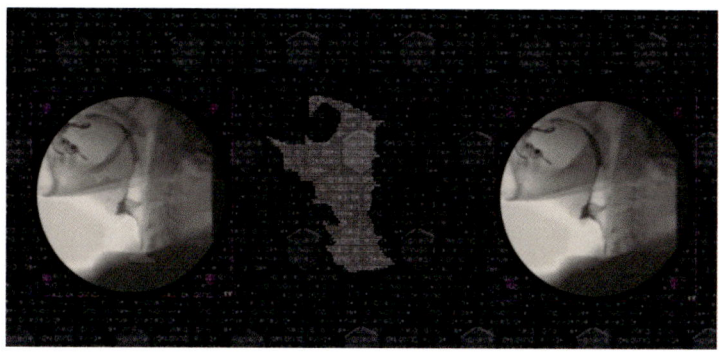

La **Imagen 20,** en esta imagen se muestra el plano de **OXILOGENO libre** que se encuentra en el corredor de la deglución, por él está transitando una gran cantidad de identidades representadas con partículas en diferentes tonos del color ocre, que pueden ser sólidas, ser líquidas, gaseosas o coloidales, y también se encuentra la identidad roja haciendo contacto directo con la identidad **SAGITALIZADORA del paso** de color verde.

En caso que la identidad roja haga contacto directo con el **SAGITALIZADOR del paso**, y no haga parte de la misma composición patológica del grupo de identidad del color ocre puede generar reacciones hasta llegar a producir el ahogo de facto.

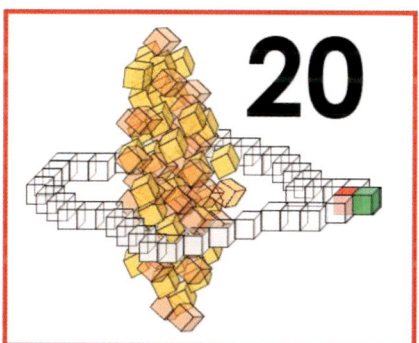

INCIDENCIA DE CARAS DOMO

La **imagen 21,** muestra un fragmento del plano, ilustrando que en su interior hay partículas de **OXILOGENO libre**, para continuar y proporcionar más comprensión, se les adjudica un orden indicando que sus caras están incidiendo, pero es de aclarar que las partículas de **OXILOGENO** también pueden incidir por las caras angulares **DOMO**, que respectivamente transmiten información relevante, a este recurso de mostrarlas en un orden entendible, para indicar que es un orden que ofrece el estado del funcionamiento normal.

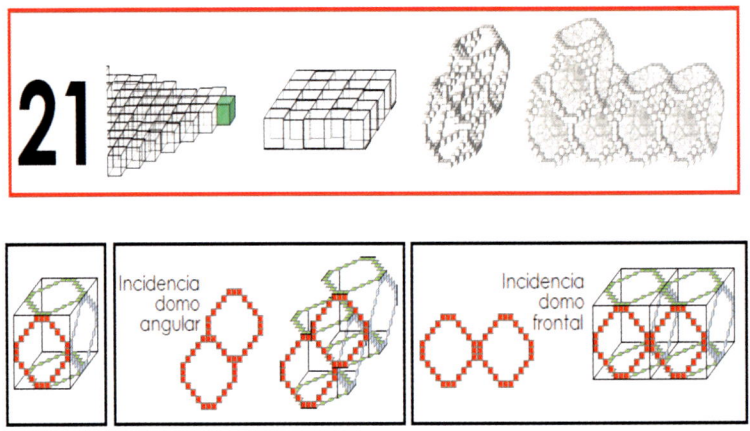

La **imagen 22**, muy claramente se ve que las partículas no presentan el orden referenciado en la imagen 21, representación identificadora que, al hacer incidencia o contacto directo, el huésped rojo con el **SAGITALIZADOR del paso,** se producen sintomatologías de impacto, entre una de ellas se presenta la **TOS**, la repercusión del impacto genera en el **SAGITALIZADOR del paso**, información (valores) de forma independiente, y en paralelo en forma simultánea, el huésped rojo como identidad en su constitutiva funcionalidad también genera información muy distinta e independiente, en consecuencia los **OXILOGENOS libres**, se convierten en receptores de la información originada de los dos emisores, que son la identidad roja y verde.

En el caso que el hospedador en el proceso de estos eventos, tome o ingiera identidades o partículas adecuadamente bien **OVUSECUENCIADAS**, al llegar al **SAGITALIZADOR del paso**, de igual manera a la identidad roja (el **OXILOGENO libre** al ser receptivas de cualquier información pierden su estado libre incorporándose a una vinculación funcional temporal) al ingerir entidades bien **OVUSECUENCIADAS**, las partículas del manto pueden mermar el nivel de agresividad.

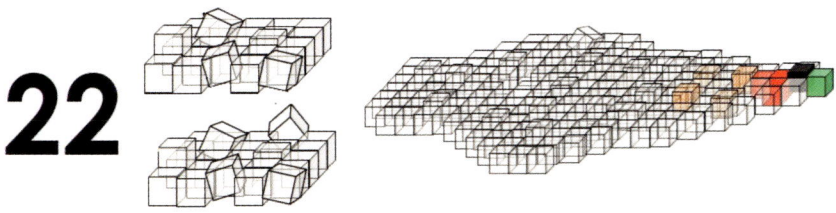

La **imagen 23**, aquí tenemos el plano, mucho más ampliado y muestran en detalle las partículas componentes y las representaciones de reacción de los mismos, se puede observar los **OXILOGENOS** en posición alterados, tanto los cercanos como los retirados del núcleo del suceso en el extremo donde se encuentra la identidad roja, la identidad verde el **SAGITALIZADOR del paso**.

Es muy importante la representación de dos sectores o más que estén, separados uno/s en el medio del plano y otro en contacto en donde se encuentra el **SAGITALIZADOR del paso,** en estos sectores hay un grupo de partículas en tono rojo claro, rodeando a la partícula roja, esta representación ha adquirido un tono más oscuro, al proporcionar explicación respecto a la partícula/s roja/s oscura que se encuentra en el centro del plano.

Existen **dos razones** por el cual se encuentra separada del **SAGITALIZADOR del paso verde**, una razón es porque está cumpliendo su segunda etapa después de la reacción de impacto, entre las razones existentes, ahora nos estamos refiriendo a la **TOS**, evento sintomático que en el acto registrado genera valores de información, desde la infraestructura operativa interna del **OXILOGENO libre**, en la forma más rápida transfiere la lectura y consecuentemente la proyecta en los sectores de los componentes internos y externos.

Estos contenidos proyectados, estos valores son los que se le suministran al sistema **SDF HmolikC**, al procedimiento de su operatividad, seguidamente los **codifica y decodifica**, en el cual ejerce el reconocimiento de constantes e inconstantes, y en sus resultados exactos, proporciona cuales son los valores que corresponden, que identifican a los componentes que se deben atender con urgencia.

PROCEDIMIENTO

La PRIMERA de las opciones válidas es intervenir, activando la sustracción, utilizando el recurso de la biopsia en el lugar del cuerpo en donde se encuentran potencialmente los valores específicos que se requieren, en el cuerpo humano del paciente, a estos valores al extraerlos sin permitir que salgan del perímetro de seguridad externo, se localizan en el interior de la boca, debajo de la lengua por un espacio de tiempo de 30 segundos, al sacarlos sin salir del perímetro de seguridad externo del paciente, se guarda en un recipiente la muestra, teniendo en cuenta que en el interior del recipiente se tiene dos elementos, una muestra del huésped y un pequeño tampón oral, seguidamente estando estas tres partes en el pequeño recipiente de cristal, se agita sin salir del perímetro de seguridad, pasado 30 segundos, se saca el tampón y se coloca detrás de la lengua y cada que la glándula linfática haya producido una cantidad de saliva, que cuando produzca en el paciente la sensación de **escupirla**, en ese entonces hace lo contrario, la ingiere en tres sesiones, siempre con la precaución de no tragarse el tampón, cuando haya pasado la cantidad de las tres porciones, espera que vuelva a generarse más saliva y repite el procedimiento, este procedimiento lo repite durante cuatro ocasiones, después se extrae el tampón, siempre sin salirse del perímetro de seguridad externa, y lo introduce dentro de otro pequeño recipiente en donde sólo se encuentra otra muestra del huésped en condiciones previamente procesadas, lo que indica que en este segundo recipiente no hay tampón, ya estando el tampón que se extrajo de la boca y la nueva muestra del huésped en el interior del recipiente se procede a taparlo, entonces después de cuatro horas, el paciente puede destaparlo dentro del perímetro de seguridad, y activar el procedimiento de introducirlo debajo de la lengua y dar los pasos anteriormente realizados, estos momentos que comprenden el tratamiento es lo suficiente para que el paciente elimine la agresividad del huésped y los efectos secundarios que estén evolucionando, que el huésped ha originado.

La **SEGUNDA de las opciones válidas,** es hacer el reconocimiento de los valores, que proporciona en el resultado el sistema **SDF HmolikC,** identificar en ellos los valores que identifican las albúminas y los componentes químicos involucrados que están en la proyección de constantes haciendo incidencia y que estén afectando al paciente**,** proporcionando criterios de anormalidad, generando una serie de alteraciones metabólicas, observar rigurosamente los totales de las constantes más predominantes, seguidamente decodificar y al resultado del compuesto químico que se obtiene hacer la comparativa con las incidencias proyectadas del valor que compromete al diferencial entre las partículas adjuntas, y se obtendrá con exactitud la **arquitectura estructural molecular** del fármaco que se requiere, para hacer el desempeño igual que la muestra de la **biopsia referente en la primera de las opciones válidas.**

Entonces se tiene a disposición, **tomar la decisión** en el momento que se obtiene preparado el fármaco como lo indica la **arquitectura estructural molecular,** y suministrar igual que el procedimiento con el tampón oral, y sólo tomar la precaución del perímetro de seguridad, cuando se extraiga el tapón de la boca y se introduzca en el segundo recipiente e igual en el procedimiento subsiguiente**, o tomar la decisión** de suministrar el fármaco por vía intravenosa, y los resultados igual de exactos.

Mencionadas anteriormente, **estas dos válidas opciones,** constituyen la activación del funcionamiento de la razón de ser de los conocimientos adquiridos en la investigación que generó la *programación operativa de las plantillas* del sistema **SDF HmolikC.** Herramienta y *conocimientos congregados totalmente nuevos.*

SDF HmolikC*, como se ha afirmado en párrafos anteriores, no necesitan de* **investigaciones** *o innumerables* **ensayos** *porque ya se tiene la facultad adquirida de cómo decodificar los valores que* **proporciona la ficha técnica***, que como resultado es el fármaco que corresponde a* **su** única **arquitectura estructural molecular,** *y no entrar en la búsqueda, investigar, experimentar en la dimensión de las probabilidades.*

Manifestaba más atrás, que existían dos **razones** por el cual se encuentra separada del **SAGITALIZADOR del paso verde**, y ya está explicada la primera razón.

La **segunda razón,** es porque está en su proceso de retorno, esto explica que ésta entidad ha estado antes en este hospedador y por circunstancia ha sido expulsado oral o nasalmente,

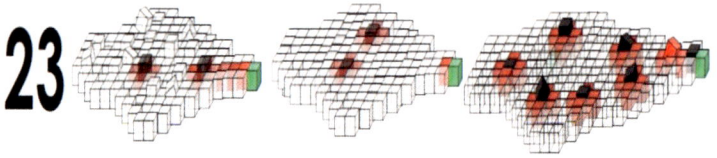

SAGITALIZADOR del paso, son partículas según se expresa en el contenido del **perfil HmolikC** que están en el borde del manto, tiene la particularidad de activarse en circunstancias excepcionalmente extremas y en consecuencia ejercen comunicación con los **SAGITALIZADORES** que tienen comunicación con **OXILOGENOS libres** de los órganos principales, transmitidos por el sistema nervioso en la región faríngea, laríngea, las vías aéreas digestivas, el sistema linfático. El resto del sistema nervioso envía valores, información en ambos sentidos al cerebro y otras partes del cuerpo, la médula espinal**,** en la espalda desde el cerebro, nervios en su interior, filamentos que se distribuyen hasta todos los demás órganos y partes del cuerpo.

Se puede afirmar que la partícula huésped establece incidencia en los **puertos Hábitats** con el **SAGITALIZADOR del paso** circunstancia confirmadora que la partícula es una identidad que va a generar traumas leves, pasajeros, o críticos, ya estando esta partícula en incidencia con el **SAGITALIZADOR del paso**, todos y cada uno de **los OXILOGENOS que conforman el manto de la deglución** están reaccionando en el **puerto hábitats RESOLUCIONADOR de SUCESOS genéticos** del en **Sí GENÉTICO** y están transmitiendo neurológicamente **valores** de la novedad en curso.

Es importante notificar que cuando se incorpora la palabra – NOVEDAD – es un recurso o presencia en la percepción de la voluntad del ser humano y no existe para la operatividad genética, clara indicación que para funcionalidad genética no existe la novedad.

[sagitalizador] receptor del AS. El puerto en donde se activa la función del **[resolucionador] en Sí,** también el puerto activador del **operador**

generativo de sucesos, la distancia y la posición son determinantes para percibir el aspecto de la **percepción espiral**. Ésta se acopla como un engranaje generando el registro o acople de transferencia constitutiva.

Antes de entrar a explicar de qué se trata, para que sirve, y cómo funcionan los **puertos hábitats**, el **RESOLUCIONADOR** *de sucesos* y el en **SÍ genético**, se tiene que precisar los estados de incidencia de las partículas adjuntas.

Cuando la partícula roja está rodeada de partículas de color amarillo que corresponde a la adecuada **OVUSECUENCIACION**, en el manto del **OXILOGENO libre**, el evento se reconoce como **incidencia no obstructiva**,

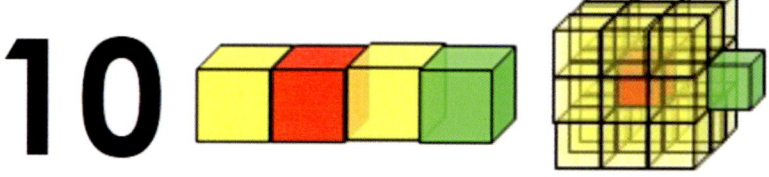

Se inicia una etapa poco recomendable, **incidencia de obstrucción**, circunstancia que altera la normalidad de la salud, se presenta cuando el huésped de color rojo se encuentra en contacto directo con el **SAGITALIZADOR del paso** de color verde.

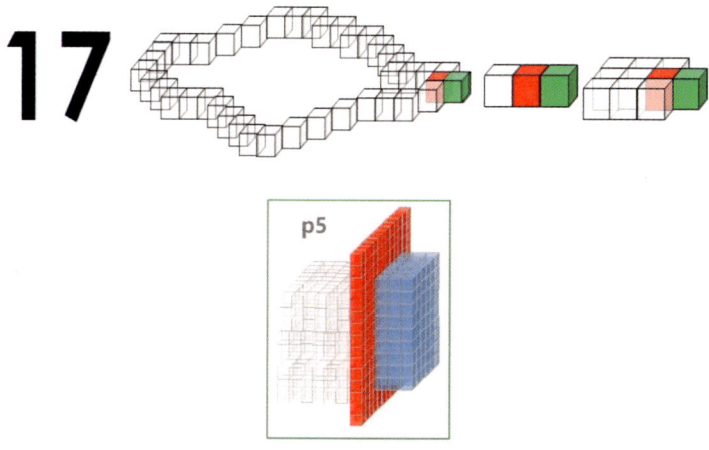

93

Partícula, que tiene un aspecto exterior e interior con características muy específicas, en la siguiente **imagen Pin 1,** podemos observar que en la ilustración **a),** dentro de un recuadro verde se encuentra la partícula de **OXILOGENO o MPU**, se encuentra señalada la **cara frontal DOMO** y corresponden a 6 caras **frontal DOMO** y la cara angular **DOMO**, y a las cuales le corresponde 8 caras angular **DOMO**, a su lado la ilustración **b)** se instruye cuáles son los espacios ocupados por las caras frontales **DOMO**, y las posiciones de las caras angular **DOMO**, estas caras con sus específicas características son las referentes zonas en donde se encuentran los puntos de incidencia, puntos de contacto físico con su adjunta partícula, transmisores de información.

Imágenes Pin 1

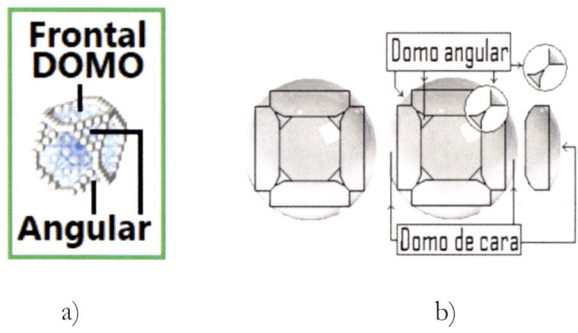

a)   b)

Imágenes Pin 2, para continuar con las secuencias que permiten la comprensión, podemos ver la **ilustración a)**, vemos un cubo encima de un plano que corresponde a la representación de seis partículas que rodean, a su lado otro cubo, que sobre el cual se muestra las zonas de cada cara, tanto las frontales como angulares, al lado, las caras frontales indicando su posición en el fondo o posterior, la del lado izquierdo y la cara que hace contacto con la parte inferior o base, enseguida la **ilustración b),** nos reseña en un dibujo más técnico la composición y posición de las partes o caras, en el cubo que conforman.

imágenes Pin 2 a)

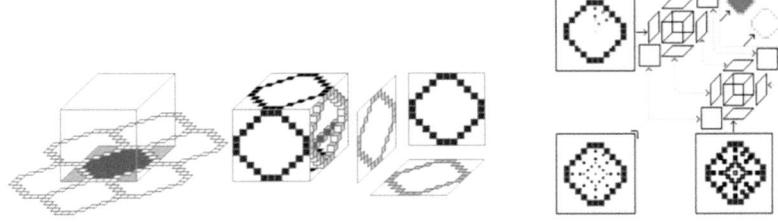

Estas caras tanto las 6 caras **DOMO** y las 8 **caras DOMO angular**, presentan puntos específicos vinculados, que según el contenido del **perfil HmolikC** se les denomina **Puertos Hábitats de Incidencia,** (referencia, contenida en el recurso nuevo del **perfil HmolikC**).

Imagen Pin 3, en la **ilustración a)** se presenta en un formato más ampliado el contenido de las caras frontales, de forma específica la conforman puntos muy referenciales o **Puertos Hábitats de Incidencia**, la correspondiente ubicación de cada Puerto Hábitats de incidencia, registra un orden y es muy importante para catalizar la correspondiente presencia de la función del **SAGITALIZADOR de sucesos genéticos** o dicho de otra forma, la específica información que se genera o se transmite, en la **ilustración b)**, se resalta en la zona superior derecha unos puntos, porque son los que nos van a ser útil en las explicaciones posteriores, la **ilustración c)**, se ha optado por incorporar una cuadrícula, indicando que en cada cuadrante queda incorporado un punto o más, también se presenta la imagen apreciativa que indica como se ve la cara desde dos perspectivas con su respectiva cuadrícula.

Imágenes Pin 3 a)

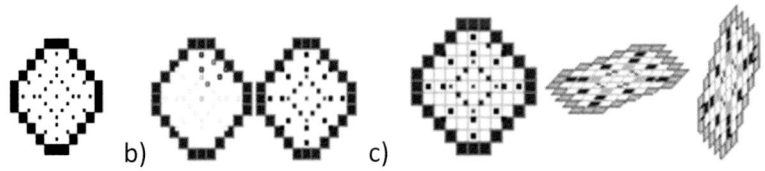

b)   c)

Estos **puertos Hábitats** son de la máxima relevancia, en la **imagen Pin 4**, y constituyen la escala referencial para las plantillas identificadas con el valor **1457** ya mencionada una de ellas e ilustrada con la imagen correspondiente, plantillas operativas en los componentes del sistema **SDF HmolikC**, con este prototipo de plantilla se hace el **reconocimiento manual y artesanal**, esta misma plantilla es una de las útiles diseñadas y que hacen parte importante en la funcionalidad de la **herramienta SDF HmolikC**, para responder con la razón de ser de su funcional operatividad, y su misma configuración de la arquitectura operativa, están en el estado apropiado para producir el dispositivo electrónico o la aplicación sistematizada.

Imagen Pin 4

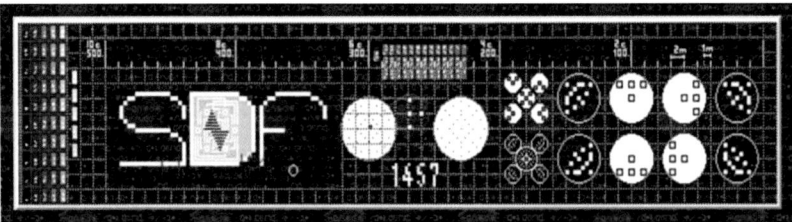

Estas caras de la **siguiente imagen Pin 5**, tanto las 6 **DOMO caras** y las 8 **DOMO caras angular**, como se ha presentado en la **imagen Pin 3**, presentan puntos específicos vinculados, se les denomina como bien ya se ha mencionado **Puertos Hábitats** de Incidencia, lo que indica que se está entrando en los componentes internos de cada partícula u **OXILOGENO**, en la **ilustración a)**, está mejor definidos los puntos que se presentan en las caras de la partícula, entonces en la **ilustración b)**, se selecciona en un cuadrante en la parte superior derecha, en la **ilustración c)**, se presenta el cuadrante más ampliado y permite ver los puntos mucho más grande con el aspecto apropiado para instruir de forma constituyente que son ventanas por la cual se despachan, se emiten o se reciben los valores en el código fuente genético, dicho de otra forma, ventanas por donde despachan o reciben los escritos de la información.

Imágenes Pin 5 a)

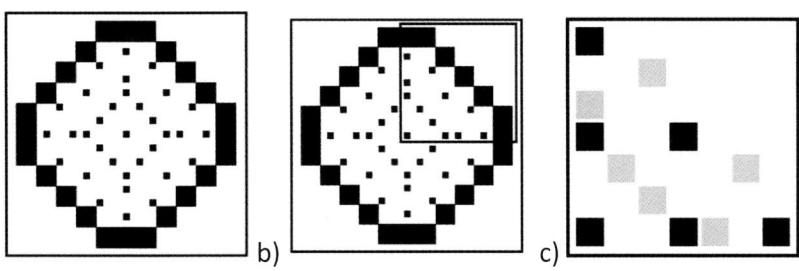

b)   c)

Siguiendo rigurosamente a las ventanas mencionadas, entonces ahora me voy a dedicar a explicar el mecanismo de las ventanas de la plantilla **1457**, inspiradas en la **operatividad de incidencia genética** de la partícula, tal como se observa en las **imágenes Pin 6a)**, respectivamente el cuadrante ampliado se le ha incorporado la retícula o cuadrícula, y en cada cuadrante que corresponde a un punto o ventana, se presentan en tonos más fuertes, en la **ilustración b),** se percibe que la imagen está invadida de gráficos que alteran lo que se puede llamar, la normalidad de la *ilustración anterior* a), significa que la plantilla está en contacto o las ventanas están en contacto físico con una adecuada imagen ORTOCROMATICA o PANCROMÁTICA, en la **ilustración c)**, se puede ver que una de las ventanas focalizada o seleccionada por la intención del reconocimiento de la persona observadora.

Entonces para continuar con la secuencia tenemos la **ilustración d)**, en un formato más grande, claramente con un círculo que señala la ventana de la cual es referente, para proporcionar comprensión, como se ve seguidamente la **ilustración, e)**, corresponde puntualmente a la ventana mucho más amplia, que, en la ilustración anterior, está dentro de un círculo, ésta ventana con fondo blanco, en la interior muestra los gráficos que constituyen a la información que se codifica o decodifica.

Imágenes Pin 6

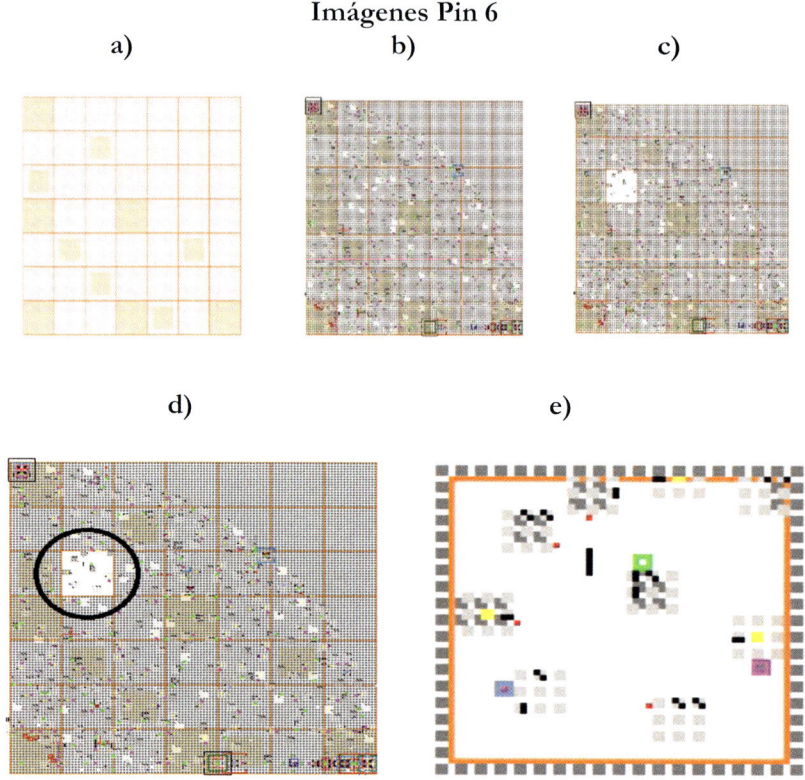

a)   b)   c)

d)   e)

Imagen Pin 7, El gráfico que presente este tono gris, está representando los puntos de localización específicos de la cuadrícula, señala el estado de incidencia y contenido de los valores emitidos o recibidos, estos valores indican cómo se constituyen la información.

Imagen Pin 7

El gráfico que presente este tono
está representando
los puntos de localización
específicos de la cuadricula

El gráfico que esté conformado por estos 9 cuadrados en este tono gris más claro, como se señala en la **imagen Pin 8**, presenta las constantes o partículas en incidencia.

Imagen Pin 8

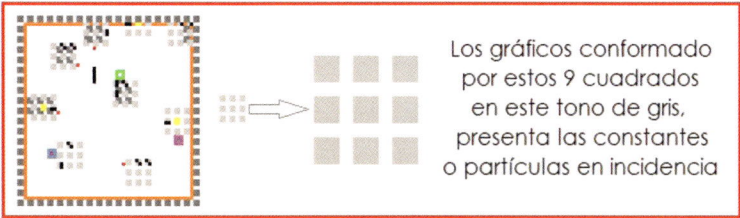

Se pueden presentar estas tres circunstancias como se ilustra en la siguiente **imagen Pin 9**, la **ilustración ini 1**, la **ilustración ini 2** y la **ilustración inic**, presentan a los planos cuadrados en tono gris claro, posicionándose, situándose sobre la cuadrícula de muchos cuadrados de color gris oscuro.

Apreciación que indica que conforman cada ventana de la **plantilla 1457**.

Plantilla 1457

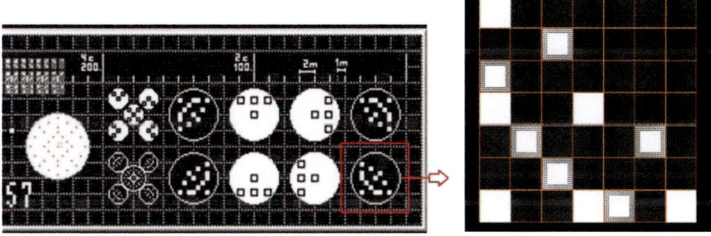

Se muestra en la **ilustración ini 1** y la **ini 2** que los nueve cuadrados grises claro no empalman, no casan perfectamente, en los cuadrados gris oscuro, dicho de otra forma, no registran con precisión, pero en la **ilustración inc** el registro es perfecto, al presentar estos tres eventos, cada una notifica el contenido de una lectura distinta, así el contenido de la composición gráfica sea igual.

Imagen Pin 9

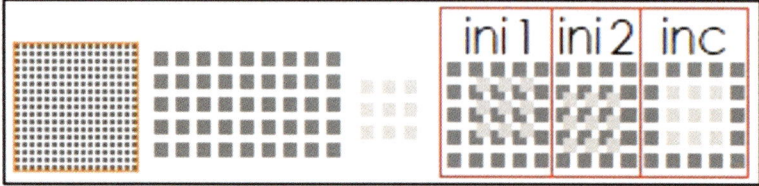

La **imagen Pin 10**, estando en observación directa con los 9 cuadrados en gris claro vemos la **ilustración 1**, en donde cada uno de los 9 cuadrados no presenta contenido, pero en la **ilustración 2**, si se ve que algunos de los cuadrados están parcialmente ocupados por gráficos ortocromáticos, dicho de otra forma, presentan una lectura.

Imagen Pin 10

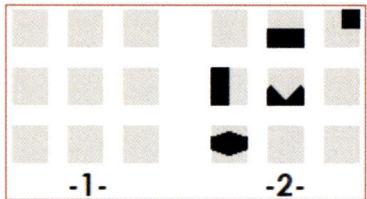

La **imagen Pin 11**, nos proporciona la relación constituyente entre la cuadrícula de la rejilla de la ventana, y la posición. En la **ilustración Igyc**, nos muestra el área completa de una ventana y en los respectivos bordes demarcada con la línea de color naranja y en el interior de la ventana se ve presencia de varios grupos de los 9 cuadrados gris claro con contenido gráfico de información, y en línea punteada de color azul se muestra la zona superior de esta ventana.

Al lado en imagen más ampliada, se muestra la parte superior de la ventana, se puede ver de color verde bien resaltado identificado con el **IV,** que en el grupo de 9 cuadrados gris claro, o planos en los cuales se proyecta la información cuando la contiene, en estas demarcaciones verdes está convalidando la información, significa que si es codificable y decodificable.

También muestra demarcando en recuadro de color rojo, indicando que, en la zona correspondiente al marco de la ventana de color naranja, se presentan ubicados grupos de los 9 que proyectan la información, pero ésta información identificada con **el INV**, no es información válida para que en esa ventana de la plantilla del sistema **SDF HmolikC** sea codificada o decodificada satisfactoriamente.

Imagen Pin 11

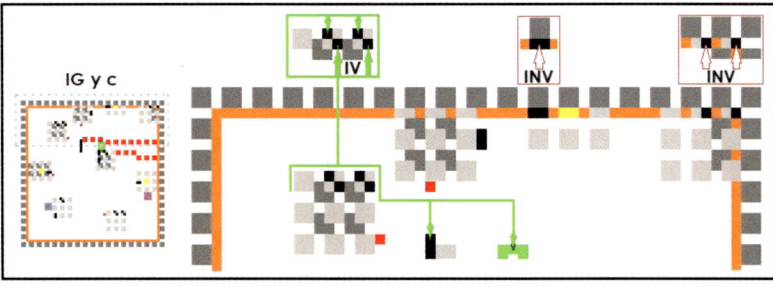

Para más concreción, todo gráfico que se encuentre dentro de cada uno de estos 9 planos cuadrados, bien sea en imagen ortocromática o imagen pancromática, como lo instruye en la **imagen Pin 12**, es porque se tiene sin duda alguna en observación, la presencia de los gráficos del código fuente, incorporado en las plantillas, mostrando la lectura de valores que revelan la información. Los diferentes tonos que se observan en la **ilustración pancromática**, referencian todas las tonalidades de grises o cualquier valor en tono continuo de origen POLICROMATICO, llamado también, **PROGRESIVIDAD de la intensidad del porcentaje**, o coloquialmente, presentación de contenidos desde lo más claro a lo más oscuro.

Imagen Pin 12

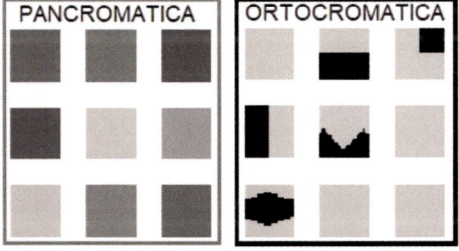

En la ilustración ortocromática, es muy importante aclarar, que los 9 recuadros se presentan en este tono gris para facilitar la comprensión del espacio que le corresponde ocupar al gráfico de la información, también es importante aclarar, que estos recuadros en este tono gris donde va la información y los recuadros que conforman la cuadrícula o rejilla sólo están incorporadas en plantillas independientes, que prestan la utilidad en los 9 cuadrantes, el registro preciso de ocupación del gráfico de la información.

Por otro lado, los cuadrantes que siempre se representan en un tono más oscuro y corresponden a la cuadrícula, prestan la utilidad de la métrica que proporciona el punto específico de la ocupación de la información en el mapa de la ventana, como esta ilustrada en la siguiente **imagen Pin 13**, ventanas de rigurosa observación, ventanas de normal observación, también se hace una selección del nivel de relevancia a las ventanas, unas de color azul indicando que se hace una observación normal y las otras de color rojo que exige la observación rigurosa (**Capturar Constantes Comprometidas**).

Imagen Pin 13

Continuando con las correspondientes explicaciones, que permita entregar paso a paso las características de la parte externa e interna de la partícula, los componentes y circunstancias apropiadas que se activan para ejercer su razón de ser de su operatividad, y entregar en este caso que me ocupa, los criterios y procedimientos asociados de los conocimientos adquiridos en el contenido de las investigaciones anotadas en el **perfil HmolikC**, en uno de sus resultados entrega la **arquitectura estructural molecular, única en su género** del fármaco ***antídoto de reacción químico viral*** **ANDREAQVI** entre otros útil al 100 x 100 para *combatir la agresividad del llamado COVI. (sin contradecir manifiesto, que con la misma fórmula literal química si se pueden preparar muchos fármacos, para más comprensión, con determinada cantidad de número del sistema decimal, se pueden escribir muchas ubicaciones cardinales localizables en la tierra, pero sólo una identidad de registro y combinación de los números asociados de la latitud y longitud señalan un único lugar en la tierra).* Entonces repito y lo he manifestado en pasados correos electrónicos, de la OEPM, en contestaciones a sustentaciones y en comunicación de correspondencia establecida en explicaciones requeridas y publicadas.

Particularmente porque siempre me envían, la OEPM, vuestras referencias en las cuales apoyan el válido punto de apoyo, de los cuales estoy de acuerdo.

Este anterior punto específico, hace parte de la OEPM en vuestras bases, otro de ellos es que me dicen textualmente que **además de la fórmula química se tiene que proporcionar la arquitectura molecular y la fórmula desarrollada.**

Ante esos puntos de vista, me permito decirles que estoy muy de acuerdo y lo voy a escribir como si yo lo tengo que exigir, **que además de la fórmula química se tiene que proporcionar la arquitectura molecular y la fórmula desarrollada.**

Son muy buenas respuestas directas, y tengo la capacidad de proporcionarles, refiriéndome a la fórmula desarrollada, que en su presentación proporciona a los profesionales facultados en estas técnicas de preparación de fármacos, dicho de otra forma, la hoja de ruta, **y en varias contestaciones dije la razón, pero no le prestan atención** porque consideran que vuestra fuente de conocimientos es la exigencia única y estricta para avanzar, de forma favorable.

Cuando hablo de vuestros criterios, que son razonablemente, y lo digo con mayúscula **MUY VÁLIDOS.**

Pero la técnica desarrollada y la implementación asociada de mis referencias de conocimientos que me facultan son muy distintas, porque **es un conocimiento totalmente nuevo** y por ello, en esta larga explicación les estoy presentando el panorama, con sus pasos más relevantes repetitivamente y así contribuir para que se permitan obtener la compresión con exactitud, que la interrelación de la cantidad de secuencias comprometidas y lo digo con mayúscula **CON LA TOTAL PRECISIÓN,** que al ser activados por conducto del sistema **SDF HmolikC,** me presentan la *arquitectura estructural molecular* que en varias ocasiones les he proporcionado, **mostrando la secuencia** de imágenes ilustrativas de detalles de las placas o plantillas, indicando apropiadamente como se va **FILTRANDO**, hasta obtener la imagen real de la **arquitectura estructural molecular** que me entrega mis fuentes de conocimientos, y **en paralelo les presento** la imagen que vuestros conocimientos muy válidamente la representa.

Me he tomado la rigurosidad de presentar mi imagen de la *arquitectura estructural molecular* y mostrarles en paralelo a la vuestra como ustedes la instruyen.

Entonces explicando sobre la **fórmula desarrollada,** si yo me ocupo de mandarles la fórmula desarrollada (textualmente es muy fácil hacerlo, con la descripción como ustedes la ilustran), con todo respeto estaría aceptándome a mí mismo que mi nomenclatura es generada de las mismas fuentes de conocimiento que la de ustedes y eso no es así.

Nunca será lo mismo en su constitución, si se tienen dos resultados farmacéuticos,

EL PRIMERO de ellos obtenido de la válida investigación con aciertos y desaciertos que presenta el amplio estadio de la innumerable experimentación y una forma de ellos por nombrar un ejemplo ya explicado, son los cientos de miles de tubos de ensayos y cuantiosas sumas de dinero, todo en el consentimiento de las probabilidades, que es la que muy válidamente en estos momentos se practica, y se utilizan esos recursos porque no se tiene el conocimiento que está contenido en el **perfil HmolikC.**

EL SEGUNDO de ellos se sustenta que el recurso de información al decodificar y codificar, se obtiene en totales de valores computarizados, seguidamente entrega la **arquitectura estructural molecular** con precisión, y activarla por conducto de la intervención física en el paciente o preparando el fármaco, en este caso, el *antídoto de reacción química viral* **ANDREAQVI. Notificando** de antemano que **lo afirmado se garantiza con responsabilidad jurídica.**

Relevantes indicadores que proporciona la abismal diferencia, las dos muy válidas, pero la segunda mediante un proceso de un riguroso raciocinio operativo que no es de **Holmes Molik Candelo**, es el mecanismo del código fuente en la actividad del **SAGITALIZADOR genético** de la partícula **MPU u OXILOGENO.**

Teniendo muy presente que el **OXILOGENO** por las puntuales connotaciones se va exponiendo, que su fuente de referencia entrega en los medios y dispositivos de análisis, el indiscutible y sin ningún ápice de duda, **conocimientos y lecturas totalmente nuevas,** conocimientos que sugieren diseñar la **arquitectura operativa de las plantillas** de la herramienta del sistema **SDF HmolikC**.

Continuando, nos centramos en el estadio o campus del diagnóstico basado, **no en las probabilidades,** sino en los totales que proporcionan unos valores, después de cálculos procesados, que permiten distinguir la presentación de contenidos perceptibles o imperceptibles.

En la **imagen Pin 14**, nos adentra en una de tantos temas novedosos y con precisión muy útil, (*pero antes quiero ser muy enfático que estas ilustraciones corresponden a **imágenes Pancromáticas**) (que en la realidad deben haber cumplido con el proceso, de una placa presensibilizada o fotosensible, seguidamente captada la imagen en cuestión, revelada con la rigurosidad técnica y ya teniendo la imagen en el pico de contraste que exige el mecanismo codificador o decodificador, cumpliendo el siguiente paso, la imagen, colocarla en el dispositivo prototipo o directamente en las plantillas del sistema **SDF HmolikC**)*, en la imagen se presentan ilustraciones demarcadas con color verde, confirmando la presencia de valores de identidad, **dicho de otra forma, presencia de información perceptible.**

También se observan ilustraciones desmarcadas con color rojo, confirmando **presencia de valores de identidad, así no sean perceptibles.**

Me permito repetir que la información suministrada a las plantillas, no debe ser de origen digitalizado porque el desarrollo de su proceso para enriquecer los detalles focalizados, se somete a sistemas re-solucionadores.

De forma concluyente significa que el cuerpo humano tiene zonas específicas en donde proporciona visualmente la existencia de una identidad. los valores que la constituyen, la cantidad y el estado de la normalidad, novedades transitorias y secuencias gráficas, del riesgo de la misma identidad codificada y decodificada.

Si se explica los temas de color verde, significa que estamos haciendo una analítica de valores de identidad que existen y **si** se disponen a ser perceptibles, dicho de otra forma, están a la vista, y ello no requiere cuestionamientos, pero si se explica los temas de color rojo, significa que estamos haciendo una analítica de valores de identidad que existen y **no** se disponen a ser perceptibles.

Imagen Pin 14

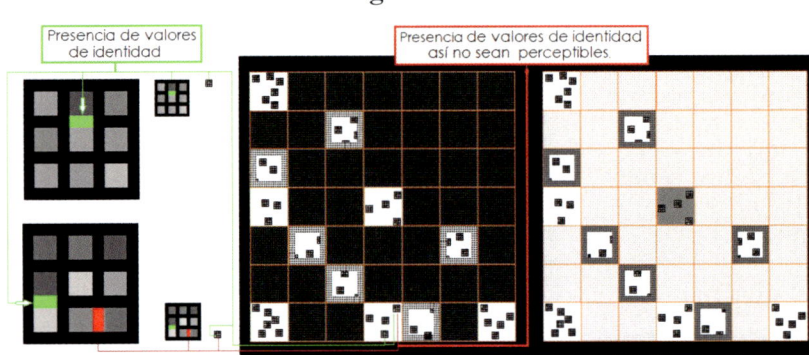

Para hacer la siguiente explicación, se instruye como referencia de partida, el concepto que dice, "**lo que no veas, no percibas o no tengas conocimiento, no significa que no existe**"

En la **imagen Pin 15**, se encuentran cuatro imágenes, se quiere representar en cada una la cantidad de la presencia de glóbulos rojos y blancos, desde el componente interno más pequeño hasta todo el manto de la epidermis, membranas plasmáticas del cuerpo humano.

También se ven cuatro imágenes que representan la cantidad apreciativa de glóbulos rojos y blancos en el torrente sanguíneo.

Pero la **ilustración número 3** del cuerpo humano y la **3** del torrente sanguíneo se proyecta en unos de los tonos del color ámbar, indicando que una de las razones, y es la que me interesa explicar en este caso que me ocupa.

Lo siguiente ya lo había mencionado en explicaciones de las contestaciones de sustentación y observaciones a la OEPM.

Esta siguiente referencia requiere del siguiente corto repaso; los glóbulos rojos y blancos se encuentran abrigados por una gran cantidad de partículas de **OXILOGENO envolventes** y otra cantidad superior de **OXILOGENO** formando un **manto PREDISPONIBLE,** al presentar el aspecto comprometido con la razón especializada de su anclaje, es importante mencionar que el anclaje de origen, debe suministrar a todos los **OXILOGENOS** *valor de constantes*, que garanticen la sostenibilidad de su permanencia, porque de lo contrario el **OXILOGENO** deja de tomar el aspecto comprometido, en consecuencia si el **OXILOGENO** se desconecta de su anclaje de origen, adquiere el aspecto incoloro, y por ejemplo, en caso de impacto, entre ellos, un susto, (y en ese momento se extraerá sangre para una analítica), en ese examen puede generar en el resultado, el aspecto que permite **obtener la percepción** que concluyentemente se diagnostica la ausencia de glóbulos rojos.

Este evento de impacto incorpora una pausa, según las anotaciones en el **perfil HmolikC,** se le denomina "**incertidumbre de impacto**" (que requiere otra amplia explicación).

La pausa no se debe confundir con desconexión definitiva o desconectar de su anclaje de origen, la desconexión definitiva es activar el significado conceptual de liberarse, indica que el **OXILOGENO vinculado** queda libre.

La pausa no permite al **OXILOGENO** liberarse, sino tomar el aspecto que estando no es captado por ningún género de catalizador, si no, es sólo cuando se tiene el conocimiento de cómo se transmite y cuáles son los gráficos con los que se expresa el código fuente genético.

Estando todo esto bien explicado, significa que se puede retomar por qué la presencia de la ilustración 3 es de color **ámbar.**

Más atrás se nombraba en forma repetida muchas veces, la presencia de **valores** de identidad, así no sean perceptibles, y se mostraban imágenes que señalan la incidencia de **valores** que confirman la presencia de este evento en referencia, "**existe, pero no se percibe**", y el **color ámbar** expresa, cuando la persona inesperadamente es sorprendida por una presencia de impacto entre ellas, el susto, de forma instantánea, cada actividad se realiza mediante un recurso, de reconocimiento de valores en incidencia, por conducto de su **RESOLUCIONADOR OPERATIVO GENÉTICO**, (repito, por conducto de la activación de operaciones de rutinas de las fórmulas matemáticas de la más alta precisión, no admiten ninguna opción de aproximaciones), entonces en paralelo, al hacer la analítica que entrega la sustentación de que hay mucha ausencia de glóbulos rojos, no siendo así, que la verdad corresponde a que antes, durante y después del impacto, *los glóbulos rojos han estado siempre*, nos muestra que el método, la técnica y recursos asociados a los conocimientos que permiten el equivocado diagnóstico que afirma la ausencia de glóbulos rojos, no corresponde a la realidad del estado y el propio lenguaje genético.

Para ello una de mis referentes frases
La incapacidad es el estado directo que se obtiene del desconocimiento, y determinante en la percepción equivocada de la progresividad crítica de un conflicto.
hmolikc

La herramienta del sistema **SDF HmolikC**, si decodifica y codifica los valores que corresponden y precisan la existencia en este caso, de los glóbulos rojos, que con la máxima certeza presentan la confirmación de la existencia de los glóbulos rojos y que ninguno ha desaparecido.

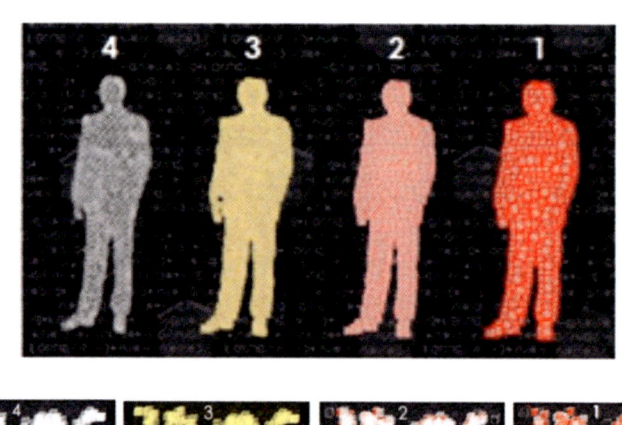

La imagen Pin 16, comenzamos a observar desde la **ilustración 3**, porque es la muestra de la información ya decodificada por el sistema **SDF HmolikC**, tenemos en tonos ocre, se observa desde la **ilustración 3** porque es el estado que adquiere en la reacción en el momento del impacto, seguidamente se hace la respectiva **codificación** que consiste en esta rutina de computarizar los **valores** de incidencia y en consecuencia presenta las variantes, que muestra una mayor cantidad de cuadros en tono ocre, y los que no son ocre están sustituidos por valores en tono gris, como se ve en la **ilustración 2**, es importante prestarle la atención a los siguientes planteamientos.

Los tonos ocres que se visualizan en esta **ilustración 2**, todos no corresponden a la reacción de la aparente desaparición de los glóbulos rojos, porque si se observa a piel desnuda, la presentación general real sería un aspecto muy pálido, indicando en la variedad de tonos ocre, que otros **componentes patológicos** proyectan también su rápido estado de reacción y la proyectan en las zonas o espacios que se adquieren las muestras que codifica y decodifica el sistema **SDF HmolikC**, en el entendido que el sistema, toda esta información gráfica las traduce en **valores** que en incidencia conforman **totales**, explicado puntualmente, **la ilustración 3** proporciona **valores** de origen, la **ilustración 2** proporciona una vez codificado **totales** del primer paso para avanzar y encontrar la normalidad, entonces en la **ilustración 1,** se proyecta todos los cuadros en tonos gris, porque el sistema **SDF HmolikC** utilizando sus correspondientes plantillas, ha decodificado los valores de los totales de la **ilustración 2** y entrega en esta **ilustración 1,** los totales que pertenecen al instante anterior del impacto.

Teniendo claro los pasos de este operativo procedimiento del sistema **SDF HmolikC**, tenemos unos gráficos o información causado por un impacto que las plantillas del sistema leen, y localizan en valores contenidos, la reacción de los componentes específicos que se manifiestan en la selectiva característica de tono en cada rectángulo gráfico, y el recorrido del proceso entrega el estado constitutivo y de **30** aspectos que debe tener cada componente.

Imagen Pin 16

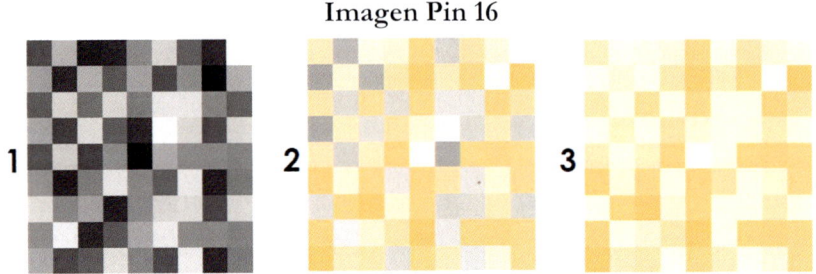

La **imagen Pin 17** muestra la **ilustración PC**, que corresponde a una muestra de **anatomía patológica** de un cuadro clínico en proceso crítico, los valores de esta información se le proporciona al **sistema SDF HmolikC**, que al decodificar y codificar como en el ejemplo anterior, el recorrido del proceso entrega el estado constitutivo y de aspecto que debe tener cada componente.

Imagen Pin 17

Proceso de Captura de Constantes Comprometidas C.C.C

Ahora, para proporcionar un ejemplo diseñado para que permita más facilidad de comprensión, les presentaré una serie de imágenes Técnicas del **proceso de Capturar Constantes Comprometidas** que las denominaré C.C.C.

En la imagen CCC 1, se observan un listado de nombres de personas, al fijarnos nos encontraremos con 3 características

La **PRIMERA**: Se encuentra un recuadro de color verde que contiene 4 nombres, y otro de color azul que contiene 17 nombres conservando el orden alfabético, como se puede distinguir, no están todas las letras componentes del alfabeto, porque este ejercicio solo se utilizarán las mostradas.

La **SEGUNDA**: En el recuadro verde solo se encuentran 4 nombres y una palabra en negrilla, que los acredita como **instructores.**

La **TERCERA**: se puede distinguir que delante de cada nombre lo antecede la primera letra de cada nombre, en el grupo del recuadro azul hay 4 nombres que su primera letra están distinguidas en color rojo y son las misma que se encuentran en el cuadro verde, dicho de otra forma, esta imagen CCC 1 es el contenido del recurso humano que participa en el ejercicio.

Proceso de Captura de Constantes Comprometidas C.C.C

Imagen técnica del proceso de capturar constantes comprometidas **C.C.C**

Imagen CCC 1

C	Clara	A	Astrid	E	Emir	J	Juan	O	Orfa	T	Tulio
T	Tulio	B	Bertha	F	Fred	L	Lola	P	Pablo		
P	Pablo	C	Clara	G	Goar	M	Mario	R	Reinilde		
Instructores		D	Daniel	H	Hector	N	Nely	S	Senery		

La siguiente imagen **CCC 2**, nos ilustra que en la parte de abajo de cada nombre le corresponde un número y confirma que son 17 participantes,

Se recurre al recurso de denominarlo con números, porque de ahora en adelante las personas estarán representadas por específicos valores.

Imagen técnica del proceso de capturar constantes comprometidas **C.C.C**

Imagen CCC 2

A	B	C	D	E	F	G	H	J	L	M	N	O	P	R	S	T
1	2	3	4	5	6	7	8	9	10	11	12	13	14	15	16	17

En la siguiente imagen **CCC 3**, de forma amplia, los nombres están registrados en actividades, e instruyen que al lado izquierdo se encuentran los nombres, la primera letra, también la correspondiente actividad y al lado derecho se encuentran el número de lista que les corresponde a los nombres y la primera letra que lo antecede. Como se puede ver las actividades, son el grupo de yoga, el grupo de toderos (personas que se ocupan a la prestación en varios bienes y servicios básicos), grupo de baile y el grupo de senderistas.

111

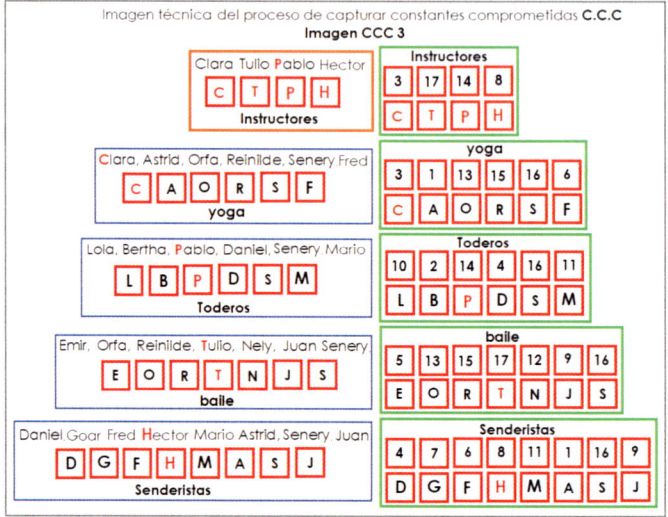

En la siguiente imagen **CCC 4**, se presentan los nombres de los instructores, indicando que al frente del nombre Héctor muestra un signo de igualdad (=). Como se puede observar en forma descendente, se ve el nombre Tulio y al frente un multiplicador por 300. Descendiendo, se ve el nombre de Clara y al frente, el multiplicador por 200. Descendiendo por último se encuentra Pablo y al frente un multiplicador por 50.

Estos correspondientes multiplicadores, son el recurso que me permite hacer el ejercicio en las presentaciones en el inexacto sistema decimal, que permite explicar el proceso del cálculo para obtener totales coherentes.

Ahora se puede observar al frente de Héctor, se encuentra el signo de igualdad generando una fila horizontal, en donde se encuentran todos los integrantes del grupo de **senderistas** que de forma adjunta abajo de cada uno de la identidad numeral de los integrantes se proyecta el mismo valor, del 4 el 4, del 7 el 7 y así sucesivamente hasta el 9, en la proyección está confirmando que el valor proyectado es el valor de información de cada persona, lo que evidentemente se está indicando que, existe un valor nominal para cada personal, que es un componente del grupo y el mismo proyecta un valor que resulta del multiplicador, pero como el multiplicador tiene la correspondiente igualdad, entonces en este caso de los **senderistas**, el valor nominal es igual a la proyección del valor de que constituye la información.

Ahora bien, estos valores proyectados se suman y resulta el valor que se encuentra al frente de la flecha verde, en este caso **62**, este es el valor de información total o identidad de la existencia presencial, del grupo de

senderistas que se captura en la codificación y decodificación de las plantillas del sistema **SDF HmolikC**. Este párrafo anterior, objeta el procedimiento de explicación que corresponde a la fila horizontal que origina Héctor.

Siguiendo el orden descendente, nos encontramos con la fila horizontal que origina Tulio, efectivamente lo primero que se ve es el multiplicador **por 300 y** si observamos al adjunto abajo, la proyección del valor nominal **5, es el valor de información 1500** que se origina del cálculo de multiplicar 5 x 300 = 1500 y así sucesivamente, hasta hacer la operación que se proyecta y cuando se tienen cada uno de los valores de información de las personas representadas con el valor nominal, en consecuencia se suman y se obtiene el número que está donde lo indica la flecha verde, en este caso el de información que identifica al grupo de baile **2700.**

Estos mismos dos anteriores ejercicios se realizan con las filas horizontales que originan Clara del grupo de **yoga** y Pablo del grupo de **toderos**

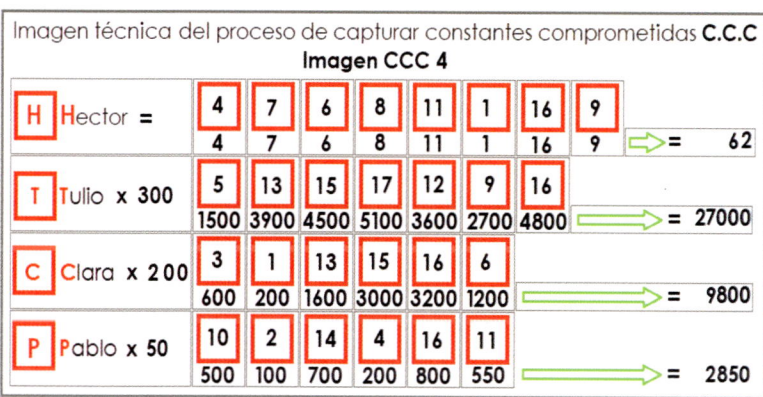

Antes de continuar presento la siguiente imagen, que está explicada en la página 82

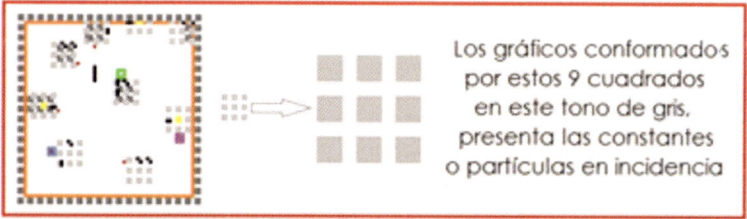

En la imagen **CCC 5,** nos recuerda para entrar en los criterios coyunturales de la técnica procesal, para captar valores de información transmitidos en los casos de muestras de anatomía patológica en el micro formato, en las muestras de imágenes micro focalizadas de las zonas dermatológicas, en las muestras en el formato más cercano de los puntos de proyección de los ganglios linfáticos, las muestras de los bajos, normales y altos, son niveles referentes de componentes, en las excretas, (materia fecal), sangre y la orina.

El siguiente entre otros tantos, el que corresponde proyectarse en las muestras de anatomía patológica del líquido intersticial, cuando está comprometido con un edema en incidencia neurológica.

En explicaciones anteriores, se ha indicado que el formato de proyección que muestra la existencia de información transmitida, es en la incidencia adjunta de 9 partículas, referenciadas individualmente en presentación ortocromática o pancromática, en el caso de este ejercicio, se presentará con imágenes pancromáticas o tonos grises, entrando a la observación directa de la siguiente imagen, **CCC 5** se presenta al participante literal **H**, que ya se sabe que es el instructor del grupo **senderistas**, y que su identidad en valor como grupo es el **62**, (que al presentarse en una codificación o decodificación en muestras de bioquímica sanitaria, será el nombre del tema así sea un cuadro clínico, un virus, o indicadores exactos de los niveles en los referentes componentes, y lo identifica cada partícula de las 9 que participan) en este caso del ejercicio es el valor que confirma la existencia del total de los integrantes en este caso, todos los **senderistas.**

Una vez que se comprende que el integrante identificado con la expresión literal **H,** se está haciendo directa referencia a su valor nominal que es el 8, y que en este caso integra el grupo de los **senderistas,** porque también este integrante literal **H,** puede hacer parte de otro grupo dentro de este ejercicio.

La imagen contiene la siguiente instrucción: No importa el orden de la incidencia de las partículas, si el total del cálculo de los componentes referentes proporciona el valor total registrado de información **62,** y respectivamente se ven dos grupos de **9** recuadros de color rojo en plena incidencia, muestra las respectivas partículas que ocupa en cada uno de ellos el participante **H,** que en el cuadro está representado con su respectivo valor de nominación **8,** y si observamos rigurosamente se puede confirmar que casi todas las partículas, cambian de ubicación.

VALOR NOMINAL DEL TEMA DECODIFICADO

También en un párrafo más abajo, se manifiesta que se hace el reconocimiento del **valor nominal del tema decodificado,** en este caso el 8 y el valor literal de sus componentes, 4,7,6,8,11,1,16,9. Es muy importante para el ejercicio y parece en mis explicaciones coloquialmente repetitivo, pero no es otro objeto que la intención de la persistencia instructiva, para que se enfoque la atención en la intención ideal, me refiero al **valor nominal del tema decodificado** en este caso el **8,** ya se sabe que el **8** también es el valor nominal del participante **H** ósea **Héctor,** y al ser distinguido en el grupo de los senderistas como **instructor** el **valor nominal del tema codificado,** notifica que solo estará en un solo grupo del ejercicio.

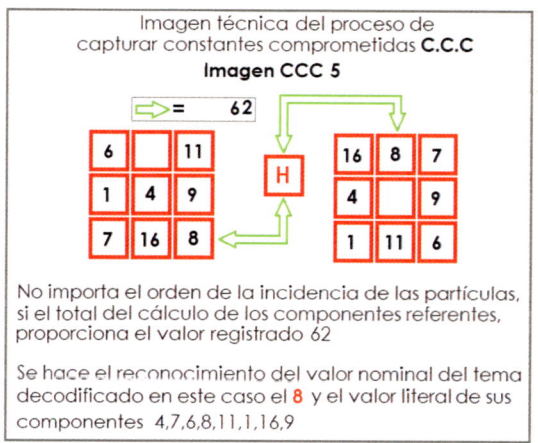

Cuando se toman las plantillas del sistema **SDF HmolikC,** y se captura un valor total así sea en este caso el **62,** o si fuera el caso alguno de estos 27000, 9800, 2850, hay que tener en cuenta las siguientes notificaciones.

Que en la plantilla del sistema **SDF HmolikC,** se obtiene el valor total que identifica el tema decodificado en este caso el **62.**

Exige hacer el reconocimiento en uno de los recursos de las plantillas **SDF HmolikC,** el fijarse en la ventana de proyección de información, respondiéndose cuál es el **instructor,** que en el instante de hacer la captura del valor del tema, lo refleja en el valor del listado de **instructores,** en bioquímica sanitaria sería el **tema,** también es muy importante que toda identidad y sus componentes están representados, se presentan con valores en todos los temas que se active la operatividad del sistema **SDF HmolikC.**

En la siguiente **imagen CCC 6, la partícula en incidencia adjunta** se encuentran representadas dentro de cuadrantes de color rojo y en su interior presenta el contenido en color oscuro de la gama tono continuo de los grises, o imágenes pancromáticas con valores progresivos.

A simple vista la primera percepción que se asume, es que los contenidos de todos los componentes, los valores de información, tienen el mismo valor y se puede pensar en el negro, y lo único que refleja la diferencia son los números del valor nominal.

Pues no es así, si se toma un dispositivo que esté programado para captar el valor fotométrico

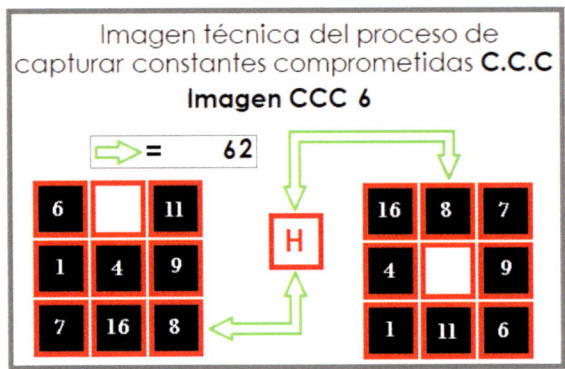

En la siguiente imagen **CCC 6b**, se hace estricto énfasis que el aspecto que proyecta la incidencia entre las partículas está separado, antes en las otras imágenes desde la imagen **CCC 6** hacia tras, por un recuadro de color rojo, ahora solo se observa los espacios en blancos, en blanco, como lo vemos en el recuadro de color azul, evidentemente para proporcionar la comprensión de la presencia de cada valor de información.

En la parte de abajo se muestra los dos mismos grupos, pero entre cada valor de información o partícula que está registrada en el grupo, no hay la simple percepción que esos tonos demasiado oscuros existe una diferencia.

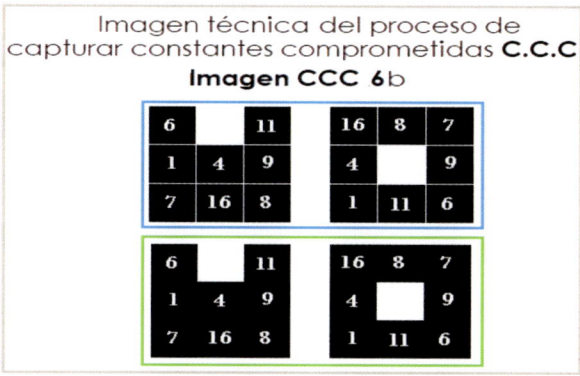

Imagen técnica del proceso de capturar constantes comprometidas **C.C.C**
Imagen CCC 6b

En la siguiente imagen **CCC 6c**, ya no se observa ningún recurso que permita a simple vista ver que existe una separación y tampoco se presenta un valor nominal de la información, como en las imágenes anteriores. Es así como se presentará en cualquier muestra de anatomía patológica, si el caso es temas de la bioquímica sanitaria, o muestras de los diferentes temas en los cuales se active la operatividad de imágenes pancromáticas de las plantillas **SDF HmolikC.**

Imagen técnica del proceso de capturar constantes comprometidas **C.C.C**
Imagen CCC 6c

Más adelante se explicará, que se observe y se distingan los componentes del contenido de la **(IPD) Imagen Pancromática Digitalizada**, con la siguiente referencia de imagen microbiológica.

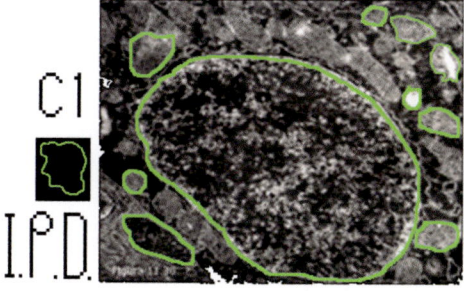

Entonces, siguiendo con la técnica de gestionar la información con valores traducidos a lenguaje de los números decimales, se puede observar en la siguiente imagen **CCC 7**, se presenta una sucesión de eventos que están condicionados a etapas filtradoras, la **etapa A),** se ilustra parte de la **plantilla de localización referencial**, diseñada en 1972, que permite catalizar el valor fotométrico de una partícula pancromático en incidencia, esta **plantilla de localización referencial, más adelante** también se proporciona las características y uso**.**

En la **etapa B)** se resalta con un recuadro verde, la fila en cuyo contenido se pueden localizar los participantes en este caso los **senderistas**, 4,7,6,8,11,1,16, y el 9.

En la **etapa C)**, se muestra la fila completa que se selecciona en la etapa B).

En la **etapa D),** el contenido que corresponde a los recuadros identificadores del valor pancromático consultado, se filtra y se puede ver sin la presencia de su entorno.

En la **etapa E)** siguiendo el proceso de filtración, se han extraído las partículas que corresponden los recuadros identificadores del valor pancromático consultado y en contacto directo con las partículas que están en incidencia en la consulta, que pertenecen al valor de información de cada participante del grupo de **senderista,**

En la **etapa D)** muestra a cada una de las partículas tal como se ha presentado desde el principio del ejercicio.

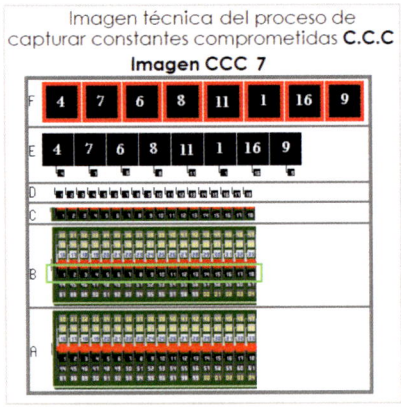

118

Después de hacer el recorrido con sus particulares explicaciones que contribuyen a la comprensión de los componentes que participan en el ejercicio, ahora se explicará cómo interactúan. Entonces para proseguir se debe recordar cada uno de ellos.

Instructores
Grupo de yoga
Grupo de toderos
Grupo de baile
Grupo de senderistas

Se explicó que al catalizar o capturar en el formato de 9 partículas que, al conformar el resultado de un valor total, previamente comprometido en valores que pertenecen a un grupo de partículas en incidencia, cada una tiene un nombre nominal como componente.

En el caso del ejercicio se referenció el valor total **62,** reconocida como identidad grupal o concluyentemente el específico tema.

Seguidamente utilizando otro recurso de la otra plantilla, se obtiene en la respuesta, que el tema se llama **grupo de senderistas,** información que permite consultar o hacer el reconocimiento de cada uno de los componentes o entidades que están registrados entre las **9 partículas** que están en incidencia proporcionando el total de **62.** Entonces en la imagen siguiente, se puede ver una apreciación, el dibujo técnico de la plantilla manual en la que se gestiona este ejercicio de localización. Plantilla diseñada en 1972.

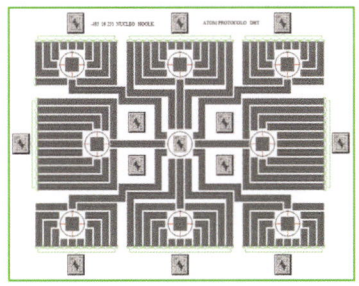

Para agilizar la verificación que proporciona la identidad de cada una de las 9 partículas en incidencia que proporcionan el total **62**, lo primero que se debe realizar, es ver la ventanilla de instructores y observar la identidad del valor nominal, y por defecto, ver las ventanillas que marcan a las partículas comprometidas con el instructor reflejado con la información **62**, que es la que se encuentra en el centro del dibujo anterior.

Para la comprensión y solo para la comprensión, es muy importante manifestar que en esta ventanilla se ve el valor 62 en la ventanilla de **instructores,** que identifica al grupo de **senderistas,** en la realidad lo que proyecta es la expresión literal del propio lenguaje gráfico del código fuente genético, como se ilustra en la siguiente imagen

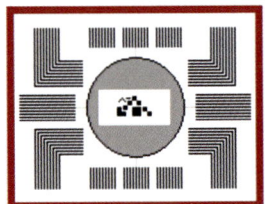

En la siguiente imagen retornamos y vemos la ventanilla que presenta el número 62 y en una de sus líneas de conexión a la ventanilla que corresponde a la partícula registrada en el tema 62 y en este caso nos señala el número 1.

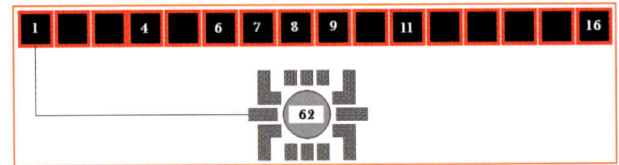

Como se observa en la siguiente imagen, en el instante que aparece el número 62, de forma simultánea también se proyectan el número valor de cada partícula, componentes en este caso personas registradas en el grupo de senderistas

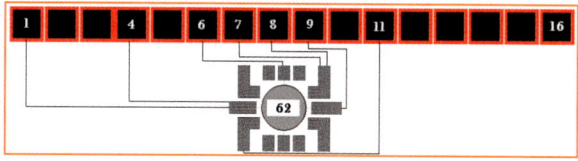

En la siguiente imagen, se ve claramente la localización respectiva de cada una de las partículas componentes del grupo **senderista.**

Es importante que, en esta ilustración directamente vemos la ventanilla en donde se proyecta la partícula **11,** al verla que se encuentra fuera de todo el organigrama, entonces nos permite complementar una particular explicación

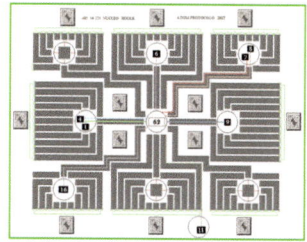

En la siguiente imagen un poco más ampliada, se presenta que, en el final de estas líneas conductoras de valores de información, se empalman dentro de un corchete, que indica en este caso prolongación y, si miramos en la panorámica de la ilustración, se pueden ver muchos de estos corchetes, específico indicador que notifica, que el área de la panorámica del gráfico de localización, es mucho más grande.

Al saber la indicación que la panorámica del gráfico de localización es muy grande, entonces se diseñó en la plantilla una ventana, que despacha el contenido en el mismo formato que se presenta en la visualización en un recuadro mencionado en explicaciones pasadas, y en la siguiente imagen se vuelve a presentar.

Que, si se observa con la máxima rigurosidad, se puede distinguir que cada partícula tiene un valor de tono diferente, evidentemente es el propio valor de identidad de la información.

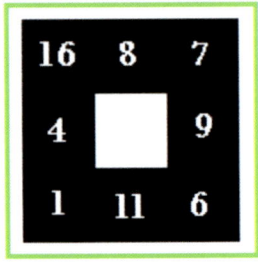

En la imagen siguiente se muestra cada uno de los componentes de consulta en la plantilla.

CORRECTOR INCIDENCIA E INSTRUCTOR

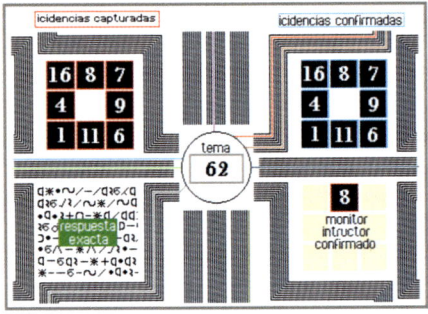

Si las explicaciones anteriores proporcionan la comprensión que se espera en este ejercicio, en donde participan temas como las actividades, **yoga, toderos, baile** y **senderistas,** sabiendo que en cada actividad están registradas personas que conforman grupos, y cada grupo, uno de sus participantes que lo compone es el instructor, indicando que no hay cuatro grupos, entonces los instructores conforman el quinto grupo con cuatro personas, como se observa en la imagen siguiente.

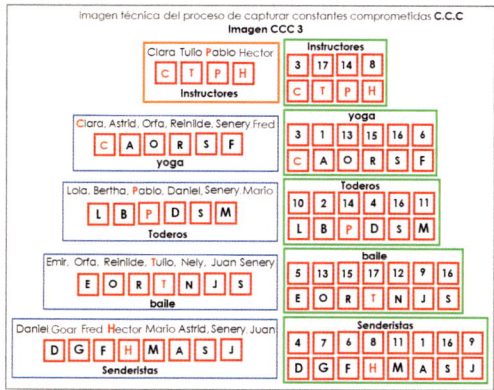

Si se presenta la siguiente imagen, por las explicaciones anteriores se tiene conocimiento de la identidad de cada una, las cuales son **Clara, Tulio, Pablo** y **Héctor**, también que conforman un grupo llamado **INSTRUCTORES**, suficiente indicador que cada uno tiene a su cargo colectivos que tienen distintas actividades,

Clara es instructora del grupo de **yoga**
Pablo es instructor del grupo de **toderos**
Tulio es el instructor del grupo de **baile**
Héctor es el instructor del grupo de **senderistas**

Colesterol, **T**riglicéridos, **H**ierro, **P**otasio, elementos químicos que están etiquetados para presentarlos como componentes directamente vinculados en diferentes grupos, en los cuales realizan incidencia, recibiendo o despachando valores de información

En la siguiente imagen, cuando en la presentación de identidades nos encontramos con el colesterol, triglicéridos, hierro, potasio entre otros, es porque se están presentando componentes con funciones específicas del metabolismo orgánico.

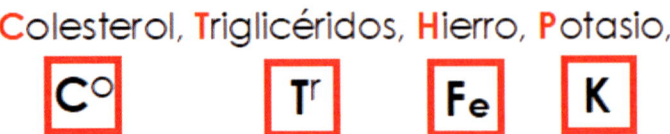

Colesterol, Triglicéridos, Hierro, Potasio,

En la siguiente presentación se puede observar a identidades que corresponden a elementos químicos.

Las dos siguientes identidades Gb Glóbulos blancos y Gr glóbulos rojos

En los siguientes recuadros, y más adelante se presentan otros componentes, que en estos no se contienen, se pueden observar el listado de una gran cantidad de componentes orgánicos y que algunos de ellos si se les ha adjudicado el recuadro rojo como la:

PT Protrombina, Tiempo
INR Relación Normalizada Internacional
HCM Hemoglobina Corpuscular Media
VSG Velocidad de sedimentación Globular
GGT Gamma Glutamil Transpeptidasa

Se nombran los anteriores entre los tantos que están en los dos listados para indicar que cada uno tiene su propia identidad compactada por repetir un ejemplo la **HCM** es la identidad compactada y su significado es **H**emoglobina **C**orpuscular **M**edia

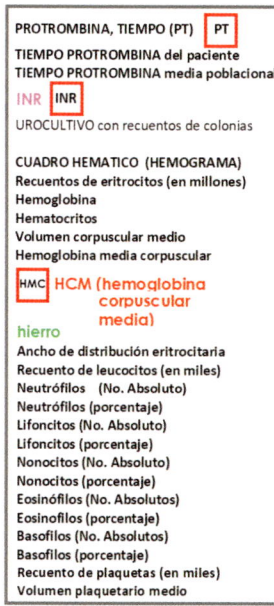
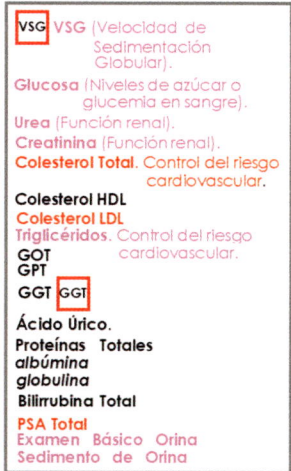

El sistema contable de las facultades de conocimientos tradicionales, gestiona sus cuentas operativas con el sistema numérico decimal, y después con las herramientas de sistemas computarizados incorporan el sistema contable binario y hasta el sexagesimal, pues es muy válido para lograr los óptimos resultados en las programaciones rigurosamente desarrolladas.

En la presentación siguiente por tomar un ejemplo, se observan 17 rectángulos de color rojo, cada uno esta con un número, que en este ejercicio será su identidad, y otro rectángulo de color negro, que en el interior se identifica con el número **60,** en este ejercicio la identidad con el número 60 en el recuadro negro, es un total.

Para continuar con el ejercicio, hay que recordar que la Cantidad máxima de identidades en incidencia, vistas en cada ventana de la **plantilla 1457**, son **9 identidades**, como lo ilustra la imagen

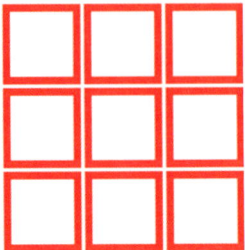

Para mejor comprensión se presenta la **plantilla 1457,** señalando en ella el área en donde se encuentra la ventana demarcada, dentro de un círculo de color verde, en la que se va a ilustrar la explicación del ejercicio en curso.

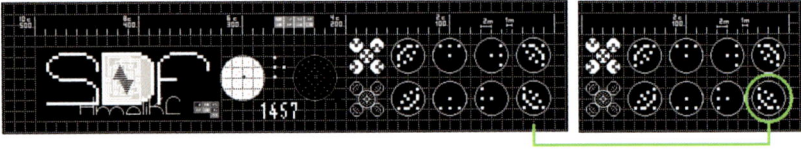

En la siguiente presentación, se ven varias imágenes, en la - **a** - se amplió el área que nos ocupa, en la imagen – **b** – se muestra dentro de un círculo de color fucsia, es la ventana en la que se va a procesar el ejercicio,

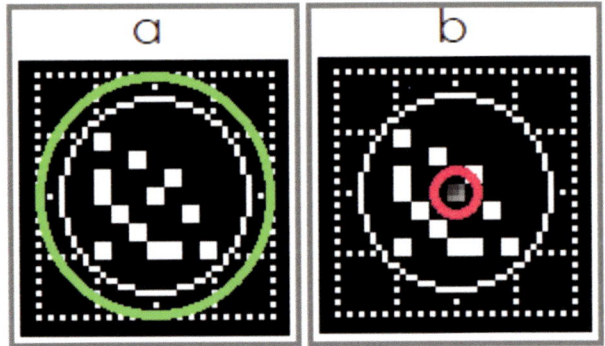

En la imagen – **c** – se amplía la ventana que está dentro del círculo fucsia y se puede percibir que la ventana esta demarcada con un recuadro de color rojo, en la imagen – **e** – dentro del recuadro de color rojo, mucho más ampliada, se distinguen perfectamente los **9** componentes o identidades en incidencia, cada uno en tonos gris, que ocupan toda el área de la ventana en referencia de la **plantilla 1457,** a continuación en la imagen – **e 1** – es la presentación de las **9** identidades, reiterando la constancia de que cada espacio está ocupado por una identidad, y para ello se confirma con la señal de chequeo de color verde.

126

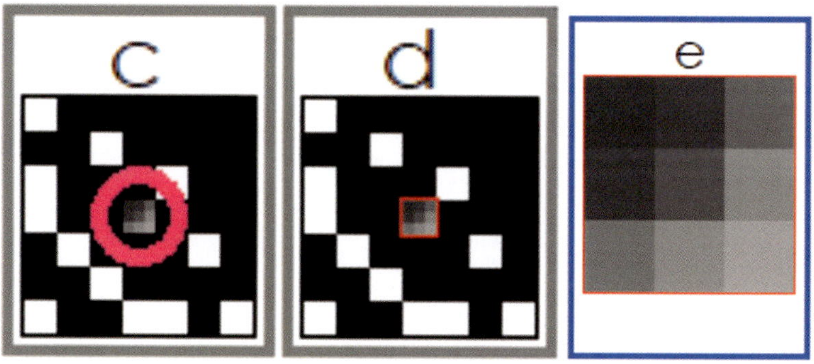

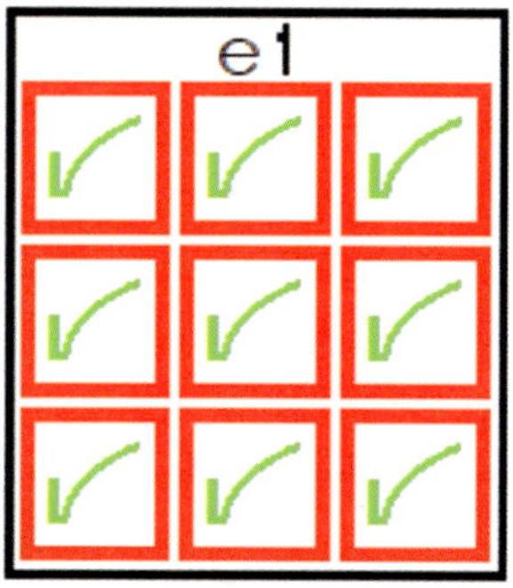

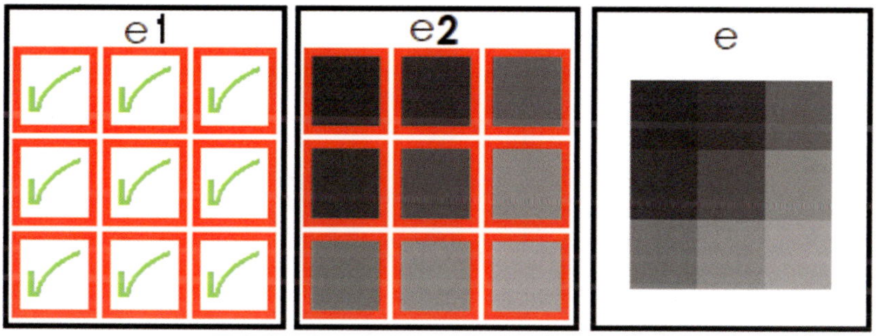

Entrando en materia contable del ejercicio, en la siguiente imagen se nos proporciona las 9 identidades en línea, y perfectamente, se observa que alguno de los espacios están ocupados con la señal de chequeo de color verde y precedidos de cada recuadro ocupado por el signo más, y al final un recuadro de color negro con el valor **60,** en su interior que indica, que es el total de la suma de los valores comprometidos en los recuadros marcados con la marca de chequeo.

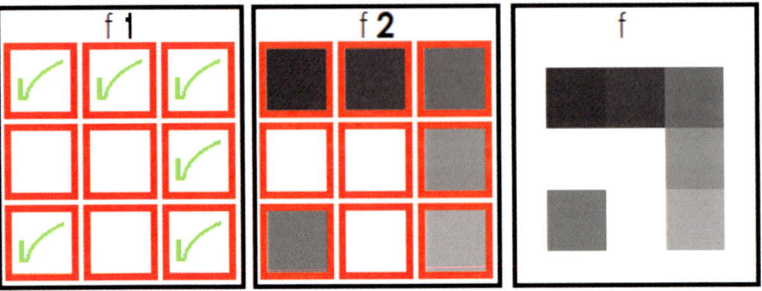

Ahora podemos observar los valores de los componentes en incidencia comprometidos en este ejercicio, para que nos de el total de **60**, al lado del total se coloca la presentación de los valores pancromáticos en tonos gris, que ocupan los espacios de los valores de entidades que suman **60**, y en los espacios que no hay valores, se ha dejado el espacio totalmente vacío, entonces es importante notificar las siguientes particularidades:

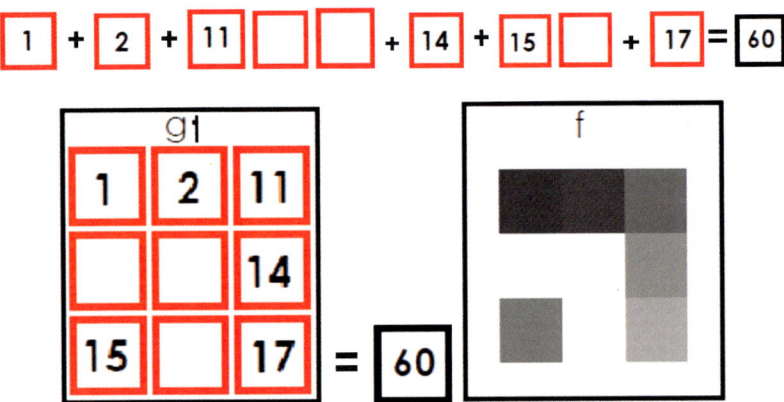

PRIMERA: En la metodología de la explicación, la presentación de los valores que están vinculados, se representan siempre con los tonos gris que corresponde, pero aquí en este ejercicio, se presentan valores que no son los que corresponden, porque estaría proporcionando la lectura propia de la certeza del código fuente genético, (coloquialmente hablando, sería como colocar un bombón de chocolate en la puerta de una escuela, y en consecuencia, mientras que yo trato de socializar, hasta llegar a estas instancias del proceso para lograrlo, los que tienen los recursos influyentes se me pueden adelantar haciendo propio lo que no es de ellos, porque ya me ha pasado).

SEGUNDA: Los espacios vacíos se presentan como recursos para facilitar la comprensión en la percepción visual del ejercicio, pero en la presentación real del ejercicio, si hay valores en tono gris, evidentemente también se presentan valores (numéricos del sistema decimal, solo para la comprensión del ejercicio) pero yo no lo incorporo porque el total no seria **60**. esta es la primera causa de los componentes contables del sistema numérico decimal y lo origina su imperfección constitutiva,

TERCERA: entonces corresponde explicar, que el sistema operativo del código fuente contable genético, tiene en sus componentes contables, a los que en contenido el perfil HmolikC, la identifica como;

Constantes de valores del ciclo de tiempo, presenta lo perceptible
Constantes de valores del ciclo de tiempo, presenta lo **no** perceptible
Constantes de valores del ciclo de retorno, presenta lo perceptible
Constantes de valores del ciclo de retorno, presenta lo **no** perceptible
Constante representativo
Constantes tácitos
Componentes contables
La operatividad genética tiene tres programas en su constante actividad.

UNA: el estado original, la **MPU** Mínima Presencia Universal, con infraestructura operativa, denominada o nombrada en el contenido del perfil **HmolikC** como **OXILOGENO** o PARTÍCULA.

DOS: Avanzar un compuesto de partículas hasta conformar el logro con el ciclo de permanencia en el tiempo limitado.

TRES: Avanzar un compuesto de partículas hasta finalizar el ciclo y descomponer el compuesto que conforman las partículas, para que ejerzan el proceso del retorno, (llegar a su origen OXILOGENO libre) en la operatividad genética no existe el concepto – **muerte** – como esta explicado con anterioridad y posteriormente en el transcurso de este escrito.

En la referencia de las constantes, cuando se escribe que - **presenta lo perceptible** - o - presenta lo **no** perceptible, se debe comprender que, si el ejercicio se aplica en el cuerpo humano, entonces todo absolutamente todo lo que está sucediendo durante el ciclo temporal del cuerpo humano, se proyecta como repetitivamente (que hasta en el título de este documento escrito), ya está mencionado, que está proyectado en diferentes zonas externas e internas en todos los componentes, y proyecta todos los valores, mediante el código fuente genético, que en sus selectivos totales, proporcionan toda la exacta información, evidentemente es la que le permite a las plantillas que conforman el sistema **SDF HmolikC**, codificar y decodificar las constantes de las imágenes ortocromáticas y pancromáticas, que hacen parte de la información en las condiciones que se requiere.

Entonces retomando las frases - presentar **lo perceptible** - o - presentar lo **no** perceptible, significa que si la proyección de información es obtenida de una muestra dermatológica, en ella misma se logra decodificar las constantes y encontrar la respuesta de la presencia de valores, valores que permite confirmar la presencia de componentes vitales **en oficio activo,** para la preservación del ciclo de la identidad, o valores que permite confirmar la presencia de componentes vitales **QUE NO ESTÁN** en **oficio activo,** para la preservación del ciclo de la identidad.

Como en esta explicación hay que hacer la referencia a los valores que están en las **9** identidades, pero que no computan en el total, solo se puede obtener en las propiedades contables del código fuente genético.

Esta particularidad excepcional, no se puede permitir en el sistema contable numérico decimal, en el ejercicio activo de una suma, si se utilizan las plantillas **1457** del sistema **SDF HmolikC.**

En la siguiente ilustración – gx – se puede ver, que los valores referenciales de cada identidad en blanco dentro del remarco rojo con fondo verde claro y su correspondiente valor total, esta con remarco negro con fondo verde el valor **60**, también se presenta con remarco rojo con fondo blanco los siguientes valores; **60**, **983**, y **11**, que en su correspondiente total, esta remarcado de color rojo con fondo blanco el valor **1054**, y si sumamos los totales parciales, se obtiene un total general de **1174**, este valor en el sistema contable decimal si corresponde al valor de contenido total de las nueve identidades.

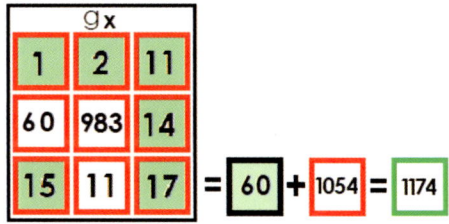

Es imperativo comprender que en las respuestas de la infraestructura operativa genética no corresponde a nada, las razones son las siguiente; en las identidades con fondo blanco, se presentan valores que permitan hacer observaciones muy significativas, primero, presentar una identidad con el valor 60, casualmente igual al total de las entidades referenciales del ejercicio, si los valores de identidad corresponden por ejemplo, a la cifra que proporciona en el sistema decimal, si la observación del valor gris se ha obtenido desde un eficaz dispositivo por ejemplo, que valora el tono gris en la escala desde el tono **1** al tono **999** de la escala programada de la densitometría.

Entonces contablemente los valores de referencia **1**, **2**, **11**, **14**, **15**, y **17** como suman 60, en el supuesto sería al valor en gris del tono de la identidad 60, ese sería un error inoperativo en la funcionalidad genética.

Las razones de estas inoperancias se explican en las observaciones siguientes.

En el código fuente genético los grafos o signos no existen, por dar un ejemplo, el número **11**, el número **14**, el número**15**, ni el número **17**. Entre los referenciales de este ejercicio, y de los números representativos de las identidades en tono gris que no computan en el resultado del sistema **SDF HmolikC,** el número **60**, el número **983**, tampoco son ni hacen parte de ningún ejercicio representativo de identidad.

Ahora los números representativos de los totales sí hacen parte de presentación en algunos ejercicios de la operatividad contable del código fuente genético.

Otra particularidad, que se presenten en incidencia en una ventana de captación de las **9** identidades que se decodifican en las **plantillas 1457**, y por lo tanto proyectan un evento comprometido en una respuesta exacta, de la previa consulta mediante la información suministrada, **no existen dos identidades** del **mismo valor** de información.

Notificación, sí claro, evidentemente, se presentan valores repetidos de información, pero cuando la **plantilla 1457** está codificando y decodificando entonces dónde están estos valores grises repetidos en incidencia, no los computa en su consulta

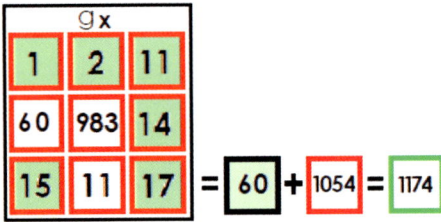

En **ningún** ejercicio de resultados codificados o codificados **no** se encuentran estos totales, en resultado individual de consulta exacta el **60**, en otro el **1054**, y en otro **1114**, estos valores de totales obtenidos en consulta, no tienen nada que ver con valores de la identidad de un tono gris, para más claridad que permita la comprensión, la escala de valores de grises no está representado por ninguno de estos valores, sería un error de configuración del código fuente genético.

También es relevante tener en cuenta que un grupo de valores de identidad, al sumarlo proporcionan un total que solo ese grupo lo pueden computar, me explico, cada identidad es un componente, en el evento que conforme o se vincule en un grupo o compuesto funcional, solo estos participantes en referencia son los únicos que pueden dar el total, dicho de otra forma, en el ejercicio en curso con las entidades del sistema contable decimal:

$$\boxed{1} + \boxed{2} + \boxed{11} + \boxed{14} + \boxed{15} + \boxed{17}$$ el total es

$$\boxed{60}$$

en el sistema contable decimal, también es admitido que las siguientes identidades:

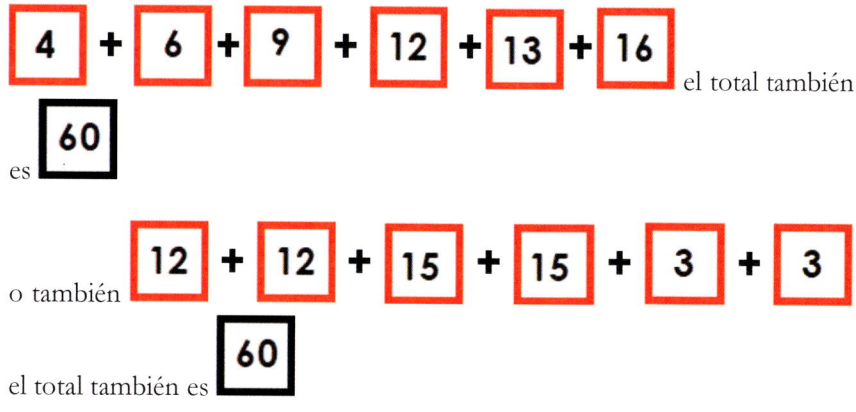

es .

o también 12 + 12 + 15 + 15 + 3 + 3

el total también es 60

Si así fuera, al consultar en un banco de datos el total 60 en consecuencia entregaría la siguiente respuestas /respuestas que coinciden/

6, o 10/, pero si la respuesta del valor total 1174, en consecuencia entregaría las siguientes respuestas /respuestas que coinciden/ en consecuencia entregaría la siguiente respuestas /respuestas que coinciden/ (por decir ejemplos, porque caben en el ejercicio de las variaciones computable en el sistema contable decimal) 100, 1.000 o más.

Es muy importante atender rigurosamente la siguiente observación, si el profesional sanitario, está en una puntual búsqueda de los componentes que directamente inciden en un cuadro clínico y está etiquetado con el valor

1174 que como bien está explicado, en consecuencia, entregaría las siguientes respuestas /respuestas que coinciden/ 100, 1.000 o más. Resultado que al paciente lo conduce a un proceso largo, de muchos exámenes y controles, luego revisar efectos o evolución favorable o lo contrario, hacer nuevamente exámenes, y en casos activar la investigación con altos presupuestos, ante esto no ejerzo más comentarios porque no es lo que me ocupa.

Pero en el sistema contable del **código fuente genético**, y en la configuración desarrollada computable de las plantillas del sistema **SDF HmolikC,** solo unas identidades y solo ellas computan y dan como resultado un valor total que en ninguno es la de esta expresión $\boxed{60}$ o así fuera la

$\boxed{1174}$ porque es un valor del sistema contable decimal que no está vinculado en el sistema contable genético. Mencionado de otra forma, las identidades que están vinculadas para que den un valor total consultado, solo ellas y ninguna de ellas es sustituido por otros valores de identidad para obtener el total consultado.

Estas explicaciones comparativas entre el sistema decimal y la operatividad contable genética, son constitutivamente totalmente diferentes.

CUARTA:

En la siguiente imag

En el grupo de la siguiente lista en los recuadros chequeados con la señal verde se puede elegir las 6 entidades que sumados de 62

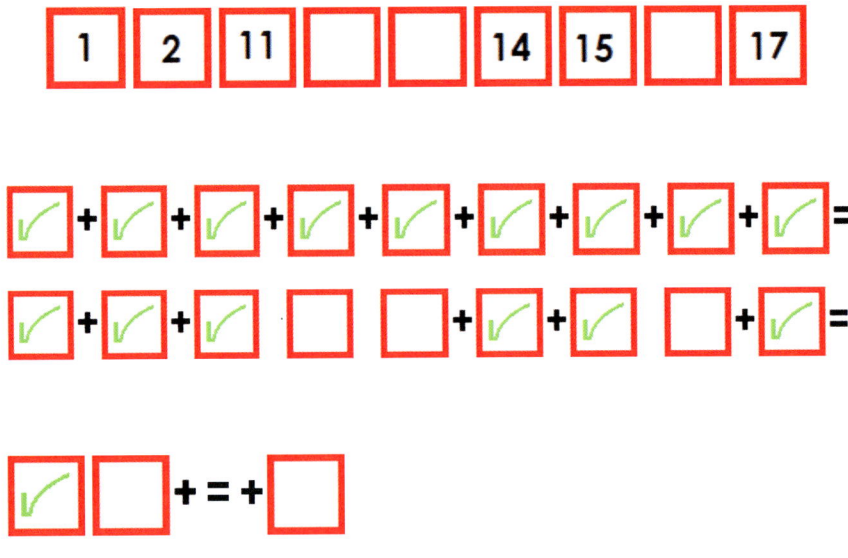

Imagen Pin a)

EXPLICACIÓN PRÁCTICA, BIOQUÍMICA SANITARIA

La bioquímica sanitaria es fundamental para la práctica de la medicina, debido a que muchas enfermedades tienen una base bioquímica que explica los estados patológicos a nivel molecular. La aplicación de los principios de esta ciencia en el análisis de líquidos y tejidos, plasmas, han servido desde hace varias décadas como una ayuda valiosa para los médicos en el diagnóstico y pronóstico, así como en el seguimiento de la evolución de una enfermedad.

RECURSOS, estructuras químicas, tablas, dibujos y esquemas novedosos que ayuden a hacer más didáctica la presentación del mismo.

A continuación, se nombran componentes que proporcionan picos altos o bajos en los resultados de las analíticas y en las relevantes muestras patológicas, comprometiendo novedades no favorables para la normalidad de la constitución operativa del ciclo genético, también reconocidas en la observación del recurso de valores contables que indican el estado bioquímico, entregando las opciones de diagnóstico que se pueden determinar por los profesionales facultados y acreditados en las diferentes asignaturas.

Fosfatasa ácida
ACTH (hormona cortico trófica)
Catecolaminas
Cortisol (y otros esteroides adrenales)
Gastrina
Hormona del Crecimiento
Tolerancia a la Glucosa
Hierro
Osteocalcina
Hormona
Paratiroides tiroides Prolactina

Renina/aldosterona TSH* *Más alta en pasado meridiano (PM) y las otras, más altas en (AM) Pruebas Afectadas por la Ingestión de Alimentos

Cloro
Gastrina
Glucagón
Glucosa

Hormona del Crecimiento
Insulina
Calcio Ionizado Fosfato
Potasio Triglicéridos pH en Orina

Para proporcionar el contenido entre otros del anterior listado, se nombran porque se requiere explicar que en estos procesos, se comprometen el recurso de **valores** específicos que participan, gracias a los resultados de los hallazgos en investigaciones, conocimientos que permiten poder determinar según los parámetros entre ellos, la sintomatología, para recomendar exámenes y en consecuencia realizar tratamientos recetando FÁRMACOS, o preparación para una intervención quirúrgica si el cuadro clínico y el facultado así lo concluye.

Cuando se presentan novedades de cuadros clínicos de componentes patológicos con agresividad de alto riesgo, en el entendido que, en los conocimientos referentes, no se tiene el fármaco para responder al tratamiento que permita eliminar la agresividad, entonces se activa la inmediata investigación, tal como se ha referenciado tantas veces.

A continuación, recojo dos compuestos químicos: **RE 6436082 9-CIS-RETINAL 9-CIS- vitamina A aldehído**, con su fórmula química C20H28O, identificado en la siguiente explicación e ilustraciones como **R**eferencia **T**radicional **(RT#)** y proceso de **F**iltros de la **R**eferencia **T**radicional **(FRT#).**

El otro es el compuesto químico que me ocupa en el propósito de sustentar con criterios que repetitivamente se han enviado a la **OEPM** para facilitar el avance del proceso de la solicitud de patente en el último RECURSO de ALZADA con el nombre de ANDREAQVI, con la fórmula química C34H34N6O6S. identificado en la siguiente explicación e ilustraciones como **R**eferencia del **P**erfil HmolikC **(RP#)**. **[(recurso que fue desestimado por inadmisión por entrega extemporánea) –** (*en los tiempos antes de activarse la extemporaneidad).*

PRIMERO: se pagó la tasa reglamentaria que se requiere para enviar documentación en carta abierta, del RECURSO DE ALZADA,

SEGUNDO: antes de activarse la extemporaneidad, se le envió a la funcionaria profesional encargada de atender el trámite, las correspondientes pruebas de incapacidad de salud, pruebas emitidas por la EPS firmadas por el galeno especialista que atiende mis cuadros clínicos en esas fechas) – (contenidos que la funcionaria de la OEPM encargada respondió, el buen recibo y la comprensión del contenido de las constancias de incapacidad)]. El buen recibo y comprensión de las constancias, dentro de los derechos procesales cuando se incorpora la novedad de incapacidad de salud, determinante en un cuadro clínico sustentado con las pruebas, se genera el estado de excepción y lo primero que se hace es activar una pausa en este caso, la prolongación de los tiempos asociados por ley en la opción de extemporaneidad.

Ahora bien, continuando.

En el contenido de esta siguiente imagen **RT1,** de la estructura en el espacio de este fármaco **RE 6436082 9-CIS-RETINAL 9-CIS- vitamina A aldehído instruye cada una de las particularidades básicas** que la conforman lo suficiente, para que el facultado en bioquímica se pueda permitir hacer el reconocimiento de las informaciones gráficas respectivas, identificar el contenido del gráfico **ciclo hexaedro**, seguidamente elegir el punto de partida y la dirección del conteo de la **cadena carbonada** y como están lo suficientemente claro nombrar los **grupos funcionales**.

En la ilustración de la imagen **RT1** se presenta la estructura en espacio de la formula semidesarrollada del compuesto químico: **RE 6436082 9-CIS-RETINAL 9-CIS- vitamina A aldehído,** también en la misma presentación **RT1**, se muestra la cadena carbonada y los átomos que participan como grupo funcional, en la misma imagen **RT1** se ha identificado la cadena más larga para hacer el reconocimiento del orden desarrollado de la presentación **IUPAC** como lo expresa el texto en la parte superior de la imagen: (2E,4E,6Z,8

E)-dimetil-9-(2,6,6,-trimetilciclohexano-1-il) nona-2,4,6,8, tetraenal.

(2E,4 E,6 Z,8 E)-3,7-dimetil-9-(2,6,6-trimetilciclohexano-1-il) nona-2,4,6,8-tetraenal

Ahora me permito presentar dos imágenes, la **RT** y la **RP1**, las dos en su contenido como se explica con rigurosidad en la **RT** al contener la información básica que se requiere, dadas las condiciones explícitas, se puede realizar el proceso que un facultativo en bioquímica hace y es obtener las especificaciones de las particularidades de la imagen **RT1**.

Entonces queda indicado que el facultado en referencia, puede hacer el mismo ejercicio en este caso que nos ocupa con la imagen **RP1,** que corresponde a la presentación de la estructura en el espacio de la fórmula semidesarrollada del compuesto químico: **andreaqvi,** *antídoto de reacción química viral* entre ellos el llamado **COVI**.

Con la información que se instruye hasta este momento y después de hacer la comparativa, es la suficiente información para que la comprensión adquirida permite al facultativo, saber que de forma concluyente tiene ante su profesional percepción sin lugar a ninguna duda, dos reconocibles estructuras en el espacio de compuestos químicos, que permiten sus criterios de composición que lo conforman.

En **PRIMERA INSTANCIA,** tener la **identidad de la arquitectura estructural molecular en el espacio**, criterio que a cada una las constituye en únicas.

En **SEGUNDA INSTANCIA**, saber que el compuesto químico **C20H28O RETINAL 9-CIS- vitamina A aldehído** que corresponde a la imagen **RT** ya adquirió su patente y la identidad **RE 6436082.**

En **TERCERA INSTANCIA, Comprender** que el compuesto químico **andreaqvi an**tídoto de **rea**cción **quí**mica **vi**ral entre ellos el llamado **COVI**, que corresponde a la imagen **RP1 R**eferencia del **P**erfil HmolikC **1,** presenta todos los parámetros que se requieren, para ser calificado sin ningún ápice de duda que, amerita el reconocimiento a la **arquitectura estructural molecular,** de ser un compuesto químico único, teniendo en cuenta que así su fórmula química (**C34H34N6O6S**), en las variantes estructurales en el espacio, el contenido cuantitativo puede construirse muchos compuestos con la misma fórmula química y *que lo he NOTIFICADO repetidamente en muchas contestaciones a la OEPM para puntualizar esta obviedad.*

PRESENTACIÓN DE 2 ESTRUCTURAS DESARROLLADAS, 20H28O RETINAL 9-CIS- Y C34H34N6O6S ANDREAQVI

Después de haber adquirido la específica comprensión de las imágenes **RT, RT1 y RP1**, en consecuencia, el facultado pasa a desarrollar, nombrando en su contenido las ubicaciones de los datos que la constituyen y encontraremos las anotaciones que las complementan como instruyen estas imágenes siguientes, **RT1a** y la imagen **RP1a**.

También se ilustran las imágenes que presentan las referencias gráficas estructurales utilizadas.

139

REFERENCIAS GRÁFICAS
ESTRUCTURALES UTILIZADAS

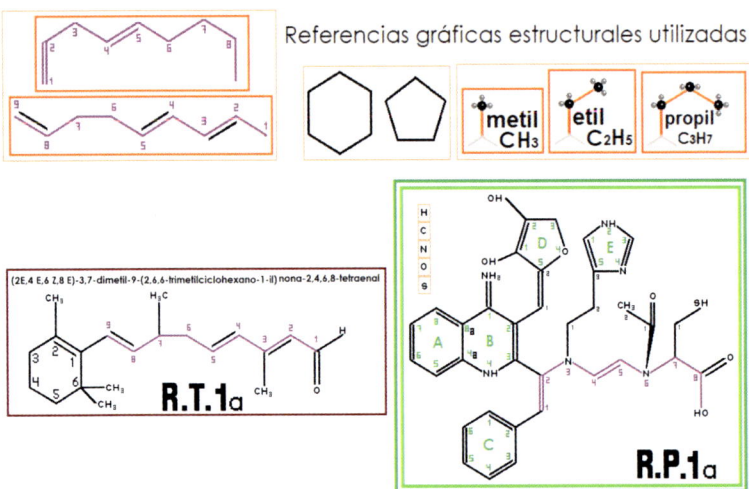

Proporcionando continuidad al apropiado usual proceso en las imágenes **RT2** y **RP2** se ilustra las arquitecturas estructurales moleculares de los dos compuestos de esta comparativa.

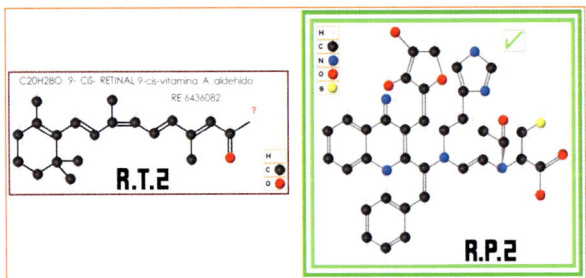

Después de haber proporcionado la documentación instructiva de un compuesto orgánico patentado y reconocido con su referencia **RE 6436082** y al lado utilizando los mismos parámetros, haber proporcionado la documentación instructiva del compuesto orgánico identificado con el nombre de **ANDREAQVI,** que del cual es el objeto de este escrito como **RECURSO DE ALZADA,** y siempre repitiendo las razones en otra respuestas en fechas pasadas a la **OEPM**, que no hay razones para hacer modificaciones ni reiniciar el trámite para adquirir la comprensión de los argumentos, y ante ello, como titular de la solicitud de la patente **NOTIFIQUE**, pedir a la **OEPM**.

Que me pida la explicación de la documentación y criterios que se ha proporcionado, indicadores determinantes que el método de obtener cualquier fármaco útil en la bioquímica que sean activados por mí, siempre los ejecutará por conducto de la **herramienta** y siempre lo he mencionado, que es una **herramienta,** recurso del sistema **SDF HmolikC,** porque es lo que me ocupa, que es un sistema que codifica y decodifica la información obtenida de imágenes **ortocromáticas y pancromáticas** en positivos o *negativos adquiridos en formatos de resolución no pixelada*.

Siempre lo he mencionado, en el hacer que me ocupa, lo constituye **UN CONOCIMIENTO TOTALMENTE NUEVO,** y que entre sus características que lo propician, es que toda información suministrada, es reconocida e **interpretada** en un **código fuente**, que posee la connotación más relevante **que, no** es igual al sistema contable decimal, (sistema decimal, **que no** es otra cosa que una opción diseñada por la excepcional capacidad de la inteligencia humana, que, en su ejecución en operaciones mediante algoritmos científicos, emergen en los resultados **imprecisiones**). También en consecuencia a esta anotación anterior, he mencionado en otras explicaciones siempre que el sistema **SDF HmolikC**, es el resultado de conocimientos adquiridos hace **más de 45 años** en una intensa investigación con recursos, muchos de ellos manufacturados artesanalmente porque no me podía permitir, ni recibir el apoyo que solicité, para avanzar en el proceso de la cadena de eventos que surgían y tenía que atenderlos, reconocerlos y avanzar, *hasta encontrarme con la infraestructura operativa de transmisión de información genética*, mediante **VALORES** (siempre escrito con mayúscula) un código fuente que en ninguno de sus cálculos matemáticos registra imprecisiones, indicador que afirma que no admite resultados inexactos.

Entonces siendo enfático y correlacionando toda la información de este escrito en muchos párrafos, se afirma que todo cuanto existe está

conformado por muchas partículas iguales en su constitución de origen, siendo de máxima relevancia, que **cada partícula** está adjunta a otra, que puede estar dentro de un compuesto de partículas, que cada una recibe la transmisión de **VALORES**, dicho de otra forma, recibiendo información que la compromete a realizar las tareas.

Primera: transmitir simplemente y preservar antes, durante y después de la ejecución de la información, **preservar su identidad**.

Segunda: además en casos de ser transmisor de valores de información, cambiar su identidad.

Tercero: en otros casos, recibir los **VALORES**, recibir la información y hacer tareas concretas y no transmitir la misma información recibida, que en casos hace cálculos operativos y transmite una información distinta a la que recibió, en consecuencia, la procesa y la transmite.

Cuarto: la información pasa por las **partículas** (siempre que se escribe **partícula,** la referencia es el **OXILOGENO**) que están en su entorno y no enterarse, de la secuencia informática o de los **VALORES** de información en ejecución.

Quinto: recibir una información que constituye el avance de su condición de identidad, sólo para partículas con dependencia permanente o para partículas con dependencia temporal.

Sexto: recibir una información que constituye el retorno a su condición de origen, llamada en el contenido del **perfil HmolikC OXILOGENO libre**.

Este **sexto** evento, que compromete a la **partícula** con dependencia permanente o la partícula con dependencia temporal, *es percibido por las fuentes de referencia de los conocimientos de la inteligencia humana* **como muerte** y *seguidamente la descomposición, el estado neurológico,* **sucesos** que el **lenguaje genético** en su código fuente, como no tiene que percibir, simplemente lo registra, como el efecto específico del retorno al origen de la **partícula** al **OXILOGENO libre, MPU *Mínima presencia universal** con infraestructura operativa.*

También es muy importante notificar que la cantidad de partículas con infraestructura operativa en toda la existencia siempre han, son y serán la misma cantidad, y por ello el código fuente contable le contribuye gestionar todos sus eventos con valores exactos, uno de los ejemplos sustentables, es el que una identidad, sea desde una célula a una presencia multiorgánica, que está perfectamente claro que contiene muchas células, la llamada reproducción o multiplicación de sus cantidades por mitosis o meiosis, toca explicar que estas particularidades que contribuyen al registro de reproducción no aumenta el total del peso de todo lo existente, referencia que fue explicado y repetitivamente manifestado, explicado de una mejor forma, si nos pudiéramos permitir haber pesado la tierra hace millones de años sin contar las existencias que han caído de afuera, y nos permitamos pesar a la tierra ahora con la inmensa cantidad de personas que ahora la ocupamos, para el recurso contable genético el peso sigue siendo el mismo.

Esta explicación obedece a que cada existencia, cada identidad está compuesta, la conforman otros o muchas partículas del mismo origen, el **OXILOGENO**, lo que sucede es que transmisiones o totales de información se conjugan y conforman entre tantos al ser humano.

Siempre hay que tener en cuenta la relevancia de los valores transmitidos de precisión y con precisión, para poder comprender la esencia operativa del lenguaje genético, que en toda actividad en todos sus componentes que conforma una identidad, siempre proyectan su estado, su normalidad, alteraciones, novedades para el bien o en casos de riesgo crítico.

La inteligencia humana, en el meritorio nivel de facultad adquirida, ha encontrado escenarios concretos, en donde se manifiestan el estado funcional en el ser humano, mediante las muestras de sangre, orina, muestra fecal y entre otras la **biopsia**, son opciones que permiten evaluar y en consecuencia referenciar con el contenido del banco de datos, hasta ahora, si se tiene el fármaco apropiado para suministrarle al paciente o la toma de decisiones para realizar cirugía.

Al fijarse en el caso de recurrir a encontrar un fármaco entre los conocidos, se está afrontando la situación con recursos de los cuales ya se ha pasado por el proceso de investigación con sus aciertos y desaciertos, y al tenerlo, siempre lo he repetido, es porque el tenerlo significa que ya se obtiene el conocimiento depositado en la ficha bioquímica que identifica el fármaco apropiado para la utilidad, en la necesidad que lo requiere.

Lo contrario es cuando no se tiene el fármaco, se emprende de inmediato la correspondiente investigación y todos los pasos comprometidos en los diferentes procesos, reafirmando **que no se tiene el conocimiento** directo de recurrir al banco de datos en los cuales están los VALORES para codificar y decodificar, luego computar y obtener los totales en los diferentes escenarios o dicho de otra forma, las zonas directas en la cuales el sistema operativo genético transmite, refleja, proyecta la información del estado en que se encuentra la novedad y proporciona constitutivamente la precisa lectura, y si se tiene el conocimiento como lo gestiona el sistema **SDF HmolikC**, entonces activa su razón de ser y se obtiene con precisión el fármaco útil, para la reivindicación bioquímica sanitaria del cuadro clínico diagnosticado.

Un ejemplo recurrente que ha existido, existe y continuará existiendo siempre; la infraestructura operatividad genética (llamada en el perfil **HmolikC el SAGITALIZADOR en SÍ GENÉTICO,** porque en una de las sagitas de la partícula **OXILOGENO,** es donde ocurre la interpretación de los valores transmitidos para ejercer las rutinas) esta infraestructura operativa, cuando se presenta una novedad en una partícula u otras tantas que son libres o comprometidas con la dependencia temporal o permanentes, cuando se presenta el recibo de una información de valores que altera su función de preservar el tiempo del ciclo vinculante (agresividad a su objeto), en el acto el **en SÍ genético**, se dispone a reaccionar para encontrar el **valor**, la información, la lectura apropiada que le permita proporcionar tomar el aspecto junto con otras partículas y para afrontar la información agresiva, y preservar la normalidad del tiempo de su ciclo que la compromete.

Es claramente comprensible que, siendo así la **operatividad genética**, para gestionar favorablemente, como funciona mediante VALORES, datos precisos, entonces hace lectura de ellos, y gestiona en consecuencia, entonces cabe la **NOTIFICACION** indicadora que, en ningún proceso de la **operatividad genética**, hace ensayos, hace experimentos, porque tiene el conocimiento altamente existencial y simplemente actúa.

Cuando una existencia o identidad en el caso de los compuestos orgánicos, tiene establecido unos tiempos de prevalencia o ciclo de tiempo, y se interrumpe, son por varias razones, **una** por impacto (llamada coloquialmente muerte accidental) **otra** por **OVUSECUENCIACION** de una identidad mayor (presa de la cadena alimenticia, así llamada), otra que interrumpe día a día en más porcentaje al ciclo de la identidad humana, darle mala utilidad a la inteligencia en el campus de la mala alimentación, también matricular el cuerpo humano en actividades de rendimiento, no teniendo el conocimiento de compensar bioquímicamente de la forma apropiada, otra entrar en actividades de estímulo en la psicopatología emocional.

COMPONENTES DE LA PATOLOGÍA

Entonces es muy importante que el contenido del perfil HmolikC, presenta en la participación del ser humano, cuatro particularidades patológicas,

La **PRIMERA: La patología de transmisión de información genética**

La **SEGUNDA:** El estado de los componentes de la patología orgánica.

La **TERCERA:** el estado de los componentes de la patología neuro-orgánica

La **CUARTA:** El estado de los componentes de la patología psicológica.

La **QUINTA:** El estado de los componentes de la patología psico-neurológica

Para cada una de la **PRIMERA, SEGUNDA, TERCERA, CUARTA** y **QUINTA**, por separado en el contenido del perfil **HmolikC** tiene incorporada una extensa explicación, con criterios válidos, que, en su interrelación de transmisión de valores de información, proporcionan a la preservación de ciclo de la salud, particularmente sobre la **TERCERA y CUARTA**, recae el **90 por ciento** que intercede para que no se cumpla llegar al tiempo del **ciclo genético establecido**, y todos sus componentes asumir el proceso de retorno, sin desconocer, la presentación de diferentes cuadros clínicos leves y críticos.

***Continuando insisto, cada que repito en este **RECURSO DE ALZADA,** que la constitución **operativa genética** no hace ensayo ni experimentaciones, y que sus procedimientos en todos son generados por **VALORES totales de informació**n, es porque son referencia a las explicaciones anteriores y tiene vinculación con las explicaciones siguientes.

Sin olvidar que las referencias de las fuentes de conocimiento que están reconocidos por las entidades que acreditan a los facultativos, sus investigaciones, son para lograr obtener la aproximación de los valores y realizar la ficha técnica que determina preparar el fármaco, VALORES con la cual gestiona el en **SÍ genético**.

Ahora este contenido, entra a instruir con imágenes comparativas a los dos fármacos, pero ya presentándose dentro de plantillas de utilidad en los procesos del sistema **SDF HmolikC**

Filtros de la Referencia Tradicional y del sistema SDF HmolikC

En la imagen Filtros de la Referencia Tradicional **FRT3** se observa la estructura molecular de **RE 6436082 9-CIS-RETINAL** 9-CIS- vitamina A aldehído, y a su lado la imagen **RP3,** de **ANDREAQVI**, con la fórmula química **C34H34N6O6S**, identificado en la siguiente explicación e ilustraciones como **R**eferencia del **P**erfil **HmolikC**, las dos arquitecturas estructurales moleculares presentadas, en un mismo formato y con la respectiva distribución de los elementos, en un dibujo técnico tal como se observa, que haciendo un riguroso reconocimiento comparativo con el conjunto de imágenes anteriores, corresponde a los mismos indicadores conceptuales con el uso de proyección diferente en el espacio. Teniendo en cuenta que las identificaciones de los elementos químicos vinculados conservan su color, pero denominan con números tal como instruye los elementos de la imagen D.E

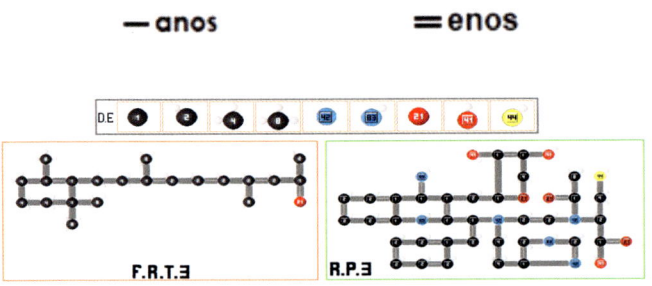

En las siguientes imágenes **FRT4** y **RP4**, se distingue que la presentación de la figura anterior **FRT3** y **RP3** en su aspecto general, son consecuencia de esta presentación siguiente, porque claramente se distingue que las barras que unen los elementos químicos están separadas, pero conservando el objeto de función específica del enlace llamada alcanos o alquenos

— anos   = enos

aspecto general que obedece a un proceso de filtrado.

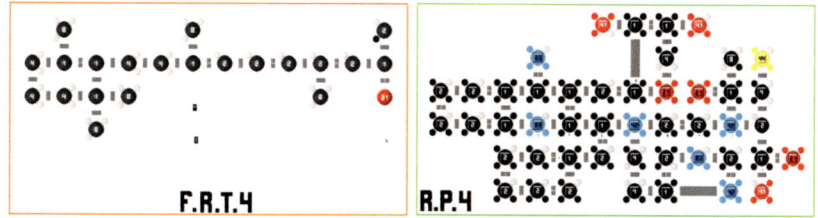

En las siguientes imágenes **FRT5** y **RP5** se reafirma que las figuras anteriores **FRT4** y **RP4** se encontraban cada elemento químico dentro de los rectángulos y la instrucción de enlace recobra visualmente su función de incidencia, dicho de otra forma, la percepción de unión, y observando con más rigurosidad en la parte superior del rectángulo, se presenta un valor señalado en uno de ellos con un círculo verde en la figura UP que indica la ubicación en la plantilla

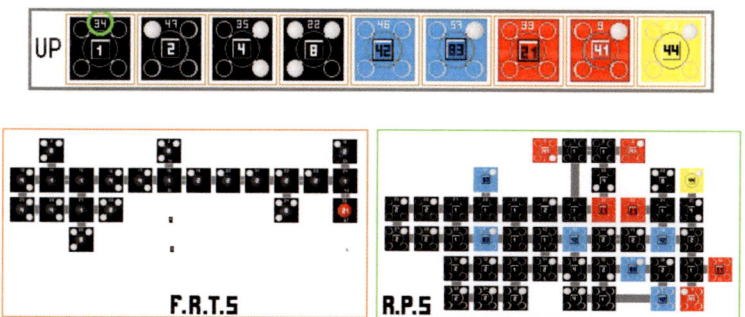

En las siguientes imágenes **FRT6** y **RP6** se muestra el área total de la plantilla y cada elemento químico en su correspondiente rectángulo.

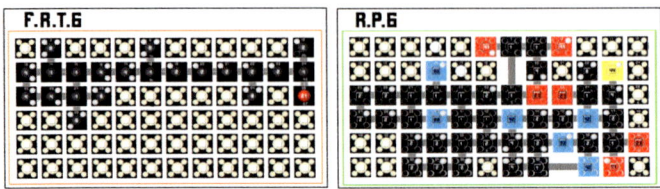

En las siguientes imágenes **FRT7** y **RP7** se presentan las plantillas sin ninguna actividad de elementos químicos, y si realizamos la rigurosa observación, se puede distinguir que en la parte superior están los números que reafirman el orden consecutivo de la correspondiente ubicación de los rectángulos.

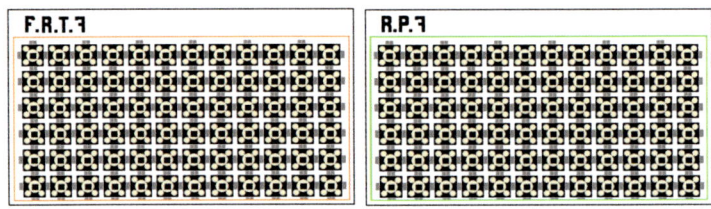

En las imágenes siguientes, referenciadas como visualización numérica **VN,** se ve claramente dentro de los **rectángulos** el **VALOR numérico**, y afuera al lado derecho de cada uno el número de **identidad numérica** que arroja la traducción del **código fuente genético, a la máxima aproximación que he logrado**, para permitirme expresar en el sistema contable decimal, cómo se identifica cada elemento químico de *las dos arquitecturas estructurales moleculares de esta comparativa*, la **RE 6436082 9-CIS-RETINAL 9-CIS-vitamina A aldehído** y la que objeta el contenido de este **RECURSO DE ALZADA ANDREAQVI, antídoto de reacción química viral**, seguidamente se observa claramente las imágenes **FRT8** y **RP8,** que corresponden a **dos plantillas**, en cada una están representadas las específicas localizaciones de los elementos químicos que se encuentra instruidos en las imágenes pasadas entre ellas **FRT5 y la RP5,** localizaciones expresas reemplazadas con los números que se indica en la imagen adjunta arriba identificada como visualización numérica **VN**. Si se observa con rigurosidad en este caso, el aspecto y presentación de la imagen **RP8**, me permite **NOTIFICAR** de forma muy relevante, que, durante todo el proceso en **la mayoría de reiteradas explicaciones en contestaciones**, encuentran **esta plantilla** con esta **misma conformación interna**, y reiterando de *forma muy repetitiva*, que esta **plantilla** es generada de un mecanismo de *codificación y decodificación de imágenes*

ortocromáticas y pancromáticas de información de *valores gráficos no pixelados*, agregando repetitivamente en esas explicaciones, que ante su disposición de percepción que los faculta, se tiene en observación ante todo la propuesta de la **presentación de un fármaco**, en este caso **ANDREAQVI,** generado de la congregación de estrictas anotaciones del proceso de una cadena de eventos de investigaciones, que arrojan criterios específicos del comportamiento contable de la **infraestructura operativa genética**, contenidos en cada uno de los apuntes del perfil **HmolikC,** y que en consecuencia estos conocimientos me han permitido construir **las plantillas de codificación y decodificación** de cualquier información **ortocromática o pancromática**, que hasta estos momentos manualmente les doy utilidad, cuyo nombre de marca es **SDF HmolikC**, con registro de **Patente en Madrid España**, desde hace más de 10 años, herramienta que se puede manufacturar en un **prototipo** que responda a los avances **computarizados de los avances tecnológicos de la actualidad**, pero con la **estructura desarrollada** y debidamente configurada con el **código fuente genético**, y manufacturarlo de forma regulada, para socializar sus reivindicaciones de utilidad y seguridad.

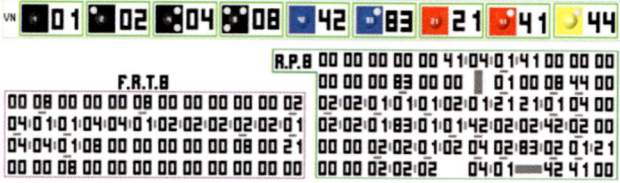

Siguiendo con el objeto de lo que me ocupa en este escrito, ahora se presenta la imagen **FRT9** y **RP9**, muestra el mismo contenido que las figuras anteriores **FRT8** y **RP8**, con la novedad de carácter selectivo, de color rojo, observamos pares dígitos con el contenido **00 (cero, cero** para ser más explícito) y en negro 0# o ## (uno de los ejemplos 01 o 83), que corresponde a la identidad del elemento químico en la plantilla, **como esta mencionado en la explicación en el párrafo anterior.** Esta selectividad en la explicación es para connotar que se está ejerciendo un proceso demostrativo de filtración, para facilitar la comprensión, ilustrando con este recurso las dos estructuras químicas en referencia responden coherentemente.

Es muy importante transmitir que se le ha dado utilidad a este recurso selectivo, en colocar con el color rojo la presencia del **00** porque contribuye sólo, a enfocar la atención y comprensión al objeto de la intención de filtración, porque en la realidad en cada ubicación que corresponde y siempre está ocupado por un **VALOR** igual u otros diferentes, pero nunca se presenta el **00,** en este caso sólo repito para el enfoque de la filtración.

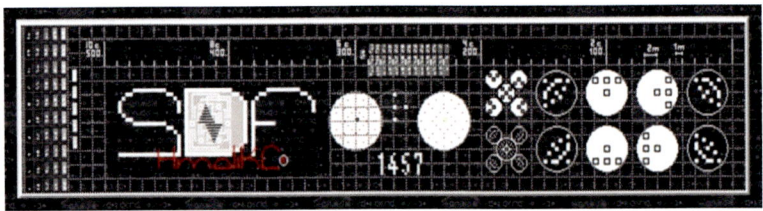

Antes de continuar en **páginas anteriores** de este escrito, se encuentra la Plantilla identificada con el valor **1457, ya** mencionada una de ellas e ilustrada con la imagen correspondiente, plantillas operativas en los componentes del sistema **SDF HmolikC**, en el escrito se instruye los criterios básicos de su funcionalidad.

Para darle continuidad a la mención, que la puesta en la explicación indicando que las referencias en rojo **00,** en la realidad si están presentando contenido numérico **##** y para expresar que no han sido selectivamente vinculadas, el sistema expresa en **valores** en el espacio, que corresponde al enlace, las características, si son como lo llama las fuentes de referencia tradicional que lo facultan, si son **alcanos, alquenos o alquinos**, los resultados o información que entrega el sistema no presenta los respectivos enlaces como lo describe las fuentes de **referencia bioquímica tradicional**, estas particularidades están constituidas en los valores ## de excepción, que corresponden a los espacios referenciados con el **00,** entonces en el proceso activo de **codificación y decodificación** del sistema **SDF HmolikC**, el cálculo no los incorpora y presenta en el **VALOR** o total del resultado que en presentación gráfica corresponde a la imagen siguiente **FRT10** y **RP10.**

F.R.T.10			R.P.10			4 1 04 01 41	
					83	01	08 44
08	08	02	02 02 01 01 01 02 01 21 21 01 04				
04 01 01 04 04 01 02 02 02 02 02 01			02 02 01 83 01 01 42 02 02 42 02				
04 04 01 08		08	21	02 02 01 02 04 02 83 02 01 21			
08			02 02 02	04 01 42 41			

En páginas anteriores de este mismo libro, está el contenido que explica cómo se proyectan valores de información que se percibe pero que manifiesta su ausencia, si estando, con una frase muy concluyente "**lo que no veas, no percibas o no tengas conocimiento, no significa que no existe**" por decir uno de los ya mencionados en repetidas ocasiones, la intensidad de un **sorpresivo impacto**, un **susto**, si se toma una **muestra de sangre en el instante del impacto** y se hace una **analítica** en cualquiera de los laboratorios bioquímicos, como resultado se obtendrá una significativa **reducción de los glóbulos rojos** y en el momento simultáneo al tomar la muestra de sangre, curiosamente la persona asustada está **completamente pálida**, ejemplo ya repetido en anterioridad.

Ahora bien, *si en ese mismo momento de tomar la muestra de sangre, se toma una muestra de las exigidas por el sistema* **SDF HmolikC**, al **codificar y decodificarla** en el resultado, se entregará en su plantilla como respuesta, **valores**, en el área de los espacios del componente de los glóbulos rojo, el valor que confirma ausencia, pero en un enlace al lado adjunto en donde se ubicaran los **00,** un valor que confirma la presencia de los glóbulos rojos que no se perciben.

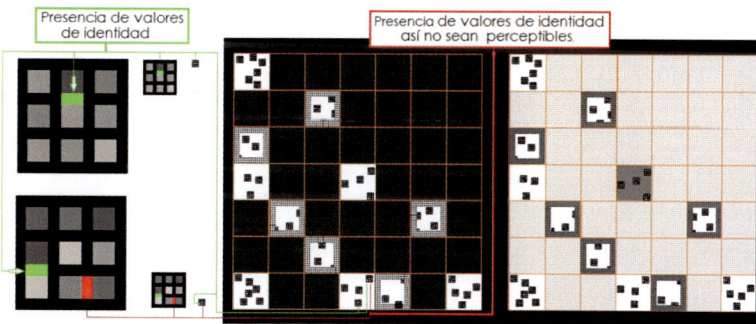

Continuando con el proceso de la presentación y sus características particularidades constitutivas que conforman el avance de la filtración, podemos observar que en estas imágenes **FRT11** y **RP11** muestra la estructura de los dos compuestos químicos **9CIS-RETINAL RE 6436082** y el compuesto químico **ANDREAQVI,** la dos plantillas cada uno de los elementos químicos comprometidos, se les ha proporcionado el color respectivo, que con facilidad los distingue y los difiere. Más abajo dentro de dos rectángulos, uno de color violeta y el otro de color verde, tienen en su contenido números que corresponden, si se le puede llamar cifras, totales concluyente de la información de cada uno de los ejercicios de cálculos codificados y decodificados, que cuando se desglosan en las rutinas activadas en las plantillas del sistema **SDF HmolikC,** se obtiene la **plantilla** de presentación final, como se ilustra en las imágenes en cuestión, **FRT11** y **RP11**, y teniendo el conocimiento del funcionamiento se adquiere la facultad de dar lectura con precisión de cada una de las particularidades en eventos que vinculan a los elementos químicos.

Es muy **importante reiterar** que estas dos cifras, no corresponden al número que identifica a una carpeta en la ordenada localización de un fichero, o la llamada nominación de **memoria**, porque el sistema procedimental de funcionalidad, **localización** o la **transmisión** de **información** que objeta una tarea a una o muchas partículas comprometidas, en **ninguna instancia** su eficiencia lo hace con **memoria**, este tema de memoria y formas es un diseño de la facultad modificadora de algunos compuestos orgánicos, en diferentes grados, en ellos manifiesto y si tiene que ver primero la inteligencia y la voluntad.

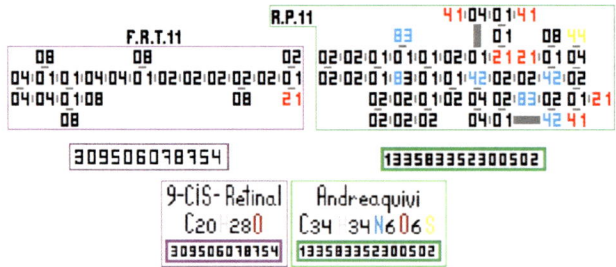

Estas últimas dos imágenes **FRT5** y **RP5** que están referenciadas visualmente con anterioridad, es donde nos ha conducido este proceso de filtración, a realizar la observación rigurosa, que cada una de las plantillas en su objetivo comparativo, dando utilidad al sistema tradicional y el sistema **SDF HmolikC**

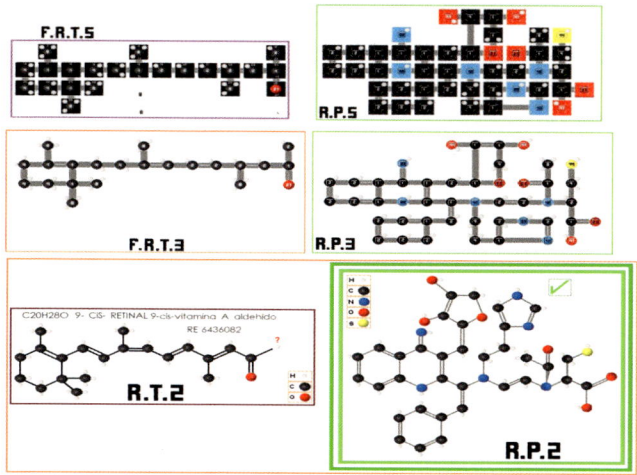

En esta imagen, la cual marco en el comienzo de esta explicación, que al realizar la observación rigurosa, indica que cada una de las plantillas en su objetivo comparativo dando utilidad al **sistema tradicional** y el **sistema SDF HmolikC**, teniendo en cuenta que se ha presentado respetando la estructura en el espacio, en el aspecto como lo requiere las formas de presentación reguladas, como se instruye en estas dos imágenes **RT** y la **RP HmolikC 1,** muestran constitutivamente todos los componentes estructurales que permiten a cualquier facultado en bioquímica sanitaria para redactar la ficha técnica que permite procesar la preparación del fármaco.

En conclusión, en los muchos documentos o contenidos de observaciones que yo he enviado, cumpliendo el requerimiento de contestación, o en casos repetidos a **funcionarias** de la **OEPM, encargadas de atender mis inquietudes y preguntas**, siempre me he permitido anteponer que esta fórmula es generada en la utilidad de un **conocimiento totalmente nuevo**, una herramienta con su correspondiente constitución novedosa, que presenta **plantillas** e *imágenes ilustrativas*, en donde solamente se gestiona y siempre lo *he repetido*, con **VALORES** concretos de la información incorporada en el sistema **SDF HmolikC**, si sirve para la comprensión, doy cita a lo siguiente.

SECUENCIA DE TAREAS ACTIVADAS
EN DISPOSITIVOS SISTEMATIZADOS

PRIMERA: **cuando se activa** la funcionalidad de un dispositivo sistematizado, para que ejerza respuestas a consultas, para el cual está programado, en su operatividad contiene una cadena de tareas, configuradas con la transmisión de informaciones desarrolladas con un estricto código fuente, gestionados sincrónicamente por componentes o herramientas muy precisas en funciones específicas.

SEGUNDA: Cuando se activa el recibo de **VALORES** para resolver un problema (aritmético) matemático, se ejercen operaciones que en cada paso del procedimiento (llamado en aquellos tiempos que se realizó la investigación RACIOCINIO) se vinculan fórmulas de cálculo, y el saber incorporar la fórmula específica en el paso indicado, en consecuencia, se obtiene la respuesta, el total válido.

A estas dos anteriores actividades **PRIMERA** y **SEGUNDA**, las constituyen una común distinción inteligente, que hacen una función, *tienen una utilidad concreta, suficientes indicadores para repetir que responden a un referente conocimiento plenamente adquirido.* A estas **PRIMERA** y **SEGUNDA** actividad, no se le proporciona información para que ejerzan experimentos, ni ensayos, **NOTIFICANDO,** que los experimentos y los ensayos son los recursos para llegar al conocimiento plenamente adquirido.

Con todo el respeto que puedo humildemente referenciar, por último, esta **PRIMERA** y **SEGUNADA** actividad, son herramientas, son recursos que sí son útiles en las diferentes asignaturas de las diferentes ciencias, no necesariamente el facultativo en sistema o el buen profesor de matemáticas, cuando sus productos hacen parte importante en el funcionamiento de una oficina, en una empresa, o en una máquina, o en el caso, en el control operativo de un engranaje multifuncional, como toda la logística de una aeronave, un centro de almacenamiento con implementación robótica, en las operaciones contables de transferencias bancarias, de telecomunicaciones, o en la óptima utilidad de un dispositivo de resonancia magnética, o en dispositivos en los laboratorios en bioquímica sanitaria, de observación electrónica, o en lo más usado en el día a día, los teléfonos inalámbricos (llamado celular o móvil), todos contienen esta **PRIMERA** y **SEGUNDA** actividad que no son otra cosa y muy importante, herramientas, que cuando éstas herramientas se le dice al oficinista, al físico, al astronauta, al experto en aeronáutica, al centro de almacenamiento, al departamento de contaduría, al radiólogo, al anestesiólogo, al oncólogo, al neurólogo, al patólogo, y sigue una gran lista en las que se utilizan estas herramientas, cuando se les sugiera que utilicen estas herramientas, no pregunte, por ejemplo en la aeronáutica, que el que ofrece un producto en el cual está contenida la **PRIMERA** y **SEGUNDA** actividad, que por decir un ejemplo, cuantas horas de vuelo o en qué universidad estudio aeronáutica, de igual forma los facultativos de las otras asignaturas.

Siempre hay que tener presente la PRIMERA y SEGUNDA, tienen una utilidad concreta, suficientes indicadores para repetir que responden a un referente conocimiento plenamente adquirido.

Todas las herramientas, que ejecutan su razón de ser con pasos de valores computarizados, son prototipos o dispositivos complementarios para agilizar y entregar con más precisión los resultados, esa es su específica operatividad programada.

La presencia genética en el cuerpo humano, ejerce millonarias cantidades de tareas mediante transferencia de información en el lenguaje de su *propio código fuente con exactitud*, la fuente más alta de referencias de conocimientos de la operatividad genética.

DIBUJOS E ILUSTRACIONES

Para la siguiente explicación retomo **LA ESTRUCTURA MOLECULAR**

La siguiente ilustración corresponde a **la figura 12 página** 4 en el documento de **DIBUJOS E ILUSTRACIONES** y explicado en la página 5 del documento, **DESCRIPCION DE DIBUJOS Figura 12, página 4, Plantilla** numérica, ilustradora de **incidencias** de la estructura química (compuesto químico) o **ARQUITECTURA ESTRUCTURAL MOLECULAR** del fármaco denominado **ANDREAQVI**, verificable en el código fuente del sistema **SDF HmolikC**, (**SDF HmolikC**, MARCA M3039208-X Núm. reg.: 482030 8/07/2012 5 11:26:31)

```
01 42 02 41 01 01 01 02 01 01 02 08 44
02 83 01 83 02 41 21 01 42 02 83 02 41
01 02 01 01 02 08 44 23 04 01 08 44 08
01 02 01 42 02 02 42 01 02 21 02 08 02
02 02 01 02 02 83 01 02 02 02 42 02 83
02 02 02 02 83 01 83 02 41 21 41 01 21
```

Figura 12, página 12, Plantilla numérica, ilustradora de las incidencias de la arquitectura estructural molecular, (compuesto químico) **ANDREAQVI**, verificable en el código fuente del sistema **SDF HmolikC** (como se constata repetidas veces, **SDF HmolikC**, MARCA M3039208-X Núm. reg.: 482030 18/07/2012 11:26:31).

Figura 13, página 4, del documento DIBUJOS E ILUSTRACIONES, explicado en la pág 5 del documento **DESCRIPCIÓN DE DIBUJOS plantilla numérica**, ilustradora de los valores **de los componentes químicos comprometidos.**

```
10539834136541438654
2251803024943493
2819147828464672
1024
```

Figura 13, página12, plantilla numérica, ilustradora de los valores de los componentes químicos comprometidos. **35 Figura 14, página 12 plantilla** numérica ilustradora de los valores decodificados de 9 posicionamientos en la secuenciación espiral de los elementos químicos con sus características específicas del estado molecular. Esta expresión numérica es la que se puede apuntar y en otro lugar donde estén las **plantillas** del sistema **SDF HmolikC**, se pueden decodificar su respectiva secuenciación 5 y se obtiene la estructura molecular y fórmula química del fármaco **ANDREAQVI**, sin la conexión de internet o dispositivos de memorias.

AMPLIACIÓN DE LA EXPLICACIÓN PROCEDIMENTAL

*// Para la fácil comprensión, por tomar un ejemplo entre tantos temas de las diferentes ciencias, como la **identidad del titular**, si a **una persona**, se presenta el momento que **un funcionario** en su competencia, le sugieren que proporcione físicamente la **huella digital**, en un dispositivo que tenga la aplicación del sistema **SDF HmolikC**, al colocar el dedo índice en el **tomador del gráfico físico de la huella digital,** y seguidamente el **funcionario cliquea**, - **decodificar** - el sistema entrega **un valor**, una vez se tiene este **valor**, se le pide el documento de identidad, este documento tiene el número que entrego el sistema **SDF HmolikC**, denominado **NHDU Número Huella Digital Universal**, el documento también tiene el **gráfico ortocromático** de la **huella digital**, el funcionario coloca en el tomador de **gráficos ortocromáticos** del sistema **SDF HmolikC**, y vuelve a entregar el valor **NHDU**, el documento tiene otro valor denominado **DP, Datos Personales**, el funcionario le suministra al sistema **SDF HmolikC el DP** y le entrega visualmente, toda la información, en principio los valores ya proporcionados por el sistema **SDF HmolikC**, también fotos, ciudad y país de origen, señales, Toda esta información la obtiene, sin conexión de internet, absolutamente toda la información procesada en el dispositivo en **presencia física del sistema SDF HmolikC**, que está utilizando el funcionario.*

*El anterior procedimiento, genera un evento en el sistema que solo el sistema operativo lo sabrá y no lo divulga, no lo muestra, coloquialmente se puede decir que el sistema **SDF HmolikC**, crea un Código de Correspondencia, en consecuencia, si el **funcionario cliquea** - **C.C** -. El sistema automáticamente se comunica por internet o canal de máxima seguridad, con la registraduría de la nacionalidad que ha expedido el documento físico presentado, y **desde esa base de datos institucional**, el **funcionario** recibirá, toda la información que el sistema con anterioridad a obtenido del **portador del documento**, y otros datos que se le puede preguntar al portador para confirmar los datos que ya está más que reconocido. Por ejemplo, pregunta de uno de los otros datos ¿nombre de su primera mascota?, seguidamente el funcionario teclea la respuesta y el sistema si responde - **C.C.V.** - CHEQUEO VISTO VALIDADO, pero si responde – **DENEGADO** – evidentemente la respuesta es falsa.*

La anterior, **Ampliación de la explicación procedimental, es lo suficientemente** específica, indicadora que el proceso del sistema SDF HmolikC, para gestionar respuestas de datos solicitados, una vez que se le proporcionan, tiene el mecanismo técnico mecánico operativo que sin ir a un específico archivo, a una carpeta, a una memoria, o a un banco de datos como usualmente se hace dentro de las prácticas conocidas. El sistema SDF HmolikC, en sus plantillas del perfil HmolikC incorporadas, solo se activa mediante el mecanismo técnico reprogramado de operaciones matemáticas, generadas de incidencias de fórmulas matemáticas, que su resultado, su código fuente, el mismo que el del código fuente genético, expresa y traduce al lenguaje de aproximación del sistema decimal, que en consecuencia le permite entregar resultados escritos, gráficos o fónicos, sin acudir a ningún género de memoria.

Entonces en el tema que en este escrito me ocupa, las plantillas, reciben la información como tantas veces se ha repetido, se codifica y decodifica para entregar las respuestas exactas, **sin asistir a un banco de datos**, para obtener información que en las probabilidades pueden convocar a ensayos experimentales o hasta la investigación científica (dotar espacios con la adecuación e implementación que corresponde) en la cual se induce las respuestas en diferente cantidad de estados inducidos para activar el procedimiento de la esperanza.

Figura 14, página 4 del documento, **DIBUJOS E ILUSTRACIONES**, explicado en la página 5 del documento, **DESCRIPCIÓN DE DIBUJOS**, plantilla numérica ilustradora de los valores codificados de posicionamiento en la secuenciación espiral de los elementos químicos con sus características específicas del estado molecular (**ARQUITECTURA ESTRUCTURAL MOLECULAR**). *Explicación de capacidad técnica: Esta expresión numérica es la que se puede apuntar y en otro lugar donde estén las plantillas del sistema **SDF HmolikC**, se pueden decodificar su respectiva secuenciación y se obtiene la **ARQUITECTURA ESTRUCTURAL MOLECULAR** y fórmula química del fármaco ANDREAQVI, sin la conexión de internet o dispositivos de memorias, porque es el valor operativo que constituye el nuevo conocimiento incorporado en las plantillas del sistema **SDF HmolikC**, recurso del lenguaje de incidencia activa genética.*

Notificación universal: *La aplicación **SDF HmolikC**, no memoriza, solo procesa operaciones matemáticas y entrega la información concentrada en la cifra pre programada, como la expresada en la siguiente imagen /C/.*

/C/ 50553266704504021452 53

SUGERENTE PROPUESTA DE PROYECTO QUE SE QUIERE PATENTAR

Si observamos los argumentos protocolarios, que deben contener una sugerente propuesta de proyecto que se quiere patentar, para activar el proceso de ser socializado

Las explicaciones las identificará como **requerimientos** de las referencias de conocimientos facultados del **estudio tradicional** y, como **requerimientos** de las referencias de conocimientos facultados por los contenidos en los apuntes del **perfil HmolikC.**

Observando los **requerimientos** de las referencias de conocimientos facultados del **estudio tradicional,** se presenta:

Las fuentes de referencia en el producto que me ocupa, el fármaco ANDREAQVI, su fórmula química **C34H34N6O6S** y su ARQUITECTURA ESTRUCTURAL MOLECULAR, expresa en los formatos aceptados por los gremios de estas competencias de la bioquímica sanitaria, instruyen que si tienen en su composición constitutiva los componentes que se requieren para avanzar y hacer la preparación del producto fármaco que lo objeta.

159

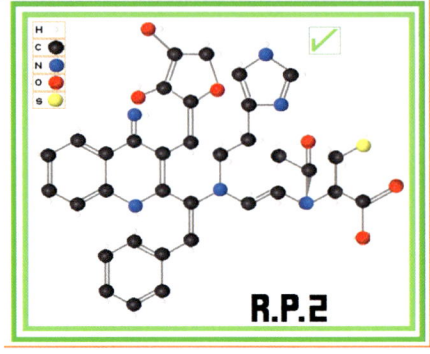

Observando los **requerimientos** de las referencias de conocimientos facultados del **estudio tradicional,** se presenta:

Las siguientes imágenes de las fuentes de referencia en el producto que me ocupa, el fármaco ANDREAQVI, su fórmula química **C34H34N6O6S** y su ARQUITECTURA ESTRUCTURAL MOLECULAR, expresa en los formatos aceptados y encontrados en la herramienta de sistema **SDF HmolikC**, con sus correspondientes secuencias de depuración o filtración, imágenes que repetitivamente se han incluido en los contenidos de las diferentes comunicaciones, que también se encuentran en las cartas abiertas como observaciones o sustentaciones.

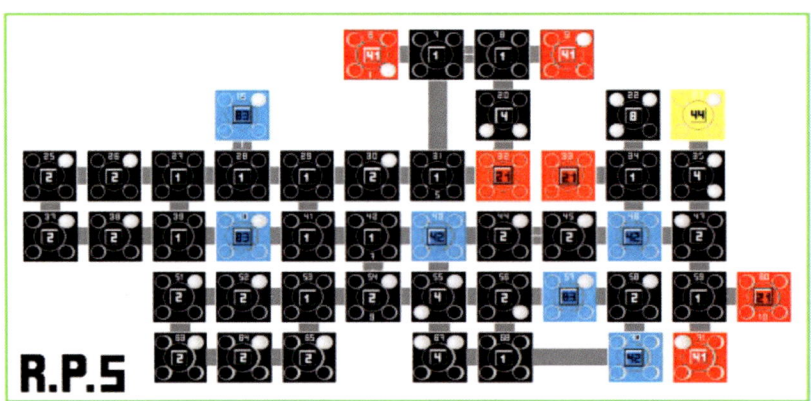

Imagen R.P.10

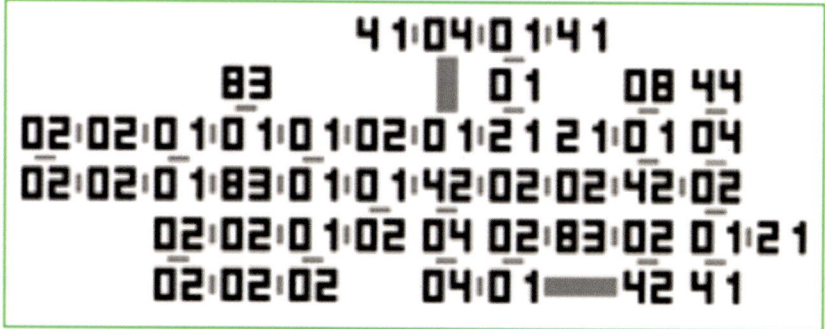

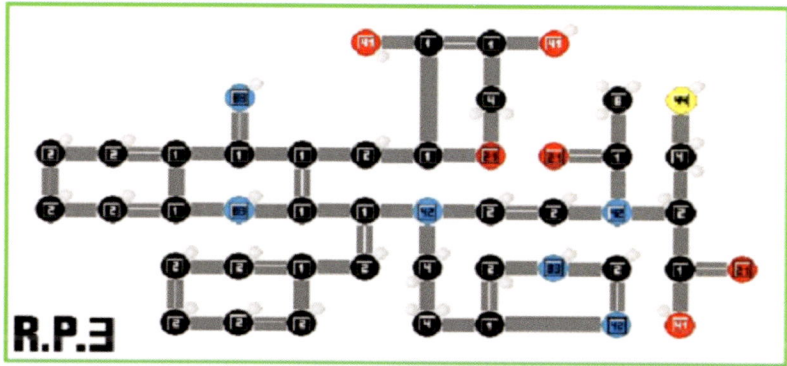

Como titular solicitante de la **patente,** es para mí muy comprensible que los **requerimientos** de las referencias de conocimientos facultados del **estudio tradicional,** en la propuesta en trámite de patente que me ocupa, se valora más el proceso que el resultado.

Es razonablemente comprensible, que antes de prestarle la atención al resultado experimental, se tienen que hacer el seguimiento riguroso de cada uno de los eventos del proceso, que arroja el resultado y al analizar la documentación proporcionada, para poder calificar como logro definitivo y en consecuencia oficializar el certificado de aprobación del origen, el proceso y la utilidad, quedando reconocido que el desconocimiento y la incapacidad, condujo a realizar el proceso de investigar y el logro definitivo aprobado, certifica que ya solo en ese entonces, válida la adquisición del conocimiento, que permite incorporar entre las fuentes de referencia para las consultas que lo requieran

Se asocian instancias o fases del proceso.

La novedad como evento, circunstancia, presencia que origina la llamada de atención. *En este caso el COVI.*

N1 Valoración del nivel de **beneficio** que proporciona.
N2 Valoración del nivel de **agresividad** que proporciona.

Si la constante de su **agresividad** o **N2**, tiene asociado la rapidez, para generar el estado de un cuadro clínico crítico que requiere cuidados intensivos.

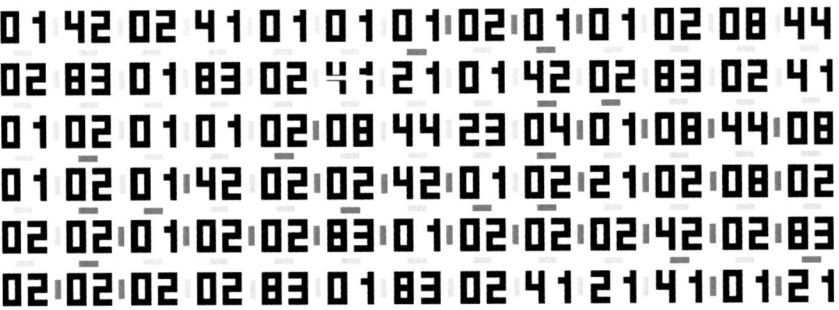

Si la constante de su **agresividad** es *transmisible con rapidez,* hasta lograr la presencia demográfica a **nivel pandémico**.

El **N2** por su agresividad, salta las alarmas y llama la atención en los gremios, corporaciones e instituciones gubernamentales, a funcionarios profesionales facultados, que han adquirido intuición, la experiencia y un **perfecto conocimiento de los selectos pasos del proceso para identificar**, conocer los componentes patológicos del huésped agresivo y su comportamiento.

Es muy importante decir de forma directa lo siguiente, cuando se expresa - **perfecto conocimiento de los selectos pasos del proceso para identificar –** se está haciendo referencia a la implementación, desde recursos humanos, dispositivos técnicos, espacio, locaciones, laboratorios, muestras de anatomía patológica, la información que se requiera pre-disponible en los bancos de datos, altos recursos económicos, trayectoria, sin dejar de tener en cuenta que al tener listo todo lo anterior, **si los conocimientos** que los facultan a los profesionales le permiten **identificar** a los componentes patológicos del huésped agresor, y de forma altamente significativa, las fuentes de referencia de los conocimientos que los facultan y los acreditan, le hacen llegar al punto concluyente una vez revisada e identificado los componentes patológicos del huésped agresor, en este acaso el COVI, y al no haber encontrado en sus referencias de consulta, el recurso que proporcione la respuesta útil para sanar o aliviar la inminente agresividad, entonces en consecuencia les hace determinar activar la opción de **investigación**.

Cuando se toma esta decisión de **investigar**, es porque se está notificando que **el perfecto conocimiento que los faculta,** no se incluye la determinación mencionada, porque cuando se va a investigar se entra en el proceso de **las probabilidades para obtener el logro de adquirir el conocimiento,** que en su utilidad alivie o sane la agresividad del huésped, como estoy explicando, el caso del **COVI**, se está indicando de un fármaco que proporcione en su utilidad aliviar mediante el tratamiento, suministrar dadas las indicaciones del profesional que atienda el paciente, o el fármaco que haga parte de la albúmina que constituya **la vacuna**, evidentemente el antídoto que al suminístralo al paciente o a la población de forma preventiva queden inmunizados con una sola dosis.

OBJETO DE ESTA NUEVA ETAPA

Siempre lo he repetido, respondiendo a mi respeto, que siempre merecidamente distintivo y digno se les debe manifestar a los profesionales facultados, **el perfecto conocimiento que los faculta,** se refiere a las referencias de las fuentes de conocimientos, que por su experiencia saben los pasos del proceso, asociado a la gran cantidad de estados, a los que tienen que inducir los elementos químicos, para que en alguno de los cientos de miles de tubos de ensayo reaccione de forma apropiada uno de ellos, respuesta favorable que se afirma cuando en los puntuales ensayos, en una gran cantidad de ratas que se tienen en cautiverio u otros animales, se registra la utilidad, la favorabilidad del suministro, que en consecuencia se separa la ficha técnica que identifica las características y el estado del compuesto químico, obteniendo la **arquitectura estructural molecular,** seguidamente se avanza realizando la preparación del fármaco y con la rigurosa atención, se le suministra, se ensaya en una gran cantidad de seres humanos, para experimentar de forma directa, si también responde con la misma favorabilidad que en los animales, esta es la etapa en la cadena de las probabilidades, en la cual se obtiene directamente el acierto o el desacierto, (coloquialmente - triunfo o fracaso -)

En el supuesto que el logro sea definitivo como fármaco de tratamiento o la vacuna, entonces en este momento y solo en esta instancia, ya se ha adquirido el logro definitivo, el **conocimiento** que se estaba buscando (que no se tenía, que se ignoraba), este conocimiento entra hacer parte de las fuentes de referencia de los conocimientos que se suman a las facultades de los profesionales, coloquialmente - una más, más capacidad -.

Ahora bien, como se está referenciando al caso del COVI, cuando se notó la presencia y el nivel de la agresividad (Mortal), en inmediata disposición, muchos organismos y corporaciones de salud, activaron la tarea de atender esta presencia con la alta rigurosidad (me permito repetir) al no haber encontrado en sus referencias de consulta, el recurso que proporcione la respuesta útil para sanar o aliviar la inminente agresividad, entonces en consecuencia les hace determinar activar la opción de **investigación.**

Significa que, para avanzar satisfactoriamente en la investigación, se tiene que dotar e implementar de todos los recursos asociados que contribuyen en los diferentes eventos de la gran cantidad de fases del proceso de la investigación, con **todos los apuntes** de relevantes y no relevantes que pertenezcan a **las opciones** que no dan el resultado deseado y por supuesto el óptimo, que entrega el resultado que resuelve la intención de la investigación, en este caso el fármaco de tratamiento o definitivamente la vacuna para el COVI.

Evidentemente como está resaltado en negrilla **todos los apuntes,** del proceso de investigación que se recopilan, deben ordenarse, porque son contenidos que congregan criterios y referencias para posteriores consultas.

Una de ellas en el caso específico de la respuesta favorable del fármaco, que en su utilidad proporciona el **tratamiento,** (aclarando y repitiendo una vez más cuál es el **tratamiento** que corresponde al fármaco con el suministro las veces que sea necesario, según lo dictamine el profesional que atiende el usuario), o el fármaco del logro definitivo que en su utilidad proporciona la **vacuna** (aclarando que **vacuna** corresponde al fármaco que solo se le suministra al usuario una sola vez en toda su vida porque queda inmunizado). Está referente recopilación de apuntes es muy relevante entre los requisitos que se deben proporcionar en la documentación que **sustenta el estado de la técnica,** cuando se activa el trámite en el cual se solicita la Patente, que, al obtener la Patente, se socializa con la correspondiente acreditación que la avala, en este caso que me ocupa, la fórmula química **C34H34N6O6S** y su **ARQUITECTURA ESTRUCTURAL MOLECULAR.**

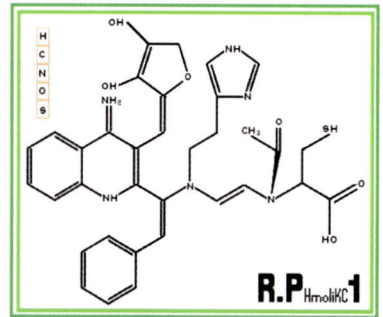 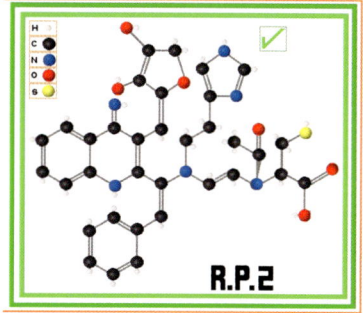

Ante la presencia del COVI, en paralelo se presentó la acelerada participación de entidades privadas reconocidas mundialmente de la industria, de la farmacéutica, y por supuesto las entidades farmacéuticas facultadas, incorporadas a instituciones gubernamentales, participaciones privadas y gubernamentales, con el objeto específico de investigar y encontrar directamente la vacuna, que en consecuencia desde el sector privado se obtuvieron fármacos que las llamaron vacunas (pero con el pasar del tiempo, después de haber afirmado que solo con el suministro de la primera ya quedaría la población inmunizada, **al pasar tres meses**, los laboratorios que ya estaban distribuyendo mundialmente la primera dosis, dictaminaron que se aplique otra dosis, y al pasar de los meses sin haberse completado el primer año, se dictaminó que se debe suministrar la tercera como un refuerzo, y así se ha estado haciendo. Concluyentemente, si nadie se quiere responsabilizar del significado conceptual de la vacuna, entonces yo Holmes Molik Candelo como propietario del sistema SDF HmolikC, afirmo con responsabilidad jurídica, que según el contenido de los conocimientos congregados en el perfil HmolikC, cualquiera de los fármacos que se están suministrando más de una vez al mismo usuario, **no**

es una vacuna, cualquier fármaco que se le suministre al usuario más de una vez para atender el mismo cuadro clínico por el cual se receptó la primera vez, ese fármaco está cumpliendo una razón procedimental y no es otro que el tratamiento al cuadro clínico. Siendo más directo – a) el fármaco que responde a un tratamiento, **ALIVIA** – b) el fármaco catalogado como vacuna responde a **SANAR,** es un antídoto para el paciente y para suministro de carácter **preventivo.**

Relato de los laboratorios Pfizer

Voy a retomar un relato de los laboratorios **Pfizer**. Es muy importante para la comprensión de la siguiente explicación, lo voy a tomar como argumento de consulta de los criterios que **sustenta el estado de la técnica.**

La llamada vacuna de la Pfizer para el COVI19 coronavirus, el laboratorio antes de distribuir por todo el mundo notificó la siguiente recomendación,

Esta vacuna Pfizer para el COVI 19, es un producto científico que su estado constante debe estar a 80 grados bajo cero

A los tres meses de estar distribuyendo Pfizer su vacuna (como yo menciono con anterioridad en este escrito) Pfizer **dictamino que se aplique otra dosis,** exigencia a la que se sumaron las otras marcas que también estaban distribuyendo otras vacunas

Por asuntos de problemas de tráfico en la distribución a sectores no llegaban las cantidades de dosis a tiempo, (u otras razones), situación que estaba generando incumplimiento del abastecimiento rigurosamente exigido de la segunda dosis. Se generan debates y sobresale la posibilidad de que, si la segunda dosis de la vacuna de cualquier marca no llegaba a tiempo, se le puede suministrar la segunda dosis de una marca diferente a la que ya tiene una vacuna.

Ante esa posibilidad se manifestó en los medios de comunicación, profesionales de la Pfizer y notificaron categóricamente, que bajo ninguna opción a los vacunados con Pfizer no se le puede suministrar la segunda dosis con la vacuna de otra marca, porque el estado de los componentes, reúne unas condiciones técnicas muy distintas a las otras marcas, en consecuencia, los profesionales y reconocidos científicos repartidos en todo el mundo, que no tienen lapsos directos con Pfizer, comunicaron en programas de los diferentes canales de medios de difusión visual, hablada y escrita, aclarando que no se puede bajo ninguna

166

condición revolver la primera dosis de Pfizer con la segunda de otra marca, porque los procedimientos técnicos eran científicamente muy distintos, algunos profesionales muy reconocidos mencionaron que si se toma solo el estado de la vacuna Pfizer que tiene que estar en una temperatura de 80 grados bajo cero, que esa es una de otras tantas particularidades por la cual no se deben realizar ese tipo de imprudencias procedimentales.

El punto es que, por el mismo problema del impuntual abastecimiento, de todas las marcas, salieron algunos de los profesionales y científicos que antes habían exigido categóricamente lo contrario y recomendaron que, si se puede colocar la primera dosis, la segunda y la tercera no importando las distintas marcas.

Las distintas corporaciones farmacéuticas que lograron obtener y socializar su propia marca de su así llamada vacuna, responden a reconocidos emporios económicos, privilegio que les permite ser los primeros en obtener el fármaco que desde un principio sabían que era un medicamento de tratamiento.

Si no fuera por el estado de excepción sanitaria, que se registró, es con toda seguridad, ante estas observaciones.

PRIMERA: *No se le habría proporcionado la patente como fármaco que en su constitución respondiera como una vacuna. porque al suministrar el ensayo en los recursos vivos preparados, sean ratas u otros animales, la reacción le habría requerido el suministro de* **otras tantas dosis.**

SEGUNDA: *La asociación requerida de* **otras tantas dosis** *en el proceso de las probabilidades, es un indicador que ya no se va a obtener la vacuna (que sane totalmente). y se admite que, si se consiguen con* las tantas dosis la respuesta *de alivio, el resultado es un fármaco de tratamiento, porque así l*o sustenta el **estado de la técnica** *complementado.*

TERCERO: *Es más que una certeza que, se les habría demorado a estas distintas marcas de 5 a 8 años, si la documentación del* **estado de la técnica** *se le hace una atención con la ética sanitaria, pero no como una vacuna sino como un fármaco de tratamiento.*

Es muy importante para mi afirmar, que **al no tener los facultados, los científicos,** *el origen de la reacción favorable de un atenuante de la metabolización de toda clase de ser vivo que no sea el ser humano, (conocimiento contenido en el* **perfil**

167

HmolikC, *por la operatividad de las propiedades del ciclo vital orgánico del* **en SÍ genético).** *Entonces el atenuante que origina el alivio en los seres vivos, en los que se han practicado los ensayos de las repetidas dosis que no sean los seres humanos, al ignorarlo los profesionales asumen la percepción equivocada, que les hace determinar que el alivio lo ocasionó el fármaco, entonces pasa a ensayar en seres humano, y si se trata de una emergencia entonces directamente el profesional toma la determinación de autorizar el suministro, dicho de otra forma receta el fármaco, una y otra vez según sus recomendaciones del seguimiento apropiado, las dosis que sea necesario.*

Teniendo en cuenta la explicación anterior, que instruye que el fármaco aún se encuentra en ensayos en proceso, se debe recetar con las indicaciones apropiadas de las dosis, que se requiera según la reacción.

CUARTO: *Entonces con certeza, la aprobación de la patente se obtiene en 5 a 8 años si, la documentación del* **estado de la técnica** *se le hace una atención con la rigurosidad sanitaria, y colocando la indicación de las veces que se debe suministrar la dosis en el cronograma que surja, y al obtener en los ensayos que unas personas las reacciones son distintas, circunstancia que les hace tomar la decisión a los laboratorios y profesionales en donde se originan las marcas, que industrialmente preparen el mismo fármaco pero en presentación de diferentes gramajes, para que el profesional, según la reacción del paciente tome la decisión apropiada.*

Todas estas exposiciones permiten comprender que, al decidir fabricar un fármaco en distintas presentaciones de gramaje, nos coloca ante nuestra observación, que al suministrar el fármaco solo se sabe la reacción una vez después de haber sido suministrado.

Estas mismas observaciones en las cuales se presentan la diversidad de características y eventos de reacción que se generan en el paciente o consumidor de un programa de carácter preventivo, indica aumentar en los apuntes de las diferentes fichas técnicas los criterios de los estados de la técnica.

El fármaco con su respectiva **ARQUITECTURA ESTRUCTURAL MOLECULAR** *sea el fármaco que fuere, generado de una gran trayectoria de eventos de la investigación activada, se constituye al ser útil para aliviar o sanar en la necesidad sanitaria para el que fue obtenido, se constituye en una invención, y también cumple con el requisito con la prioritaria reivindicación de cumplir el objeto para el cual se ha investigado y obtenido.*

El fármaco al ser generado de todo un proceso de investigación, se instruye que se ha activado la búsqueda de un compuesto químico, que de la utilidad para sanar o aliviar la necesidad y al obtener el logro definitivo se identifica el producto que se desconocía y al tenerlo en ese entonces **es una novedad**, es decir, que no exista a nivel mundial, que el desarrollo de los componentes contenidos en la **ARQUITECTURA ESTRUCTURAL MOLECULAR**, no es obvia para los expertos antes del hallazgo y esta condición le incorpora su respectivo **nivel inventivo.**

El profesional o perito que atiende en su orden las características de la novedad, centra su atención en la razón o razones, para cual propósito fue activada la investigación, evidentemente al tener la presentación de la novedad el nuevo fármaco, el experto realiza los métodos de verificación que le sustenten, si el fármaco cumple el objetivo u objetivos, y una vez respondan las pruebas de forma favorable, se confirma la certificación de la **reivindicación de utilidad**.

Con todos los datos, apuntes y recopilados escritos, visuales, dibujos, referencias, componentes, se organizan las instrucciones, que coherentemente van a presentar **la descripción del invento.**

En el campus de la bioquímica sanitaria, del estudio tradicional como ciencia, la conforman una gran cantidad de fuentes de referencias del comportamiento de una simple presencia orgánica, celular o molecular, de un elemento químico a un compuesto químico, que comprensiblemente en la investigación mediante la programación de un compuesto químico inducido a tantos estados, se logran obtener la reacción que supla la utilidad de la búsqueda, en este caso que me ocupa un fármaco, como lo he reiterado tantas veces, indicando que cada que se obtiene un fármaco que su utilidad sirva para sanar la agresividad de la presencia que origina la urgencia, en el caso de las vacunas o para aliviar la agresividad de la presencia que origina la urgencia mediante un eficaz tratamiento.

Hace que la incorporación de nuevos fármacos, sume las fuentes de referencia y amplíe los conocimientos, sin dejar las probabilidades de la necesidad de diseñar los recursos técnicos que en paralelo contribuyen en los avances y facilitan gestionar la información.

El contenido de cada párrafo, no lo expreso por hacer entregas de argumentos que los profesionales del estudio tradicional ya lo saben a la perfección mejor que yo, lo expreso y lo comparto porque los propios criterios que los sustentan, en cada uno de ellos me puedo

169

apoyar para describir la comprensión de lo que expondré a continuación. Que lo he repetido en las comunicaciones de cartas abiertas y en correspondencia enviada directa a la profesional que lleva el trámite de mi solicitud, de patentar el fármaco en la OEPM, también a otras funcionarias y hasta el mismo director de la OEPM del cual no recibí nunca su respuesta, recurso que lo activé porque encontré un párrafo que dice:

"Si no tiene claro los aspectos generales que debe tener en cuenta al solicitar una patente, o en temas que permitan preguntar para obtener claridad, procedimiento que permita avanzar favorablemente, se debe pedir orientación usted podrá recibir orientación personalizada"

Recurso que se activó, pero no se recibe respuestas, solo activaban las respuestas cuando la fase del trámite en ese momento estaba comprometido algún pago de las tasas, lo afirmo porque tengo todos los correos y las constancias de las cartas abiertas.

Bueno después de ésta aclaración continuemos en la materia.

Si se observan los requisitos para solicitar la patente de invención de un fármaco, la investigación que se activa para obtener el fármaco que proporcione la sanación o el alivio de la presencia agresiva, que origina la atención urgente de los facultados, presenta las opciones de tantos desaciertos o el acierto, comprometer el tiempo indefinido, implementación conocida, incorporar el diseño de otras que requiera la necesidad, con nuevas capacitaciones y los altos presupuestos económicos, como repetitivamente lo he expresado, partiendo de la probabilidad que la investigación conduzca a llegar al punto definitivo de un desacierto.

Por las opciones que constituye el desarrollo del desacierto como la del acierto, se exige archivar todos los apuntes para que sean útiles en posteriores consultas.

Ahora, al atender el resultado de la circunstancia que se desprende el acierto directamente el fármaco, listo en condiciones óptimas para ser recetado por el facultado y suministrada la dosis recomendada por el consumidor final, para suplir la probabilidad de la respuesta favorable a un tratamiento o la respuesta favorable a la disposición de carácter preventivo.

Por mencionar un ejemplo aislado, si se trata de un fármaco que en su utilidad controla el elevado o bajo nivel de una presencia vital en el cuerpo humano, entonces se está atendiendo un cuadro clínico en las cuales está comprometida el nivel normal o anormal de una presencia en el ser humano, cuando la atención cuenta con la opción de fuentes de referencia representada en valores lógicos como información, se está contando con la certeza *de un conocimiento que se ha generado del proceso de la específica investigación, entonces para ser consecuente con la exposición, cada que se presente una persona con alteración de los niveles vitales, los facultados cuentan con las fuentes de referencia de conocimientos que les permite según la particularidad que los hace recurrir a la información del banco de datos y elegir el fármaco que corresponde a los valores referenciados en cada caso y recetar en consecuencia.*

Dada las eventualidades de niveles vitales que se presenten y se cuente con los fármacos que responden favorablemente a los valores para cada caso, significa que se tiene el recurso para resolver mediante la información específica de valores, eso no es otra cosa que tener el conocimiento.

Manejo de valores del sistema SDF HmolikC

Es muy importante, y repetiré de la forma más categórica, para que se tenga la suficiente claridad de lo razonablemente comprensible sin ningún ápice de la más mínima duda, y se presenta como la referencia dentro de toda lógica que los argumentos que sustentan y en consecuencia por ello se le debe exigir a los criterios contenidos en los apuntes del perfil HmolikC, en cuanto a lo que respecta en este caso al fármaco que solicitó la patente, que todo parte desde el mismo estado en que se encuentran las fuentes de referencia que ya se tienen valores consolidados.

*Para ampliar los conceptos del punto de partida, los facultados cuentan con el recurso de solicitar los exámenes en la **muestra fecal, orina o sangre** (porque estas muestras según el nombre de este documento saben quién eres) lo comúnmente conocido como la analítica. Al obtener los **valores** del examen específicamente dictaminado, el facultado gestiona el reconocimiento de la información y puede diagnosticar o hacer las recomendaciones centrándose en emitir la receta del, o los fármacos que corresponden y si es necesario conducir al paciente a consulta con el especialista que considere puntual en su percepción. Datos incluyendo la analítica del paciente que se congregaron en su respectiva historia clínica, entonces se activa un proceso de seguimiento, más exámenes, radiografías, resonancia magnética molecular, biopsias, tratamiento y control, con el propósito de sanar o aliviar al paciente, todos con el factor vinculantes de **valores,** porque cada profesional especializado en lo que le corresponde **tienen el conocimiento** de los pasos referentes para localizar la información que se solicita e incorporar en la historia, para posteriores consultas.*

*De forma concluyente se **tiene el conocimiento** para dirigirse a las fuentes de referencia que proporcionen la información.*

171

Para ello expongo un ejemplo básico, **la imagen a) pancromática** *blanco y negro que corresponde al 50%, que se percibe en un tono gris y en su parte baja la imagen pancromática del rojo que corresponde a su 50%, que se percibe en un tono rosado*

a) Imagen pancromática

la imagen b) ortocromática *en el color gris, que corresponde al 50%, que se percibe en un tono gris, y en su parte baja la imagen ortocromática del rojo que corresponde a su 50%, que se percibe en un tono rosado, en el recurso de impresión en artes gráficas para proporcionar un tono en la escala de los tonos gris, se vale de una retícula o también llamada puntillada, para esta explicación se ha recurrido a la cuadrícula que corresponde al 50% de cualquier color.*

b) Imagen ortocromática

Para detallar esta característica de esta retícula del 50%, me permito ampliar la imagen para que se perciba el propio aspecto, las cuales dan la sensación de tener un cuadrado del color intencionado en este caso el gris y el rosado en incidencia o adjunto de un cuadrado blanco.

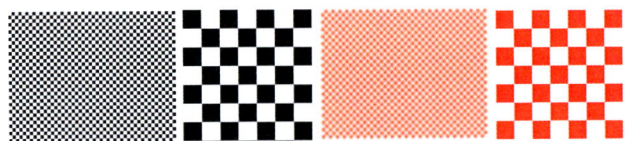

En la imagen **c) ortocromática** *en color negro que corresponde al 100%, que se percibe en el mismo color negro absoluto, y en su parte baja la imagen ortocromática del color rojo que corresponde al 100%, que se percibe en el mismo rojo absoluto.*

c) Imagen ortocromática

En la siguiente imagen se puede observar las imágenes a), b), c) en la misma escala, permite percibir una apreciación del aspecto en general

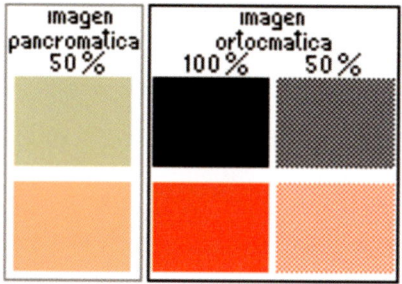

Los facultados del estudio tradicional en los resultados de la analítica, realizan el reconocimiento referenciados en tres parámetros de los valores, ellos son, el resultado nivel bajo y nivel alto, y en circunstancias incluyen el valor moderado bajo o moderado alto.

Para la propia comprensión, utilizan técnicamente un dispositivo que de origen se le llama densitometría pancromática (escala pancromática) basada en la captura de los tonos grises de una imagen, y proporcionar al tono más claro, cero oscuridad en el valor del negro, el valor de 100 absoluta oscuridad, se le da otros nombres según la ciencia que lo utilice, entonces cualquier valor del claro absoluto al oscuro absoluto, (si se captura el 45 en el densitómetro)se identificaría como el 45 por ciento, 45%, para continuar la explicación, en la imagen siguiente se puede observar una escala pancromáticas, en la cual se instruye las características que se comprometen para obtener la precisión de la consulta, en consecuencia traducir el lenguaje del campus pancromático de sus grises, en la forma de presentación del lenguaje contable más universal, los números del sistema decimal.

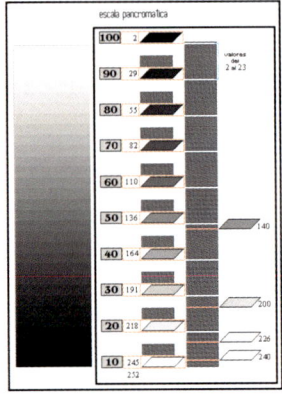

En estas próximas dos imágenes, se logra presentar dos ejemplos. El colesterol total y la creatinina, entonces los profesionales facultados, no se fijan en la información de la progresividad pancromática de los grises de la analítica, sino de la traducción en el lenguaje contable de los números del sistema decimal, pero en estos ejemplos no se permiten referenciar la palabra porcentaje porque el colesterol total el nivel bajo es 200 **(200 mg/dL)** y el más alto 239, **(200 mg/dL)** tal como está explicado.

En el segundo ejemplo de la creatinina, el nivel bajo es el 45 **(45 mg/dL)** y el más alto es el 106 **(106 mg/dL)**

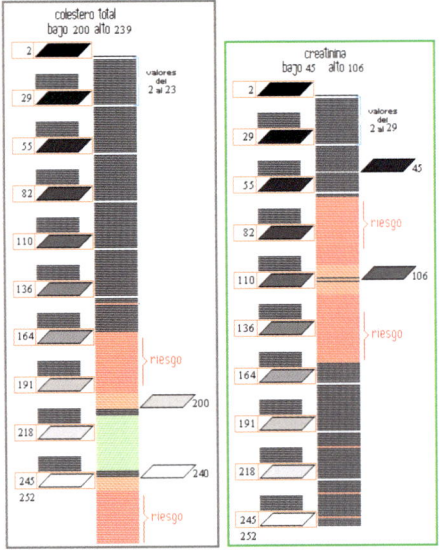

*Estando la presentación lo suficientemente clara, se puede deducir que **el estado de salud, mediante exámenes** que ya hacen parte de las fuentes de referencia de los conocimientos adquiridos, al obtener los resultados expresados en **valores**, que permiten realizar el reconocimiento mediante la confrontación con los **valores** de la base de datos y, en consecuencia orientarse el profesional, para avanzar en el seguimiento que sus facultades le fundamenta, sea para prescribir **fármacos**, dirigir el paciente a un especialista o al evento que requiera su diagnóstico. Cuando se prescribe un **fármaco**, es porque hace parte del paquete de logros obtenidos, después de pasar por la trayectoria, con sus desaciertos y, el correspondiente acierto con su ficha técnica que la acredita como un producto para la sanación o para el proceso de suministrarse en dosis como lo instruye las indicaciones del tratamiento.*

*Por el factor de prioridad técnica me gusta repetirlo, cualquier manifestación sintomática que no sea una constante dentro de la normalidad, se considera **una novedad**, a esa novedad el facultado le proporciona la atención mediante el seguimiento para reconocer **el estado de salud, mediante exámenes,** protocolo sanitario que conduce al profesional a hacer lo explicado en el párrafo anterior, pero si surge el caso como el que me ocupa el **COVI**, que también repetitivamente se ha explicado, recibió la determinante consideración, que se trata de una novedad, como sabemos que corresponde, en consecuencia el facultado le proporciona la atención mediante el seguimiento para reconocer **el estado de salud, mediante exámenes** al paciente afectado y por sus características de agresividad, el facultado atiende directamente a la novedad como un huésped, porque produce contagio a la velocidad pandémica y con agresividad mortal. El profesional en la competencia recurre a las opciones que sus fuentes de referencias de conocimientos le facultan para identificar al huésped, para ello, recoge una muestra y realiza la analítica de la anatomía patológica, teniendo como resultado, de una novedad viral con componentes patológicos que muestra comportamientos, teniendo estos datos solo de **percepción visual**, que solo le da la certeza así expresada que se reproduce a velocidad incalculables, los facultados realizan el proceso de consulta y debate y no se encuentra en sus bases de datos, la información apropiada traducida en **valores** (que en el supuesto caso de tenerlos, significa la afirmación de tener un fármaco para atender esta crítica urgencia sanitaria) lo que indica específicamente que no se tiene el conocimiento representado en un producto, refiriéndome al fármaco.*

PRIMERO: *Novedad indicadora que hay que activar el recurso de la investigación para obtener el **fármaco** que **sane** presentado en una **vacuna**.*

SEGUNDO: *Novedad indicadora que hay que activar el recurso de la investigación, para obtener el* **fármaco** *que alivie presentado en dosis, que supla con eficiencia el tratamiento.*

También repetido con anterioridad, cualquiera de los dos, el **PRIMERO** *o el* **SEGUNDO**, *que en la investigación se logre, es muy importante mencionarlo, antes de iniciar la investigación, no se encuentra en sus bases de datos, la información apropiada traducida en* **valores.**

Entonces cuando se activa el proceso de la investigación y se obtiene el logro definitivo del objeto del **PRIMERO** *o el* **SEGUNDO,** *se adquiere los* **VALORES** *constitutivos que conforman la* **ARQUITECTURA ESTRUCTURAL MOLECULAR** *del* **fármaco,** *(nunca mejor dicho, -se ha adquirido el conocimiento-) el recurso que sane o alivie la agresividad del huésped identificado como* **COVI**.

Entonces universalmente así sea expresado de muchas formas, el **FÁRMACO** *es la obtención de una* **ARQUITECTURA ESTRUCTURAL MOLECULAR** *que, al traducirla en el sistema contable decimal, serían* **cantidades (valores) de sustancias y elementos químicos conformando una estructura molecular.**

Si posteriormente, se presenta otra novedad con agresividad moderada o con agresividad de alto nivel, entonces los facultados al hacer la analítica de su muestra de anatomía patológica, mediante la respectiva consulta en el banco de datos y encontrar la ficha técnica que congrega toda la información con sus correspondientes consideraciones instructivas literales y en **VALORES** *que, al encontrar coincidencias relevantes, el facultado ya tiene un punto de partida, o el hallazgo óptimo para atender de forma eficiente esta nueva novedad, al obtener el recurso válido, es porque ya está en el banco de datos,* **válida constancia de la existencia del conocimiento adquirido.**

Mejor no se puede expresar, lo que se sabe, los conocimientos adquiridos se encuentran en el banco de datos. En un banco de datos, se deben encontrar todas las fuentes de referencia de los conocimientos que facultan a los acreditados en la ciencia de lo consultado.

Pero como me estoy refiriendo más puntualmente a los bancos de datos de bioquímica sanitaria, me permito comunicar categóricamente que los facultados del estudio tradicional, en el campus de la ciencia que están facultados, ya saben la trayectoria de los eventos de la historia del estado técnico de una investigación, que están catalogadas en el paquete de los aciertos, evidentemente es muy importante sin excluir los desaciertos.

Indicadores específicos que confirman la existencia de fuentes de consulta para los facultados, para los estudiantes e interesados con propósitos personales de adquirir información.

Toda aquella novedad que se presente y no esté en los bancos de datos para conocerla, para saber cuál es su composición, para comprenderla y para encontrar el recurso, para encontrar el producto o fármaco que la sana o la alivia, como está manifestado en explicaciones anteriores, en consecuencia, hay que hacer la correspondiente investigación.

Centrando la atención en el contenido del perfil HmolikC.

*Toda información sobre las llamadas novedades (**novedades** para el ser humano y que **no son novedades porque no existen novedades** para la razón de ser de la actividad funcional de todas las formas de la **operatividad genética**), Entonces para proseguir, **se tiene que separar** los conocimientos adquiridos por la inteligencia humana, de los registros de la infraestructura operativa genética de la partícula* **OXILOGENO.** *La **novedad** es un evento registrado en la patología psíquica del ser humano, presencia tangible del desconocimiento estado donde participa la recreación, la fantasía de la percepción de las tendencias, la duda o administradas favorablemente por el análisis, llamadas en los apuntes del perfil HmolikC Afirmaciones Falsas Inteligencia humana* **AFIH**

Los conocimientos congregados en los apuntes del perfil HmolikC, los genera los resultados de la investigación, que entrega la infraestructura operativa genética de la partícula **OXILOGENO.**

Continuando con el ejemplo del **COVI,** *es relevante saber que para la funcionalidad operativa genética de la partícula* **OXILOGENO,** *todos los componentes patológicos con todas sus características y comportamientos del* **COVI,** *la partícula* **OXILOGENO,** *ya sabe de su existencia, y lo más importante de los contenidos del perfil HmolikC, es que si el llamado* **COVI** *por la inteligencia humana, afecta el curso normal del ciclo de la temporalidad humana, como entidad compuesto orgánico existente, todas las partículas de* **OXILOGENO,** *que conforman esta identidad (ser humano), manifiestan la presencia del llamado* **COVI,** *al igual que toda las presencias con su correspondiente* **alto o bajo nivel** *de vinculación. Cuando se escribe* **alto o bajo nivel,** *en nuestra comprensión se encuentra en la memoria, (**VALORES** en la fuente de*

177

*información para diagnosticar), por haberlo leído en explicaciones pasadas, pero continuaré porque se está instruyendo los conocimientos congregados en el **perfil HmolikC**.*

*Cada compuesto orgánico y toda existencia no orgánica, perceptible o imperceptible, en toda y cada una de la gran cantidad de partículas de **OXILOGENEO** que la conforman, las constituyen la información, los **valores** específicos de su estado original y del transcurso en los tiempos de su correspondiente ciclo temporal normal, sin excluir las presencias del entorno que proporciona estados en favor de la preservación con su ciclo o lo contrario, afectar la temporalidad del ciclo, todas estas variantes, retomamos como ejemplo el ser humano, sabemos que es compuesto orgánico, una **existencia perceptible**.*

*Al ser **existencia perceptible,** la primera respuesta que se obtiene es que tiene aspecto, forma, una manifiesta funcionalidad y todos los componentes que están comprometidos en la funcionalidad.*

*En los apuntes del **perfil HmolikC**, se encuentra la redacción del contenido que manifiesta y tiene los criterios que lo sustentan, afirmándose con responsabilidad jurídica fuera de toda duda, que todos los componente del aspecto físico, la epidermis, la piel, el cabello, y si nombramos sus órganos que proporciona el estado de los signos vitales, el sistema circulatorio, el sistema muscular, los componentes que disponen la satisfactoria funcionalidad de los sentidos, el sistema nervioso, **entre otros de la larga lista,** las células, todas las nombradas, sin descartar la sangre, la orina, y el título de este documento, la materia fecal, **(tus mierdas sustentan quién eres)**, cómo estás, **proyecta su estado en que se encuentran,** puntualmente las presencias de constantes normales o anormales en su ciclo temporal constitutivo.*

*Para más claridad, siguiendo con el ejemplo del huésped del llamado **COVI**, tomando la referencia antes nombrada, **entre otros de la larga lista,** en cada uno como identidad, por tomar un ejemplo la piel, en su aspecto de la presentación de la epidermis, que está en contacto con el exterior o parte externa de la superficie, se **refleja la información**, en los componentes internos de la membrana dermatológica que está en contacto con la parte interna de la superficie, también refleja la información, entonces se afirma que en todas y cada una de las identidades llámese corazón, y los componentes que conforman el corazón, que también son identidades porque tiene nombre, y así sucesivamente, de la larga lista, en todas y en cada uno de sus componentes tiene la información de absolutamente todo lo que está sucediendo en la totalidad del cuerpo* *humano, representados en específicos* **VALORES pancromáticos**, *con aspecto y presentación como lo representa la estructura del lenguaje del propio código fuente genético.*

En escritos ya mencionados se presentó la siguiente explicación, sobre la cadena de **componentes, reflejado desde un caso aislado que ya se encuentra en la memoria y facilita la comprensión.**

COMPONENTES EN LOS COMPONENTES

Seguidamente se repetirá conceptos explicados con anterioridad, sólo para facilitar la comprensión que los correlaciona.

En este momento, corresponde presentar la siguiente descripción para comprender el párrafo anterior, para todos es comprensible, que cualquier dispositivo o prototipo computarizado, por ejemplo, voy a nombrar un ordenador portátil, bien se sabe que en su interior tiene una gran cantidad de componentes, diferentes entre ellos, a simple vista están muy bien organizados y responden a un riguroso orden, cada uno tiene una función específica, entonces cada componente tiene interconexión con otros pocos componentes de los muchos y en su conjunto estos pocos realizan rutinas y entregan el resultado de su tarea.

Muy bien, cada componente en particular para facilitar la explicación es una identidad, en este ejemplo si se solicita una lista de componentes, lo primero que obtenemos es esto - case – placa madre – CPU procesador – GPU tarjeta gráfica – **RAM memoria** – dispositivo de almacenamiento – refrigeración – PSU fuente de alimentación.

Ahora pedimos una lista de componentes de la **memoria RAM,** obtenemos - chip SPD - bus de conexión - bus de datos - bus de direcciones – bus de control – para que tengamos en cuenta, y si continuamos pidiendo la lista de componentes por ejemplo del bus de datos, de inmediato obtendremos más componentes. Entonces si nos dispusiéramos a realizar el seguimiento, solicitando a los próximos componentes sus siguientes elementos que la componen, el proceso no importa lo largo que sea, pero, de todas formas, surja de donde surja el punto de partida al final llegaríamos a la partícula **OXILOGENO**, instruyendo constitutivamente que cada componente que pertenece a la cadena de vinculación hasta llegar al final es una identidad.

Porque cabe decir, ante estas explicaciones, que el todo existente, perceptible o no perceptible a la inteligencia, está ocupado sólo por el **OXILOGENO**, las distinciones que particularizan y las hace diferentes a cada entidad, es porque los **OXILOGENOS** vinculados, adquieren o son receptores de información que reciben por incidencia y adquieren constitutivamente, sean perceptibles o imperceptibles las identidades (un componente) y en el caso que sea perceptible refleja su diferencia en el aspecto que conforma.

De forma concluyente, se puede entender que todas, absolutamente todas las entidades llamadas componentes del cuerpo humano, reflejan transmisiones de información de en sí mismas, la información exacta en valores descrito en la propia estructura del código fuente genético, proyectando todo lo que está sucediendo en la totalidad del cuerpo humano.

El recorrido relatado hasta este momento, que en la medida que se avanza se va describiendo dos realidades.

PRIMERA: las fases y requisitos, con los criterios más relevantes para que una patente de fármaco, después de ser revisada la documentación proporcionada por el solicitante titular sea aprobada, encargo de regulación en este caso la OEPM, entre tantas existentes, basados en las fuentes de referencia de los conocimientos que están contenidos y aprobados los gremios del estudio tradicional.

SEGUNDA: la fase que permite, con los criterios más relevantes que están contenidos en los apuntes del **perfil HmolikC**, que en la medida que se presenta los criterios en la cual se sustentan la razón de ser de los requisitos del estudio tradicional, (que de forma muy categórica yo Holmes Molik Candelo titular investigador de los conocimientos congregados en el **perfil HmolikC**, y propietario de la herramienta del sistema **SDF HmolikC**, le rindo el máximo respeto a la forma de obtener los logros que han permitido en casos prevenir, en otros aliviar y en otros sanar a seres humanos), reitero en la medida que presento cada criterio del estudio tradicional, para que concedan la Patente de un **fármaco**. En paralelo voy describiendo los criterios de las fuentes de referencia de los conocimientos del perfil HmolikC, que permite establecer, las recomendaciones a los facultados del estudio tradicional, que tienen en la mesa de observación la solicitud para obtener la patente de la fórmula química **C34H34N6O6S,** con su respectiva **ARQUITECTURA ESTRUCTURAL MOLECULAR,** que el solicitante le llama ANDREAQVI, antídoto de reacción química viral, que se le ha proporcionado a la OEPM, los datos para preparar un fármaco que, el **ESTADO DE LA TÉCNICA** de los eventos procedimentales que proporcionan la **ARQUITECTURA ESTRUCTURAL MOLECULAR**, se origina de conocimientos logrados por el transcurso de las investigaciones contenidas en los apuntes del **perfil HmolikC**, y generada directamente del código fuente de la infraestructura operativa genética.

Recalcando repetitivamente la afirmación NOTIFICADORA, que el sistema constitutivo del estado de la técnica que instruye, es un conocimiento totalmente nuevo para los argumentos y fuentes de referencia del estudio tradicional y para cualquier ciencia.

Evidentemente razones, para proporcionar que los facultados del estudio tradicional, entregue su atención con rigurosidad a los criterios que sustentan las razones de las particularidades de los mecanismos que afirman, él porque es un conocimiento nuevo, que hace, cómo lo hace, y porque no hace parte de las fuentes de referencia de los conocimientos del estudio tradicional, hacer las preguntas, que permitan ampliar la comprensión de cualquier presentación.

Es válido en el sentido común y el profesional, sin darle lugar a ninguna duda razonable que para los apuntes del contenido de los conocimientos del perfil HmolikC, que, para encontrar cualquier fármaco, existen **dos recursos**, pero antes haciendo la respetuosa observación que el titular investigador y propietario del sistema SDF HmolikC, a todas las asignaturas de las diferentes ciencias las distingue como *el estudio tradicional,* después de descubrir y adquirir los conocimientos congregados en el perfil HmolikC.

Primer recurso, la metodología muy válida del estudio tradicional, realizando investigaciones mediante experimentos y los innumerables ensayos, induciendo componentes a numerosos estados de reacción para obtener en el ejercicio de las probabilidades, el acierto o desacierto (coloquialmente triunfo o fracaso) y activa este recurso por que no tiene en sus fuentes de referencia, lo más importante que es el conocimiento, para pasar a congregar los componentes que conforman la ARQUITECTURA ESTRUCTURAL MOLECULAR, directamente sin la investigación con los eventos repetitivamente ya nombrados.

Segundo recurso, la metodología del sistema SDF HmolikC, recurre directamente a los espacios de proyección, en donde se hace una toma micro-fotográfica en película, rigurosamente pre-sensibilizada y revelada esa información, la incorpora manualmente en las plantillas que conforman el sistema SDF HmolikC, en el cual se ejerce la codificación y decodificación de la imagen ortocromática o pancromática y se obtienen directamente los componentes que conforman la ARQUITECTURA ESTRUCTURAL MOLECULAR, con la opción de localizar si lo presenta, el lugar específico del cuerpo humano en donde se encuentra la albúmina que reúne el estado óptimo con las características de la ARQUITECTURA ESTRUCTURAL MOLECULAR, evento que evita realizar la preparación del fármaco, y con una biopsia de albúmina hacer el respectivo traslado y se obtiene directamente el recurso que sana.

Con los dos anteriores razonamientos se concluye, que el sistema SDF HmolikC, tiene el conocimiento que permite leer con certeza la información que transmite en la operatividad del código fuente, en la funcionalidad genética

Conclusiones de los resultados obtenidos de las investigaciones

Siguiendo en materia, antes se explicaba la referencia de la presencia de los componentes de los componentes o, dicho de otra forma, componentes de las identidades, que son componentes que están dentro de otras identidades.

En este momento es procedente presentar lo siguiente, si nos fijamos en las imágenes siguientes, se pueden distinguir que son fotomicrografías o fotografías microscópicas.

Cada imagen **(IPD) Imagen Pancromática Digitalizada**, muestra el panorama de un tema y cada tema contiene muchos **componentes**.

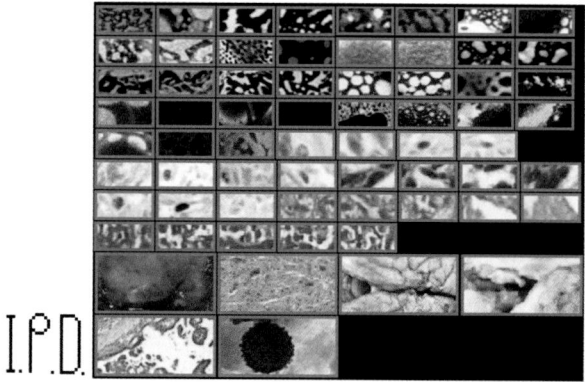

En las siguientes fotomicrografías más ampliadas, con el objeto que se observe el aspecto general y se distingan los componentes del contenido de la (IPD) Imagen Pancromática Digitalizada.

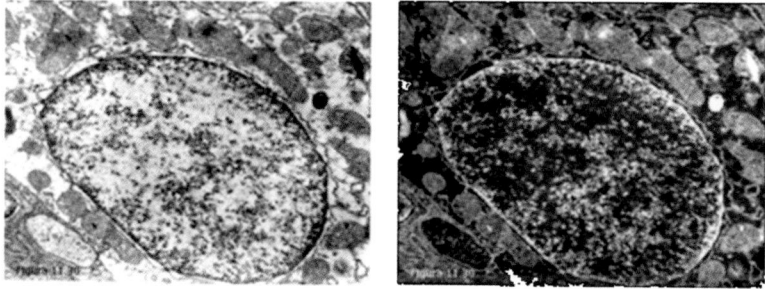

En la siguiente **imagen C1 (IPD),** se ilustran las demarcaciones en color verde, ubicando entre otros muchos componentes que se pueden visualizar.

En la **imagen C2 (IPD),** se recalca las demarcaciones con color fucsia, indicando, ante todo, los otros componentes entre muchos otros que están comprometidos dentro de una gran cantidad de componentes que están demarcados en la imagen C1 con color verde

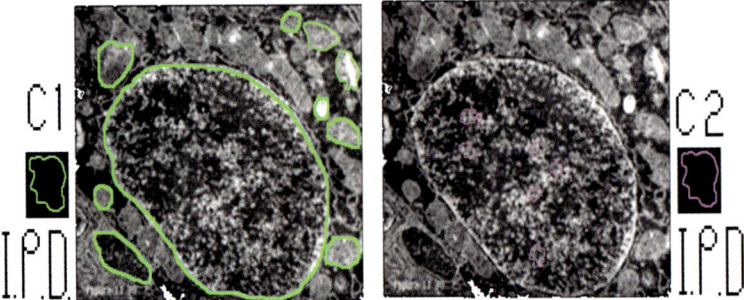

Para seguir explicando en la imagen siguiente **(IPD) Imagen Pancromática Digitalizada,** a la cual se identifica con una **a),** se observa que se encuentra en su interior un rectángulo, toda esta **imagen a)** a su lado derecho se encuentra la **imagen b)** que corresponde a la ampliación del recuadro que se encuentra en el interior de la **imagen a),** ahora en esta **imagen b)** en su interior se observa un perfecto cuadrado de color amarillo, que de igual color está señalado por una flecha, que indica la relación con la otra **imagen c)** (que se encuentra dentro del rectángulo de color verde) esta **imagen c)** corresponde a la ilustración que es una parte de la **imagen b)** para puntualizar la atención en el cuadrado perfecto de color amarillo, claramente a su vez la **imagen c)** se encuentra en la parte de afuera, al lado derecho, como lo indica la flecha de color negra, continuando el orden de observación, en la parte de afuera del rectángulo verde hay otra flecha de color rojo que señala la **imagen d)** presentando en un formato más ampliado, el contenido del cuadrado perfecto de color amarillo, para que observe con más rigurosidad, lo más relevante, es que se pueden ver **9 cuadrados perfectos,** los cuales instruye que en este caso, cada uno de los **9 cuadrados perfectos,** muestran en su constitución cada uno, tonos parejos de un mismo valor de los tonos gris(que en explicaciones anteriores, se instruyó como las 9 identidades que están en una de las ventanas de observación de la **plantilla 1457.**

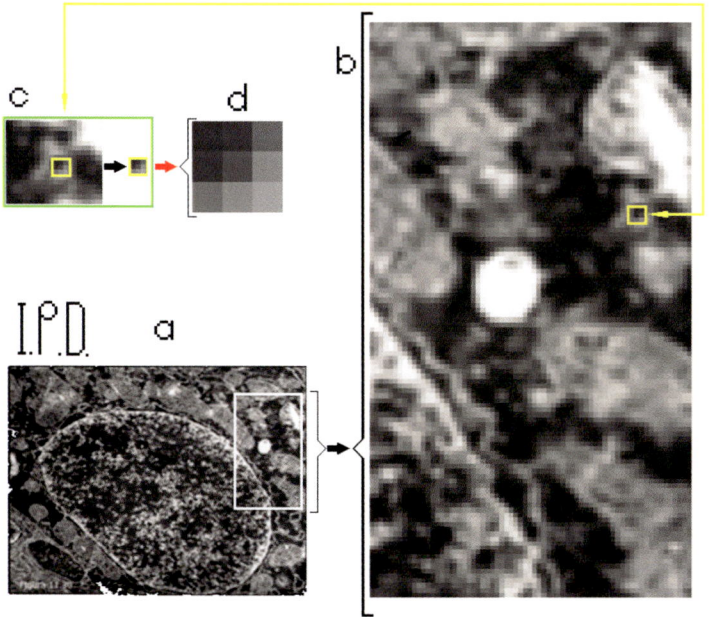

El seguimiento que se ha realizado a la imagen **(IPD) Imagen Pancromática Digitalizada,** hasta llegar a la **imagen d)** que a continuación la amplió mucho más, que se encuentra después de la imagen de rayos X.

Cualquier imagen **(IPD) Imagen Pancromática Digitalizada,** puede ser la adquirida, con el dispositivo más sofisticado de informática computarizada, **ninguna sirve** para focalizar en ella, la información que se requiere en el mecanismo del sistema **SDF HmolikC,** mediante su función operativa de codificación y decodificación de imágenes de origen en la naturaleza genética ortocromática o pancromática.

Si se toma una fotografía de cualquier identidad existente natural, por nombrar un ejemplo, como se ejercía antiguamente, una radiografía de tórax,

Una máquina de rayos x envía ondas individuales de rayos x a través del cuerpo. Las imágenes se registran en una película. Las estructuras que son densas (como los huesos) bloquearán la mayoría de las ondas de rayos x y aparecerán de color blanco. La imagen quedaba capturada en un acetato pre-sensibilizado, con una sustancia foto cromática de gran formato, en ocasiones al mismo tamaño del original expuesto, esta placa negativa o película legítima pancromática de origen, o

185

positiva, se revelaba en el cuarto oscuro con sustancias reveladoras y sustancias fijadoras.

Para hacer la placa de gran formato, tenía la siguiente fase, la persona colocaba el pecho en contacto con una plataforma plana en un cuarto oscuro.

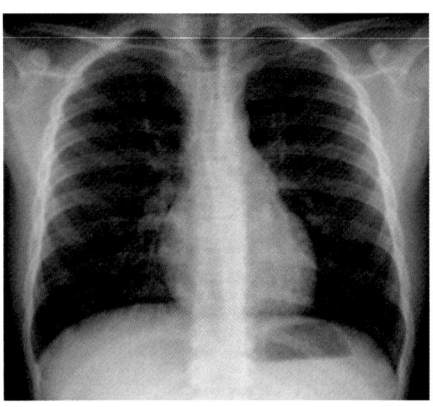 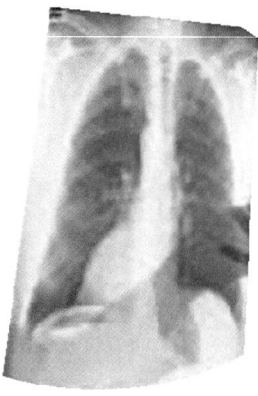

Continuando, toda placa de gran formato que una vez capturada, se procesaba el respectivo revelado y como resultado se obtiene la llamada película negativa, como la observamos en la ilustración anterior, esta física presencial placa negativa, sí es la original presentación gráfica de una **imagen pancromática** y es en la única que cualquier zona de su contenido se puede incorporar en las plantillas de una forma manual o las que ya estén dentro del sistema **SDF HmolikC**, para ser codificada y decodificada y poder realizar la lectura exacta de las constantes.

Cuando la totalidad del contenido de una placa física de rayos X, se le incorpora como información al sistema **SDF HmolikC**, lo primero que hace el sistema **SDF HmolikC,** es codificar y decodificar la totalidad del contenido, mediante el código fuente contable genético, que se procesa a través de la activación de fórmulas contables que le permite proporcionar un valor llamado en los apuntes del **perfil HmolikC,** mínima expresión universal de la información incorporada, este valor en referencia, es el número de identidad de la totalidad de la información incorporada.

Si se incorpora una zona de la totalidad de la información, al sistema **SDF HmolikC,** activa las fórmulas contables y, en consecuencia, proporciona el valor que corresponde a la mínima expresión universal, **sólo de la zona** de la información incorporada, este valor en referencia, es el número de identidad de la zona de la información incorporada.

AUTONOMÍA EN LA DISTANCIA

Es muy importante saber en el momento, por mencionar un ejemplo, que una persona que haya incorporado la información que congrega todo el contenido de un libro, que se encuentra en una biblioteca, digamos bien, en **Puerto Santa Cruz, al sur de Argentina**, repito, incorporado esa información en las plantillas, sea manualmente o activadas en la opción que estén programadas en el sistema **SDF HmolikC,** y al recibir del sistema el valor de identidad de esa información, la persona lo memoriza en su mente, y en cualquier momento en días o años, digamos veinte años por dar una cifra, se encuentra en la ciudad de **Oslo, la capital de Noruega**, y en unas plantillas manuales o las que están en el sistema **SDF HmolikC,** muy distintas, pero evidentemente son una copia, como hablar de dos dispositivos que procesa de igual forma la misma información, entonces el portador del valor de identidad de información que recibió en **Puerto Santa Cruz, al sur de Argentina,** y lo incorpora en las plantillas de **Oslo, la capital de Noruega**.

En consecuencia obtiene como resultado, el mismo contenido **del libro**, para ser repetitivo que significa esto, que las plantillas configuradas que se produzcan en cantidades industriales, cada una estén donde estén, cualquier información escrita, información de imágenes o audiovisual, como las mismas películas, solo recibe la información, la codifica y la decodifica, en consecuencia entrega o presenta la película, porque el sistema **SDF HmolikC,** en su proceso operativo desarrolla las operaciones, fórmulas contables y despacha lo que esa **mínima expresión universal,** le dicta al sistema **SDF HmolikC** y el **código fuente genético** procesa, traduce y proyecta, para más comprensión digamos que las plantillas que proporcionaron la información en **Puerto Santa Cruz, al sur de Argentina,** al año de entregar la información, se hubiesen dañado o quemado, en otras palabras, totalmente incineradas, lo que significa que ya no existen, y la persona que está en **Oslo, la capital de Noruega,** lo recuerda mentalmente, entonces al introducirlo en el sistema **SDF HmolikC,** seguidamente se activa el proceso operativo y despacha la información sin ningún margen de error, del libro.

OTRO EJEMPLO

*Cuál es el procedimiento de cálculo del nuevo conocimiento **descubierto por usted señor Holmes Molik Candelo** en 1972, incorporado en **"La patología de transmisión de información genética, en el especifico código fuente genético,** (nunca descubierto con anterioridad por la inteligencia humana, afirmación expresa por usted mismo) que en su operatividad, es mejor que los sistemas de memorización adquiridos funcionales y de utilidad en los dispositivos como los pequeños pendrive (unidad de memoria Flash USB o los micro chips con la alta capacidad para almacenar información.*

Muchas personas me han realizado esta misma pregunta, a las que le he contestado que, en los libros publicados, también en el buscador de YouTube se encuentra el contenido que responde a esta pregunta, es una pregunta que me invita a responder de la siguiente forma para que sea compresible para todos.

*Las memorias existentes están sistematizadas en procedimiento computarizados, eventos programados de cálculos matemáticos, recurso que permite guardar información, al cual lo voy a identificar como archivo, proporcionándole el nombre **"Programa diario de un canal de televisión"**, en donde está incorporada toda la información, de audio, escrita e imágenes en 24 horas, contenido (/0-1/HTML/etc.) que necesita muchos espacios GB o GiB y si fuese todos los programas del año, estarán comprometidos muchos yottabyte o yobibyte y evidentemente se congregarían estos archivos en grandes instalaciones de consulta que se constituyen en bancos de datos, vía internet a la entidades más reconocidas.*

P2

*Para dar un ejemplo: un usuario debe tener un pendrive con los suficientes GB, en la cual tiene almacenada la información del archivo **"Programa diario de un canal de televisión".***

El dispositivo que le visualiza al usuario el contenido de los archivos guardados en el pendrive es una computadora programada específicamente para que interprete el código fuente.

Si el usuario en su pendrive, o en su computador no tiene guardado el archivo nombre *"Programa diario de un canal de televisión"*, evidentemente si el usuario teclea en el buscador, el nombre *"Programa diario de un canal de televisión"*, le da como respuesta -**ningún elemento coincide con el criterio de búsqueda**-.

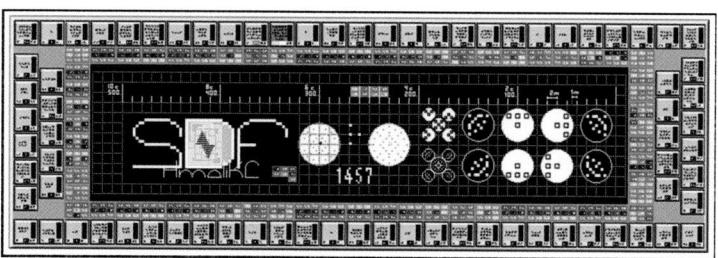

El conocimiento de *"La patología de transmisión de información genética, en el especifico código fuente genético,* (nunca descubierto con anterioridad por la inteligencia humana y ratifico la afirmación con la garantía de responsabilidad jurídica.

Conocimiento *"La patología de transmisión de información genética, en el especifico código fuente genético* que origina las plantillas 1457, en la herramienta SDF HmolikC, a la que se le suministra el archivo *"Programa diario de un canal de televisión"* en consecuencia procede a decodificar y codificar todo el contenido y entrega un valor.

C3

Ese valor o número es la identidad o código desarrollador de la información del archivo, el usuario puede colocar al lado el nombre *"Programa diario de un canal de televisión*

" porque es más fácil posteriormente saber de qué se trata el numero entregado.

El sistema SDF HmolikC es una aplicación con fórmulas de cálculo del código fuente genético programadas, que reciben el numero en referencia y despachan la respuesta exacta.

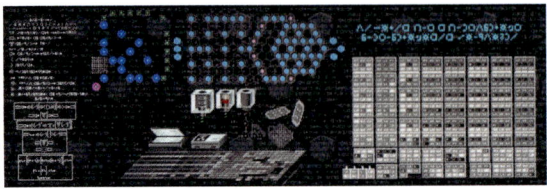

Respuesta exacta que corresponde al **"Programa diario de un canal de televisión"** *y si el usuario se va solo con el numero apuntado en una libreta o mentalmente al otro lado del mundo donde está la aplicación SDF HmolikC, y solo teclea el numero en referencia*

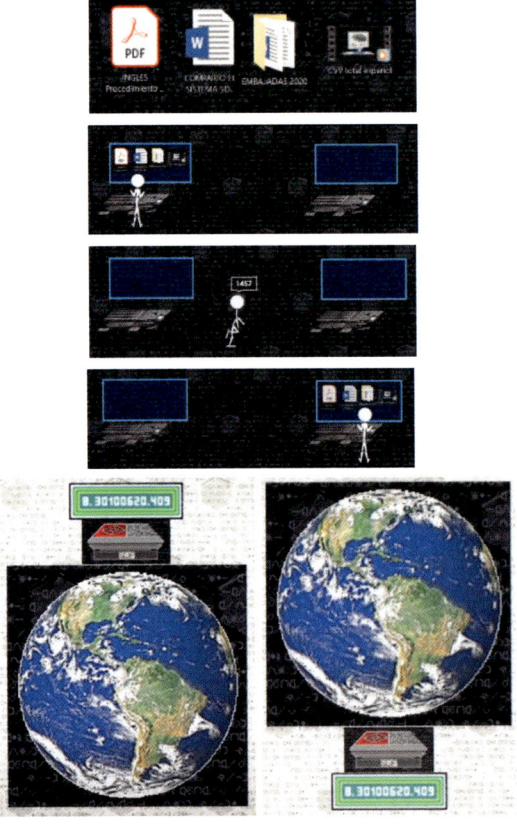

En consecuencia, obtendrá el despacho de todo el contenido del archivo **"Programa diario de un canal de televisión".**

Actividad que se hace sin ninguna intervención de redes de internet, porque el numero en referencia de forma manual, se puede realizar la secuencia ordenada de las formulas y se atendrá la información exacta y

190

lo correspondiente a los videos se entregará cuadro a cuadro la cantidad comprometida.

FORMA DE ALMACENAR INFORMACIÓN LOS SERVIDORES DE INTERNET Y LA FORMA SIMPLIFICAR DATOS FRACCIONADOS EL SISTEMA SDF HMOLIKC

Esta opción de almacenar información los servidores de internet, será referenciar con una imagen que voy a enviar en mi correo electrónico

Aquí la presentamos, con todos los detalles que ilustra el servidor.

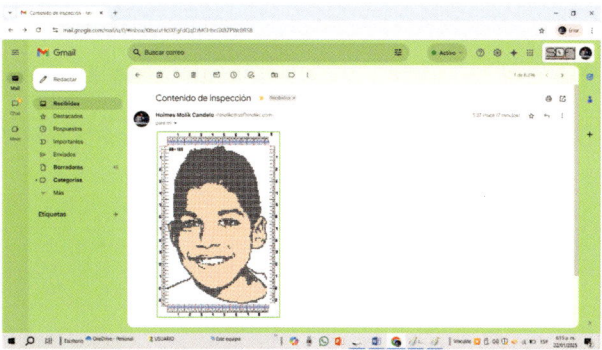

En consecuencia, genera el servidor la implementación técnica de los datos de inspección HTLM para almacenar la información en su banco de datos.

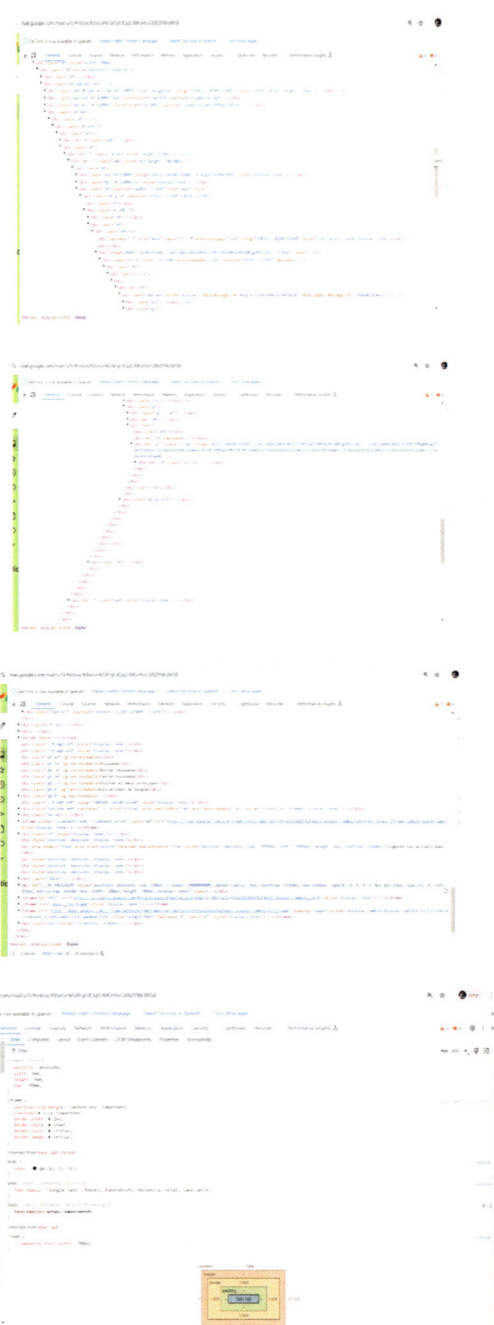

Ahora presento una zona de toda el área de la imagen anterior, para compartirla por internet

En consecuencia, de igual forma el sistema operativo del servidor genera la implementación técnica de los datos de inspección HTLM para almacenar la información en su banco de datos.

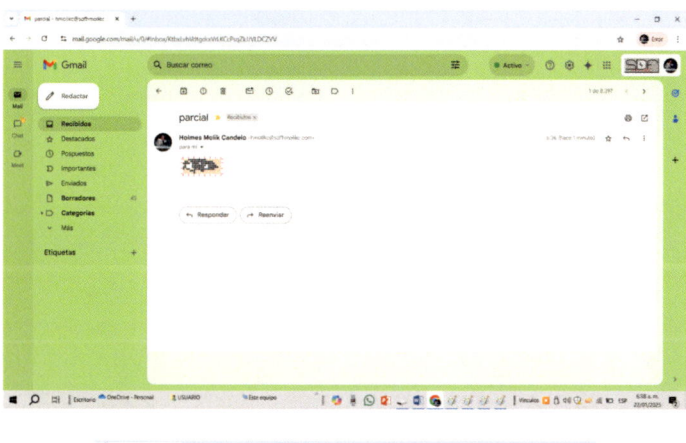

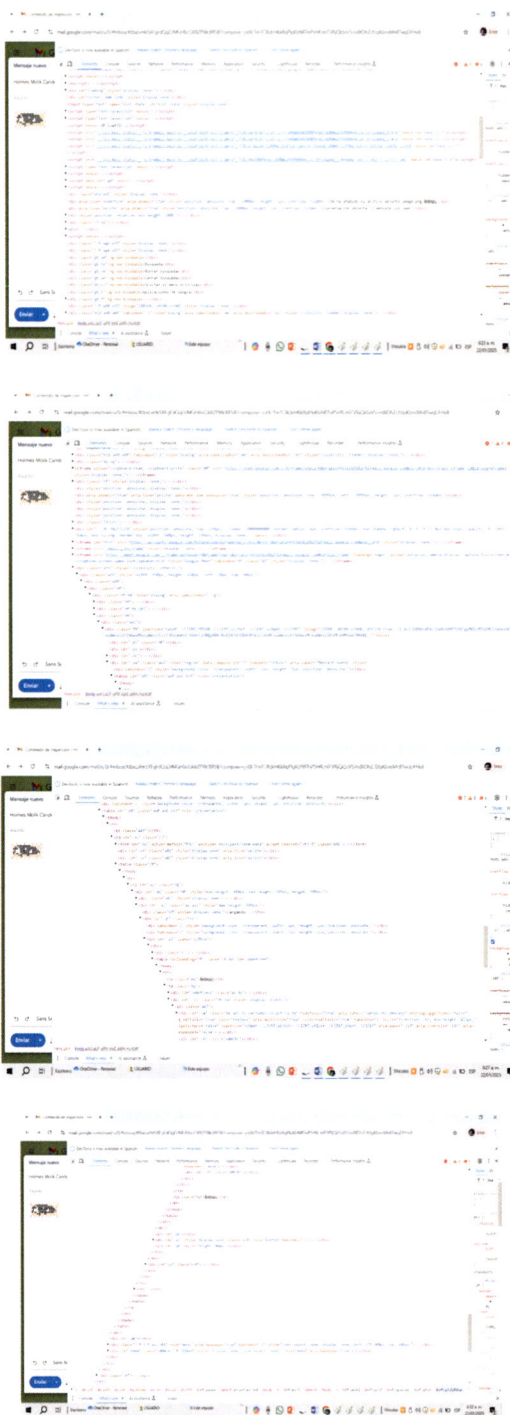

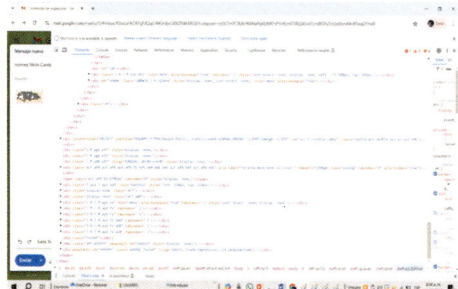

En las imágenes siguientes se presentan 10 paginas comprometidas de las tantas en los datos de inspección HTLM para almacenar la información en su banco de datos.

……. 1 ----

```
<body jscontroller="hS6RLb" jsmodel="utMpr"
jsaction="rcuQ6b:rcuQ6b;A59Jsf:aeO1Sd;RW0A4:WBopzd;FwQykc:k0aXUd;kQx1de:QSAxne;LPBdz:
LCjO0c;jrvfrd:PB0Csf;FGHbk:Nx2Sl;qNGYPc:LEY81c;Mehhhf:dCAGAe;UMTqxf:rioWAc;jSI5yb:Lzh
zdc;JpvSPb:EL4Jr;Aeulrb:nixEK;YweIdb:.CLIENT;iE7Vzc:.CLIENT;v9KJX:.CLIENT;EHZTjb:.CLIE
NT;ujv6O:.CLIENT;ETEZVb:.CLIENT;LbSNDf:.CLIENT;Jdbq1c:.CLIENT;Deq7Q:.CLIENT;RzaM
Qe:.CLIENT;oqYoCb:.CLIENT;Db3vsd:.CLIENT;Il2Kff:.CLIENT;pqUeze:.CLIENT;taQl6:.CLIENT;
tpMrm:.CLIENT;bFg1rb:.CLIENT;NPODRe:.CLIENT;ofepJd:.CLIENT;t2xJkd:.CLIENT;ilOUre:.CLI
ENT;IRuwXc:.CLIENT;GvneHb:.CLIENT;Ly2fm:.CLIENT;ORuuO:.CLIENT;aDvAHc:.CLIENT"
class="aAU aLF-aPX-bbE" jslog="20276; u014N:xr6bB;
1:WyJ0aHJlYWQtYTpyMjkyMjU2NjQ2OTczNTQ2ODYyNyIsMCxudWxsLG51bGwsW10sMCxudW
xsLDBd; 41:WyJGMTFFRkY3MS1GQjBBLTQxMUUtQjlBMS02ODA5QkYwODQ0OTYiXQ.."
data-awr-sg-installed="true"><iframe tabindex="-1" style="position: absolute; width: 9em; height: 9em;
top: -99em;"></iframe><script nonce="">(function(){try{
```

var _F_toggles_initialize=function(a){(typeof globalThis!=="undefined"?globalThis:typeof self!=="undefined"?self:this)._F_toggles=a||[]};_F_toggles_initialize([0x2000,]);

/*

Copyright The Closure Library Authors.

SPDX-License-Identifier: Apache-2.0

*/

/*

Copyright Google LLC

SPDX-License-Identifier: Apache-2.0

*/

var
l="Edge",aa="client_error_page",q="error",u="function",v="load",w="object",x="severe",z="string",
ba="unhandledrejection",ca="unknown",da="unsupported_browser";function ea(){return
function(a){return a}}function A(){return function(){}}

195

```
var ia=function(a,b){var c=0;a=fa(String(a)).split(".");b=fa(String(b)).split(".");for(var
d=Math.max(a.length,b.length),e=0;c==0&&e<d;e++){var
h=a[e]||"",g=b[e]||"";do{h=/(\d*)(\D*)(.*)/.exec(h)||["","","",""];g=/(\d*)(\D*)(.*)/.exec(g)||["","",
"","",""];if(h[0].length==0&&g[0].length==0)break;c=ha(h[1].length==0?0:parseInt(h[1],10),g[1].length=
=0?0:parseInt(g[1],10))||ha(h[2].length==0,g[2].length==0)||ha(h[2],g[2]);h=h[3];g=g[3]}while(c==0)}
return c},ha=function(a,b){return a<b?-1:a>b?1:0},ka=function(){var a=
```

```
null;if(!ja)return a;try{var
b=ea();a=ja.createPolicy("goog#html",{createHTML:b,createScript:b,createScriptURL:b})}catch(c){}
```

```
return a},ma=function(){la===void 0&&(la=ka());return la},oa=function(a){var b=ma();return new
na(b?b.createScriptURL(a):a)},pa=function(a){if(a instanceof na)return a.g;throw
Error("o");},E=function(){var a=B.navigator;return a&&(a=a.userAgent)?a:""},ra=function(a){return
qa?F?F.brands.some(function(b){return(b=b.brand)&&b.indexOf(a)!=-1}):!1:!1},G=function(a){return
E().indexOf(a)!=
```

```
-1},H=function(){return qa?!!F&&F.brands.length>0:!1},sa=function(){return
H()?!1:G("Opera")},ta=function(){return G("Firefox")||G("FxiOS")},ua=function(){return
H()?ra("Chromium"):(G("Chrome")||G("CriOS"))&&!(H()?0:G(l))||G("Silk")},va=function(){return
G("iPhone")&&!G("iPod")&&!G("iPad")},Fa=function(){return
wa?ia(xa,I[2])>=0:ya?ia(xa,I[3])>=0:za?!1:Ba?Ca(I[0]):Da||Ea&&Ca("9.5")},Ja=function(a){a=a.j;return
Ga.test(a)||Ha.test(a)||Ia.test(a)},Oa=function(a,b){var c=new J(B.location.href),d=Ja(c),
```

```
e=b.gapi_version===null?null:Ka();La(c,B.GM_SESSION_PATH+"logstreamz");Ma(c,"");a={impressi
onId:a,customData:JSON.stringify(b),defaultData:JSON.stringify({inbox_type:B.GM_INBOX_TYPE,h
ub_configuration:B.GM_HUB_CONFIGURATION,delegation_request:d,customer_type:B.GM_CUST
OMER_TYPE,browser:B.GM_USER_BROWSER,gapi_version:e,compile_mode:B.GM_COMPILE_M
ODE,is_cached_html:!!B.GM_IS_CACHED_HTML,build_label:B.GM_BUILD_LABEL,from_moose:!
!I[27]})};var h=c.toString();c=new Request(h,{method:"POST",headers:{"content-type":"application/x-
www-form-urlencoded"},
```

```
body:Na(a)});return fetch(c).then(function(g){return g.status}).catch(function(g){throw
Error("r`"+h,{cause:g});})},Ra=function(){switch((new J(B.location.href)).g.get("tf")){case "cm":return
1;case "cv":return 2;case "mip":return 3;case "am":return 4;default:return Pa===void
0&&(Pa=Qa(window.location.href,"usp")),Pa=="dot_new"?5:0}},Ta=function(a,b,c){c=c===void
0?ca:c;if(b instanceof Object&&!Object.isFrozen(b)){var
d=(d=b.fileName||b.filename||b.sourceURL||B.$googDebugFname||location.href)&&(typeof
d===
```

```
w?d.href:d);try{b.fileName=d}catch(e){}}if(K.m>=3)throw
Error("u`"+a);K.m++;try{K.i||(K.l?K.l.g(b,a,c):K.g&&K.g.length<10&&K.g.push(new
Sa(a,b,c)))}finally{K.m--}},Ya=function(a,b,c){b=b===void
0?"":b;B.GM_showErrorPageCalled=!0;Ua.add(a);c||(c=Error(b));Ta("Error page requested.
errorPageCause="+a+", errorMessage="+b,c||null,x);if(B.GM_DEP===null){B.GM_DEP=a;var
d=0;a===5?d=1:a===13&&(d=2);B.GM_writeErrorPage(d,function(){Va(new
Wa,a.toString());(B.GM_SLF||A)()};Xa(a,b,c);B.document.getElementById("detailed_tech_info")&&
```

```
(B.document.getElementById("numeric_code").textContent=String(a));if(I[23]&&B.document.getEleme
ntById(da)){var
e=B.document.getElementById(da);Fa()||e.classList.add("unsupported_browser_show")}}})}return new
Promise(A())},Xa=function(a,b,c){b=b===void 0?"":b;var
d,e=(d=B.GLOBALS)!=null?d:[];d=B.performance&&B.performance.getEntries().find(function(h){retu
rn h instanceof
```

196

B.PerformanceResourceTiming&&h.initiatorType=="iframe"&&/.+\/mail(\/u\/\d+)?\/data(\?|$)/.t
est(h.name)});Oa(aa,{error_page_cause:a,

----------------- 3 --------------

window_type:Ra(),mct:e[109],error:b+(c&&c.stack?"\n"+c.stack:""),debug:JSON.stringify({userAgent:e[
71],build:e[3],jsVersion:e[4],inboxType:e[65],navPreloadHtml:e[79],offlineEnabled:e[61],reloadCount:B.s
essionStorage.getItem("reload_count"),isCacheableHtml:e[57],dataIframe:!!d,dataIframePath:B.GM_DIP
||null,dataIframeLocationError:B.GM_DILE||null,dataIframeReadyState:B.GM_DIRS||null,staleFlag
Error:B.GM_SFE||null,isChat:e[102]})})},Za=function(a){if(B.GM_LC)throw a;Ya(9,"Uncaught
exception",a)},bb=function(a){var b=

!!I[6][2];if(!a)return b&&I[14]?2:1;var
c=a.split("/"),d=c[0]==="chat";if(b){b=c.length===2;if(c[1]==="home"&&b&&d||a==="onboardi
ng"||$a.exec(a))return 2;a=c[1];if((a==="mentions"||a==="starred")&&b&&d)return 4}if(!d)return
1;a=!!I[6][3];d=c[3]==="management";a=c[1]==="join"&&a;if(!(a?c.length===4:d?c.length>=3:c.lengt
h>=3&&c.length<=5))return 1;var
e=a?2:1;b=a?3:2;if(c[e]!=="space"&&c[e]!=="dm"&&c[1]!=="newdm"&&c[1]!=="startdm")return
1;e=c[1]==="newdm";if((c[1]==="startdm"||e)&&c.length===3)return 3;

e=RegExp("^[A-Za-z0-9=_-]{11,12}$");if(c[1]!=="newdm"&&c[1]!=="startdm"&&!e.test(c[b]))return
1;try{ab(c[b])}catch(h){return 1}if(a||c.length===3||d)return 3;if(!e.test(c[3]))return
1;try{ab(c[3])}catch(h){return 1}if(c.length===4)return 3;if(!e.test(c[4]))return
1;try{ab(c[4])}catch(h){return 1}return 3},ab=function(a){atob(a.replaceAll("_","/").replaceAll("-
","+"))},fb=function(a,b,c){return new Promise(function(d,e){var
h=cb(a,b);h.async=!1;h.addEventListener(v,function(){db(b);d(c)});h.addEventListener(q,

function(g){e(Error("v`"+h.src,{cause:g.error}));eb(g,h)});B.document.body.appendChild(h)})},jb=funct
ion(a,b,c,d){return new Promise(function(e,h){B[d]=function(r){db(b);delete
B[d];p.removeEventListener(q,k);p.removeEventListener(v,m);e(c.then(function(){try{r.call(B,gb)}catch(
t){throw Za(t);t;}}))};var g=0,f=function(){return g<hb.length?(setTimeout(function(){var
r=p;p=n();document.body.insertBefore(p,r);document.body.removeChild(r)},hb[g]),g++,!0):!1},k=functi
on(r){f()||(h(Error("w`"+p.src,{cause:r.error})),

eb(r,p))},m=function(r){if(!f()){var t="Script "+p.id+" loaded but did not execute:
"+p.src;h(Error("x`"+t,{cause:r}));Ya(4,t+" ("+ib(p.src)+")")}}},n=function(){var
r=cb(a,b);r.async=!1;r.addEventListener(q,k);r.addEventListener(v,m);return
r},p=n();document.body.appendChild(p)})},cb=function(a,b){var c=kb("SCRIPT");c.src=pa(a);var
d;a=c.ownerDocument;a=a===void 0?document:a;var e;a=(e=(d="document"in
a?a.document:a).querySelector)==null?void
0:e.call(d,"script[nonce]");(d=a==null?"":a.nonce||a.getAttribute("nonce")||

"")&&c.setAttribute("nonce",d);c.id="base-js-"+b;return
c},db=function(a){B["GM_TRACING_SCRIPT_"+a+"_PARSE_DONE"]=B.performance?B.perform
ance.now():null},eb=function(a,b){var c=b.src,d=ib(c);Ya(4,"Failed to load script "+b.id+": "+c+"
("+d+")",a&&a.error)},ib=function(a){if(!B.performance)return"performance API unavailable";try{var
b=B.performance.getEntriesByName(a,"resource").pop();if(!b)return"no performance entry found";var
c=b.startTime,d=[b.redirectStart,b.redirectEnd,b.fetchStart,b.domainLookupStart,

b.domainLookupEnd,b.connectStart,b.secureConnectionStart,b.connectEnd,b.requestStart,b.responseSta
rt,b.responseEnd].map(function(e){if(!e)return"";var h=Math.round(e-c);c=e;return

----------------- 4 -------

window_type:Ra(),mct:e[109],error:b+(c&&c.stack?"\n"+c.stack:""),debug:JSON.stringify({userAgent:e[
71],build:e[3],jsVersion:e[4],inboxType:e[65],navPreloadHtml:e[79],offlineEnabled:e[61],reloadCount:B.s

essionStorage.getItem("reload_count"),isCacheableHtml:e[57],dataIframe:!!d,dataIframePath:B.GM_DIP||null,dataIframeLocationError:B.GM_DILE||null,dataIframeReadyState:B.GM_DIRS||null,staleFlagError:B.GM_SFE||null,isChat:e[102]})})},Za=function(a){if(B.GM_LC)throw a;Ya(9,"Uncaught exception",a)},bb=function(a){var b=

!!I[6][2];if(!a)return b&&I[14]?2:1;var c=a.split("/"),d=c[0]==="chat";if(b){b=c.length===2;if(c[1]==="home"&&b&&d||a==="onboarding"||!$a.exec(a))return 2;a=c[1];if((a==="mentions"||a==="starred")&&b&&d)return 4}if(!d)return 1;a=!!I[6][3];d=c[3]==="management";a=c[1]==="join"&&a;if(!(a?c.length===4:d?c.length>=3:c.length>=3&&c.length<=5))return 1;var e=a?2:1;b=a?3:2;if(c[e]!=="space"&&c[e]!=="dm"&&c[1]!=="newdm"&&c[1]!=="startdm")return 1;e=c[1]==="newdm";if((c[1]==="startdm"||e)&&c.length===3)return 3;

e=RegExp("^[A-Za-z0-9=_-]{11,12}$");if(c[1]!=="newdm"&&c[1]!=="startdm"&&!e.test(c[b]))return 1;try{ab(c[b])}catch(h){return 1}if(a||c.length===3||d)return 3;if(!e.test(c[3]))return 1;try{ab(c[3])}catch(h){return 1}if(c.length===4)return 3;if(!e.test(c[4]))return 1;try{ab(c[4])}catch(h){return 1}return 3},ab=function(a){atob(a.replaceAll("_","/").replaceAll("-","+"))},fb=function(a,b,c){return new Promise(function(d,e){var h=cb(a,b);h.async=!1;h.addEventListener(v,function(){db(b);d(c)});h.addEventListener(q,

function(g){e(Error("v`"+h.src,{cause:g.error}));eb(g,h)});B.document.body.appendChild(h)})},jb=function(a,b,c,d){return new Promise(function(e,h){B[d]=function(r){db(b);delete B[d];p.removeEventListener(q,k);p.removeEventListener(v,m);e(c.then(function(){try{r.call(B,gb)}catch(t){throw Za(t),t;}}))};var g=0,f=function(){return g<hb.length?(setTimeout(function(){var r=p;p=n();document.body.insertBefore(p,r);document.body.removeChild(r)},hb[g]),g++,!0):!1},k=function(r){f()||(h(Error("w`"+p.src,{cause:r.error})),

eb(r,p))},m=function(r){if(!f()){var t="Script "+p.id+" loaded but did not execute: "+p.src;h(Error("x`"+t,{cause:r}));Ya(4,t+" ("+ib(p.src)+")")}},n=function(){var r=cb(a,b);r.async=!1;r.addEventListener(q,k);r.addEventListener(v,m);return r},p=n();document.body.appendChild(p)})},cb=function(a,b){var c=kb("SCRIPT");c.src=pa(a);var d;a=c.ownerDocument;a=a===void 0?document:a;var e,a=(e=(d="document"in a?a.document:a).querySelector)==null?void 0:e.call(d,"script[nonce]");(d=a==null?"":a.nonce||a.getAttribute("nonce")||

"")&&c.setAttribute("nonce",d);c.id="base-js-"+b;return c},db=function(a){B["GM_TRACING_SCRIPT_"+a+"_PARSE_DONE"]=B.performance?B.performance.now():null},eb=function(a,b){var c=b.src,d=ib(c);Ya(4,"Failed to load script "+b.id+": "+c+" ("+d+")",a&&a.error)},ib=function(a){if(!B.performance)return"performance API unavailable";try{var b=B.performance.getEntriesByName(a,"resource").pop();if(!b)return"no performance entry found";var c=b.startTime,d=[b.redirectStart,b.redirectEnd,b.fetchStart,b.domainLookupStart,

b.domainLookupEnd,b.connectStart,b.secureConnectionStart,b.connectEnd,b.requestStart,b.responseStart,b.responseEnd].map(function(e){if(!e)return"";var h=Math.round(e-c);c=e;return

-------------- 5 ------------

h})).join("-");return"size: "+b.transferSize+", body: "+b.encodedBodySize+", duration: "+(b.duration+"("+d+"), protocol: ")+b.nextHopProtocol+", worker: "+b.workerStart}catch(e){return"performance API exception: "+e}},lb=function(a){var b=0;return function(){return b<a.length?{done:!1,value:a[b++]}:{done:!0}}},mb=typeof Object.defineProperties==

u?Object.defineProperty:function(a,b,c){if(a==Array.prototype||a==Object.prototype)return a;a[b]=c.value;return a},nb=function(a){a=[w==typeof globalThis&&globalThis,a,w==typeof window&&window,w==typeof self&&self,w==typeof global&&global];for(var b=0;b<a.length;++b){var c=a[b];if(c&&c.Math==Math)return c}throw

Error("a");},L=nb(this),M=function(a,b){if(b)a:{var c=L;a=a.split(".");for(var d=0;d<a.length-1;d++){var e=a[d];if(!(e in c))break a;c=c[e]}a=a[a.length-1];d=c[a];b=b(d);b!=d&&b!=null&&mb(c,

a,{configurable:!0,writable:!0,value:b})}}};M("Symbol",function(a){if(a)return a;var b=function(h,g){this.g=h;mb(this,"description",{configurable:!0,writable:!0,value:g})};b.prototype.toString=function(){return this.g};var c="jscomp_symbol_"+(Math.random()*1E9>>>0)+"_",d=0,e=function(h){if(this instanceof e)throw new TypeError("b");return new b(c+(h||"")+"_"+d++,h)};return e});

M("Symbol.iterator",function(a){if(a)return a;a=Symbol("c");for(var b="Array Int8Array Uint8Array Uint8ClampedArray Int16Array Uint16Array Int32Array Uint32Array Float32Array Float64Array".split(" "),c=0;c<b.length;c++){var d=L[b[c]];typeof d===u&&typeof d.prototype[a]!=u&&mb(d.prototype,a,{configurable:!0,writable:!0,value:function(){return ob(lb(this))}})}return a});

var ob=function(a){a={next:a};a[Symbol.iterator]=function(){return this};return a},pb=typeof Object.create==u?Object.create:function(a){var b=A();b.prototype=a;return new b},qb;if(typeof Object.setPrototypeOf==u)qb=Object.setPrototypeOf;else{var rb;a:{var sb={a:!0},tb={};try{tb.__proto__=sb;rb=tb.a;break a}catch(a){}rb=!1}qb=rb?function(a,b){a.__proto__=b;if(a.__proto__!==b)throw new TypeError("d`"+a);return a}:null}

var ub=qb,N=function(a,b){a.prototype=pb(b.prototype);a.prototype.constructor=a;if(ub)ub(a,b);else for(var c in b)if(c!="prototype")if(Object.defineProperties){var d=Object.getOwnPropertyDescriptor(b,c);d&&Object.defineProperty(a,c,d)}else a[c]=b[c];a.X=b.prototype},P=function(a){var b=typeof Symbol!="undefined"&&Symbol.iterator&&a[Symbol.iterator];if(b)return b.call(a);if(typeof a.length=="number")return{next:lb(a)};throw Error("e`"+String(a));};

M("Promise",function(a){function b(){this.g=null}function c(g){return g instanceof e?g:new e(function(f){f(g)})}if(a)return a;b.prototype.i=function(g){if(this.g==null){this.g=[];var f=this;this.j(function(){f.m()})}this.g.push(g)};var d=L.setTimeout;b.prototype.j=function(g){d(g,0)};b.prototype.m=function(){for(;this.g&&this.g.length;){var g=this.g;this.g=[];for(var f=0;f<g.length;++f){var k=g[f];g[f]=null;try{k()}catch(m){this.l(m)}}}this.g=null};b.prototype.l=function(g){this.j(function(){throw g;

----- 6 -------------

})};var e=function(g){this.g=0;this.j=void 0;this.i=[];this.v=!1;var f=this.l();try{g(f.resolve,f.reject)}catch(k){f.reject(k)}};e.prototype.l=function(){function g(m){return function(n){k||(k=!0,m.call(f,n))}}var f=this,k=!1;return{resolve:g(this.L),reject:g(this.m)}};e.prototype.L=function(g){if(g===this)this.m(new TypeError("f"));else if(g instanceof e)this.N(g);else{a:switch(typeof g){case w:var f=g!=null;break a;case u:f=!0;break a;default:f=!1}f?this.K(g):this.u(g)}};e.prototype.K=function(g){var f=

void 0;try{f=g.then}catch(k){this.m(g);return}typeof f==u?this.O(f,g):this.u(g)};e.prototype.m=function(g){this.A(2,g)};e.prototype.u=function(g){this.A(1,g)};e.prototype.A=function(g,f){if(this.g!=0)throw Error("g`"+g+"`"+f+"`"+this.g);this.g=g;this.j=f;this.g===2&&this.M();this.I()};e.prototype.M=functi on(){var g=this;d(function(){if(g.J()){var f=L.console;typeof f!=="undefined"&&f.error(g.j)}},1)};e.prototype.J=function(){if(this.v)return!1;var g=L.CustomEvent,f=L.Event,k=L.dispatchEvent;if(typeof k===

"undefined")return!0;typeof g===u?g=new g(ba,{cancelable:!0}):typeof f===u?g=new f(ba,{cancelable:!0}):(g=L.document.createEvent("CustomEvent"),g.initCustomEvent(ba,!1,!0,g));g.prom

ise=this;g.reason=this.j;return k(g)};e.prototype.I=function(){if(this.i!=null){for(var
g=0;g<this.i.length;++g)h.i(this.i[g]);this.i=null}};var h=new b;e.prototype.N=function(g){var
f=this.l();g.D(f.resolve,f.reject)};e.prototype.O=function(g,f){var
k=this.l();try{g.call(f,k.resolve,k.reject)}catch(m){k.reject(m)}};e.prototype.then=

function(g,f){function k(r,t){return typeof r==u?function(C){try{m(r(C))}catch(D){n(D)}}:t}var
m,n,p=new e(function(r,t){m=r;n=t});this.D(k(g,m),k(f,n));return
p};e.prototype.catch=function(g){return this.then(void 0,g)};e.prototype.D=function(g,f){function
k(){switch(m.g){case 1:g(m.j);break;case 2:f(m.j);break;default:throw Error("h`"+m.g);}}var
m=this;this.i==null?h.i(k):this.i.push(k);this.v=!0};e.resolve=c;e.reject=function(g){return new
e(function(f,k){k(g)})};e.race=function(g){return new e(function(f,

k){for(var m=P(g),n=m.next();!n.done;n=m.next())c(n.value).D(f,k)})};e.all=function(g){var
f=P(g),k=f.next();return k.done?c([]):new e(function(m,n){function p(C){return function(D){r[C]=D;t--
;t==0&&m(r)}}var r=[],t=0;do r.push(void 0),t++,c(k.value).D(p(r.length-
1),n),k=f.next();while(!k.done)})};return e});

M("String.prototype.startsWith",function(a){return a?a:function(b,c){if(this==null)throw new
TypeError("i`startsWith");if(b instanceof RegExp)throw new TypeError("j`startsWith");var
d=this.length,e=b.length;c=Math.max(0,Math.min(c|0,this.length));for(var
h=0;h<e&&c<d;)if(this[c++]!=b[h++])return!1;return h>=e}});var Q=function(a,b){return
Object.prototype.hasOwnProperty.call(a,b)};M("Symbol.dispose",function(a){return
a?a:Symbol("k")});M("globalThis",function(a){return a||L});

M("WeakMap",function(a){function b(){}function c(k){var m=typeof k;return
m===w&&k!==null||m===u}function d(k){if(!Q(k,h)){var m=new b;mb(k,h,{value:m})}}function
e(k){var m=Object[k];m&&(Object[k]=function(n){if(n instanceof b)return
n;Object.isExtensible(n)&&d(n);return m(n)})}if(function(){if(!a||!Object.seal)return!1;try{var
k=Object.seal({}),m=Object.seal({}),n=new

---------- 7 ------------

a([[k,2],[m,3]]);if(n.get(k)!=2||n.get(m)!=3)return!1;n.delete(k);n.set(m,4);return!n.has(k)&&n.get(m)==4
}catch(p){return!1}}())return a;

var h="$jscomp_hidden_"+Math.random();e("freeze");e("preventExtensions");e("seal");var
g=0,f=function(k){this.g=(g+=Math.random()+1).toString();if(k){k=P(k);for(var
m;!(m=k.next()).done;)m=m.value,this.set(m[0],m[1])}};f.prototype.set=function(k,m){if(!c(k))throw
Error("l");d(k);if(!Q(k,h))throw Error("m`"+k);k[h][this.g]=m;return
this};f.prototype.get=function(k){return c(k)&&Q(k,h)?k[h][this.g]:void
0};f.prototype.has=function(k){return
c(k)&&Q(k,h)&&Q(k[h],this.g)};f.prototype.delete=function(k){return c(k)&&

Q(k,h)&&Q(k[h],this.g)?delete k[h][this.g]:!1};return f});

M("Map",function(a){if(function(){if(!a||typeof a!=u||!a.prototype.entries||typeof
Object.seal!=u)return!1;try{var f=Object.seal({x:4}),k=new
a(P([[f,"s"]]));if(k.get(f)!="s"||k.size!=1||k.get({x:4})||k.set({x:4},"t")!=k||k.size!=2)return!1;var
m=k.entries(),n=m.next();if(n.done||n.value[0]!=f||n.value[1]!="s")return!1;n=m.next();return
n.done||n.value[0].x!=4||n.value[1]!="t"||!m.next().done?!1:!0}catch(p){return!1}}())return a;var
b=new WeakMap,c=function(f){this[0]={};this[1]=h();this.size=0;if(f){f=

P(f);for(var
k;!(k=f.next()).done;)k=k.value,this.set(k[0],k[1])}};c.prototype.set=function(f,k){f=f===0?0:f;var
m=d(this,f);m.list||(m.list=this[0][m.id]=[]);m.o?m.o.value=k:(m.o={next:this[1],B:this[1].B,head:this[1],
key:f,value:k},m.list.push(m.o),this[1].B.next=m.o,this[1].B=m.o,this.size++);return

```
this};c.prototype.delete=function(f){f=d(this,f);return
f.o&&f.list?(f.list.splice(f.index,1),f.list.length||delete
this[0][f.id],f.o.B.next=f.o.next,f.o.next.B=f.o.B,f.o.head=null,this.size--,!0):
```

```
!1};c.prototype.clear=function(){this[0]={};this[1]=this[1].B=h();this.size=0};c.prototype.has=function(
f){return!!d(this,f).o};c.prototype.get=function(f){return(f=d(this,f).o)&&f.value};c.prototype.entries=fu
nction(){return e(this,function(f){return[f.key,f.value]})};c.prototype.keys=function(){return
e(this,function(f){return f.key})};c.prototype.values=function(){return e(this,function(f){return
f.value})};c.prototype.forEach=function(f,k){for(var m=this.entries(),n;!(n=m.next()).done;)n=n.value,
```

```
f.call(k,n[1],n[0],this)};c.prototype[Symbol.iterator]=c.prototype.entries;var d=function(f,k){var
m=k&&typeof k;m==w||m==u?b.has(k)?m=b.get(k):(m=""+ ++g,b.set(k,m)):m="p_"+k;var
n=f[0][m];if(n&&Q(f[0],m))for(f=0;f<n.length;f++){var
p=n[f];if(k!==k&&p.key!==p.key||k===p.key)return{id:m,list:n,index:f,o:p}}return{id:m,list:n,index:-
1,o:void 0}},e=function(f,k){var m=f[1];return
ob(function(){if(m){for(;m.head!=f[1];)m=m.B;for(;m.next!=m.head;)return
m=m.next,{done:!1,value:k(m)};m=null}return{done:!0,
```

```
value:void 0}})},h=function(){var f={};return f.B=f.next=f.head=f},g=0;return c});
```

```
M("Set",function(a){if(function(){if(!a||typeof a!=u||!a.prototype.entries||typeof
Object.seal!=u)return!1;try{var c=Object.seal({x:4}),d=new
a(P([c]));if(!d.has(c)||d.size!=1||d.add(c)!=d||d.size!=1||d.add({x:4})!=d||d.size!=2)return!1;var
```

------- 8 -------

```
e=d.entries(),h=e.next();if(h.done||h.value[0]!=c||h.value[1]!=c)return!1;h=e.next();return
h.done||h.value[0]==c||h.value[0].x!=4||h.value[1]!=h.value[0]?!1:e.next().done}catch(g){return!1}}())
return a;var b=function(c){this.g=new Map;if(c){c=P(c);for(var d;!(d=
```

```
c.next()).done;)this.add(d.value)}this.size=this.g.size};b.prototype.add=function(c){c=c===0?0:c;this.g.s
et(c,c);this.size=this.g.size;return
this};b.prototype.delete=function(c){c=this.g.delete(c);this.size=this.g.size;return
c};b.prototype.clear=function(){this.g.clear();this.size=0};b.prototype.has=function(c){return
this.g.has(c)};b.prototype.entries=function(){return
this.g.entries()};b.prototype.values=function(){return
this.g.values()};b.prototype.keys=b.prototype.values;b.prototype[Symbol.iterator]=
```

```
b.prototype.values;b.prototype.forEach=function(c,d){var e=this;this.g.forEach(function(h){return
c.call(d,h,h,e)})};return b});var vb=function(a,b){a instanceof String&&(a+="");var
c=0,d=!1,e={next:function(){if(!d&&c<a.length){var
h=c++;return{value:b(h,a[h]),done:!1}}d=!0;return{done:!0,value:void
0}}};e[Symbol.iterator]=function(){return e};return e};M("Array.prototype.entries",function(a){return
a?a:function(){return vb(this,function(b,c){return[b,c]})}});
```

```
M("Array.prototype.keys",function(a){return a?a:function(){return
vb(this,ea)}});M("Array.prototype.find",function(a){return a?a:function(b,c){a:{var d=this;d instanceof
String&&(d=String(d));for(var e=d.length,h=0;h<e;h++){var g=d[h];if(b.call(c,g,h,d)){b=g;break
a}}b=void 0}return b}});M("Array.prototype.values",function(a){return a?a:function(){return
vb(this,function(b,c){return c})}});
```

```
M("Array.from",function(a){return a?a:function(b,c,d){c=c!=null?c:ea();var e=[],h=typeof
Symbol!="undefined"&&Symbol.iterator&&b[Symbol.iterator];if(typeof h==u){b=h.call(b);for(var
g=0;!(h=b.next()).done;)e.push(c.call(d,h.value,g++))}else
for(h=b.length,g=0;g<h;g++)e.push(c.call(d,b[g],g));return e}});
```

M("String.prototype.replaceAll",function(a){return a?a:function(b,c){if(b instanceof
RegExp&&!b.global)throw new TypeError("n");return b instanceof
RegExp?this.replace(b,c):this.replace(new RegExp(String(b).replace(/([-
()\[\]{}+?*.$\^|,:#<!\\])/g,"\\$1").replace(/\x08/g,"\\x08"),"g"),c)}});M("Object.entries",function(a
){return a?a:function(b){var c=[],d;for(d in b)Q(b,d)&&c.push([d,b[d]]);return c}});var
B=this||self,R=function(a,b,c){a=a.split(".");c=c||B;a[0]in c||typeof
c.execScript=="undefined"||c.execScript("var "+a[0]);for(var
d;a.length&&(d=a.shift());)a.length||b===void
0?c[d]&&c[d]!==Object.prototype[d]?c=c[d]:c=c[d]={}:c[d]=b},wb=B._F_toggles||[];var
Wa=function(){this.g=encodeURIComponent("gmail")},Va=function(a,b){var
c=[];c.push("s="+a.g);c.push("a="+encodeURIComponent(aa));c.push("c="+encodeURIComponent(b)
);a="//clients2.google.com/availability/?"+c.join("&");a=a+"&tm="+(new
Date).getTime();a=a+"&zx="+Math.random();(new Image).src=a};var
fa=String.prototype.trim?function(a){return
a.trim()}:function(a){return/^[\s\xa0]*([\s\S]*?)[\s\xa0]*$/.exec(a)[1]};var

-------- 9 -----

ja=globalThis.trustedTypes,la;var na=function(a){this.g=a};na.prototype.toString=function(){return
this.g+""};var xb=Array.prototype.indexOf?function(a,b){return Array.prototype.indexOf.call(a,b,void
0)}:function(a,b){if(typeof a===z)return typeof b!==z||b.length!=1?-1:a.indexOf(b,0);for(var
c=0;c<a.length;c++)if(c in a&&a[c]===b)return c;return-
1},yb=Array.prototype.forEach?function(a,b,c){Array.prototype.forEach.call(a,b,c)}:function(a,b,c){for(
var d=a.length,e=typeof a===z?a.split(""):a,h=0;h<d;h++)h in
e&&b.call(c,e[h],h,a)};Math.floor(Math.random()*2147483648).toString(36);Math.abs(Math.floor(Math.ra
ndom()*2147483648)^Date.now()).toString(36);var
zb=RegExp("^(?:([^:/?#.]+):)?(?://(?:([^\\\\/?#]*)@)?([^\\\\/?#]*?)(?::([0-
9]+))?(?=[\\\\/?#]|$))?([^?#]+)?(?:\\?([^#]*))?(?:#([\\s\\S]*))?$"),Ab=function(a,b){if(a){a=a.split("
&");for(var c=0;c<a.length;c++){var d=a[c].indexOf("="),e=null;if(d>=0){var
h=a[c].substring(0,d);e=a[c].substring(d+1)}else h=a[c];b(h,e?decodeURIComponent(e.replace(/\+/g,"
")):"")}}},Bb=function(a,b,c){if(Array.isArray(b))for(var d=0;d<b.length;d++)Bb(a,String(b[d]),c);else
b!=null&&c.push(a+(b===""?"":"="+encodeURIComponent(String(b))))},

Na=function(a){var b=[],c;for(c in a)Bb(c,a[c],b);return b.join("&")},Cb=function(a,b,c,d){for(var
e=c.length;(b=a.indexOf(c,b))>=0&&b<d;){var h=a.charCodeAt(b-
1);if(h==38||h==63)if(h=a.charCodeAt(b+e),!h||h==61||h==38||h==35)return b;b+=e+1}return-
1},Db=/#|$/,Qa=function(a,b){var c=a.search(Db),d=Cb(a,0,b,c);if(d<0)return null;var
e=a.indexOf("&",d);if(e<0||e>c)e=c;d+=b.length+1;return decodeURIComponent(a.slice(d,e!==-
1?e:0).replace(/\+/g," "))};var Pa;var Eb=/[\/;]+k=(.[^\/]*)/,Fb,Ka=function(){if(Fb!==void 0)return
Fb;if(B.___jsl&&B.___jsl.h){var a=Eb.exec(B.___jsl.h){return Fb=a&&a[1]||null}return Fb=null};var
I=B.GM_BOOTSTRAP_DATA;var Gb=!!(wb[0]&1024);var Hb;if(wb[0]&512)Hb=Gb;else{var
Ib;a:{for(var
Jb=["WIZ_global_data","oxN3nb"],Kb=B,Lb=0;Lb<Jb.length;Lb++)if(Kb=Kb[Jb[Lb]],Kb==null){Ib
=null;break a}Ib=Kb}var Mb=Ib&&Ib[610401301];Hb=Mb!=null?Mb:!1}var qa=Hb;var
F,Nb=B.navigator;F=Nb?Nb.userAgentData||null:null;var Pb=function(a,b){var c=Ob;return
Object.prototype.hasOwnProperty.call(c,a)?c[a]:c[a]=b(a)};var
Ea=sa(),za=H()?!1:G("Trident")||G("MSIE"),Da=G(l),Ba=G("Gecko")&&!(E().toLowerCase().indexO
f("webkit")!=-
1&&!G(l))&&!(G("Trident")||G("MSIE"))&&!G(l),Qb=E().toLowerCase().indexOf("webkit")!=-
1&&!G(l),Rb;

a:{var Sb="",Tb=function(){var
a=E();if(Ba)return/rv:([^\);]+)(\)|;)/.exec(a);if(Da)return/Edge\/([\d\.]+)/.exec(a);if(za)return/\b(?:M
SIE|rv)[:]([^\);]+)(\)|;)/.exec(a);if(Qb)return/WebKit\/(\S+)/.exec(a);if(Ea)return/(?:Version)[
\/]?(\S+)/.exec(a)}();Tb&&(Sb=Tb?Tb[1]:"");if(za){var
Ub,Vb=B.document;Ub=Vb?Vb.documentMode:void
0;if(Ub!=null&&Ub>parseFloat(Sb))}Rb=String(Ub);break a}Rb=Sb}var

Wb=Rb,Ob={},Ca=function(a){return Pb(a,function(){return ia(Wb,a)>=0})};var
Xb=ta(),Yb=va()||G("iPod"),Zb=G("iPad"),$b=G("Android")&&!(ua()||ta()||sa()||G("Silk")),wa=ua
(),ya=G("Safari")&&!(ua()||(H()?0:G("Coast"))||sa()||(H()?0:G(l))||(H()?ra("Microsoft
Edge"):G("Edg/"))||(H()?ra("Opera"):G("OPR"))||ta()||G("Silk")||G("Android"))&&!(va()||G("iPa
d

------- 9 -------------

ja=globalThis.trustedTypes,la;var na=function(a){this.g=a};na.prototype.toString=function(){return
this.g+""};var xb=Array.prototype.indexOf?function(a,b){return Array.prototype.indexOf.call(a,b,void
0)}:function(a,b){if(typeof a===z)return typeof b!==z||b.length!=1?-1:a.indexOf(b,0);for(var
c=0;c<a.length;c++)if(c in a&&a[c]===b)return c;return-
1},yb=Array.prototype.forEach?function(a,b,c){Array.prototype.forEach.call(a,b,c)}:function(a,b,c){for(
var d=a.length,e=typeof a===z?a.split(""):a,h=0;h<d;h++)h in
e&&b.call(c,e[h],h,a)};Math.floor(Math.random()*2147483648).toString(36);Math.abs(Math.floor(Math.ra
ndom()*2147483648)^Date.now()).toString(36);var
zb=RegExp("^(?:([^:/?#.]+):)?(?://(?:([^\\\\/?#]*)@)?([^\\\\/?#]*?)(?::([0-
9]+))?(?=[\\\\/?#]|$))?([^?#]+)?(?:\\?([^#]*))?(?:#([\\s\\S]*))?$"),Ab=function(a,b){if(a){a=a.split("
&");for(var c=0;c<a.length;c++){var d=a[c].indexOf("="),e=null;if(d>=0){var
h=a[c].substring(0,d);e=a[c].substring(d+1)}else h=a[c];b(h,e?decodeURIComponent(e.replace(/\+/g,"
")):"")}}},Bb=function(a,b,c){if(Array.isArray(b))for(var d=0;d<b.length;d++)Bb(a,String(b[d]),c);else
b!=null&&c.push(a+(b===""?"":"="+encodeURIComponent(String(b))))},

Na=function(a){var b=[],c;for(c in a)Bb(c,a[c],b);return b.join("&")},Cb=function(a,b,c,d){for(var
e=c.length;(b=a.indexOf(c,b))>=0&&b<d;){var h=a.charCodeAt(b-
1);if(h==38||h==63)if(h=a.charCodeAt(b+e),!h||h==61||h==38||h==35)return b;b+=e+1}return-
1},Db=/#|$/,Qa=function(a,b){var c=a.search(Db),d=Cb(a,0,b,c);if(d<0)return null;var
e=a.indexOf("&",d);if(e<0||e>c)e=c;d+=b.length+1;return decodeURIComponent(a.slice(d,e!==-
1?e:0).replace(/\+/g," "))};var Pa;var Eb=/[\/;]+k=(.[^\/]*)/,Fb,Ka=function(){if(Fb!==void 0)return
Fb;if(B.___jsl&&B.___jsl.h){var a=Eb.exec(B.___jsl.h);return Fb=a&&a[1]||null}return Fb=null};var
I=B.GM_BOOTSTRAP_DATA;var Gb=!!(wb[0]&1024);var Hb;if(wb[0]&512)Hb=Gb;else{var
Ib;a:{for(var
Jb=["WIZ_global_data","oxN3nb"],Kb=B,Lb=0;Lb<Jb.length;Lb++)if(Kb=Kb[Jb[Lb]],Kb==null){Ib
=null;break a}Ib=Kb}var Mb=Ib&&Ib[610401301];Hb=Mb!=null?Mb:!1}var qa=Hb;var
F,Nb=B.navigator;F=Nb?Nb.userAgentData||null:null;var Pb=function(a,b){var c=Ob;return
Object.prototype.hasOwnProperty.call(c,a)?c[a]:c[a]=b(a)};var
Ea=sa(),za=H()?!1:G("Trident")||G("MSIE"),Da=G(l),Ba=G("Gecko")&&!(E().toLowerCase().indexO
f("webkit")!=-
1&&!G(l))&&!(G("Trident")||G("MSIE"))&&!G(l),Qb=E().toLowerCase().indexOf("webkit")!=-
1&&!G(l),Rb;

a:{var Sb="",Tb=function(){var
a=E();if(Ba)return/rv:([^\);]+)(\)|;)/.exec(a);if(Da)return/Edge\/([\d\.]+)/.exec(a);if(za)return/\b(?:M
SIE|rv)[:]([^\);]+)(\)|;)/.exec(a);if(Qb)return/WebKit\/(\S+)/.exec(a);if(Ea)return/(?:Version)[
\/]?(\S+)/.exec(a)}();Tb&&(Sb=Tb?Tb[1]:"");if(za){var
Ub,Vb=B.document;Ub=Vb?Vb.documentMode:void
0;if(Ub!=null&&Ub>parseFloat(Sb)){Rb=String(Ub);break a}}Rb=Sb}var
Wb=Rb,Ob={},Ca=function(a){return Pb(a,function(){return ia(Wb,a)>=0})};var
Xb=ta(),Yb=va()||G("iPod"),Zb=G("iPad"),$b=G("Android")&&!(ua()||ta()||sa()||G("Silk")),wa=ua
(),ya=G("Safari")&&!(ua()||(H()?0:G("Coast"))||sa()||(H()?0:G(l))||(H()?ra("Microsoft
Edge"):G("Edg/"))||(H()?ra("Opera"):G("OPR"))||ta()||G("Silk")||G("Android"))&&!(va()||G("iPa
d

---------- 10 ---------

```
")||G("iPod"));var S=function(a){return(a=a.exec(E()))?a[1]:""},xa=function(){if(Xb)return
S(/Firefox\/([0-9.]+)/);if(za||Da||Ea)return
Wb;if(wa){if(va()||G("iPad")||G("iPod")||(qa&&F&&F.platform?F.platform==="macOS":G("Macin
tosh"))){var a=S(/CriOS\/([0-9.]+)/);if(a)return a}return S(/Chrome\/([0-
9.]+)/)}if(ya&&!(va()||G("iPad")||G("iPod")))return S(/Version\/([0-
9.]+)/);if(Yb||Zb){if(a=/Version\/(\S+).*Mobile\/(\S+)/.exec(E()))return a[1]+"."+a[2]}else
if($b)return(a=S(/Android\s+([0-9.]+)/))?a:S(/Version\/([0-9.]+)/);

return""}();var
Ga=/\/mail(\/ca)?\/b\/[^\/]+\/u\/[^\/]+/,Ia=/\/mail\/u\/[^\/]+\/d\/[^\/]+/,Ha=/\/a\/[^\
/]+\/b\/[^\/]+\/u\/[^\/]+/;var
J=function(a){this.i=this.v=this.m="";this.A=null;this.l=this.j="";this.u=!1;var b;a instanceof
J?(this.u=a.u,ac(this,a.m),this.v=a.v,this.i=a.i,bc(this,a.A),La(this,a.j),Ma(this,cc(a.g)),this.l=a.l):a&&(b=Str
ing(a).match(zb))?(this.u=!1,ac(this,b[1]||"",!0),this.v=dc(b[2]||"",!0),this.i=dc(b[3]||"",!0),bc(this,b[4]),La
(this,b[5]||"",!0),Ma(this,b[6]||"",!0),this.l=dc(b[7]||"")):(this.u=!1,this.g=new U(null,this.u))};

J.prototype.toString=function(){var a=[],b=this.m;b&&a.push(ec(b,fc,!0),":");var
c=this.i;if(c||b=="file")a.push("//"),(b=this.v)&&a.push(ec(b,fc,!0),"@"),a.push(encodeURIComponen
t(String(c)).replace(/%25([0-9a-fA-
F]{2})/g,"%$1")),c=this.A,c!=null&&a.push(":",String(c));if(c=this.j)this.i&&c.charAt(0)!="/"&&a.push
("/"),a.push(ec(c,c.charAt(0)=="/"?gc:hc,!0));(c=this.g.toString())&&a.push("?",c);(c=this.l)&&a.push("#
",ec(c,ic));return a.join("")};

J.prototype.resolve=function(a){var b=new
J(this),c=!!a.m;c?ac(b,a.m):c=!!a.v;c?b.v=a.v:c=!!a.i;c?b.i=a.i:c=a.A!=null;var d=a.j;if(c)bc(b,a.A);else
if(c=!!a.j){if(d.charAt(0)!="/")if(this.i&&!this.j)d="/"+d;else{var e=b.j.lastIndexOf("/");e!=-
1&&(d=b.j.slice(0,e+1)+d)}e=d;if(e==".."||e==".")d="";else if(e.indexOf("/.")!=-
1||e.indexOf("/.")!=-1){d=e.lastIndexOf("/",0)==0;e=e.split("/");for(var h=[],g=0;g<e.length;){var
f=e[g++];f=="."?d&&g==e.length&&h.push(""):f==".."?((h.length>1||h.length==1&&h[0]!=

"")&&h.pop(),d&&g==e.length&&h.push("")):(h.push(f),d=!0)}d=h.join("/")}else
d=e}c?La(b,d):c=a.g.toString()==""?c?Ma(b,cc(a.g)):c=!!a.l;c&&(b.l=a.l);return b};

var
ac=function(a,b,c){a.m=c?dc(b,!0):b;a.m&&(a.m=a.m.replace(/:$/,""))},bc=function(a,b){if(b){b=Num
ber(b);if(isNaN(b)||b<0)throw Error("p`"+b);a.A=b}else
a.A=null},La=function(a,b,c){a.j=c?dc(b,!0):b},Ma=function(a,b,c){b instanceof
U?(a.g=b,jc(a.g,a.u)):(c||(b=ec(b,kc)),a.g=new U(b,a.u))},dc=function(a,b){return
a?b?decodeURI(a.replace(/%25/g,"%2525")):decodeURIComponent(a):""},ec=function(a,b,c){return
typeof a===z?(a=encodeURI(a).replace(b,lc),c&&(a=a.replace(/%25([0-9a-fA-F]{2})/g,"%$1")),a):

null},lc=function(a){a=a.charCodeAt(0);return"%"+(a>>4&15).toString(16)+(a&15).toString(16)},fc=/
[#\/\?@]/g,hc=/[#\?:]/g,gc=/[#\?]/g,kc=/[#\?@]/g,ic=/#/g,U=function(a,b){this.i=this.g=null;thi
s.j=a||null;this.l=!!b},V=function(a){a.g||(a.g=new
Map,a.i=0,a.j&&Ab(a.j,function(b,c){a.add(decodeURIComponent(b.replace(/\+/g,"
```

204

MAS DE 1.000 PAGINAS, COMPROMETIDAS PARA ALMACENAR EL ARCHIVO DE ESTA PÁGINA DEL USUARIO

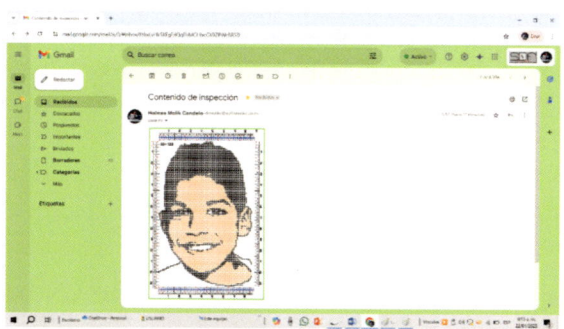

o esta otra

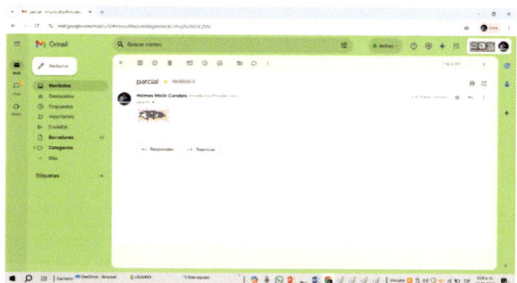

Las correspondientes explicaciones anteriormente mencionadas las cuales hacen referencia, que al contenido para almacenarlo de forma física se le tiene que vincular una gran cantidad de datos en presentación paralela que son desarrolladores del contenido mediante el código fuente respectivo.

Ahora bien, mis conocimientos adquiridos en el nuevo campus, el descubrimiento de la Patología de transmisión de información genética, con su único código fuente genético, me permiten saber en la operatividad genética como se trasmiten los valores de información de los Compuestos de Información Pancromática CIP.

Operatividad genética que permite realizar las plantillas codificadoras y decodificadoras del sistema Marca SDF HmolikC, de la cual soy propietario y permite almacenar la información de la forma exponencial más simplificada.

205

El detalle riguroso

Si tomamos la siguiente imagen

Las dos personas las separamos

A cada persona como imágenes individuales las incorporamos como información para decodificar en el sistema SDF HmolikC en un punto grafico en un formato bastante amplificado para que nos presente la fácil compresión del objetivo de esta explicación y obtenemos lo siguiente:

En consecuencia, como se puede observar el aspecto de la imagen, las constituyen puntos gráficos bastante amplificados que cada uno se presenta en un cuadrado rodeada de un marco o ficha técnica de localización de los puntos gráficos.

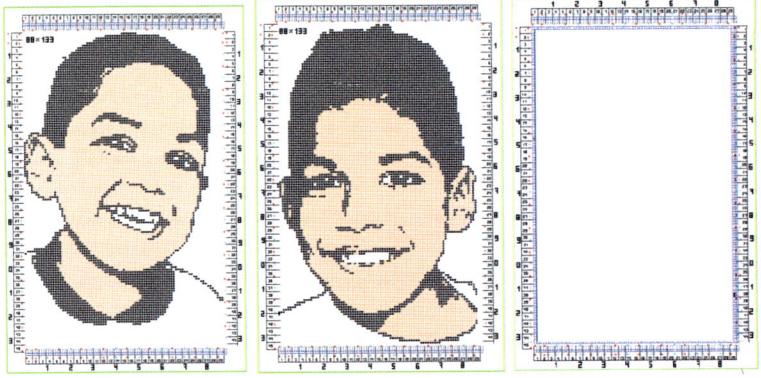

Para entrar más en los detalles que permiten facilitar la comprensión, siendo consecuente ahora me permito escoger una zona parcial de cada imagen.

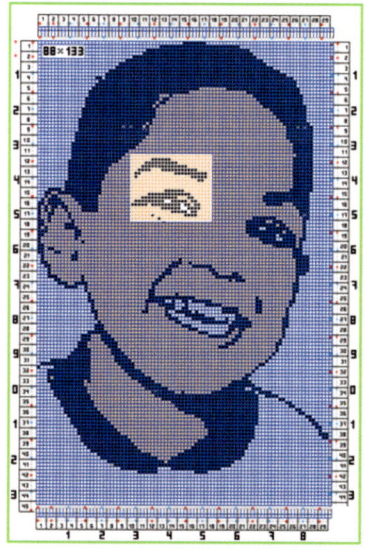 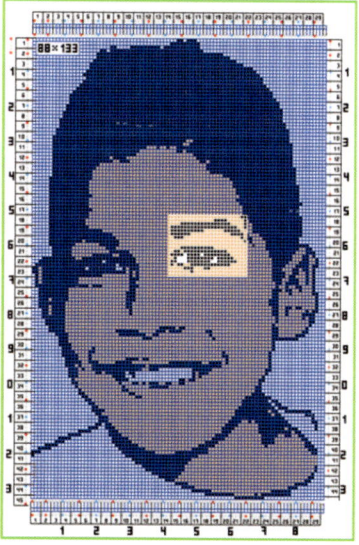

Si trabajo con una sola de las imágenes, al ampliar esta especifica zona se puede percibir que hay cuadrados blancos y cuadrados al %x% negros, indicando que la imagen está representada por dos valores, y no es otra cosa que la presencia y la ausencia.

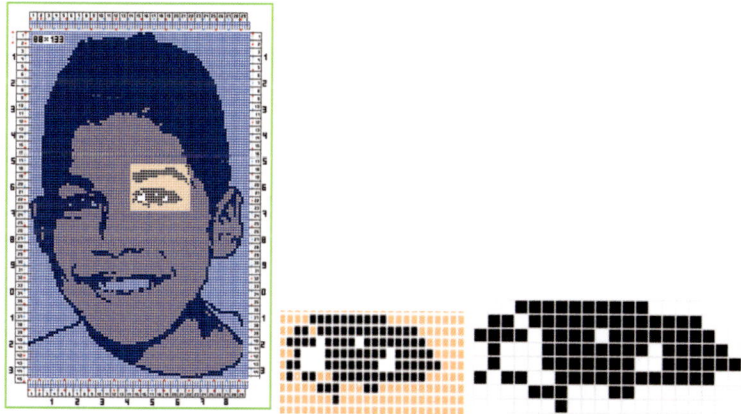

Lo primero que se hace es incorporar a la plantilla desarrolladora del sistema SDF HmolikC esta información ortocromática dicho de otra forma incorporar en el motor desarrollador la presentación del gráfico, hora bien como se puede confirmar a los cuadrados que son puntos gráficos, para la operatividad de cálculo contable, a los cuadrados blancos se les identifica con el valor de cero (0) y a los cuadrados de color negro se les identifica con el valor uno (1).

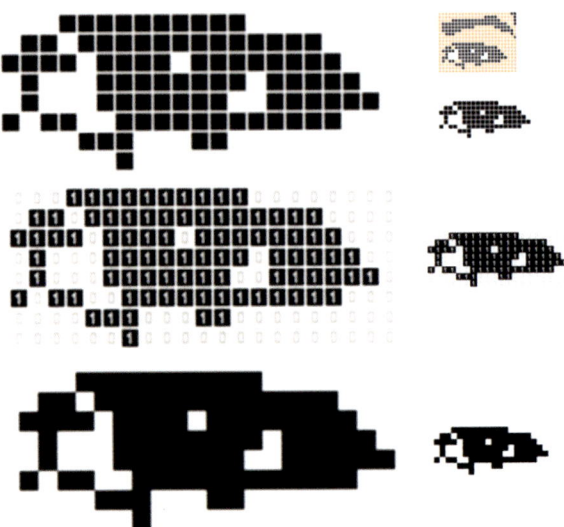

En la imagen siguiente se puede ver claramente la ficha técnica de localización de los cuadros negros y blancos, resaltando la zona de la Consulta de este puntual ejercicio de cálculo contable binarios.

Se puede observar en la parte inferior fuera del marco de la ficha técnica, se presentan un rectángulo gris y más abajo otro de color ocre, que les permite visualizar el valor compactado.

Dicho de otra forma, el valor en el lenguaje del código fuente genético o el traducido al leguaje del sistema contable decimal, que identifica al contenido total de la consulta. Resultado llamado en los apuntes del perfil HmolikC, Mínimo Valor Grafica Consultado MVGC HmolikC.

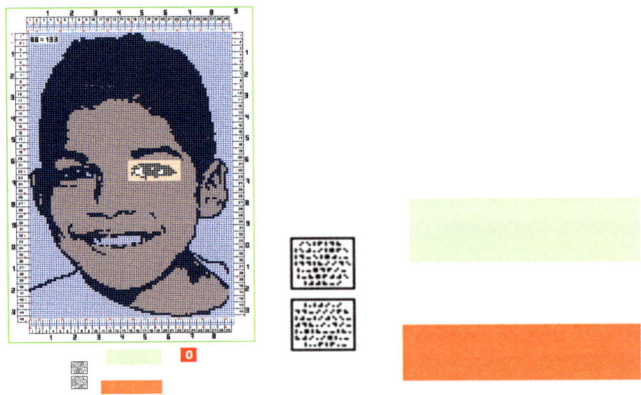

Independientemente en el rectángulo **gris** se visualiza el valor **MVGC HmolikC,** resultado del proceso que el motor desarrollador a obtenido en su correspondiente codificación o decodificación, originada de la información suministrada.

Independientemente en el rectángulo **ocre** se incorpora el valor **MVGC HmolikC,** cuando se conoce, para que el motor desarrollador proporcione los valores de ausencia cero o de presencia uno.

Independientemente en el rectángulo **gris** se visualiza el valor **MVGC HmolikC,** resultado del proceso que el motor desarrollador a obtenido en su correspondiente codificación o decodificación, originada de la información suministrada.

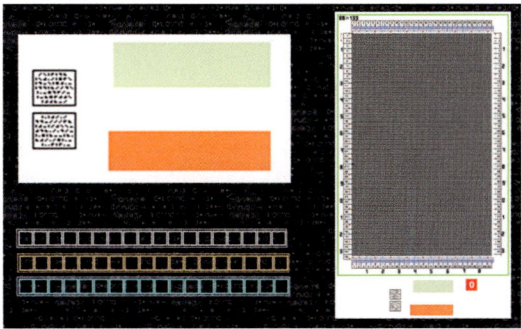

Independientemente en el rectángulo **ocre** se incorpora el valor **MVGC HmolikC,** cuando se conoce, para que el motor desarrollador proporcione los valores de ausencia cero o de presencia uno, dicho de otra forma, visualizando en forma simultanea toda la información incorporada.

Se puede decir que el Mínimo Valor Grafico Consultado MVGC HmolikC. Constituye el valor en el que se almacena toda la información incorporada. No importando el tamaño del contenido sea la zona en referencia de la imagen de una o de las dos personas, de igual manera **toda la información congregada** en las grandes instalaciones de banco de datos de almacenamiento.

Referenciado por decir un ejemplo de google, el sistema SDF HmolikC, en su razón de ser como herramienta Simplificadora de Datos Fraccionados, convierte todo contenido en un valor mínimo de 8 dígitos y máximo de 90 dígitos en donde se almacena toda la información incorporada.

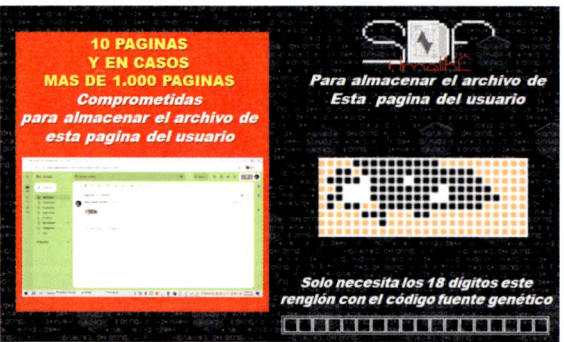

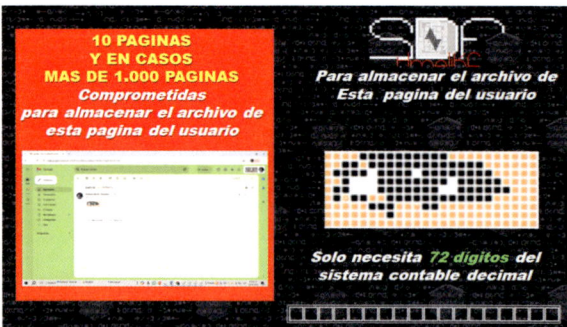

Recursos de almacenamiento de información que contribuyen a proporcionar la claridad para comprender que existen espacios en edificaciones muy, muy grandes **proporcionalmente por mencionar un ejemplo del tamaño varios estadios de fútbol**, en donde se congregan toda la información, que en el día a día están disponible a la consulta de los usuarios.

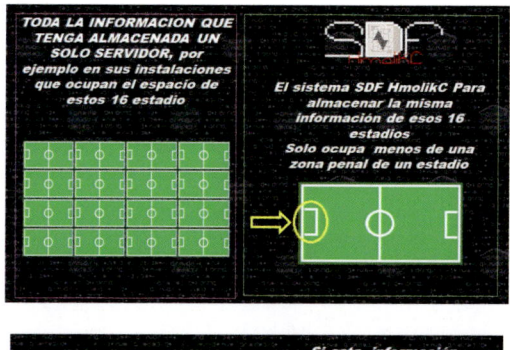

De igual forma El sistema SDF HmolikC, la información almacenada en el valor contenido en una sola hoja cuadriculada del tamaño de 19 cms por 25 cms, evidentemente, también se puede reducir el valor quedando a un tamaño de 18 dígitos.

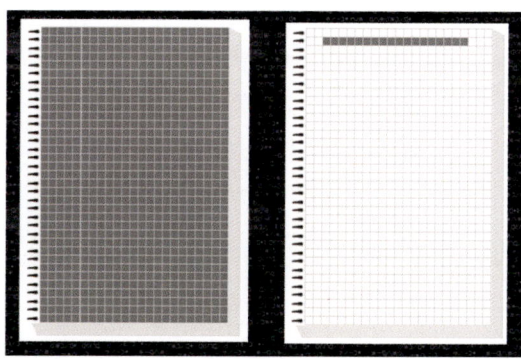

Lo que indica lo suficientemente claro que el sistema SDF HmolikC, no necesita el área de tantos estadios para atender la operatividad del contenido de los usuarios.

No se memoriza, todo contenido lo reduce a una mínima expresión del código fuente genético, y si se quiere visualizar en los computadores tradicionales, se incorpora el traductor compatible que traduce desde el código fuente genético al código fuente incorporado en el computador de uso tradicional.

https://youtu.be/N3vr33eEO-U?si=AGkKe2M7Znq8SzOW

DESARROLLADOR MÁS PRÓXIMO AL SISTEMA CONTABLE BINARIO Y DECIMAL

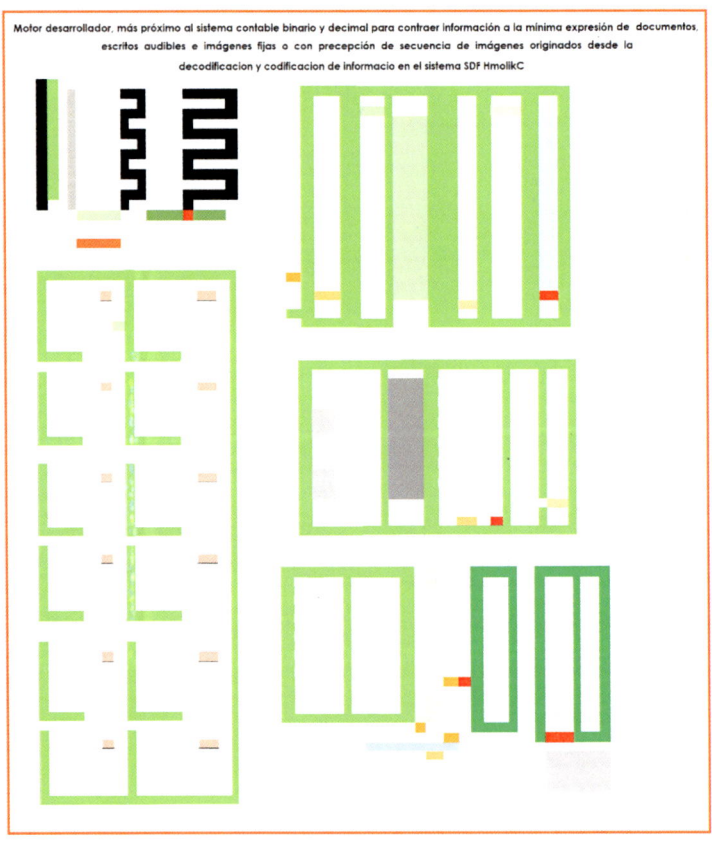

Otro ejemplo más instructivo.

Para contribuir a la más fácil comprensión, digamos que un archivo documentado, con audio, imágenes y escritos, se incorpora en las plantillas codificadoras y decodificadoras (ahora manuales) del sistema **SDF HmolikC**, en su respuesta entrega un valor de información, que se graba mentalmente (o lo apunta en un papel por decir de 18 dígitos), se pierden las plantillas, (digamos mejor, que se queman quedando totalmente incineradas, ya no existe la herramienta física en ninguna parte), a los 20 años después, se construye las plantillas, introduce el valor y se obtendrá toda la información del original, con su audio, imágenes y escritos, no importando el límite de la cantidad de contenido, se visualiza con su audio incorporado. Disposición que, hasta la fecha de hoy, no existen fuentes de referencia en ninguna de las ciencias que proporcione este prototipo de procedimientos técnicos y resultados.

Qué indica esto, evidentemente, que el lenguaje del código fuente de la infraestructura operativa genética, no tiene el estado técnico de la memoria sistematizada o computarizada, no tiene memoria, es más, no trabaja con archivos o carpetas guardadas en discos duros o las variedades que existan.

Entonces retomemos la **imagen d),** la cual corresponde al resultado final de la secuencia de aumento de las **imágenes a), b) c)** de la imagen **original IPD, en esta imagen d),** se puede observar cada uno de los 9 cuadrados perfectos que muestran en su constitución.

Para continuar, quiero manifestar una observación, constitutivamente todas las imágenes, sean fotografías, sean dibujos, sean textos, que esté presentada en este documento, son el resultado del proceso digitalizado, entonces la **imagen d)** muestra los **9 cuadrados perfectos,** pero esta información no puede ser útil, puesto que el proceso de la técnica, ha reconfigurado las tantas veces que sea necesario, desde su tamaño de origen al tamaño final presentado, o como se dice coloquialmente, el sistema computarizado ha manipulado, los resultados del valor de información de origen genético, están alterados, así en la percepción de la presentación los detalles estén técnicamente enriquecidos.

Ahora bien, para facilitar la comprensión, supongamos que la **imagen d)** no está manipulada, pero para facilitar la comprensión como al principio lo mencionaba, la partícula de **OXILOGENO** es transparente e imperceptible, pero que en la explicación se presentaba en un tono del gris para focalizar su presencia.

En el caso que requiere saber los valores de cada uno de los 9 recuadros, se recurre a la siguiente plantilla de operación manual como yo lo hacía en 1972.

Plantilla de localización referencial, se usa este recurso para saber el valor de cada unidad referencial, claro que existía en artes gráficas en la dependencia de fotomecánica y fotolitografía, el densitómetro, pero yo no tenía presupuesto para comprarlo, entonces tuve que diseñar la plantilla que presentó en la siguiente imagen.

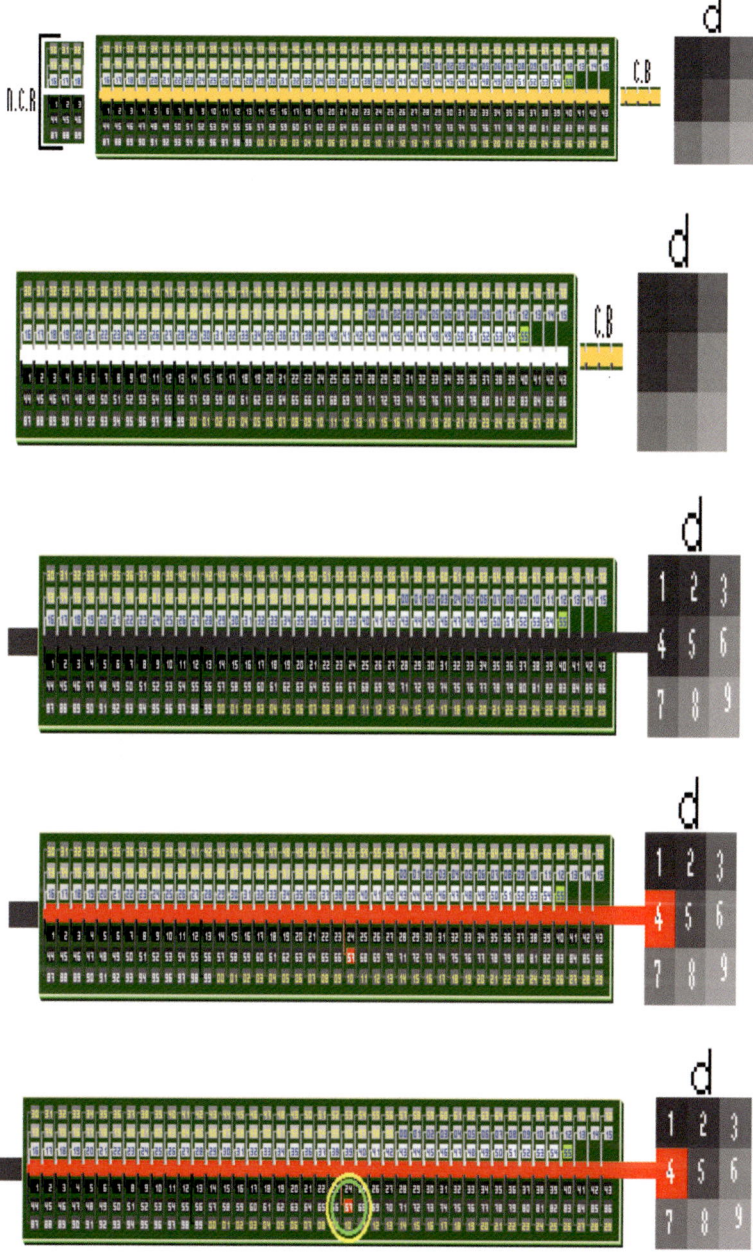

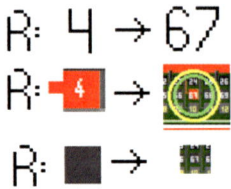

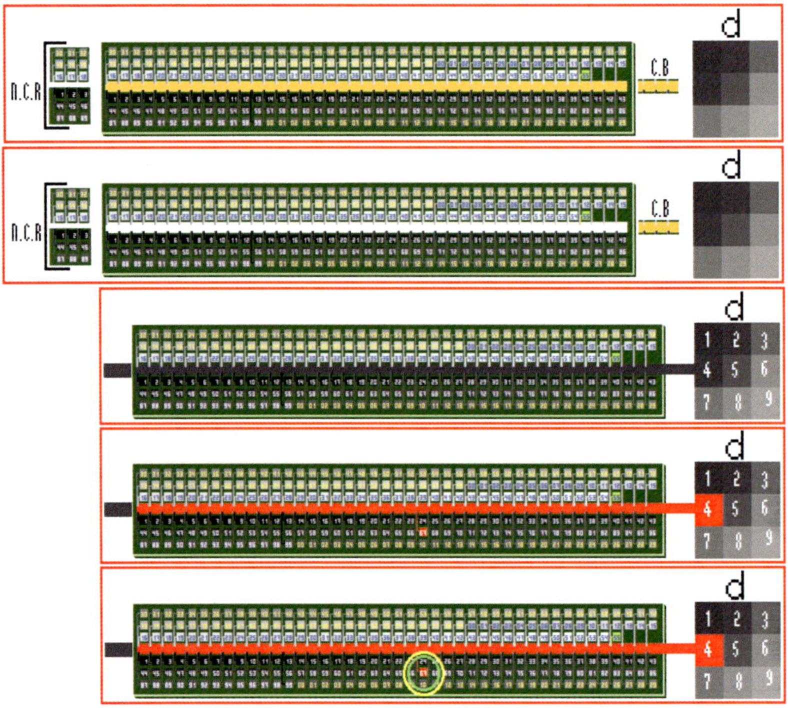

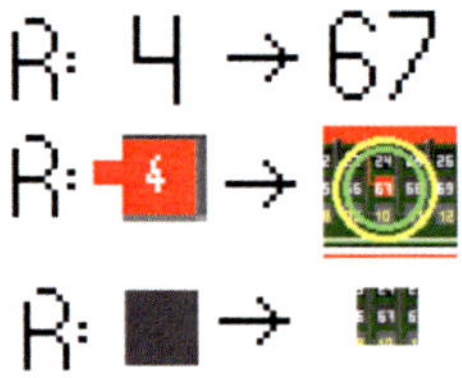

La explicación e instrucciones de la forma, cómo se capturaba el valor unitario de la **unidad gráfica** referencial de un **compuesto de información pancromático.**

Espero que esté lo suficientemente claro, el recurso de la plantilla anterior, la diseñe y la activaba por no tener presupuesto en el año 1972, para comprar el densitómetro, excelente, práctico y rápido, como el que se observa en la siguiente imagen.

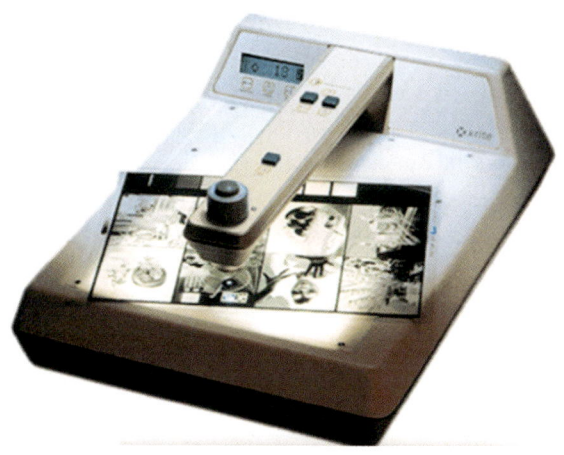

En la página 19 se encuentra la imagen que presenta el punto de partida **(IPD) Imagen Pancromática Digitalizada**, describiendo la secuencia de imágenes, que al final en el recorrido se llega a la imagen, que contiene el valor que se está consultando, denominada **unidad gráfica,** que es un componente de un **compuesto de información pancromático.**

Una vez que se comprende las dos palabras que forman la frase de contenido – los componentes del componente – se está informando que los componentes (del componente) está notificando que (del componente) es a la vez un componente de otra identidad, como lo expliqué cuando los componentes de un pc, dicho de otra forma, un computador.

Retomando la explicación de la página 13 con el computador u ordenador.

Muy bien, cada componente en particular, para facilitar la explicación, es una identidad, en este ejemplo, si se solicita una lista de componentes, lo primero que obtenemos es esto - case – placa madre – CPU procesador – GPU tarjeta gráfica – **RAM memoria** – dispositivo de almacenamiento – refrigeración – PSU fuente de alimentación.

Ahora pedimos una lista de componentes de la **memoria RAM,** obtenemos - chip SPD - bus de conexión - bus de datos - bus de direcciones – bus de control – para que tengamos en cuenta, y si continuamos pidiendo la lista de componentes, por ejemplo, del bus de datos, de inmediato obtendremos más componentes. Entonces, si nos dispusiéramos a realizar el seguimiento, solicitando a los próximos componentes sus siguientes elementos que la componen, el proceso no importa lo largo que sea, pero, de todas formas, surja de donde surja el punto de partida al final llegaríamos a la partícula **OXILOGENO**, instruyendo constitutivamente que cada componente que pertenece a la cadena de vinculación hasta llegar al final, es una identidad, una vez vuelto a describir el párrafo anterior se puede recordar que ya fue tratado.

Como el tema central de observación que ocupa este escrito, corresponde a la captura de la **unidad gráfica,** que es un componente de un **compuesto de información pancromático,** y en él entonces de obtener la certeza de la captura, también obtener su valor en la plantilla **pancromática** manual o con el dispositivo densitómetro.

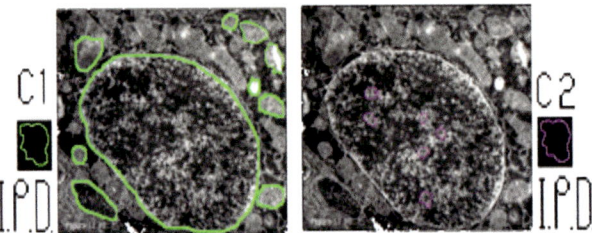

Recordamos que en la **imagen d**) está conformada por **9 recuadros**, dicho de otra forma, que constituyen el **compuesto de información pancromático,** 9 **unidades gráficas.**

Entonces, si observamos en la **página 64**, se puede recordar el estado de la técnica que instruye en cuales específicas áreas se coloca la plantilla denominada **plantilla 1457**

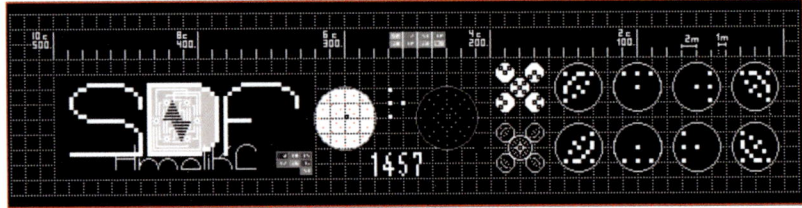

Para correlacionar el uso de la **plantilla 1457**, en la **página 120,** se explicaron las características de la imagen de la siguiente **imagen IPD C1.**

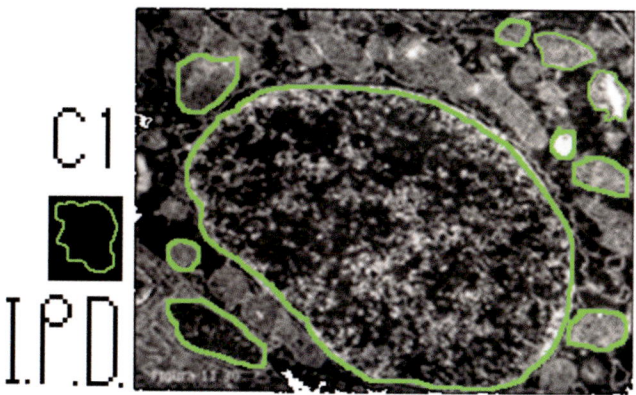

A continuación, podemos ver un conjunto de 14 imágenes, la **imagen 1**, muestra la **imagen IPD C**, se observa, una zona grande que esta demarcada con una línea de color verde y al igual otras zonas más pequeñas de su parte externa, la demarcación corresponde a la indicación que identifica identidades independientes que son componentes, en la **imagen 2,** se observa la zona más grande que esta demarcada en la **imagen IPD C, imagen 1**, entonces si nos fijamos en su interior, se puede ver la presentación de un círculo de color verde que a su vez en su interior, está demarcando una zona con color fucsia, (se hace este seguimiento sin perder la perspectiva que la zona fucsia está evidenciando, propiamente señalando, que es una identidad, o componente entre otros muchos, tantos dentro de la gran zona verde señalada en la **imagen IPD C)**, en la **imagen 3**, se ha extraído, el componente que presenta el círculo verde y la demarcación fucsia.

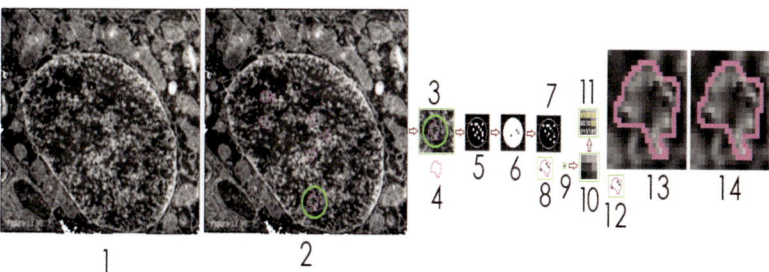

La imagen 5, nos permite conocer las razones de los criterios de los apuntes de los conocimientos congregados en el perfil HmolikC, es parte de uno de los componentes de la **plantilla 1457**, que ejecuta captación de **compuesto de información pancromático,** 9 **unidades gráficas o**

ventana de observación, es importante saber que por cada orificio de los cuadrados dentro del círculo solo caben 9 unidades gráficas, y en las rectangulares, solo caben 18 unidades gráficas,

La **imagen 6**, se presenta dentro del círculo de **la plantilla 1457,** tres conjuntos de cuadrados que, en su interior, cada uno tiene **9 unidades gráficas.**

La **imagen 7**, en el interior de la **plantilla 1457,** muestran los orificios cuadrados que están ocupados cada uno de los 3 cuadrados, los que no están ocupados se presentan en blanco, como se observa en la **imagen 5.**

La **imagen 8**, presenta a los 3 cuadrados de la plantilla 1457, ubicados con su contenido, cada uno de las **9 unidades gráficas,** en el área que le corresponde en la demarcación fucsia.

La **imagen 9**, extrae un recuadro de la zona interior demarcada con fucsia y en la **figura 10,** se amplía para reconocer el grado o valor pancromático de cada una de las **9 unidades gráficas.**

En la imagen 11, se puede identificar que, a cada una, **se** le ha dado el valor en el sistema contable decimal.

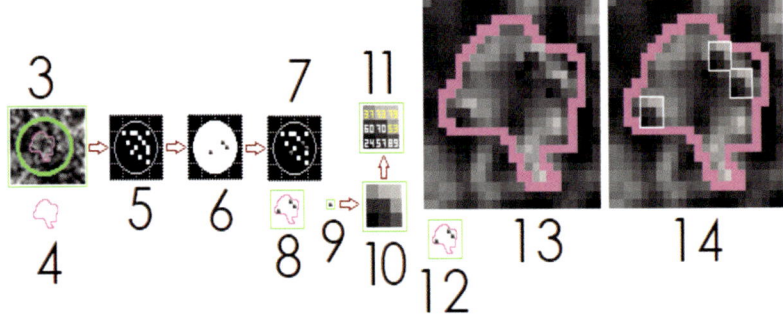

Como estamos explicando la **imagen 11**, se manifiesta que se está dando el valor en el sistema contable decimal, solo y únicamente por la razón de que se presente la forma nominal más fácil de comprensión, para los facultados del estudio tradicional.

Me permito NOTIFICAR que, en el código fuente genético, contenido en el perfil HmolikC, el lenguaje operativo en sus cálculos de programación matemática, para dar una referencia de ejecución, si se usara el lenguaje contable decimal, daría respuestas erróneas, partamos de un ejemplo, si sumáramos 37+ 73 +79 = 189, ahora, si en estos tres cuadros tuviéramos los siguientes valores 64+86+39 = 189, lo que nos indicaría que existen muchas variantes en el sistema contable decimal que como resultado, en estas tres presentaciones pancromáticas, el resultado es este mismo 189, y para no extender la explicación ahora, pero si continuando con la NOTIFICACION, en el sistema operativo genético, siempre se gestiona constitutivamente con la referencia, **compuesto de información pancromático,** identificadas como componentes, **unidades gráficas,** indicando que ni los tres valores en línea, o los nueve que forman siempre el conjunto **compuesto de información pancromático** si se suman, nunca existen otras variantes que den ese mismo resultado. (542 valor total si sumamos **9 unidades gráficas)** dado este ejemplo de valores de referencia en las cuales están asociados las 9 unidades de una ventana de la plantilla 1457, como válidamente hubiesen estar asociadas solo 4 unidades, que es la cantidad mínima que activan la presentación decodificada de una respuesta de una constante.

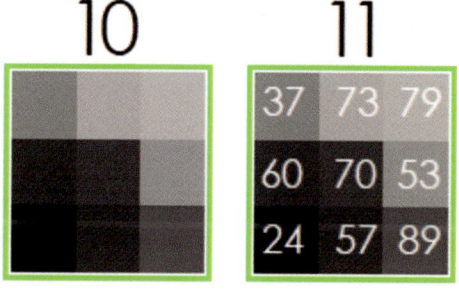

El código fuente genético, en su operatividad de secuencias del tránsito o tráfico de información, cuando proyecta una información como esta que nos ocupa, en sus **9 unidades gráficas,** producen una presentación final, en este momento la referenciamos para entenderla, en un valor total 542, constituyendo el **compuesto de información pancromático**

Se puede ver en el siguiente grupo de imágenes, registros conocidos como las **9 unidades gráficas** o **compuesto de información pancromático** y se presentan tres imágenes que las columnas del 37, 73 y 79 con la demarcación verde, están separadas compartiendo dentro de una delineación muy delgada de color negro con la columna 18, 82 y 76 con la demarcación fucsia.

Ahora bien, la pequeña etiqueta en la que se encuentra en color rojo el número de la columna en referencia, si se observa la columna 18 demarcada con fucsia, en la etiqueta roja el 18 (solo importa la etiqueta roja) está acompañado del número 75 en este caso no tiene que ver nada evidentemente en otro evento, es muy importante.

Siguiendo, en la imagen siguiente se encuentra la **plantilla de localización referencial, (detallada explicación funcional en la página 125)** en ella está demarcado con círculo blanco, la locación que le corresponde a la etiqueta roja 37, que corresponde a la columna 37, demarcada con color verde, y también se encuentra con círculo blanco, la locación que le corresponde a la etiqueta roja 18 que corresponde a la columna 18, demarcada con color fucsia.

Ahora bien, la pequeña etiqueta en la que se encuentra en color rojo el número de la columna en referencia, si se observa la columna 18 demarcada con fucsia, en la etiqueta roja el 18 (solo importa la etiqueta roja) está acompañado del número 75 en este caso no tiene que ver nada evidentemente en otro evento, es muy importante.

Siguiendo, en la imagen siguiente se encuentra la **plantilla de localización referencial, (detallada explicación funcional en la página 125)** en ella está demarcado con círculo blanco, la locación que le corresponde a la etiqueta roja 37, que corresponde a la columna 37, demarcada con color verde, y también se encuentra con círculo blanco, la locación que le corresponde a la etiqueta roja 18 que corresponde a la columna 18, demarcada con color fucsia.

Lo que tenemos como resultado final, es que la información de **unidad gráfica** 37, es positiva y la información de la **unidad gráfica** 18 es negativa, dicho de otra forma, el 37 es el positivo de 18

En los temas de bioquímica sanitaria, cuando se activa la funcionalidad del sistema **SDF HmolikC**, en los **compuestos de información pancromático,** nunca se presenta un valor de información pancromática positivo al lado de su propia información pancromática negativa.

PRESENCIA PERCEPTIBLE - PRESENCIA NO PERCEPTIBLE

Los **glóbulos rojos** se presentan al ser decodificados por el sistema **SDF HmolikC**, en su correspondiente **unidad gráfica de información, si está** comprometida en un **compuesto de información pancromático** con el valor **positivo** que le corresponde, **confirmando su presencia perceptible,** (esto es una notificación muy importante, **PRESENCIA PERCEPTIBLE)** y en una decodificación con la **plantilla 1457 alterna,** se localizan las unidades gráficas del **valor negativo** correspondiente a la referencia de la **PRESENCIA NO PERCEPTIBLE.**

En la página 74 se nombraba, en forma repetida muchas veces, la presencia de **valores** de identidad, así no sean perceptibles, y se mostraban imágenes que señalan la incidencia de **valores** que confirman la presencia de este evento en referencia, **"existe, pero no se percibe",** y el **color ámbar** expresa, cuando la persona inesperadamente es sorprendida por una **presencia de impacto** entre ellas, el susto, de forma instantánea, cada actividad se realiza mediante un recurso, de reconocimiento de valores en incidencia, por conducto de su **RESOLUCIONADOR OPERATIVO GENÉTICO.**

El ser humano, con su voluntad, en el origen de la facultad modificadora, en muchos eventos, no teniendo el más mínimo conocimiento, toma decisiones de forma contraproducente, afectando hasta el predeterminado orden que permite la normalidad del avance de ciclo de la temporalidad de la llamada vida.

Muchas sintomatologías se originan por la incomprensión de la inteligencia y comprometen al sistema nervioso.

Por nombrar un ejemplo, al ser humano se le inicia la sensación de orinar, por circunstancias puede ser, que le toca aguantar, cuando ya está en el lugar que puede orinar, el sistema operativo genético, ha retomado el deseo de la voluntad, entonces así se disponga la voluntad de orinar, el cuerpo no le responde, luego puede encontrarse en las mismas circunstancias de las ganas de orinar y la voluntad intercepta la llamada de atención del cuerpo, y es posible que se presente varias veces, que se siente más seguido las ganas de orinar y la voluntad de forma imperativa trata de asumir el control y en ese momento el cuerpo se orina y la voluntad queda vencida, es la notificación del testimonio indicador, que la **voluntad es un huésped** del en **SÍ GENÉTICO**.

Este ejemplo no queda así, el en **SÍ GENÉTICO,** al estar frecuentado por las reacciones que provoca la voluntad, fatiga la cantidad predispuesta que tiene el en **SÍ GENÉTICO** para activar la reposición de información renovadora, dentro del periodo del ciclo de la temporalidad de la llamada vida, en estos niveles, todos los componentes proyectan el estado de fatiga y la repercusión en otros componentes vitales y en el caso que nos ocupa presenta en **unidades gráficas de información,** comprometida en un **compuesto de información pancromático, valores que son decodificables** y localizables por el sistema **SDF HmolikC.**

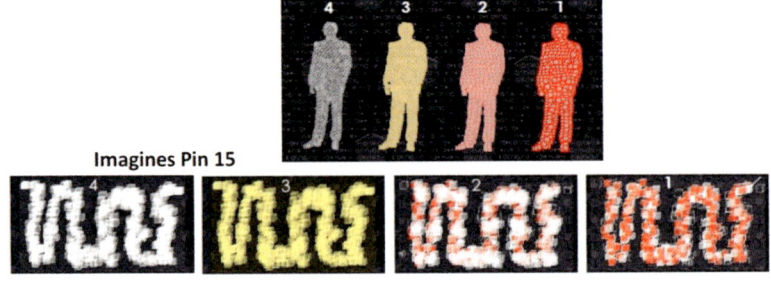

Imagines Pin 15

Entonces, al hacer la analítica de la información que requiere el sistema **SDF HmolikC,** en la decodificación, se obtiene **las unidades gráficas de información, si está** comprometida en un **compuesto de información pancromático, no se presentan el valor positivo** que le corresponde, **confirmando su PRESENCIA PERCEPTIBLE,** en consecuencia, se les da el giro a la plantilla, que corresponde la localización de **compuestos de información pancromáticos** de los glóbulos rojos en **valores negativos,** y evidentemente como el ejemplo referencial es un susto, un impacto, obtendremos la presencia de las unidades gráficas como corresponde en sus respectivos **valores negativos.**

Expresado de otra forma en los dos exámenes.

En el **PRIMER** examen, la persona presentando un aspecto general de **palidez** en nivel extremo de **ausencia de glóbulos rojos,** y con el resultado de la analítica que los profesionales facultados del estudio tradicional, les confirma el mismo nivel extremo, de ausencia de glóbulos rojos, en consecuencia, como son datos suministrados de los recursos de las fuentes de referencia que los faculta y acrediten, confirman un pronóstico que cabe, sin lugar a la menor duda, que se presenta un cuadro clínico de anemia.

En el **SEGUNDO** examen, la persona presentando un aspecto general de palidez, en nivel extremo de ausencia de glóbulos rojos y con el resultado que entrega la codificación y decodificación del **sistema SDF HmolikC,** los valores de **las unidades gráficas de información,** que están comprometidas en un **compuesto de información pancromático,** en donde **NO** se presentan los valores positivos que son los que confirma la **ausencia visual.**

Pero como el sistema **SDF HmolikC,** los valores de las **unidades gráficas de información,** que están comprometidas en un **compuesto de información pancromático,** en donde **SI** se presentan los **valores negativos,** que son los que confirma la **ausencia visual** pero **valida la presencia constitutiva,** (no todo lo que no se ve no significa que no están).

En una imagen como la siguiente, que presenta muchos componentes, dentro de cada componente, identidades dentro de otras identidades, es genéticamente lógico, que presente valores de información pancromáticas iguales, en unidades gráficas, una seguida de otra, dicho de otra forma, valores adjuntos iguales, pero con el condicionante que no harán parte integral de la presentación de un **compuesto de información pancromático,** como una inconstante o **constante genética** de la codificación o decodificación, despachado en los resultados de la actividad funcional del sistema **SDF HmolikC.**

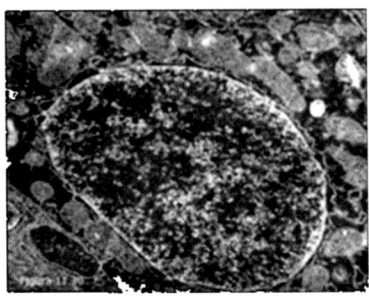

En esta imagen siguiente, ya presentada y explicada en la **página 64,65….,** para continuar, la expongo para explicar que las **unidades gráficas de información,** que están comprometidas en un **compuesto de información pancromático,** no se presentan adjuntas una pegada justamente a la de enseguida como debe de ser, como sucede en la realidad, mostrando la certeza como proyecta la **operatividad de incidencia genética,** recurriendo a la **retícula o cuadrícula** para obtener **puntual ubicación** del estado de la **PIEQ, presencia** de **incidencia de** los **elementos químicos** incorporada, que técnicamente contribuye a la localización de las **9 unidades gráficas de información,** que están comprometidas en un **compuesto de información pancromático.**

Las unidades gráficas, se muestran separadas como se observa en la imagen **CIP (compuesto de Información Pancromática)** para facilitar la comprensión.

CIP

La **plantilla PIEQ, presencia** de **incidencia** de los **elementos químicos,** así como está escrito, está presentada, como lo ilustran estas plantillas.

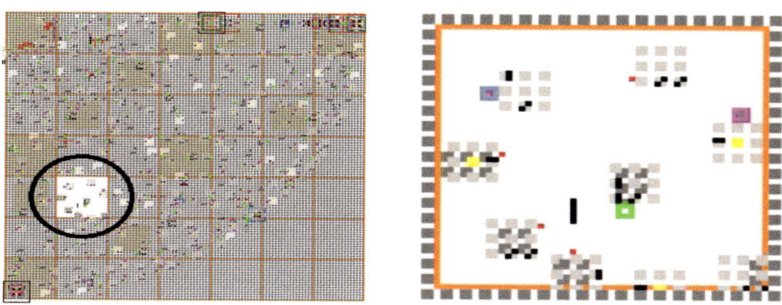

En la siguiente imagen se presenta la **plantilla PIEQ**, **presencia** de **incidencia de** los **elementos químicos**, sin retícula o cuadrícula, para proporcionar la percepción más despejada y clara, de esta herramienta simplificada por el sistema **SDF HmolikC**, que está contenida en los conocimientos apuntados en perfil **HmolikC**.

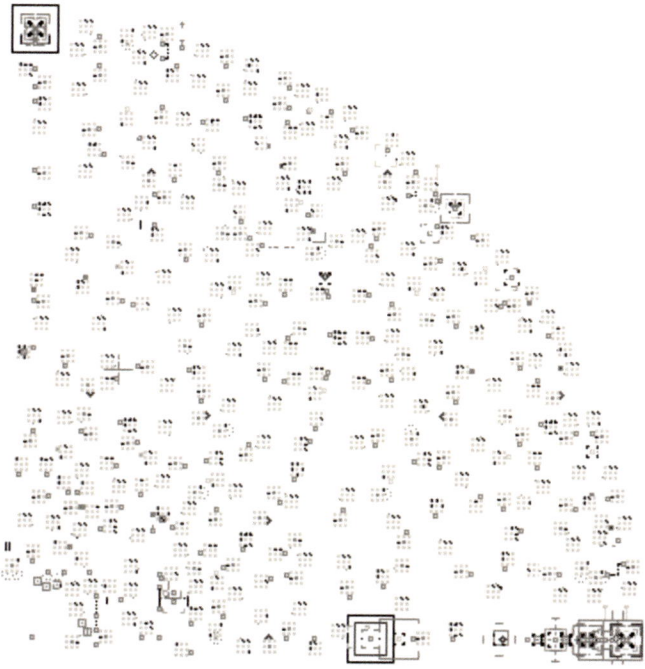

En la siguiente imagen se presenta la **plantilla PIEQ**, **presencia** de **incidencia de** los **elementos químicos**, así está presentada en el libro realizado por la **editorial ECU,** editorial club universitario de España **"la MPU",** Mínima Presencia Universal, con infraestructura operativa, fecha de lanzamiento 14/10/2016. Libro que se publicó para socializar constancias de criterios escritos, dibujos, plantillas e imágenes relevantes, que algunas no son explicadas a fondo, porque el libro es un instrumento que contiene afirmaciones **NOTIFICADORAS,** que hasta ese año ninguna de las ciencias en sus fuentes de referencias de conocimientos en algún documento, no relata la existencia de los conocimientos adquiridos durante los eventos sucesivos de la **investigación realizada** por Holmes Molik Cándelo en **1972,** y ahora después de activar los trámites con todo el respeto a los profesionales y formalidades administrativas, del presente modelo de desarrollo, no se ha podido obtener la patente de un producto (del primer producto en trámite entre tantos que están en la cola que Holmes Molik Candelo debe Patentar), como lo es en este caso, el fármaco denominado ANDREAQVI, con su fórmula química, **C34H34N6O6S,** y su correspondiente **ARQUITECTURA ESTRUCTURAL MOLECULAR.**

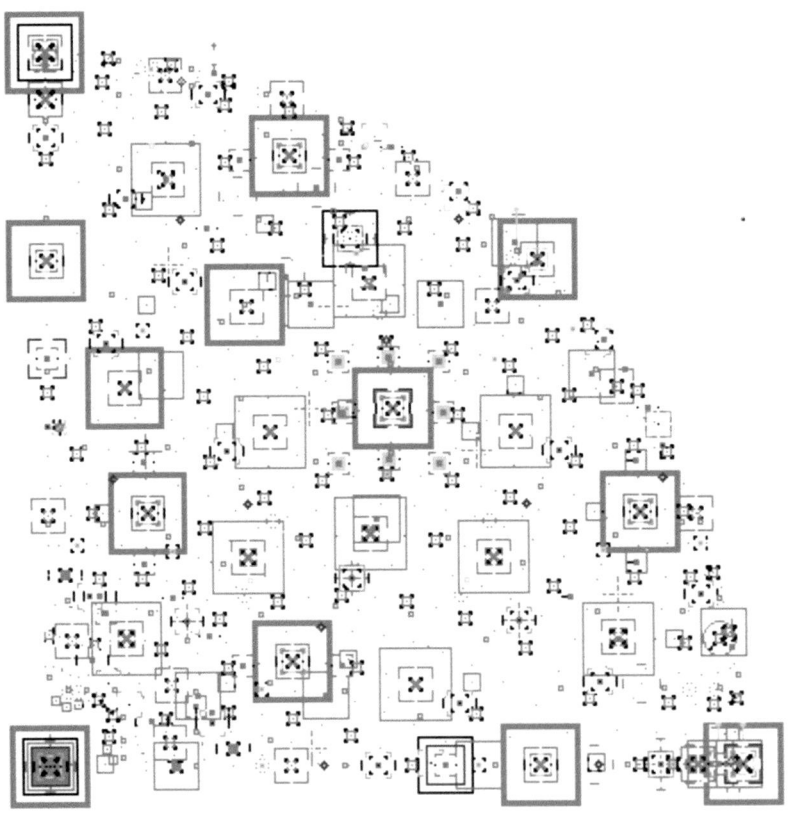

Para mí es muy importante repetirlo, así estén en los bancos de consulta por nombrar uno IET/OE, la constancia que existen muchos compuestos químicos con la misma fórmula química C34H34N6O6S, pero nunca con la misma ARQUITECTURA ESTRUCTURAL MOLECULAR, que es la que las difiere y las hace únicas, lo repito, porque es una de las razones por el cual me denegaron la patente, y, en consecuencia, pagué otra tasa para recurrir a ese fallo tan infantil.

En la siguiente imagen repetida muchas veces, se presenta la ARQUITECTURA ESTRUCTURAL MOLECULAR en los formatos de presentación, aceptados por las entidades reguladoras de la farmacéutica.

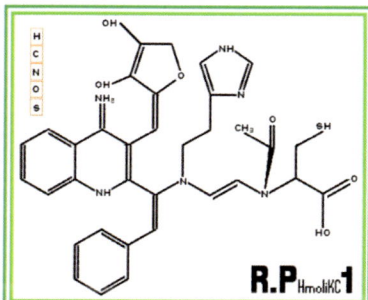 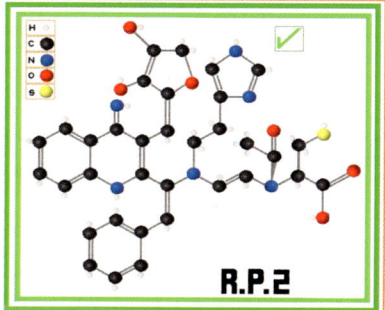

A continuación, presento la **Plantilla numérica**, explicada en la **página 21** de este libro y, cumpliendo constancia en el tiempo ya pasado, en la **página 165** del libro en inglés, titulado **COVI 98% FLU %x%**, realizado en la editorial **Círculo rojo** de España, publicado el **9 de septiembre 2020**, referencia ilustradora de las **incidencias de la arquitectura estructural molecular del fármaco ANDREAQVI**, correspondiente **a la fórmula química C34H34N6O6S. que la OEPM al aprobar la patente, de facto,** el **IET/OE, incorporara en su banco de datos,** para tenerla disponible en posibles consultas que hace parte como tantos otros compuestos químicos, con **la misma fórmula química, C34H34N6O6S,** la imagen técnica de la **arquitectura estructural molecular,** que las difiere y repetitivamente lo afirmo que las hace únicas.

La siguiente ilustración, en el lenguaje del estado de la técnica de la representación del resultado que presenta en el sistema **SDF HmolikC**, la arquitectura estructural molecular del fármaco **andreaqvi** correspondiente a la fórmula química, **C34H34N6O6S.**

```
01 42 02 41 01 01 01 01 02 01 01 02 08 44
02 83 01 83 02 41 21 01 42 02 83 02 41
01 02 01 01 02 08 44 23 04 01 08 44 08
01 02 01 42 02 02 42 01 02 21 02 08 02
02 02 01 02 02 83 01 02 02 02 42 02 83
02 02 02 02 83 01 83 02 41 21 41 01 21
```

A continuación, el proceso de las secuencias de filtrado en la técnica del sistema **SDF HmolikC,** que permite avanzar y como resultado final, entregar las imágenes que están explicadas en la **página 80,** al lado de otra **arquitectura estructural molecular** de otro compuesto químico.

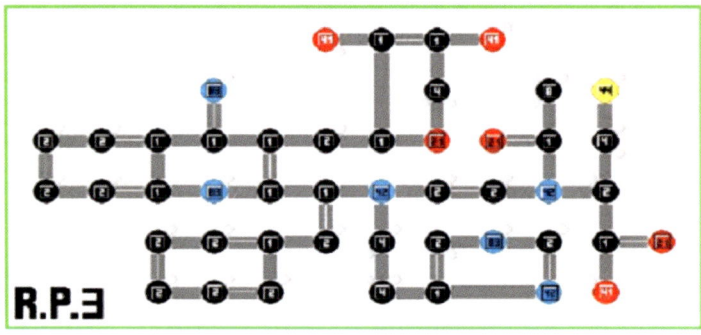

Imagen **R.P.10**

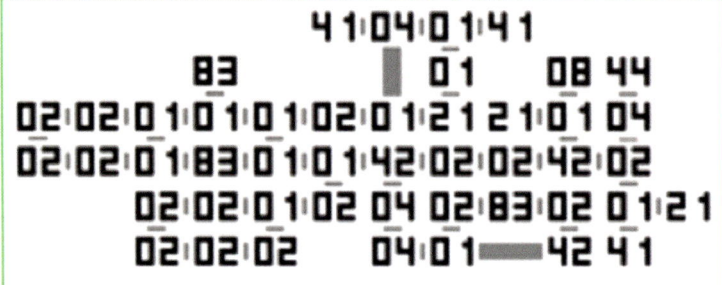

Hasta aquí el recorrido de las explicaciones, una vez adquirida la comprensión y el entendimiento de la gran cantidad de conocimientos, recursos, herramientas, plantillas, dibujos técnicos, referencias muchas veces repetidas, como las observaciones más relevantes, referencias que hacen parte del contenido de **libros fechados años antes de la pandemia,** originada por el agresivo **COVI**, libros que contienen **plantillas**, con presentación con componentes **totalmente nuevos (que sustentan la innovación, contenidos que nunca han sido realizados por ninguna de las ciencias**) usadas con estrictos procedimientos técnicos (*que sustentan la innovación e instruyen la presencia del apoyo en el estado de las técnicas incorporadas, contenidos que nunca han sido realizados por ninguna de las ciencias*) para obtener la **ARQUITECTURA ESTRUCTURAL MOLECULAR,** y *libros publicados meses después* de oficializar la pandemia del **COVI**, que contienen la **plantilla numérica** de la presentación de la **ARQUITECTURA ESTRUCTURAL MOLECULAR,** como se explica repetidamente en las imágenes inmediatamente anteriores a este párrafo (incorporando dibujos e imágenes bien explicadas, que corresponden a los criterios del propósito, (*que sustentan la innovación e instruyen la presencia del apoyo en el estado de las técnicas incorporadas, contenidos que nunca han sido realizados por ninguna de las ciencias)*, significativamente **libros publicados antes** de solicitar la patente, cuyo autor es el titular Holmes Molik Candelo, investigador y propietario de la herramienta (marca registrada en la **OEPM** de Madrid España) **SDF HmolikC**, herramienta que recibió la requerida información y al ser activada su funcionalidad operativa, se obtiene el producto por el cual se tramita la patente. Este mismo sistema **SDF HmolikC,** contiene las plantillas que en los libros, y en repetidos escritos, enviados en cartas abiertas y observaciones, con sus correspondientes pagos, que los responsables no le prestan la rigurosa atención y por omisión prefieren dejar a un lado contenidos entregados, una gran cantidad de contenidos enviados directamente al observador que atiende el recibo y de los contenidos, sugerencias, preguntas y todo aquello que implique orientación, es muy importante para mi confirmarlo que estos contenidos fueron enviados al director de la **OEPM** y nunca fueron contestados, indicando rigurosamente los nombres a quien se le ha mandado los contenidos de sustentación y observaciones prácticas o protocolo de correspondencia personal, que no he realizado para plantear una queja administrativa ni de ningún otro carácter, sino porque yo como titular, comprendo y entiendo que los facultados que atienden la documentación presentada por el solicitante, la **OEPM** tienen unas normativas, que es muy válida para proporcionar la orientación al solicitante, entonces la **OEPM** proporciona una lista de requerimientos (que yo como

231

solicitante estoy muy de acuerdo), los facultados que revisan y califican, tienen para hacerlo unas estrictas fuentes de referencias de conocimientos que son los criterios que los facultan. En el caso que me ocupa, tratándose de un fármaco con su respectiva **fórmula química,** la **arquitectura estructural molecular** y la **fórmula desarrollada**, entonces el solicitante debe enviar ante todo los siguientes contenidos.

Lo esencialmente fundamental, es que el solicitante debe proporcionar la historia del proceso de la investigación que se activó mediante los experimentos, describiendo toda clase de ensayos (y lo repito muchas veces – en cientos de miles de tubos de ensayos por nombrar un ejemplo -) ensayos ejercidos con materiales, sustancias, que se han recolectado, a las cuales les han incorporado componentes que inducen a la reacción intencionada, hasta llegar a observar en un solo tubo de ensayo la reacción intencionada, que su correspondiente contenido de la etiqueta se constituye en la ficha técnica del logro esperado, porque previamente se ha realizado el ensayo de ese contenido en la población de experimentación, bien sean animales o seres humanos, que el acierto en humanos determina con certeza el hallazgo definitivo, de la ficha técnica del fármaco y en consecuencia tramitar la correspondiente patente, para producirlo en cantidades industriales y tenerlo listo para suministrar.

Cada paso de las actividades descritas, en el párrafo anterior se tienen dos contenidos, el PRIMERO, el fármaco, el producto que reúne el estado apropiado para la utilidad de servir, para sanar o mediante un tratamiento aliviar. Una vez obtenida la fórmula química, la fórmula desarrollada, la **arquitectura estructural molecular,** con todos los estados que sus contenidos participaron en la investigación, sean rigurosamente archivados, como fuentes de referencias de material que hace parte de la **historia de los ACIERTOS**,

El **SEGUNDO** contenido, particularmente cada etiqueta o datos técnicos de cada uno de los cientos de miles de tubos de ensayos que sus contenidos participaron en la investigación, sean rigurosamente archivados, como fuentes de referencias de material que hace parte de la **historia de los DESACIERTOS**,

Los peritos como prioridad, si en la documentación no se incorporan estos contenidos anteriores, descartan la posibilidad de proporcionar la patente (tienen toda la razón) – porque sus referencias de conocimientos que los facultan, las investigaciones para obtener un fármaco en el caso que me ocupa, sea para tratamiento o para la vacuna, cumplen estrictamente los eventos, las etapas, que siempre arrojan desacierto y la probabilidad del acierto que alivie o que sane.

Final adquisición que certifica, si se obtiene el acierto, solo en ese momento se reafirma que los facultados tienen el conocimiento previo, debido a la experiencia con su correspondiente trayectoria, solo del proceso, sin garantizar la obtención del acierto, y al obtener el acierto, solo en ese momento se constituye a la obtención del nuevo conocimiento de un proceso con el logro definitivo para sanar o aliviar.

Mencionado de forma concluyente.

En el sistema **SDF HmolikC**, el proceso para obtener el fármaco que como resultado **definitivo SANE**, lo ejerce como bien muchas veces se ha explicado - cuando recibe la información que estrictamente requiere las plantillas del sistema **SDF HmolikC -**, y una vez convalidadas, por el riguroso reconocimiento operativo, al ser aceptadas para la intención por la cual se va a activar, en el entendido que los eventos que se activan se hacen mediante las operaciones de fórmulas matemáticas en el código fuente genético, evidentemente bien programadas, se incorporan, que al ser codificados y decodificados por el sistema **SDF HmolikC**, en su correspondiente **unidad gráfica de información, si está** comprometida en un **compuesto de información pancromático,** como ampliamente se han instruido, en consecuencia **presenta la plantilla numérica** que corresponde a la traducción, que permite realizar un procedimiento técnico, que ya está explicado con toda claridad, se ejercen unas etapas de filtración hasta llegar a presentar la **ARQUITECTURA ESTRUCTURAL MOLECULAR,** por ende la fórmula química, logro realizado (mencionado de una forma directa moderada, /hay que ser valiente/ para aceptarlo) por la presentación nunca antes ni siquiera insinuadas desde **1972,** que se obtuvo el hallazgo, estas fechas de la entrega de este contenido como documento, jamás mencionado ni comentado por ninguna de las ciencia existentes, los procedimiento que corresponden a nuevas fuentes de referencia de conocimientos contenidos en el **perfil HmolikC,** que faculta y acredita al adquirir todas y cada una de las rigurosas instrucciones de los conocimientos de la operatividad de la razón de ser del sistema **SDF HmolikC,** evidentemente adquirir la comprensión, al saber que los orígenes de su funcionalidad la proporciona el descubrir la **MPU, mínima presencia**

universal con infraestructura operativa, con su único código fuente, que permite originar en el en **SÍ GENÉTICO,** las **unidades gráficas de información, si está** comprometida en un **compuesto de información pancromático,** como ampliamente se han explicado los procedimientos.

Todo lo inmediatamente anterior proyecta la certeza que el sistema **SDF HmolikC,** para obtener en este caso que me ocupa, no tiene ninguna necesidad de realizar el proceso de investigación, por las vías de someter a inducción, por tomar el mismo ejemplo, inducir sustancias o compuestos químicos, ante preparados estimulantes de reacción, en cientos de miles de tubos de ensayo, para obtener la gran cantidad sin la más mínima duda de **DESACIERTOS** (coloquialmente fracasos) y por otro lado entre la esperanza de las probabilidades, la no asegurada previamente, la posible no segura respuesta que se aproxime a cumplir el objetivo reivindicativo, de **aliviar o sanar.**

Hasta este momento las explicaciones, para presentar una **ARQUITECTURA ESTRUCTURAL MOLECULAR**, de una fórmula química, y nombre que identifica al fármaco como **ANDREAQVI,** antídoto de reacción químico viral, entre tantos el COVI, solo para demostrar todas y cada uno de los criterios comprometido en los eventos que permiten al final la entrega del producto fármaco ANDREAQVI, espero que haga parte de la comprensión que en todo el contenido se han nombrado una gran cantidad de componentes, como los mecanismos y términos totalmente nuevos, que son indicadores que el conocimiento es totalmente nuevo, para entregar la respuesta que el sistema **SDF HmolikC,** en la cual registra la razón de ser de su debido proceso, son muchas las fuentes de referencias que participan, que están comprometidas, que si se hace un glosario de las tantas nuevas referencias o componentes sin dejar de incluir la función específica con sus particularidades que proporcionan el efecto, causa que derivan otra reacción programada totalmente nueva también.

Es muy importante mencionar la siguiente observación, si se quiere socializar el contenido relevante obtenido en el transcurso de la investigación en 1972, apropiadamente activar el trámite para obtener toda esta gran cantidad de patentes, en el modelo de desarrollo que se presenta en estos tiempos, cada uno de los componentes que participan por normativa y seguridad se tienen que patentar, se pueden imaginar el tiempo que se va a demorar, si para el trámite de la patente solicitada que me ocupa (respuesta adquirida para responder al llamado de emergencia presentado por la agresividad del COVI) ya han transcurrido más de 4 años solo por no respetar y pasar por alto, los repetitivos planteamientos, que el fármaco se procesa mediante eventos de conocimientos nuevos totalmente, que no hacen parte de las fuentes de referencia de ninguna ciencia, repetitivamente tantas veces que curiosamente van adquiriendo la connotación de **NOTIFICACIÓN O ADVERTENCIA PRIORITARIA,** *solo falto que le colocara, !!! CUIDADO, FRÁGIL !!! o para llamar mucho más la atención, !!! FRAGILE CARE!!!*

Estos siguientes titulares y escritos, son muy importantes, hacerle el seguimiento como el estudio tradicional lo requiere.

Pero como la presentación de la **ARQUITECTURA ESTRUCTURAL MOLECULAR**, de la fórmula química **C34H34N6O6S**, evidentemente vuelvo a repetir, así haya en los bancos de consulta, para decir una cifra que aumenta el margen, otros mil compuestos químicos con esta misma fórmula **C34H34N6O6S**, solo como esta **ARQUITECTURA ESTRUCTURAL MOLECULAR,** existe la que me ocupa en el trámite de mi solicitud de patente en la OEPM.

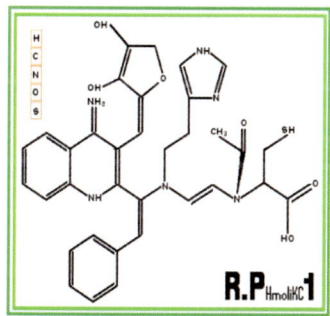 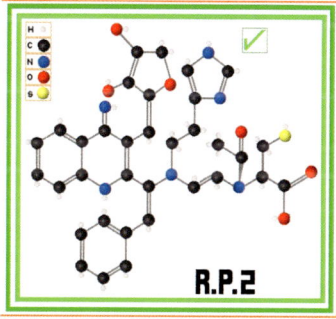

Entonces si no se pasa por alto las advertencias, que se trata de un fármaco, producto o resultado de un proceso totalmente nuevo, nunca contenido en los bancos de datos, ni fuentes de referencia de los conocimientos del estudio tradicional de las diferentes ciencias, que dicho con sencillez, fármaco producido por una herramienta marca ya registrada en la misma **OEPM**, ya hace **más de 10 años**, el sistema **SDF HmolikC**, advertencia que al leer con rigurosidad se atiende proporcionándole la apropiada relevancia que merece las opciones que tratándose de conocimientos generados de la infraestructura operativa genética, no de la intuición (la intuición que es muy propia del estudio tradicional y no del sistema **SDF HmolikC**), sino del lenguaje constitutivo genético con el cual la partícula OXILOGENO, MPU con su código fuente, despacha y recibe información, en su hacer que le ocupa, presenta el todo tal como lo presenta en el día a día,

Muy respetuosamente si los facultados del estudio tradicional tuvieran los conocimientos de los contenidos del **perfil HmolikC**, no activarán las investigaciones que están sujetas y condicionadas a contar con tiempos incalculables, ni a la cantidad exacta de presupuesto económico, dentro de la esperanza de las probabilidades de la lógica gran cantidad de desaciertos y el no garantizado acierto.

Entonces si los facultados del estudio tradicional, adquieren los conocimientos contenidos en el **perfil HmolikC**, recurrirían a incorporar la información que requiere el sistema **SDF HmolikC**, y en consecuencia recibirán la respuesta exacta, porque el sistema no funciona con probabilidades, por reseñar un ejemplo en otra novedad de riesgo los facultados en las fuentes de referencia de los conocimientos del **perfil HmolikC**, incorporan la información que se requiere, y el sistema despacha la ARQUITECTURA ESTRUCTURAL MOLECULAR exacta, tan sencillo como entrar en un ordenador y buscar algo en red sobre un tema, y obtener todas las respuestas coherentes al tema solicitado(evidentemente que hagan parte de la memoria o archivo previamente incorporado, pero con la diferencia que el sistema **SDF HmolikC,** le proporciona una sola respuesta, la exacta, con la característica más importante, que la respuesta de la consulta no se encuentra en el interior de las plantillas codificadoras o las decodificadoras, no se encuentra en ninguna memoria, ni archivos, ni conexión en red, ni conexión física ni periférica, de fibra óptica ni satelital, dicho de otra forma como tantas veces se ha repetido, el sistema **SDF HmolikC,** no tiene memoria ni como se le pueda llamar archivos, o comunicación en red vía física o periférica inalámbrica.

Vuelvo a referenciar que al atender con la rigurosidad apropiada el contenido de la historia, en donde se encuentra como se origina los resultados, por supuesto el que me ocupa en este caso, encontrarán las sustentaciones que se acoplan a los requerimientos que se constituyen en certezas demostrativas de criterios que facultan obtener la Patente.

CONTACTO CON LA OEPM

Las oficinas de **OEPM** de la castellana en Madrid, en la cual se describe el comportamiento de la existencia viral del llamado COVI, no me dejaron entrar por restricciones por la pandemia, pero me sellaron la constancia del buen recibo.

Contenidos basados en las fuentes de referencia de los conocimientos que originan el seguimiento o investigación, del comportamiento de la OVUSECUENCIACION en el corredor de la deglución.

DESCRIPCIÓN

TÍTULO DE LA INVENCIÓN TAL COMO FUE REDACTADO EN LA INSTANCIA

Fármaco andreaqvi **C34H34N6O6S**

SECTOR DE LA TÉCNICA

ANTECEDENTES DE LA INVENCIÓN

El sistema **SDF HmolikC** es una nueva herramienta que se origina de conocimientos descubiertos en la infraestructura operativa de incidencias que proporciona **reacción** (por admisión normal para preservar un ciclo o por la novedad que su evolución afecta la normalidad del ciclo) de estados genéticos en este caso puntualmente los elementos químicos, al sistema **SDF HmolikC,** se le proporciona la información que requiere en los temas a utilizar y entrega la **respuesta exacta** si lo computa favorable. Mediante **valores** que proporcionan constantes o inconstantes en su propio código fuente y procedimiento de fórmulas matemáticas de su propio sistema contable **(que no es el sistema decimal.) Si se le proporciona la rigurosa atención a éste párrafo anterior, se puede comprender que en la medida que transcurre la explicación, se va presentando las secuencias de la técnica operativa de la funcionalidad genética.**

El sistema SDFHmolikC (como válido antecedente), no experimenta ni hace ensayos, en este caso toma la información de **valores** que ya están en los laboratorios, banco de datos o la información que sus recursos (información proyectada) en sectores dermatológicos o componentes orgánicos así se lo permiten, ejemplos: cuando una persona queda vinculada en un estado producido por impacto, (sonido estruendoso) neurológicamente en el instante adjunto se produce una reacción en la facultad modificadora autónoma del individuo (llamada **percepción de inteligencia**) el desconocimiento del individuo del origen y la razón del impacto, generando un estado que obstruye por instantes a la infraestructura operativa de las incidencias de reconocimientos de las funcionalidades neurológicas. Este ejemplo proporciona la presencia de **valores.**

Si, a esta persona involucrada en el suceso del impacto la observamos, nos encontramos que adquiere un aspecto pálido, ahora bien, si en ese momento se le toma una muestra de sangre para hacerle una analítica, dibujo a)1 y a)2 en el resultado lo más relevante, es que se percibe que, los glóbulos blancos se han multiplicado (aquí se presenta un concluyente **valor**), y en el centro de salud muy distante, el profesional de la salud al que le corresponde hacer el informe o diagnóstico, lo primero que piensa es en - un estado en grados severo de **anemia** – y en consecuencia piensa en el fármaco apropiado. Hasta este momento ya ha pasado muchas horas y, la persona involucrada en el impacto, ha recuperado el **valor** perceptible de forma natural, el color normal de la piel (coloquialmente, *ha pasado el trauma del susto*) porque la operatividad neurológica y su facultad de incidencia ha funcionado con independencia.

Para el objeto de comprensión de lo anterior, se debe plantear científicamente cuál es la causante en **valores específicos** en la anatomía patológica, para que desaparezcan los glóbulos rojos, y se incorporen los **valores** glóbulos blancos, y unos momentos más tarde la recuperación de los **valores** de la normalidad. **Valores** que constan en los **criterios de analítica**.

Es de entender que la persona involucrada, puntualmente el impacto afectó primero la facultad de rapidez de reconocimiento, porque si ese impacto se presenta luego en forma simultánea, la facultad de modificación (percepción de inteligencia) no se afecta y la operatividad de incidencia neurológica no tiene ningún impedimento y preserva su normalidad funcional sin alterar **valores.**

Los **valores** que registran la alteración anterior, son **proyectados en la piel** (en la referencia 8-1 dibujo ilustrativo de la placa de presencia operativa del código fuente, gestionados entre los 10 **valores** pancromáticos que confirman que el valor que en la proyección pancromática si hace falta alguno, es porque si esta y, está cumpliendo su específica función), constante indicador que en una muestra de anatomía patológica dermatológica contiene información de **valores** relevante, al igual que la muestra de sangre, la información relevante en la piel y en la sangre están expresas, cuentan una historia concreta coherente, pero para ello se requiere tener el conocimiento, para leer con certeza (no hay lugar para percepción de probabilidades), al profesional de la salud le entregan una muestra de sangre, en la cual lo **está viendo** en los recursos microscópicos, que hay mucha presencia de glóbulos blancos y muy pocos glóbulos rojos, entonces plantea la percepción de lo que está viendo y puede decir - cuadro clínico comprometido con anemia - la referencia de sus fuentes de conocimientos y la contribución visual, son concluyentes. Pero la verdad es que el que vea plaquetas blancas y pocas rojas en este puntual caso, es un evento de percepción, los glóbulos rojos o los blancos cada uno como identidad distinta en la operatividad en excepcionales momentos no es relevante el color.

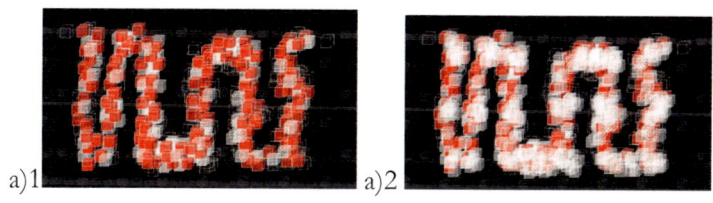

a)1   a)2

Entonces las presencias de los glóbulos rojos están, pero su aspecto se ha involucrado en un proceso [endémico] y adquiere la apariencia inconstante similar a la del glóbulo blanco, pero su identidad e infraestructura corresponde a los glóbulos rojos.

Me permito explicar lo siguiente, porque contienen los criterios que originan el fármaco **andreaqvi** y su respectiva fórmula, contribuyendo en los fundamentos del ejemplo anterior.

Todo lo perceptible o imperceptible está conformado por
OXILOGENO

TODO, ABSOLUTAMENTE TODO LO EXISTENTE, SEA PERCEPTIBLE O IMPERCEPTIBLE ESTÁ CONFORMADO POR LA MÍNIMA PRESENCIA UNIVERSAL CON INFRAESTRUCTURA OPERATIVA, su estado de origen normal es imperceptible, invisible, hasta ahora en los recursos del ser humano, denominada en el conocimiento de la investigación, la [MPU] y toda su operatividad con su propio código fuente, esta partícula cuando adquiere una identidad expresa (conservando su invisibilidad o adquiriendo un aspecto) se denomina [MEXU] mínima expresión universal, la [MEXU] mínima expresión universal más abundante en el todo es denominada [OXILOGENO]. Este párrafo anterior en letra cursiva requiere una intensa explicación con sus respectivos criterios verificables, pero es relevante porque todos los elementos químicos incluyendo los descubiertos por la inteligencia humana están conformados cada uno por muchos **[OXILOGENOS]**.

La MPU

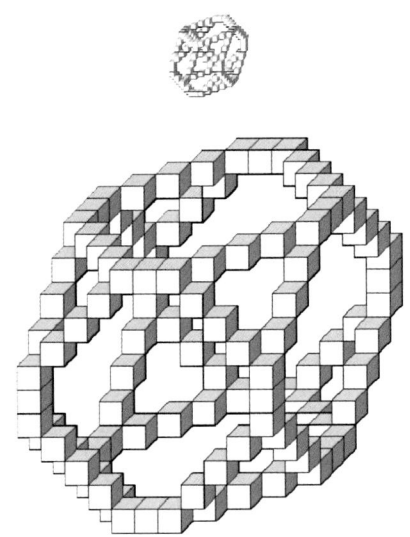

Imágenes de los estados de la partícula **OXILOGENO MPU**

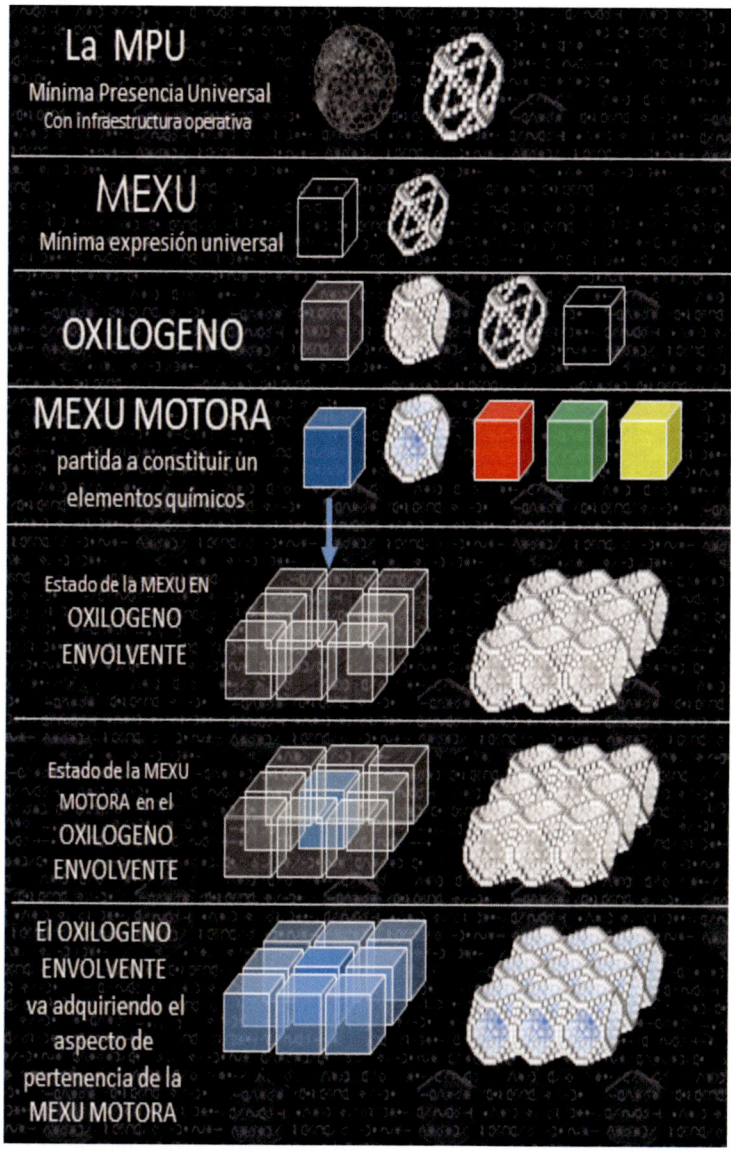

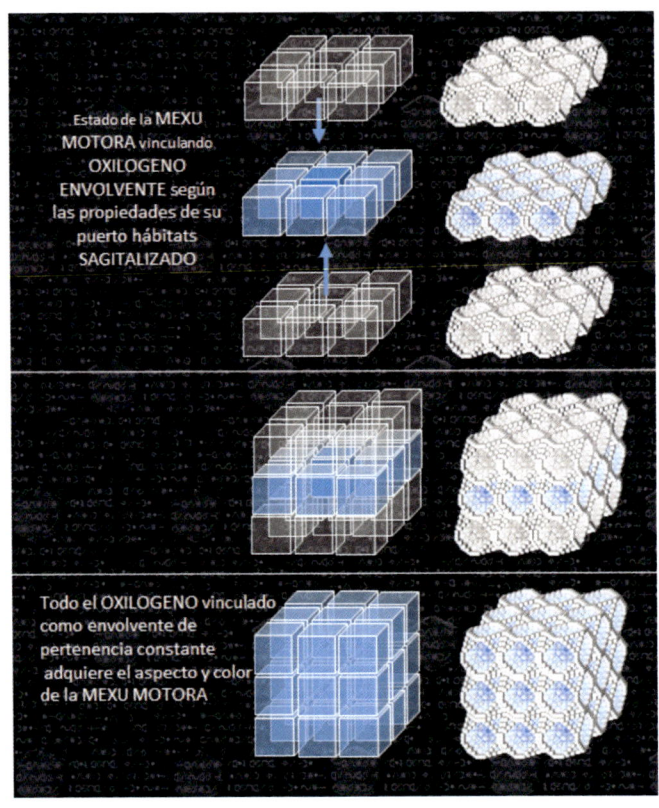

Estado de la MEXU MOTORA vinculando OXILOGENO ENVOLVENTE según las propiedades de su puerto hábitats SAGITALIZADO

Todo el OXILOGENO vinculado como envolvente de pertenencia constante adquiere el aspecto y color de la MEXU MOTORA

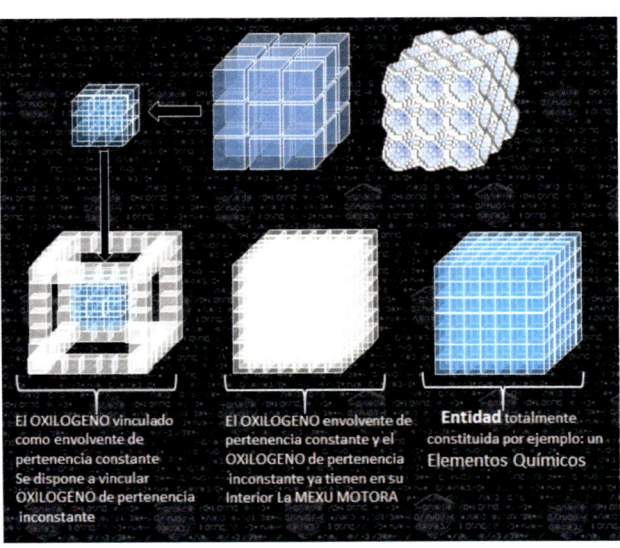

El OXILOGENO vinculado como envolvente de pertenencia constante Se dispone a vincular OXILOGENO de pertenencia inconstante

El OXILOGENO envolvente de pertenencia constante y el OXILOGENO de pertenencia inconstante ya tienen en su interior La MEXU MOTORA

Entidad totalmente constituida por ejemplo: un Elementos Químicos

El sistema **SDF HmolikC,** cuando se hace la aproximación más cercana a la muestra de anatomía patológica.

Plantilla catalizadora de incidencia a escala del [SAGITALIZADOR]

Para hacer el reconocimiento con la plantilla catalizadora de incidencia a escala del **[SAGITALIZADOR]** en los valores pancromáticos, se va a encontrar con tres áreas fundamentales que proporcionan valores pancromáticos u ortocromáticos, se puede observar que él **[SAGITALIZADOR]** (*esta referencia es una palabra nueva acuñada y por eso está entre estos corchetes [....]*) que hace parte del contenido de los conocimientos descubiertos en la investigación, que originan en la MPU y se encuentra incorporada en las plantillas que conforman la razón operativa del sistema **SDF HmolikC.**

[SAGITALIZADOR] el micro punto específico denominado **PUERTO HÁBITATS de** la MÍNIMA PRESENCIA UNIVERSAL con infraestructura operativa

REFERENTE OXÍGENO

Formación del elemento químico oxígeno en cifras

Haciendo un ejercicio en la comprensión de la fuente de conocimiento del sistema contable decimal, si la referencia fuera el OXÍGENO y se supone que su valor único de constitución es 8, indicaría que se le adjuntará 64 OXILOGENOS, como colectivo envolvente y 4.096 **OXILOGENOS vulnerables con dependencia inestable, más 128 adjuntos, para un total de 4.296 OXILOGENOS vulnerables con dependencia inestable.**

En la imagen siguiente se ilustra el aspecto de la MPU y en la cara 1, en un cuarto de la cara se puede observar los componentes únicos comprometidos en las incidencias operativas de la infraestructura, con el interior y con las partículas que se adjuntan.

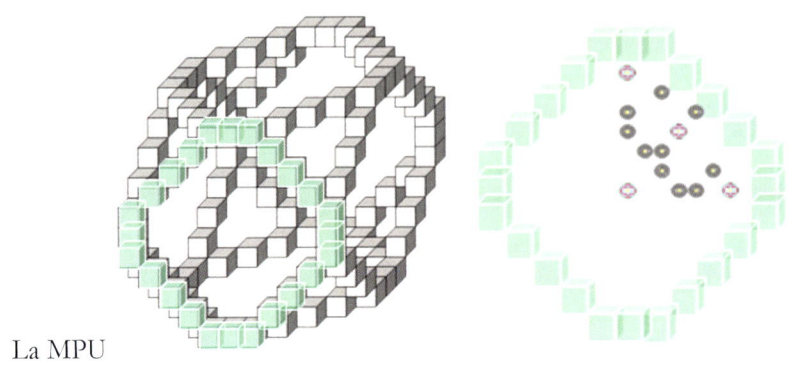

La MPU

Cara 1

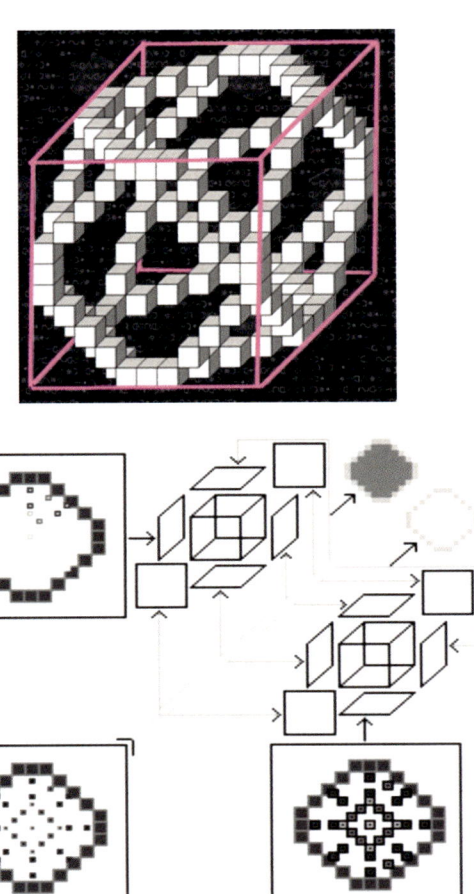

APRECIACIÓN TÉCNICA

En la imagen siguiente se observa la plantilla catalizadora 1 y 2

Plantilla catalizadora 1

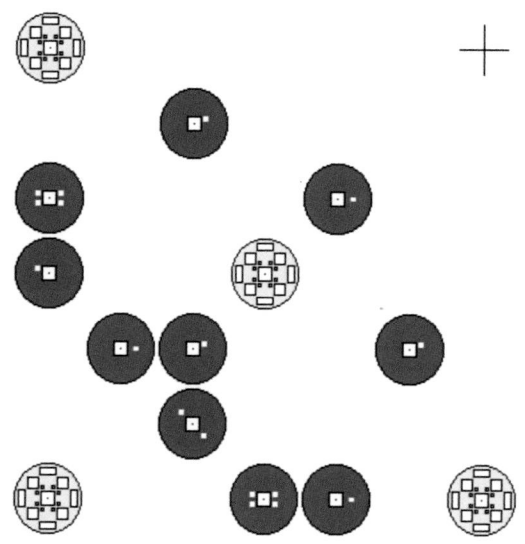

Plantilla catalizadora 2

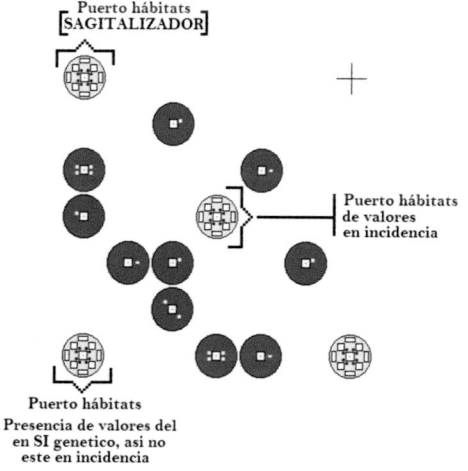

COMPATIBILIDAD EN INCIDENCIA
DE LOS PUERTOS HÁBITATS

En la siguiente imagen se encuentra la referencia 8-1, la placa de presencia operativa, corresponde a 312 **valores** pancromáticos que admiten compatibilidad en incidencia de los puertos hábitats.

También corresponde 66 **valores** pancromáticos, que admiten estimulación metabólica con el valor proyectado para preservar el ciclo comprometido.

También corresponde 10 **valores** pancromáticos, que confirman que el valor que en la proyección pancromática si hacen falta algunos, es porque si está y, está cumpliendo su específica función.

También corresponde 14 **valores** pancromáticos indicadores que, estando presente en la proyección, las inconstantes se originan internamente en el ciclo orgánico.

También corresponde 18 **valores** pancromáticos, para operaciones de combinación de interrelación y tráfico de información.

La referencia 8-2, corresponde al porta objeto universal donde se colocan las imágenes pancromáticas de las muestras por codificar o decodificar.

La referencia 8-3, corresponde al tomador del área de un solo punto pancromático gráfico.

La referencia 8-4, corresponde a cualquier densitómetro universal, que registra el valor del tono pancromático para obtener el reconocimiento de la identidad.

La referencia 8-5, corresponde al localizador del colectivo en incidencia de constantes o inconstantes.

La referencia 8-6, corresponde al tomador del área del colectivo programado.

La referencia 8-7, corresponde al formato programado del área programada.

La referencia 8-8, corresponde al localizador de plantilla catalizadora de incidencia a escala del **SAGITALIZADOR.**

La referencia 8-9, corresponde al tomador de toda el área correspondiente de la plantilla catalizadora en perspectiva.

La referencia 8-10, corresponde al tomador de toda el área correspondiente de la plantilla catalizadora en estado frontal.

La referencia 8-11, corresponde al formato ampliado de los componentes operativos (*en la actividad técnica*) de la plantilla catalizadora.

La siguiente Imagen tiene incorporado en la referencia 6-1, la localización de incidencia.

La referencia 6-2, corresponde al nivel de uno de los cuarenta elementos químicos que ejercen en las constantes básicas de la preservación de un ciclo orgánico.

La referencia 6-3, corresponde al elemento químico vinculado con su variante al igual que la referencia 6-5.

La referencia 6-4, corresponde a la expresión en el código fuente del resolucionador de la **MPU,** indicando en el **valor específico,** en donde proyecta la constante o inconstante pancromática, puede indicar el requerimiento de una o varias muestras, puede ser anatomía patológica, presencia intersticial, presión linfática, reacción de información que proporcionan los ganglios proyectándose en la piel, o en características en la tinción sanguínea, estos son unos de muchos más.

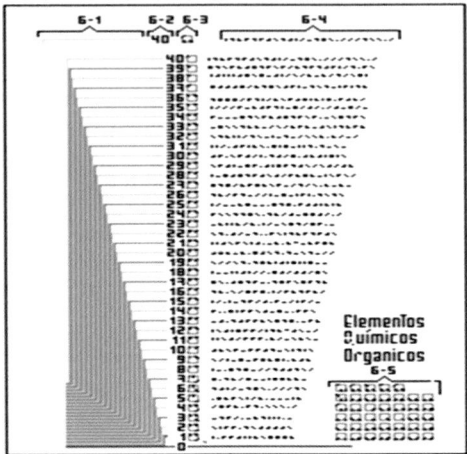

La siguiente Imagen tiene incorporado en la referencia 7-1, corresponde a 78 formatos de multifuncionalidades, presenta la tabla de reconocimiento manual indicador de la orden específica pancromática, que despacha cada formato

La referencia 7-2, es uno de los 78 formatos.

La referencia 7-3, describe como también se explica en La referencia 6-4, corresponde a la expresión en el código fuente del re-solucionador de la **MPU,** indicando en el **valor específico** en donde proyecta la constante o inconstante pancromática, puede indicar el requerimiento de una o varias muestras, puede ser anatomía patológica, presencia intersticial, presión linfática, reacción de información que proporcionan los ganglios proyectándose en la piel, o en características en la **tinción sanguínea**, estos son unos de muchos más, en el caso que la aplicación corresponda a las incidencias de los elementos químicos o presencias relevantes en el ciclo orgánico.

Si la aplicación corresponde a las incidencias de tráfico y conmutación de información de diseño de control multifuncionales, corresponde al valor que identifica a los componentes de las incidencias.

La referencia 7-4, comprende el valor del rango de frecuencia del componente.

La referencia 7-5, es el valor que identifica el componente.
La referencia 7-6, es el valor que muestra el posicionamiento
al igual de la explicación en la referencia 8-6, corresponde al tomador del
área del colectivo programado.

La referencia 7-7, corresponde a la ilustración como se presenta en el
formato las referencias 7-3, 7-4, 7-5 y 7-6.

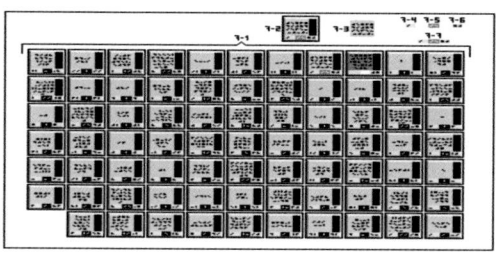

Al haber adquirido la amplia explicación de las múltiples predisposiciones de
la partícula OXILOGENO, que no es otra cosa que una presencia que por
razones de influencia externa a través de sus puertos hábitats, adquiere
distintos expresivos aspectos, reafirmando que todo cuanto se conoce y, no
se conoce, lo que se ve y no se ve, pero que existe, está conformado por el
OXILOGENO. Dicho de la forma universal, en el entendido que el
significado contextual de la palabra universal, que es la que representa el
todo existencial, "TODO, ABSOLUTAMENTE TODO LO EXISTENTE
ES OXILOGENO "

EL VER, PARECER Y NO SER

Entre sus particularidades se mostrará las siguientes imágenes, que reiteran
sobre la percepción del ver, parecer y no ser.

En la imagen se observa un grupo de OXILOGENO, de color blanco
detrás de una columna conformada por 5 partículas de OXILOGENO, de
color rojo, y en la parte de adelante se encuentran tres partículas de
OXILOGENO, y a su lado la misma imagen F-1.

F-1

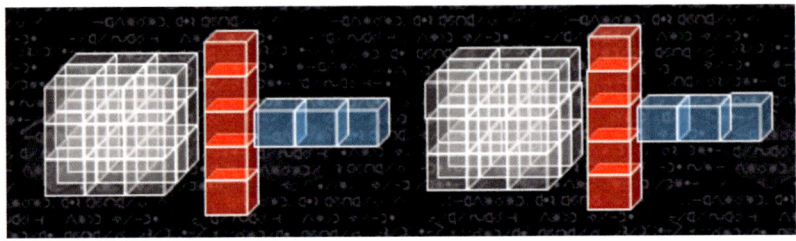

En la ilustración siguiente F-2, se observan cambios que permiten la activación de un evento para ejercitar la percepción.

En el de la izquierda se presenta que, de las tres partículas azules, solo quedan dos delante de la columna, de igual manera está sucediendo en la imagen de la derecha.

Seguidamente si miramos atrás de la columna, en la imagen de la izquierda, en donde están las partículas blancas, ahí se localiza la partícula azul que hace falta donde estaba, si vemos en la imagen de la derecha también sucede lo mismo.

Ahora bien, al regresar a la imagen de la izquierda, miramos con más cuidado, podemos ver otro cambio que en la parte más atrás del colectivo de las partículas blancas, se encuentra una partícula blanca que sobresale y que antes no estaba y, en la imagen de la derecha, ese cambio no se presenta.

F-2

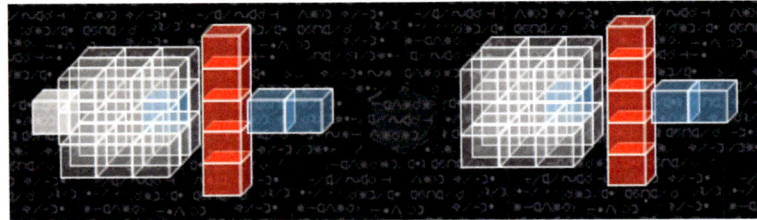

En la siguiente imagen solo queda una partícula azul, delante de la columna de la imagen de la izquierda, lo mismo en la imagen de la derecha.

250

El cambio se nota, que en la izquierda ahora sobresalen dos partículas blancas y el azul está dentro con las demás partículas del grupo blanco. F-3.

F-1

ASPECTO DEL ESPACIO POR SUSTITUCIÓN O POR APARIENCIA

Ahora comprendemos la consecución de los eventos, indicadores que todas las partículas azules pasaron de un lado a otro, teniendo en cuenta que en la imagen de la derecha las partículas azules, en el proceso de ir pasando de un lado al otro, simultáneamente se percibe, que las blancas se desplazan porque han sido sustituidas y por eso se ve que sobresalen.

Si observamos la imagen derecha, notaremos la diferencia de que ninguna de las partículas blancas, han sido sustituidas y por eso no sobresalen. F-4.

F-4

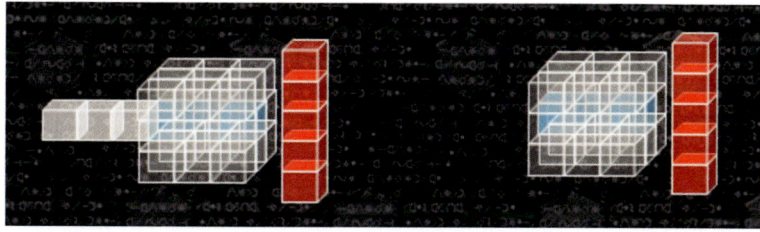

Para los observadores con carácter crítico, sea una persona común y corriente o profesionales, les puede parecer muy infantil y obvio el evento que se ha demostrado.

Es mi deseo compartirles, que esta explicación tan infantil, proporciona una muy significativa enseñanza.

LA PERCEPCIÓN DE LA ILUSIÓN ÓPTICA

En actividades para diagnósticos contribuyen hasta en errores letales.

Lo que vemos ya tenemos una apreciación, pero porque en la imagen de la derecha se aprecia que entran las partículas azules y no se desplazan las partículas blancas que están ocupando ese lugar.

Ahora bien, si repasamos ya sabemos que las partículas que se presentan de color blanco son partículas de OXILOGENO y estas partículas son totalmente invisibles, que yo las ilustro de color blanco con un alto grado de transparencia para que se me propicie el objeto de la explicación.

Suficiente indicador que, si presento las imágenes del ejercicio anterior de percepción, tal como las fuentes de referencia del conocimiento en el estudio tradicional, entonces nos encontraríamos con estas imágenes, siguiendo dada la presentación de invisibilidad del OXILOGENO de todos los entornos.

Dentro de la lógica visual, tanto la imagen **F-5** de la derecha y de la izquierda proyectarán la igualdad, y en la realidad, los eventos que están transcurriendo no son iguales, y suceden en las observaciones desde los microscopios más sencillos hasta los dotados de la sistematización electrónica. y esta ausencia en la real percepción en las fuentes de conocimientos hasta ahora no descubiertos, pero que el sistema **SDF HmolikC,** si los puede localizar como lo explica en la referencia 8-1, que nos sustenta que también corresponde 10 **valores** pancromáticos, que confirman que el valor que en la proyección pancromática si hacen falta algunos, es porque si está y, está cumpliendo su específica función.

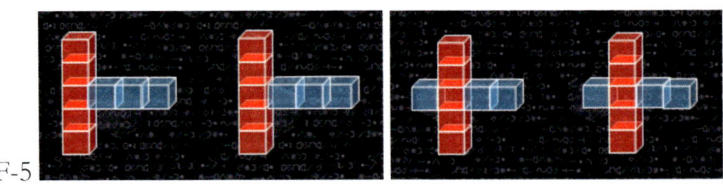

F-5

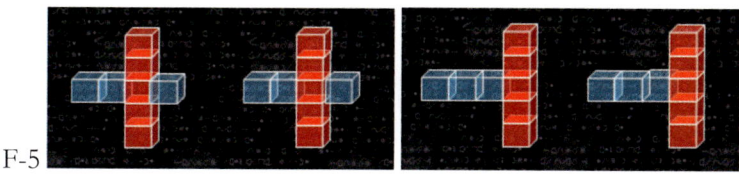

F-5

El ejercicio anterior en su estado real, está presentando dos exactas informaciones, que en la imagen de la izquierda, las partículas azules si están pasando la columna roja, (en microbiología puede ser un tejido, o una membrana plasmática, dos líquidos intersticiales que están adjuntos y muchas más) lo puntual es que, en la imagen de la izquierda, si están pasando las partículas azules (que como existencia estaban ocupando un lugar en ese espacio) y se observa claramente el ejercicio de sustitución y desplazamiento de los OXILOGENOS que estaban en esos espacios.

Pero en la imagen de la derecha, no están pasando físicamente las partículas azules al otro lado de la columna, no importando que así, esa sea la percepción. El evento que está sucediendo indica que, tres OXILOGENOS, con la facultad de resolución SAGITALIZADORA (propiedad del OXILGENO para asumir las condiciones y aspectos en un ciclo de tiempo temporal y marca la enseñanza del principio de los ciclos).

Ahora se puede mencionar que en la imagen F-6, capta la realidad, pueden surgir dos circunstancias, que las partículas azules si sean tres o que también, sean un colectivo de muchas partículas azules, igualmente en el lado de los OXILOGENOS, presentación que dificultará mucho más la percepción de lo que realmente está sucediendo

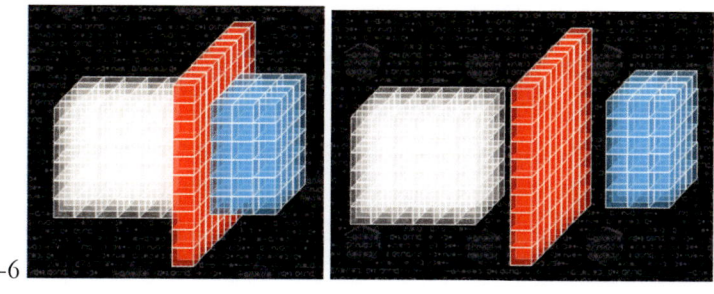

F-6

EXPLICACIÓN DE LA INVENCIÓN

Los componentes químicos del fármaco **andreaqvi,** no es el resultado de dignificantes ensayos experimentales, se constituye en la respuesta proporcionada de la herramienta denominada (Marca) sistema **SDF HmolikC,** decodificador de las constantes e inconstantes de imágenes pancromáticas y ortocromáticas, placas radiográficas, imágenes de anatomía patológica de imágenes que en la distancia más cercana, proyectan **lecturas** en tiempo real, en **valores** interpretados por el código fuente del sistema operativo de las plantillas que contienen el sistema **SDF HmolikC.** valores que son procesados y entregan la **respuesta exacta**, de la intención programada, siendo consecuente con la explicación de la invención, cuando se nombran nuevos componentes que nunca han sido utilizados en ninguna de las ciencias, como las plantillas que repetitivamente se nombran que hacen parte y se presentan las imágenes técnicas, se está sustentando la incorporación de recursos que reúnen todos los criterios que las califica, como presencias innovadas.

Explicación que sugiere tener las incidencias (el riguroso anclaje) de los elementos químicos de la fórmula química **C34H34N6O6S.**

PROCESO EN LA ZONA MÁS COMPROMETIDA, TOS, GRIPE, COVI

A continuación, podemos ver en la siguiente ilustración **deglución 1**, en la imagen derecha se encuentra una placa en blanco y negro de un fotograma de la **resonancia magnética nuclear (RMN)**, en la cual se observa parte de la secuencia del proceso de la deglución, justo a su izquierda otra placa con las mismas referencias, la diferencia entre las dos es que la de la derecha siendo el mismo momento secuencial, proyecta con más claridad que el contenido en tránsito se encuentra dentro de una zona blanca transparente denominada por el perfil **HmolikC,** (*así llamado el documento que congrega todos los apuntes, ilustraciones, plantilla, que explican las nuevas fuentes de referencia de conocimientos adquiridos en los eventos de la investigación*). manto de OXILOGENO, a esta altura, después de todas las explicaciones con referencia, el OXILOGENO es importante recalcar que toda partícula de OXILOGENO o conjunto numeroso que estén comprometidos en una identidad, la componen tres partes, la **primera:** OXILOGENOS MEXU (MEXU porque es mínima **expresión** universal, porque sola o en conjunto representan con aspecto interno así sea invisible) de la parte interna, la **segunda.** el OXILOGENO envolvente, totalmente imprescindible en cualquier existencia distinta a la MPU libre, cuando la MPU proporciona su estado vulnerable es un OXILOGENO. La **tercera** es el manto de OXILOGENO

Deglución 1

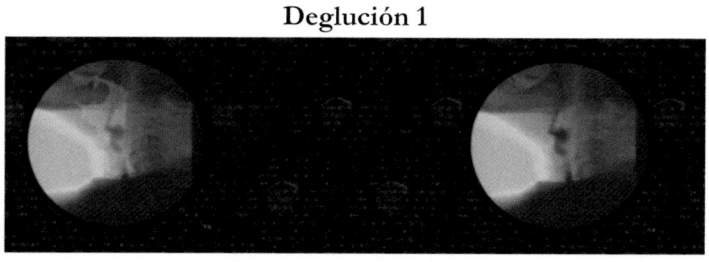

La siguiente ilustración **deglución 2**, nos entrega la oportunidad de observar que en el manto de OXILOGENO, se está resaltando con color rojo unas locaciones específicas del mismo manto, cada que pasa el líquido, sólido, coloidal o gaseoso, pueden cambiar los puntos de referencia rojos, para otorgar más indicios de comprensión, si pasa diferente cantidad de agua en distintos momentos, las referencias en rojo cambian, observando con rigurosidad, si una **misma cantidad de agua** pasa, claro en dos momentos distintos, puede llegar a cambiar las referencias rojas del manto, y esta circunstancia constituyen una imperante importancia, el ignorar su relevancia produce un inapropiado diagnóstico y por ende complicaciones para hallar respuestas favorables y el eficiente tratamiento.

Situación que, por ignorar la diversidad de referencias rojas en el manto, pueden generarse cuadros clínicos, desde el nivel más leve al más crítico, y el único recurso alternativo es atender no la causa del problema sino la presencia de sintomatologías insoportables para el paciente, como puntualmente, es uno de ellos el dolor, y de forma inválida el paciente percibe que los fármacos están presentando mejoramiento en progreso **Deglución 2**

Particularmente esa misma cantidad de agua que en otros momentos, pueden no llegar a presentar esas referencias rojas, es la más y **única excelente** PROGRECION del manto de OXILOGENO.

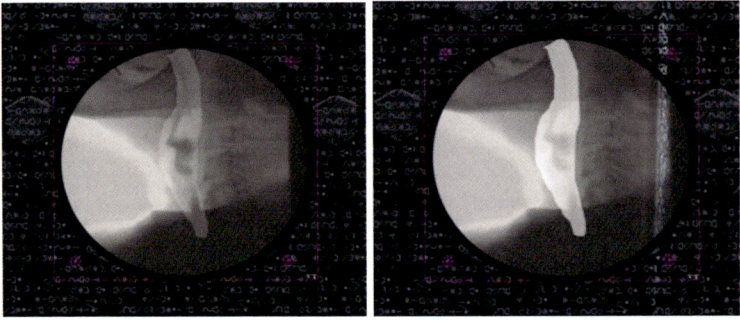

Ahora en las siguientes 5 ilustraciones (**con referencia deglución 3**) se muestra la secuencia de separación del manto de la placa de origen, para proporcionar los detalles de la siguiente explicación.

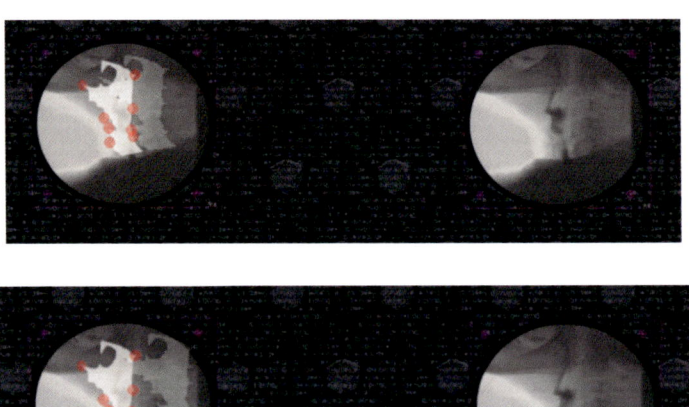

Deglución 3

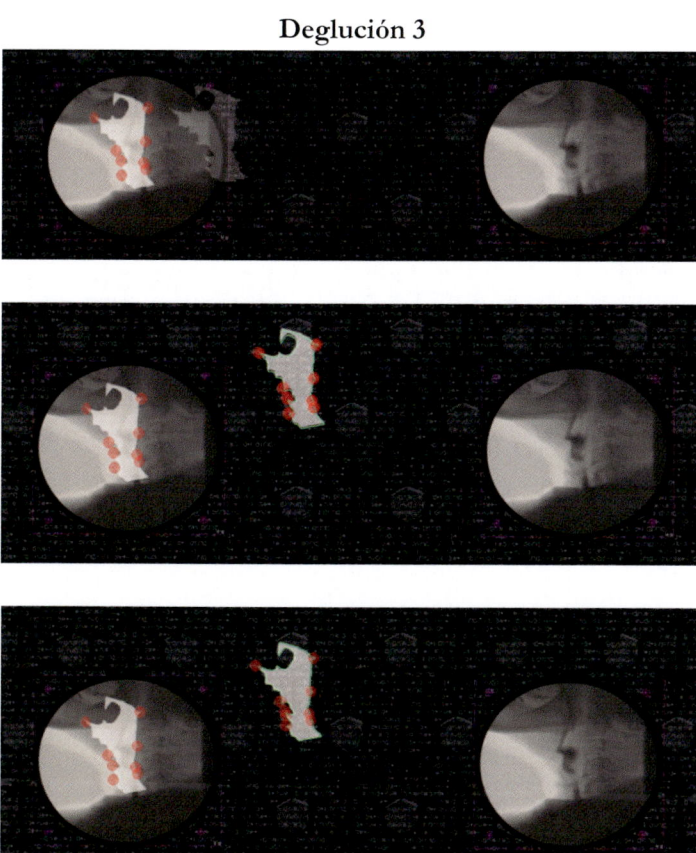

Borde del manto de OXILOGENO.

La siguiente ilustración **deglución 4,** es muy expresiva indicando que el manto de OXILOGENO, tiene su respectivo **borde** y lo proyecta en color verde.

Deglución 4

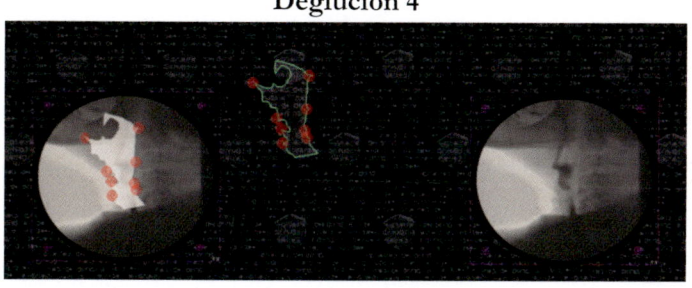

En la imagen siguiente (deglución 5) vemos que, al lado del manto con el borde verde, se coloca la misma figura en tono blanco de menor intensidad, y puntualmente una de las referencias del manto ahora es de color verde, indicando que en esta parte del proceso le va a reflejar la máxima rigurosa atención.

Deglución 5

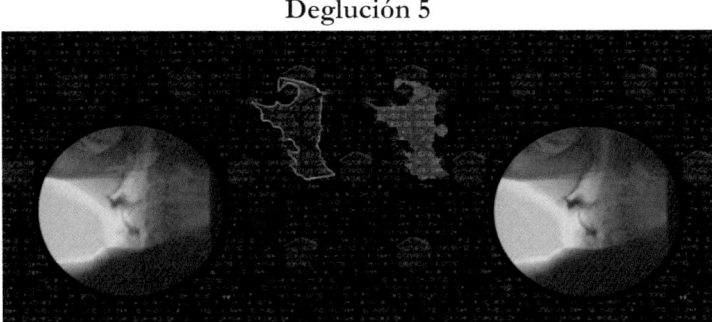

En esta imagen siguiente (**deglución 6**), el manto adquiere un tamaño más grande y se desplaza hacia la izquierda

Deglución 6

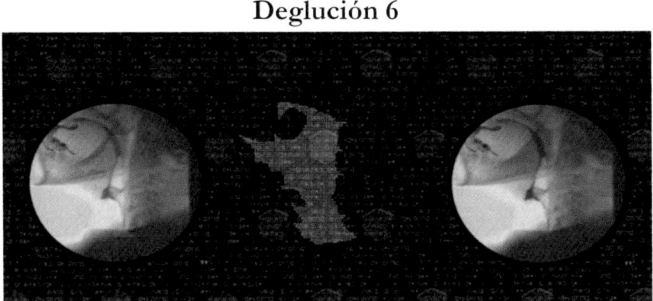

Presentación ortocromática del manto.

En la siguiente ilustración (**deglución 7**), ya el manto en tamaño más grande, entre sus características nos muestra que la constitución de su tono blanco transparente (la origina la propiedad, que esta pixelada, con puntos ortocromáticos blancos) aspecto que se le ha proporcionado para facilitar la explicación.

Deglución 7

También vemos (**deglución 8**), un solo punto de referencia del manto en verde

Deglución 8

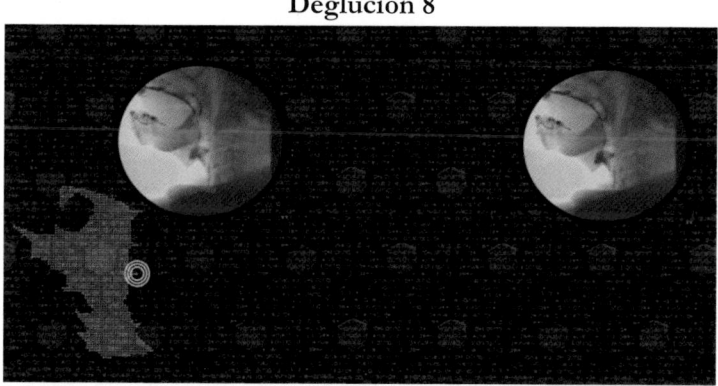

Zona puntual de observación en el manto.

Ahora en esta ilustración (**deglución 9**), se encuentra el gráfico que representa el manto y a su derecha en escala más grande, se ha retomado una pequeña zona del manto en donde se proyecta el punto de referencia verde del manto.

Deglución 9

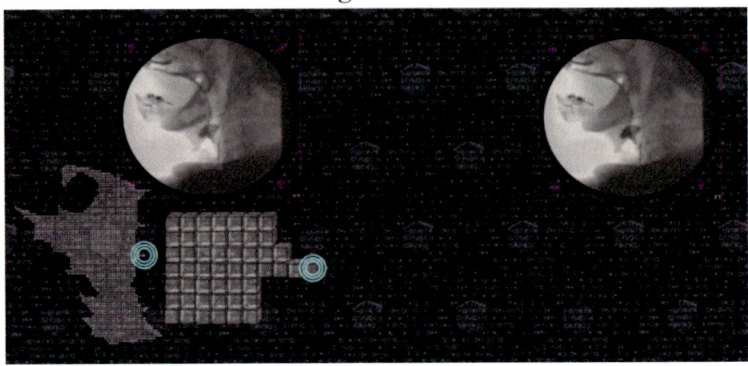

Ahora muestran (**deglución 10**), los puntos en línea representados por unidades de OXILOGENO en línea, expresión que, al regresar al tamaño de imágenes de la escala anterior, tenemos que sobrentender cada punto en línea es igual a los cubos de OXILOGENO totalmente transparentes en línea.

El OXILOGENO del extremo derecho como debe ser, con un cubo verde y referenciando el punto del manto, con el cual continúa las explicaciones en proceso. Lugar apropiado para tomar muestras de sustancias bien y mal deglutidas para decodificar los **valores** que suministren, *permiten con precisión identificar si el desarrollo de un virus es un huésped o es la consecuencia de una mala deglución de sustancias sanas.*

Deglución 10

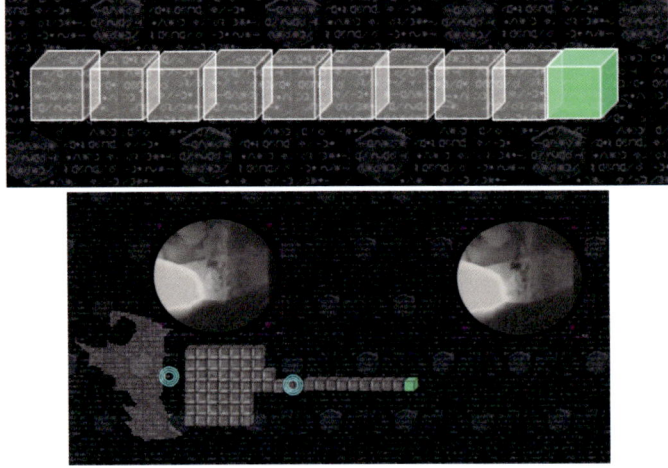

Molde del manto excepcional y el normal.

En la ilustración siguiente (**deglución 11**), se muestra que, si la deglución en proceso no está comprometida con novedades que alteren la forma del manto de OXILOGENO, lo más perfecto sería esta imagen vista desde dos dimensiones

Deglución 11

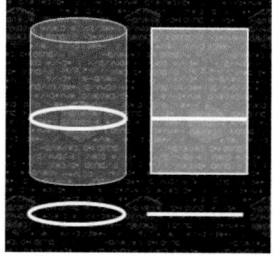

Pero dado el modelo anatómico del molde, (**deglución 12**), el aspecto del conducto o corredor de la deglución, la forma perfecta del manto de OXILOGENO, es la de la siguiente ilustración, al fijarse en la parte inferior de cada imagen vemos un aro irregular, precisamente es el modelo de dimensión, que en la cual se presentarán las explicaciones de este proceso.

Deglución 12

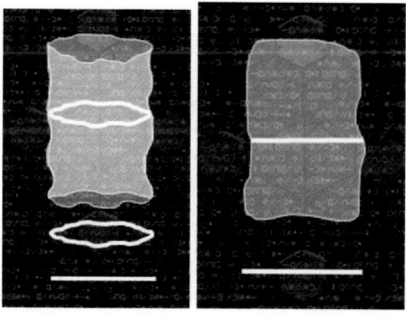

En la siguiente ilustración (**deglución 13**), se puede ver el plano en la dimensión del aro irregular representado por los OXILOGENOS.

CADA ENTIDAD DEPENDIENTE
TIENE SU PROPIO MANTO

Se tiene que tener en cuenta que toda presencia, que pase por el interior de este manto, así sean muchos y distintos a la vez, **cada uno tiene su propio manto y los componentes internos de cada uno también tienen su propio manto**.

En el medio del plano se muestra una partícula de color rojo, cuando se escribe **una partícula,** se está haciendo referencia que, es un OXILOGENO con identidad nuclear y, por ende, está rodeado de otros OXILOGENOS inconstantes, debidamente dependientes de la partícula de color rojo en referencia.

Deglución 13

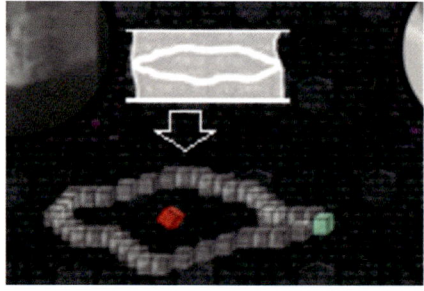

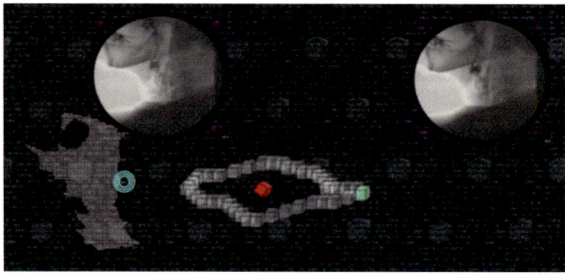

En esta (**deglución 14**), como está debidamente titulado, es un colectivo de OXILOGENOS MEXU, mínimas expresiones del universo OXILOGENO en tonos amarillo u ocre, comprometido con alguna identidad, que puede ser, líquido, gaseoso, coloidal o sólido.

Deglución 14

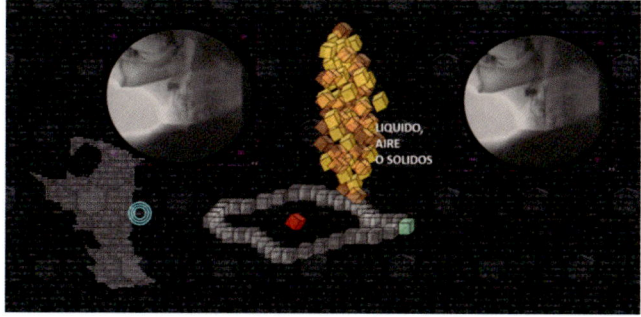

En esta imagen (**deglución 15**), el colectivo se encuentra en el centro del aro, también se puede observar que hay una sola partícula de color rojo.

Deglución 15

Ahora en la siguiente (**deglución 16**), se anima el colectivo y avanza a través del interior del aro conformado por el plano del OXILOGENO.

Deglución 16

PARTÍCULA COMPONENTE
DE LA EXPRESA OBSERVACIÓN

Sin lugar a dudas (**deglución 17**), el colectivo, de líquido, gas, coloide o sólido indica que efectivamente está avanzando a través del aro, presentando una novedad, la partícula roja se está desprendiendo del colectivo.

Deglución 17

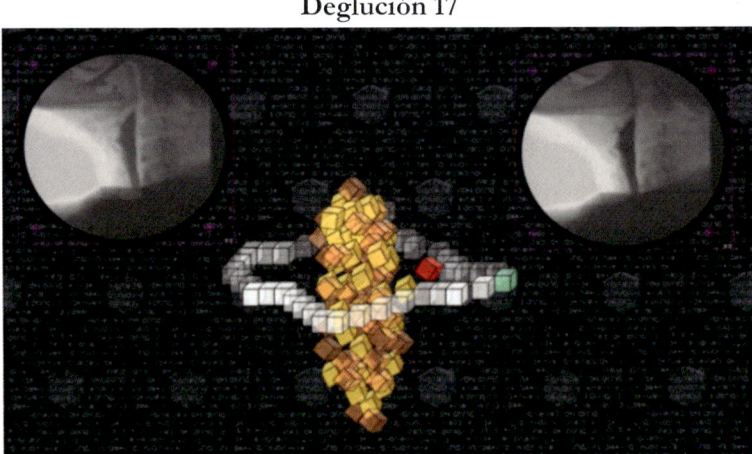

En la siguiente (**deglución 18**), el colectivo avanza y la partícula roja no lo hace.

Deglución 18

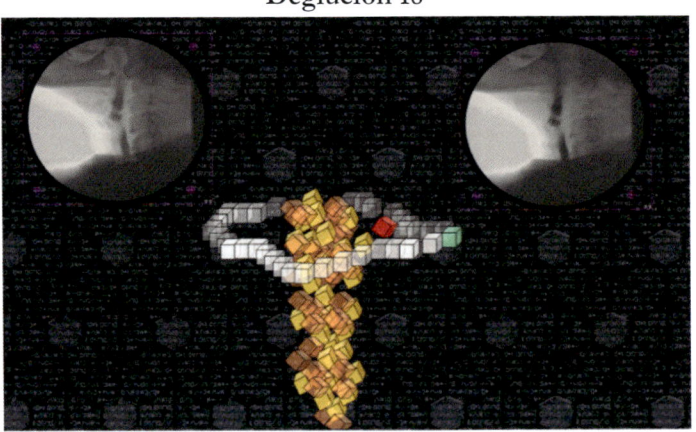

Ahora ya se puede confirmar (**deglución 19**), que el colectivo sigue su curso y, la partícula roja se quedó, además la ilustración presenta la sugerencia que indica referencias posibles de la partícula, **si es catalizada, si no es catalizada, o si es un virus**.

Además, hay otro título, identificando la partícula de color verde, **SAGITALIZADOR DEL PASO**.

SAGITALIZADOR del paso, son partículas que están en el borde del manto, tiene la particularidad de activarse en circunstancias excepcionalmente extremas y en consecuencia hace incidencia directa con los SAGITALIZADORES que tienen comunicación con OXILOGENOS de los órganos principales, transmitidos por el sistema nervioso en la región faríngea, laríngea, las vías aero digestivas.

EVENTOS ANTES DE LA PRIMERA SINTOMATOLOGÍA

Los eventos que estoy explicando suceden momentos antes de producirse la circunstancia apropiada de vincular la (coloquial carraspera), el picor, alguna inflamación o infección, más adelante, porque es de suma importancia, el proceso de las explicaciones va aclarando cada cuadro sintomático y patológicas que son el punto de partida, que constituye como referencia de los profesionales de la salud para hacer diagnósticos, el sistema **SDF HmolikC** está entregando en estas secuencias del proceso *los momentos previos*.

Deglución 19

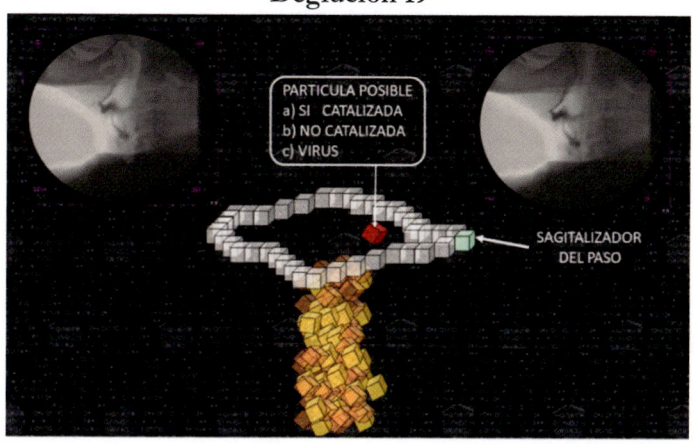

Continuando en la imagen siguiente (**deglución 20**), se puede ver en la ilustración, el movimiento del colectivo que avanza en su curso. También muestra la permanencia de la partícula de color rojo y toma diferente destino.

Deglución 20

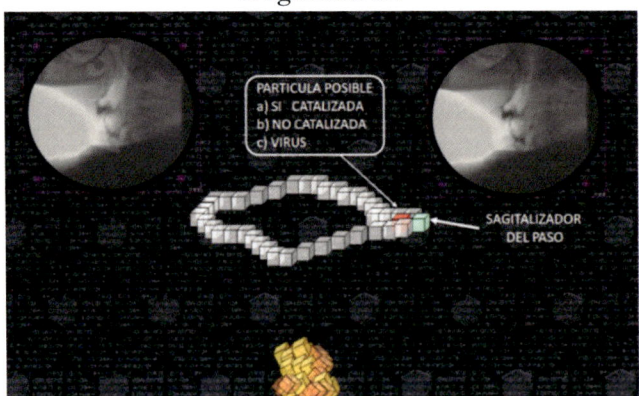

PUERTOS HÁBITATS DEL SAGITALIZADOR DEL PASO

En esta imagen siguiente (**deglución 21**), si nos fijamos detenidamente, podemos afirmar que la partícula roja se está acercando al **SAGITALIZADOR del paso** como bien se ve de color verde.

Deglución 21

A continuación (**deglución 22**), se puede afirmar que la partícula roja establece incidencia de puertos Hábitats con el SAGITALIZADOR del paso, (circunstancia confirmadora que la partícula es una identidad que va a generar traumas leves, pasajeros, o críticos), ya estando esta partícula roja en incidencia con el OXILOGENO del paso, todos y cada uno de los OXILOGENOS que conforman el manto de la deglución, están reaccionando el puerto hábitats, RESOLUCIONADOR de SUCESOS del en SI GENETICO y están transmitiendo neurológicamente valores de la novedad en curso.

Hasta este momento, no se puede evaluar en las fuentes de conocimiento del estudio tradicional con certeza qué está pasando, pero los **valores** específicos de la información exacta, ya se está proyectando, en la medida que transcurren los instantes, la información se va actualizando.

Sin lugar a dudas la información que está suministrando, afirma si la partícula roja es un huésped (viene del exterior) o una partícula que hace parte de un colectivo y compromete una específica área de la deglución, por no recibir la correcta [**OVUSECUENCIACION**] en el proceso antes de entrar al corredor de la deglución.

Deglución 22

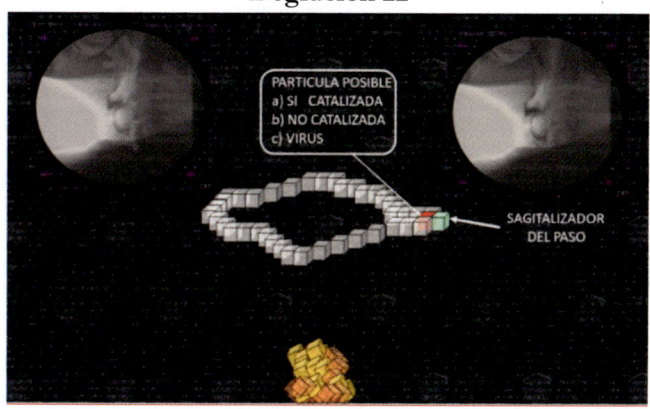

267

INCIDENCIAS DE OBSTRUCCIÓN Y NO OBSTRUCCIÓN

En esta imagen siguiente (**deglución 23 a)**), una vez que ejerce confirmada incidencia con el SAGITALIZADOR del paso, se inicia una etapa poco recomendable, de *incidencia de obstrucción*, circunstancia que altera la normalidad de la salud.

También observamos en la ilustración que, más abajo a la derecha (**deglución 23 b)**) muestra dos ejemplos de *incidencia no obstructiva*, en una, en la dimensión la partícula roja se encuentra en el medio de partículas de color amarillo (**OXILOGENO OVUSECUENCIADOR**), y a la vez están rodeadas de partículas del manto de OXILOGENOS, y en la izquierda, hay otro colectivo en donde está la partícula roja en el medio de las partículas amarillas, después se visualiza un espacio sugiriendo un vacío, pero en el momento real, el manto de OXILOGENO siempre está ocupado, formando un colectivo que permite el paso de cualquier partícula o colectivo de partículas que sean líquidos, gaseosos, coloides o sólidos.

Deglución 23 a)

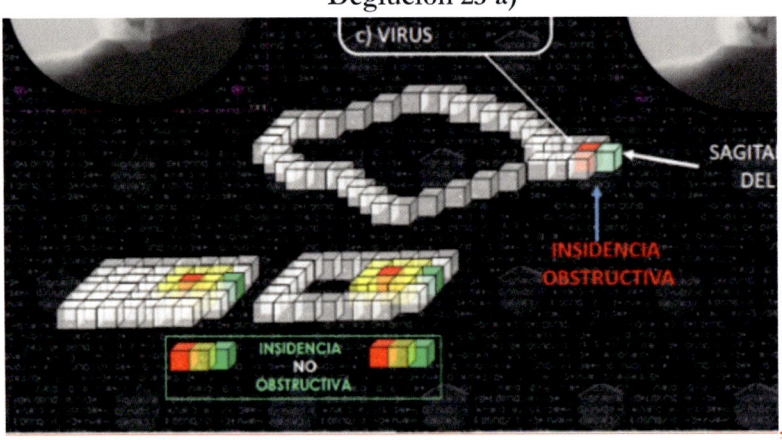

Deglución 23 b)

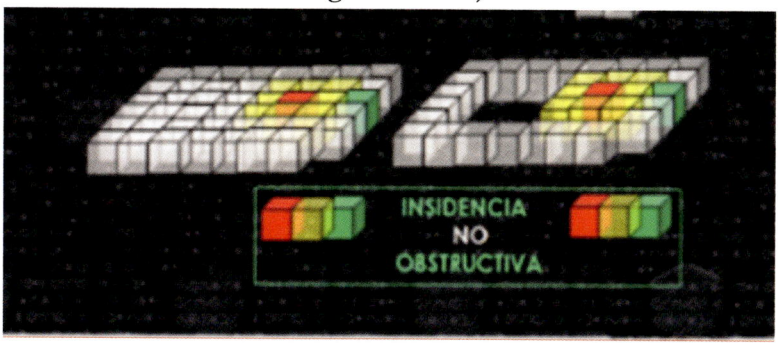

MANTO CON INCIDENCIA OBSTRUCTIVA Y NO OBSTRUCTIVA

Las siguientes, (**deglución 24**) se pueden observar dos ilustraciones, a la izquierda, el estado de incidencia no obstructiva (el evento de reconocimiento totalmente favorable), a la derecha el manto es totalmente irregular, indicando que siempre que se presenta una incidencia de obstrucción, se forma una sobresaliente angular, además ilustra que el área en la que estamos haciendo la observación, se proyecta totalmente de color blanco, recurso visual para facilitar comprender que cada plano interno del manto está ocupado por OXILOGENO. Cuando el manto presenta más de una figura angular, es porque son varias partículas que afectan la deglución.

Deglución 24

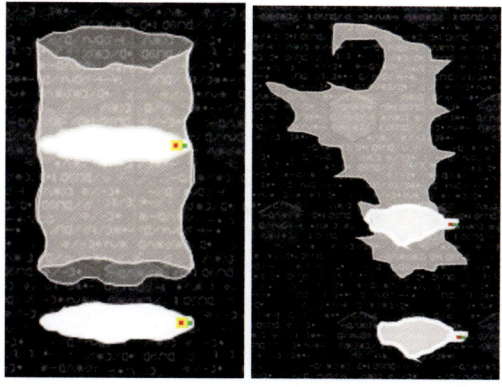

Como se presenta en la imagen (**deglución 25**), cuando la partícula roja está rodeada de partículas amarillas, el evento se etiqueta como incidencia no obstructiva, en este entonces es el momento de mencionar, que la presencia

269

y función del colectivo de las partículas de color amarillo, no vienen del exterior del ser humano, son OXILLOGENOS, que se han vinculado con aspecto expresivo momentos antes de llegar a esta zona del manto, y se han predispuesto a rodear a esta partícula en referencia, así debe ser siempre con toda presencia, que entre en el corredor de la deglución.

Deglución 25

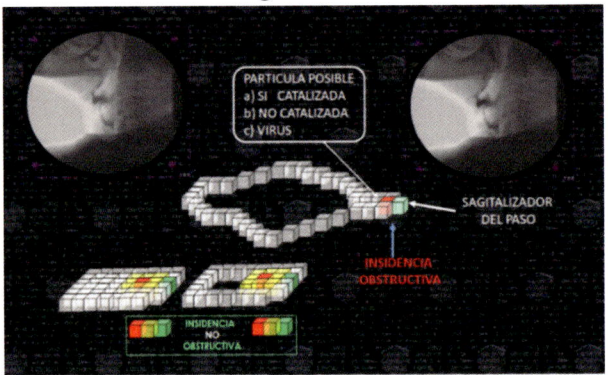

RECONOCIMIENTO DE INFORMACIÓN
DEL OXILOGENO DEL MANTO

Regresando al puntual seguimiento que nos ocupa (**deglución 26**), como podemos ver el plano del área está claramente entendible, presentando VALORES, se ve que la partícula roja continua en incidencia directa con la partícula verde, denominada con el nombre SAGITALIZADOR del paso, pero de un momento a otro de forma aparentemente inexplicable, se presenta un colectivo, que está en incidencia directa con la partícula roja, la partícula que hace incidencia con la partícula roja que a su vez continúa haciendo incidencia con la partícula verde, es de un color rojo más claro y hace parte de un colectivo de su mismo tono, que rodean a una partícula también de tono rojo. También en otra imagen, se ve perfectamente el colectivo rojo incluyendo la partícula en un tono rojo más fuerte, la que hace incidencia con el SAGITALIZADOR del paso, además la lectura que indica, que este colectivo de diferentes tonos del color rojo, que dice OXILOGENOS en adjunción de apariencia, indica que ese colectivo no son partículas que han entrado del exterior, para trasladarse por el corredor del manto, como sí lo ha ejercido la partícula roja, que está en incidencia con la partícula verde el SAGITALIZADOR del paso, concluyentemente son OXILOGENOS, que siempre han estado haciendo parte del colectivo del manto, pero su propiedad vulnerable ante la circunstancia que se está produciendo en la incidencia de la partícula roja obstructora con la partícula verde, entonces el colectivo de OXILOGENO toma la apariencia y, lo que está sucediendo es reconociendo las propiedades de la obstructora.

Deglución 26

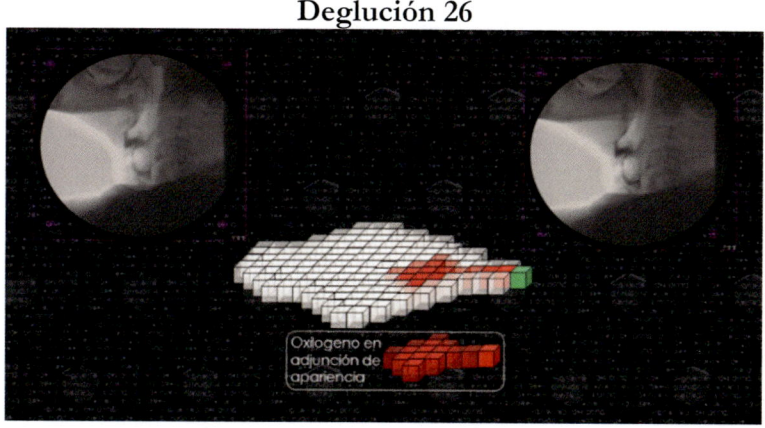

APARIENCIA DE ALGUNAS PARTÍCULAS DE OXILOGENO

Ahora (**deglución 27**), se nos presenta en esta consecución de eventos una novedad, que el colectivo color rojo se separa y la partícula del medio asume un tono oscuro, pero no por condición propia sino porque en el tiempo transcurrido, la incidencia de obstrucción llegó al límite extremo de tolerancia y, se produce un impacto en la propiedad SAGITALIZADORA, impacto que no es otra manifestación distinta a la TOS, evento sintomático, que también en la proyección de **valores** de información de la infraestructura operativa del OXILOGENO.

El primer manifiesto de la TOS y su repercusión,
Entonces el trauma de la onda en su reacción consecuente, todos los OXILOGENOS del manto, los hace cambiar de ubicación (toda circunstancia que se vea comprometida en la funcionalidad de cualquier ciclo orgánico, tiene muchas connotaciones muy interesantes, y en el perfil **HmolikC,** los conocimientos proporcionan verificables fundamentos de su razón de ser), continuando la observación de la imagen, nos encontramos con la imagen separada del suceso de la tos y también las flechas indicadoras de las alteraciones de los OXILOGENOS del manto.

Deglución 27

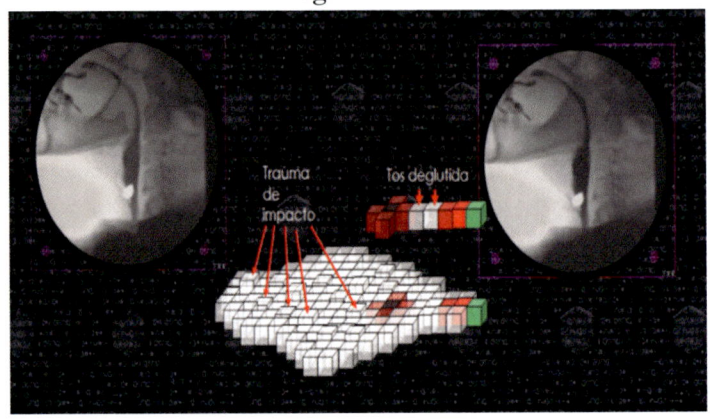

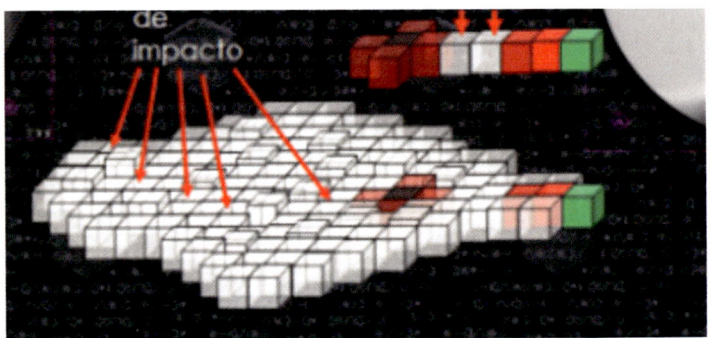

Sin lugar a dudas ahora se ve (**deglución 28**), que el colectivo de apariencia con su partícula oscura en el medio, se aleja del punto de su origen, y seguidamente los espacios que ocupaba son sustituidos por otros OXILOGENOS.

Deglución 28

Ahora se ve (**deglución 29**), que se repite, los espacios que han sido sustituidos por el OXILOGENO más cercano al punto de obstrucción, toman la apariencia de igual forma que el anterior colectivo que está separada, pero este nuevo desde su momento de aparición, la partícula del medio es de color oscuro, y tiene sus razones.

Deglución 29

Deglución 30

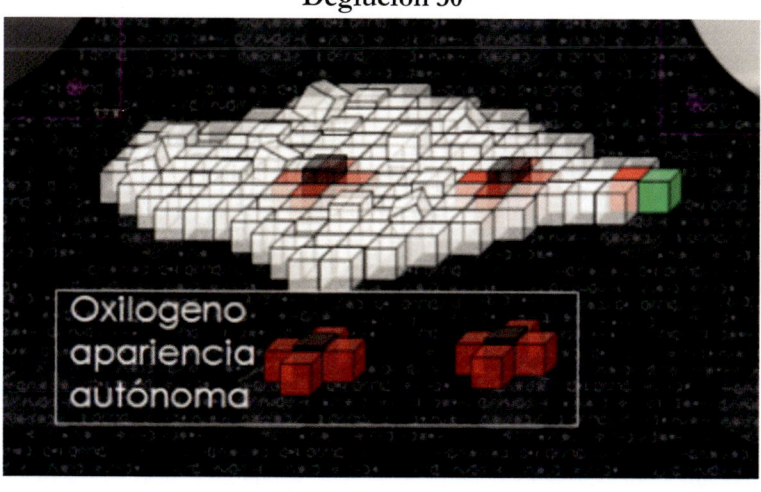

Ahora (**deglución 30**), ya son dos colectivos los que están separados del punto donde se está celebrando la obstrucción

Se distingue (**deglución 31**), que el segundo colectivo también se separa más que el anterior.

Deglución 31

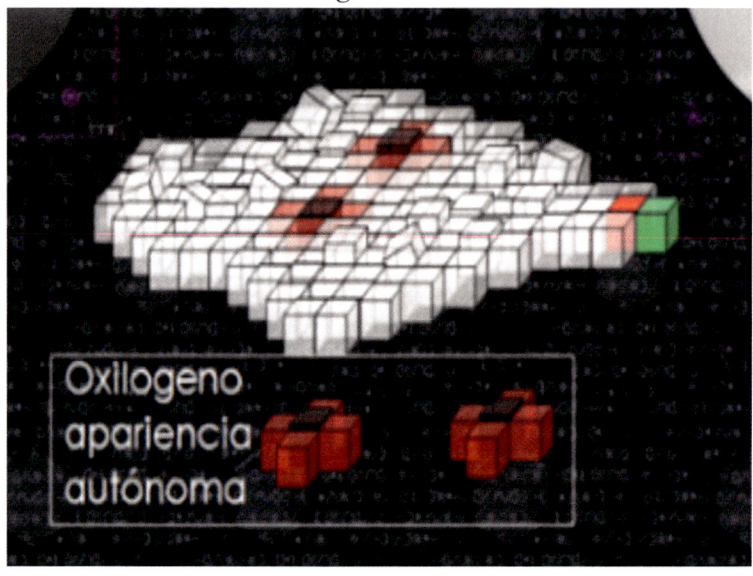

Deglución 32

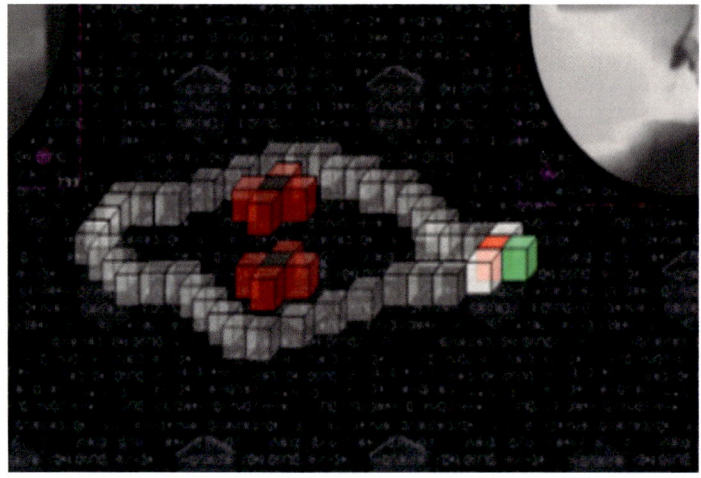

LA OPCIÓN PERCEPTIVA DE DIAGNOSTICAR, SER O NO SER

Si este evento se observa en cualquier dispositivo óptico, así esté asistido por resoluciones electrónicas el manto de OXILOGENO no lo percibe, pero el colectivo rojo es posible que, en **circunstancias excepcionales,** preste la opción de ser observado, y la percepción del profesional o una persona común y corriente que tenga la oportunidad de verlo, **diga - se está mutando – se está reproduciendo. –**

Al certificar *que en circunstancias excepcionales* lo puede observar los análisis, no presenta enzimas enriquecidas ni, nutrientes u otros componentes patológicos, que sugieren riesgo alguno, pero si transportan en su **valor** desarrollador genético en proceso, ubicado en varios de sus puertos hábitats que, al salir y pasar el límite del círculo o área de alto riesgo, ese indicado **valor** desarrolla la nucleación, adjunta un colectivo de OXILOGENOS inestables y se diseña una identidad con leve o agresiva predisposición.

Pero en este caso en especial, no está sucediendo nada parecido, lo que indica que, si un profesional ve esta secuencia, ordena tomar la muestra para hacer el seguimiento que las referencias de las fuentes de conocimientos adquiridos les faculta, con la sana intención de exterminar este supuesto huésped.

Según el perfil **HmolikC,** la presencia no es un huésped, porque no es un visitante del manto de OXILOGENO y no hay que exterminarlo, porque es un ejercicio básico e imprescindible de las propiedades del OXILOGENO del manto.

Una de las incalculables cantidades de propiedades de cualquier identidad de la existencia, explicadas por el contenido del perfil **HmolikC,** una vez que se ha entendido que, por obligación, que una sola partícula a excepción de la MPU en estado original, para ser registrada como identidad, tiene que ser una partícula MPU evolucionada (para encontrarse en el rango evolutivo es porque en ningún momento su **VALOR** en SÍ GENÉTICO en ninguno de los puertos hábitats ha proyectado otro distinto a el original), y en el instante de registrar esa variación ya está comprometida con una específica evolución y por ende ya es una identidad.

Dicho de otra forma, la infraestructura operativa de la MPU, en su propio estado de origen solo lo constituye la información para el cual esta predispuesta, (coloquialmente recorrido **cero**) en el instante que su infraestructura cambie o modifique el **VALOR en SÍ GENÉTICO** ya adquiere una identidad.

PARTÍCULA PRINCIPAL, EN TRES POSIBLES ESPECÍFICOS ESTADOS

La identidad más cercana a su MPU de origen, es la MEXU mínima expresión universal del OXILOGENO.

Luego le sigue la partícula que evoluciona en un periodo de nucleación en **partícula química**, que no es elemento químico.

Después, una vez que la partícula química en la continuidad de su proceso, ha vinculado a una gran cantidad de OXILOGENO, multiplicado por sí misma su valor SAGITALIZADO, la que tomará en su constitución de inmediata dependencia, como colectivo MEXU OXILOGENO envolvente, una vez que al haberse permitido cumplir con esa etapa, entonces seguidamente, toma otro colectivo de OXILOGENO, que responde a la cantidad de partículas anteriores multiplicadas por sí misma más el valor de las partículas de la envolvente y, en ese entonces, se **constituye el elemento químico.**

Para continuar, toda presencia que esté comprometida dentro de un colectivo de partículas, es porque posee una partícula principal, en tres posibles específicos estados.

RESOLUCIONADOR de sucesos del ciclo.
RESOLUCIONADOR de suceso del ciclo, estable a larga duración.
RESOLUCIONADOR de suceso del ciclo, corta duración.
RESOLUCIONADOR de suceso del ciclo, comprometido en aspecto inestable de la propiedad de apariencia sin dependencia.

Concluyentemente en cualquier colectivo de partículas que constituyan una identidad, pueden registrarse muchos sucesos, pero mencionaré el que contribuye con el proceso del tema central de esta explicación.

OVUSECUENCIACION.
Que en su OXILOGENO, de pertenencia entren partículas no agresivas desde el exterior, simultáneamente se inicie el período de OVUSECUENCIACION, y surjan en algunas partículas de OXILOGENO

276

hospedador, adquirir aspectos, y por razones de propulsión salga al exterior, y en el espacio exterior sean catalizados y llevados a realizarles analíticas, lo que está sucediendo no es culpable de las propiedades, que se reflejan y se tomen percepciones agresivas, adjudicándose la culpa a la partícula no agresiva, que entró en el proceso de OVUSECUENCIACION, mencionada con anterioridad.

El indicador relevante es que en ningún periodo de OVUSECUENCIACION, no se deben producir manifestaciones de apariencia, de suceder, es porque, en el proceso de la OVUSECUENCIACION, el hospedador presenta carencias de eficiencia en su específica funcionalidad, efectivamente al salir para ubicarse en áreas de eminente peligro se contaminan adjuntando a colectivos que propicien valores en SÍ genéticos con agresividad.

Trayectoria de los dos colectivos de color rojo.
Ahora (**deglución 33**), por razones de tos, estornudos o simplemente respirar, los dos colectivos inician un desplazamiento como lo indican las flechas.

Deglución 33

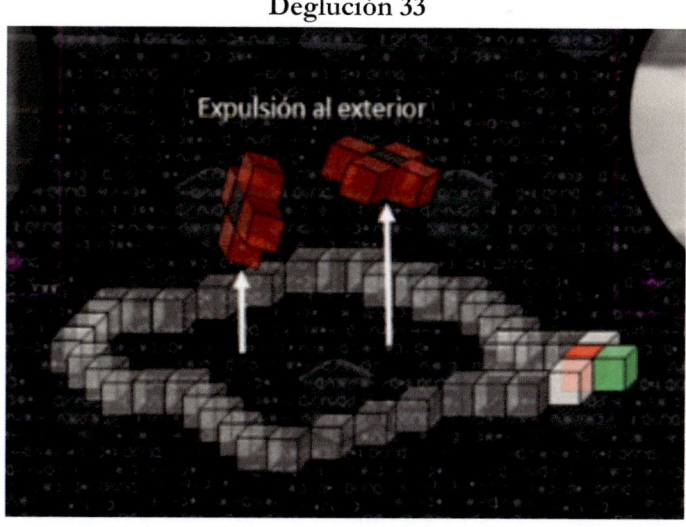

Cuando los dos colectivos rojos (**deglución 34**), están avanzando en la dirección que indican las flechas, necesitaba una figura en el ángulo apropiado, pero como no hay presupuesto, pues le di utilidad a ésta.

Deglución 34

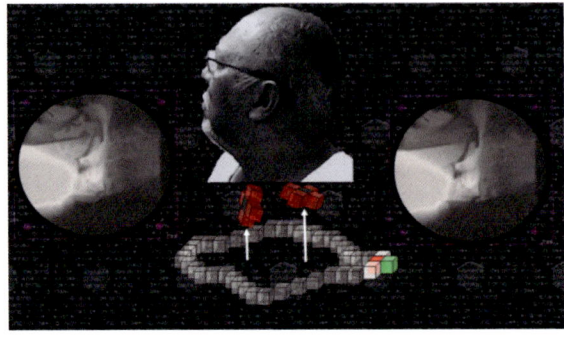

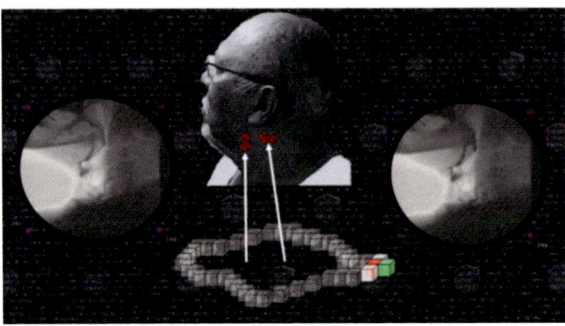

Como lo indican las flechas, los dos colectivos que, si se hubieran quedado en el manto al que pertenecían, en lo único que hubiesen trascendido es en una de tantas variedades de la GRIPE con sintomatología de estado leve.

La tos se puede impedir.
También **se puede impedir** sin lugar a duda, atendiendo el suceso de la **primera TOS** producido por la obstrucción.

ÁREA DE PELIGRO Y ÁREA NO LETAL

Efectivamente, continuando con la explicación se puede ver un círculo de color fucsia (**deglución 35**), cuya función es advertir que existe el área de peligro en la parte de afuera y dentro del círculo indica, que es un área no letal, si miramos bien nos damos cuenta que los dos colectivos de tonos rojos están fuera, pueden ser expulsados por la nariz o la boca, pero dentro del círculo.

Deglución 35

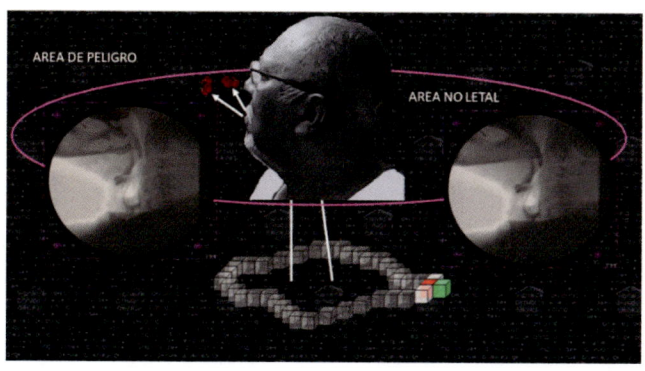

La razón por el cual el área dentro del círculo, se señala en este caso como área no letal, es porque toda partícula MPU, que asuma un expresivo aspecto ejerciendo su facultad de predisposición de pertenencia, **siempre la acompaña en su entorno otras partículas envolvente**s, más otra cantidad superior de OXILOGENO estructuralmente afiliado, en conjunto adquieren una identidad, así la haya descubierto o no, el ser humano u otra existencia dotado de inteligencia.

LAS MOLÉCULAS SON Y
TIENEN OXILOGENO ENVOLVENTE

En los conceptos de las diferentes fuentes de conocimientos del estudio tradicional, si hablamos de los neutrones, electrones, protones, la célula, todas las existencias nombradas y todas las que existan, cada una está rodeada por un número preciso de OXILOGENO envolvente y al conjunto anterior, otro número mayor de OXILOGENO de pertenencia.

Dicho lo anterior se puede aclarar que, por ejemplo: el HIDRÓGENO, tiene como todas, una partícula nuclear, y se está haciendo referencia a una partícula MPU, que fue afectada de la forma condicionada encontrándose en proceso de **SAGITALIZACION RESOLUTIVA** en su infraestructura operativa y se constituye en MEXU MOTORA, cuando esta termina sus secuencias, al incidir con los OXILOGENOS adjuntos, los afilia automáticamente he **incide con ellos determinantemente inseparables**, pasando a ser los OXILOGENOS envolventes, inmediatamente a este colectivo envolvente, se adhieren por incidencia en los puertos hábitats, otra cantidad mayor de OXILOGENOS, que entran a formar el grupo de **OXILOGENOS vulnerables afiliados con dependencia**, este último colectivo es el recurso de activar la razón de ser de cualquier ciclo orgánico.

Deglución 36

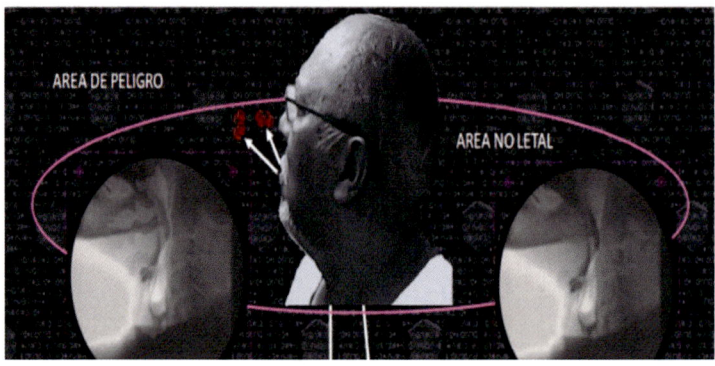

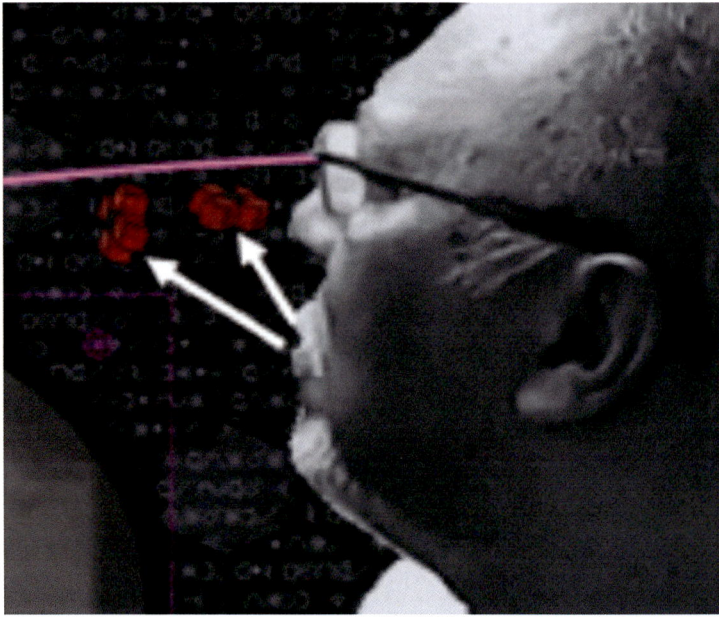

Muy bien, se puede ver que un colectivo de las partículas avanzó hasta el área de peligro, (**deglución 37**), permitiendo recalcar que este colectivo de la resolución SAGITALIZADORA interna, es la que expresa su apariencia, tiene como propiedad hacer transferencia de información (**valores**) de la presencia que le suministra la apariencia, le permite prevalecer su apariencia y si no lo obtiene, regresa a su normal estado de ser un OXILOGENO vulnerable sin dependencia, es de aclarar que, si este colectivo así conserve su estado que le permite identificarlo con el color rojo, si se regresa y toca la piel de la persona del cual se originó, después de 30 segundos, entra en proceso en otro manto de OXILOGENO corpóreo ,(que se refiere al espacio que rodea a la persona dentro del círculo fucsia), y se generará un cuadro patológico viral, que si en el microscopio se observa, si se puede diagnosticar, pero hay que verificarlo que cada duplicación o mutación, considerando que la mutación es originada en un prototipo orgánico celular, que ataca la salud e higiene de la dermis hospedadora.

Deglución 37

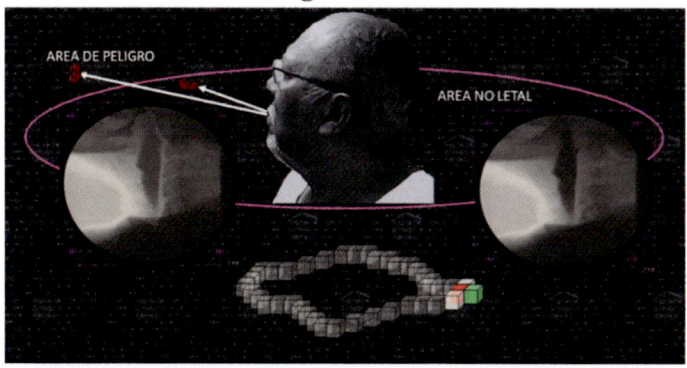

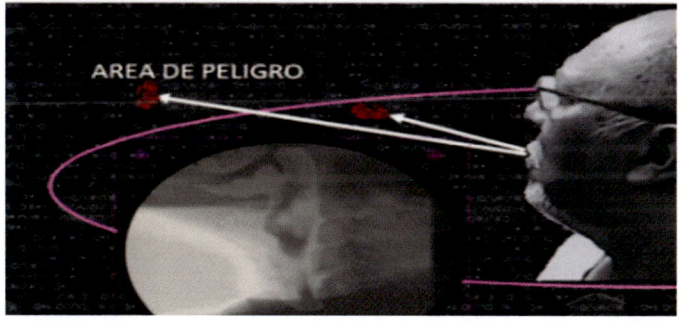

Ahora se observa (**deglución 38**), que el colectivo del área de peligro ha adquirido el cambio de color (el color no quiere decir que al lograr observarlo va a ser de color en referencia, es la forma de facilitar la explicación).

El cambio de estado por estar en el área de peligro ya es un peligro inminente y aumenta el grado de bajo o alto nivel crítico, dependiendo de la salud e higiene de la atmósfera o donde esté en supuesto reposo.

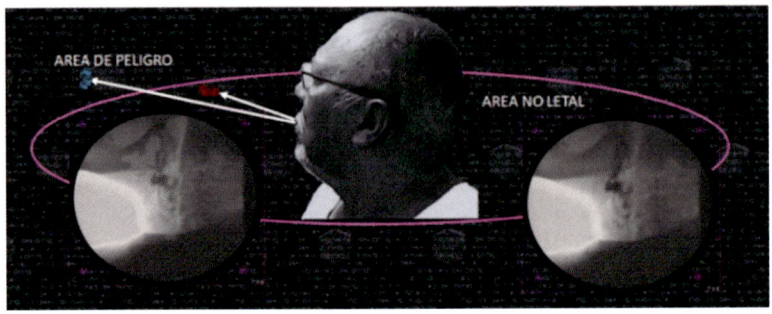

Deglución 38

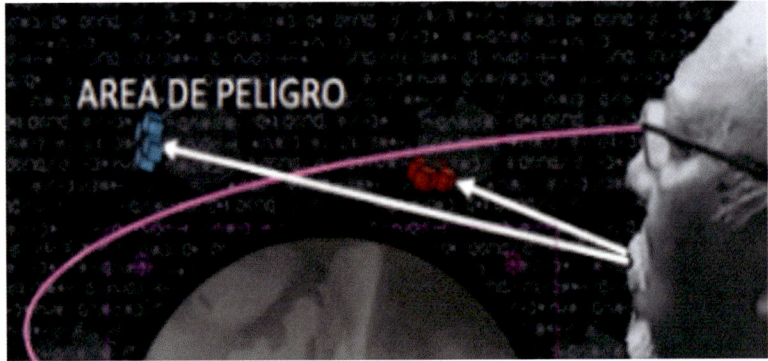

En la siguiente ilustración se ve (**deglución 39**), que la zona letal está invadida de colectivos letales, pero es la ilustración de que se encuentra el o los que acaba de expulsar nuestra referencia y, además de muchos otros con distintas características.

Deglución 39

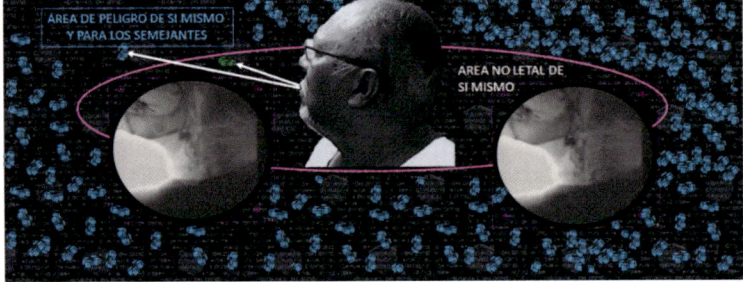

Retorno de los dos colectivos modificados .

Ahora (**deglución 40**), las flechas indican que los mismos dos colectivos se regresan.

Deglución 40

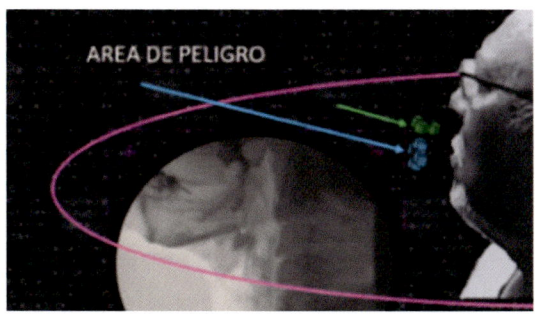

Como lo sugieren las flechas (**deglución 41**), los dos colectivos ya se encuentran dentro, uno es de color azul y el que estaba en la zona no letal de color verde, también se muestra el plano en donde se originó, en donde se ve todavía la partícula causante de la obstrucción, y el plano más arriba al principio de la entrada del manto, se ilustra otro plano que, en su partícula verde, no hay ninguna presencia de partícula que en este momento este causando una obstrucción.

Deglución 41

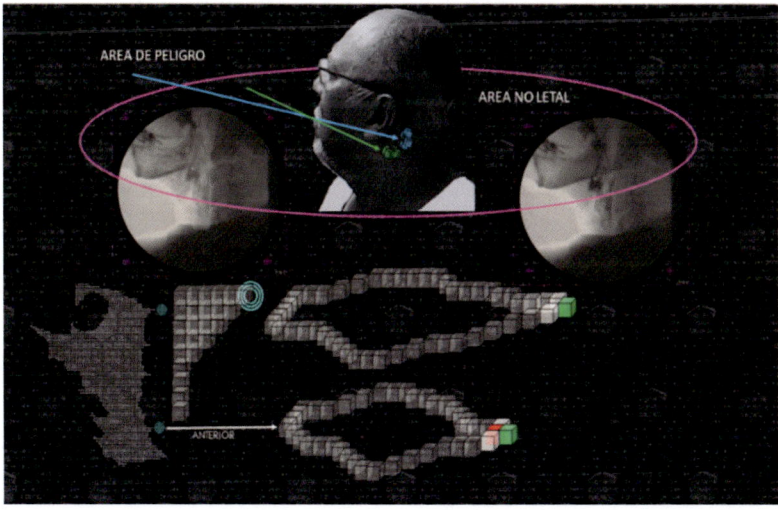

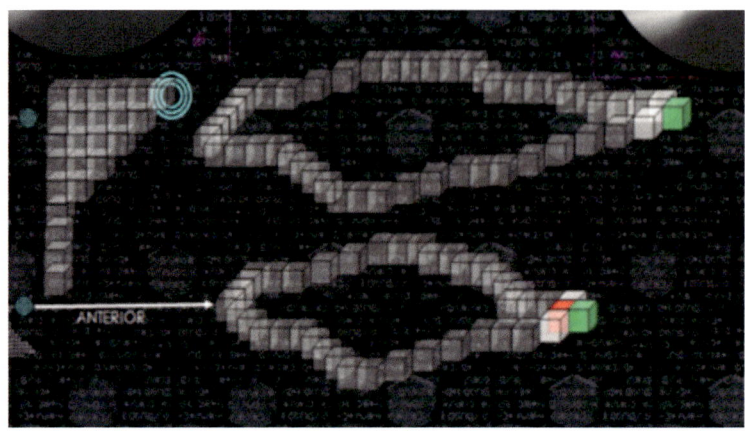

Claramente (**deglución 42**), las flechas explican el avance en proceso de los dos colectivos.

Deglución 42

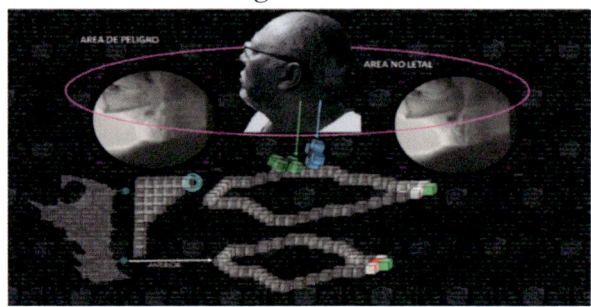

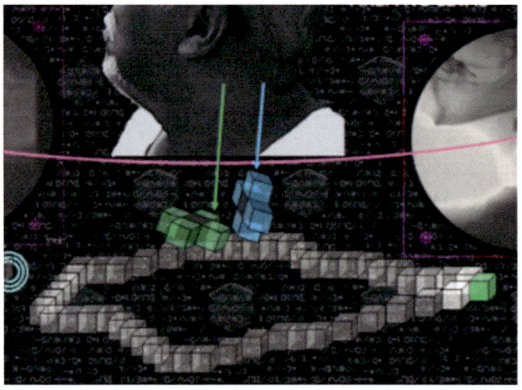

Posicionamiento en el nuevo plano del manto.

En el siguiente los colectivos (**deglución 43**), toman posesión en el medio de los OXILOGENOS que conforman el plano de arriba.

Deglución 43

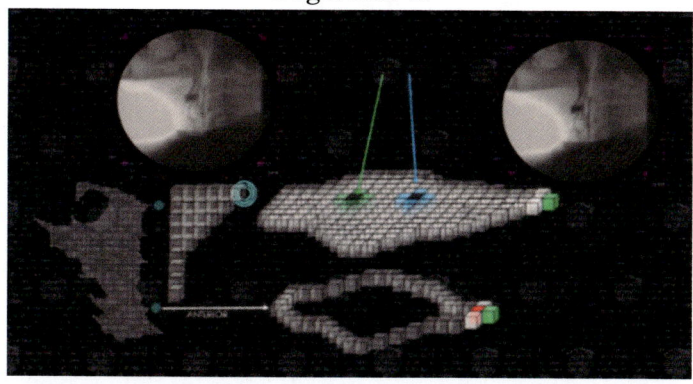

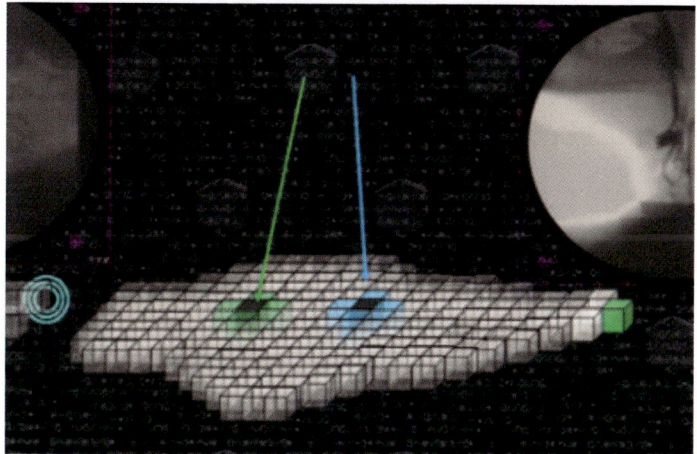

Trayectoria hacia un 90% de gastroenteritis, verificado.

La ilustración siguiente (**deglución 44**), muestra un cambio, indicando que el colectivo verde que su punto de regreso es del área no letal y contiene **valores** rastreables con precisión, no se ha quedado en el plano de arriba donde estaba, y al no presentar disposición de obstrucción, está indicando que pasó por todo el corredor de la deglución, y puede presentar en el 90% una gastroenteritis.

Deglución 44

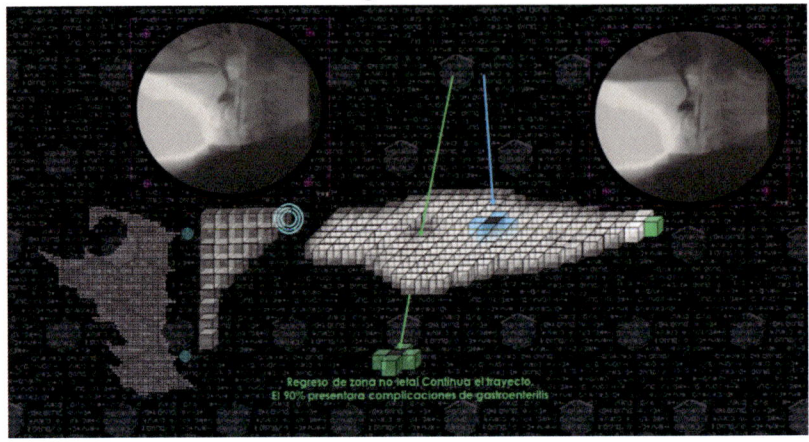

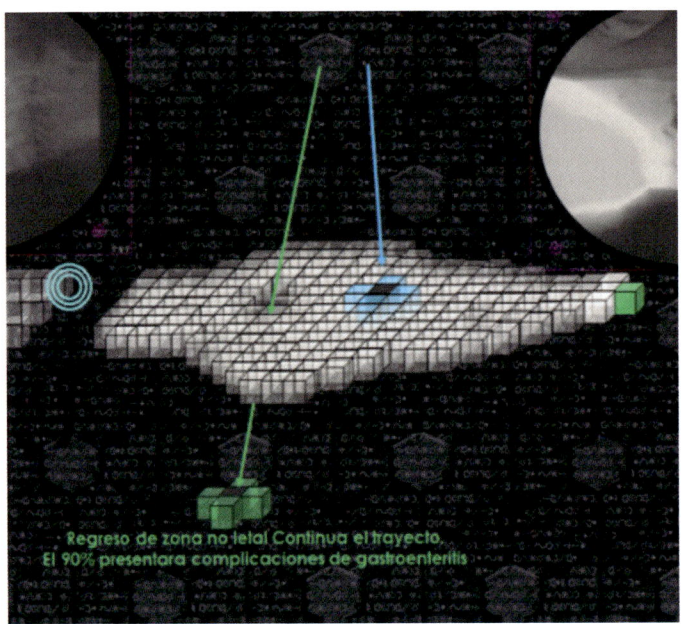

Podemos ver (**deglución 45**), que el colectivo azul se desplaza en dirección del SAGITALIZADOR del paso, que se encuentra en este plano del manto, claro indicador que ha recibido una contaminación en el área letal y por los valores que proyecta, indican que es agresivo, *así procede el coronavirus,* porque una partícula con múltiples componentes anatómicos, no necesariamente agresivos al entrar por primera vez antes de llegar al corredor de la deglución, recibió una inadecuada OVUSECUENCIACION, en consecuencia, en el corredor de la deglución inevitablemente la cataliza el

SAGITALIZADOR del paso. El sistema **SDF HmolikC,** puede dejar en el estado apropiado al proceso de OVUSECUENCIACION, utilizando el fármaco – andreaqvi – de lo contrario, esta partícula que ha estado vinculada en la misma persona por tomar un ejemplo, una circunstancia de inadecuada OVUSECUENCIACION, haber proporcionado una obstrucción al SAGITALIZADOR del paso, (hasta este momento no tiene ninguna agresividad, pero su colectivo conformado **ha catalizado el vulnerable estado**) y por los impactos de la tos o estornudo fue expulsada al exterior al área letal y en su regreso al no saber leer los valores válidos para eliminar su letal evolución entonces el proceso avanza.

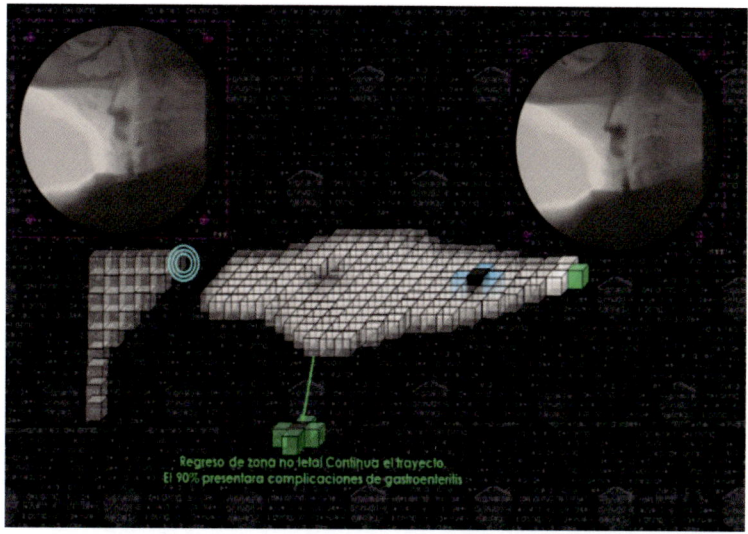

Deglución 45

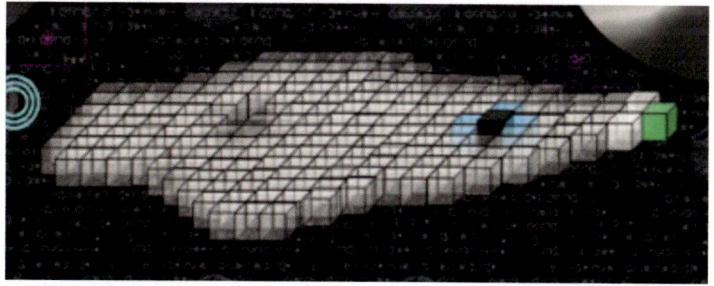

Aquí (**deglución 46**) el colectivo azul está más y más cerca del SAGITALIZADOR del paso.

Deglución 46

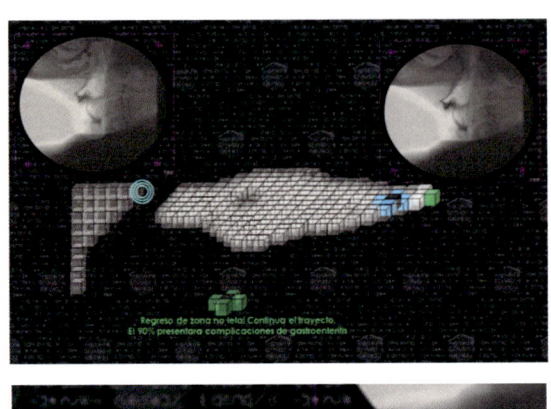

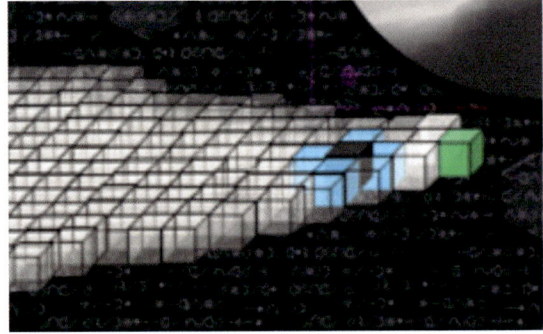

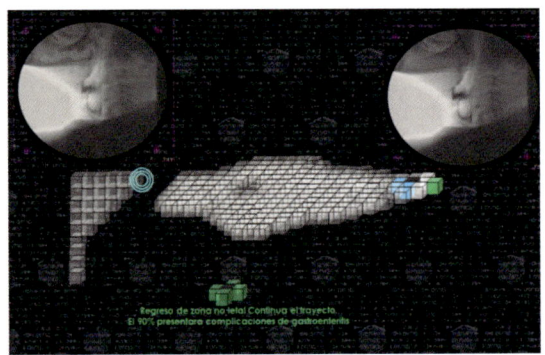

Segunda incidencia obstructiva.

Definitivamente en esta secuencia (**deglución 47,**) el colectivo azul, está en acto de incidencia con el SAGITALIZDOR del paso, en consecuencia surge una reacción, el colectivo azul evoluciona, cambia de color y la partícula del medio es totalmente negra, si hacemos un reconocimiento a todo el plano, se puede visualizar que algunas partículas aisladas del plano, adquieren un color distinto al blanco transparente y, otros OXILOGENOS alteran su estado normal (no se puede decir **reposo**) porque siempre se están moviendo y permiten explicar una reacción.

Deglución 47

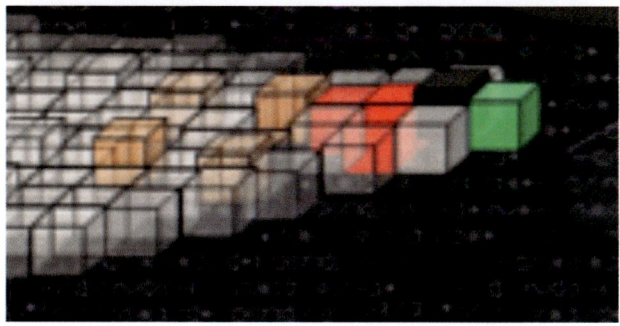

289

La imagen (**deglución 48**), muestra que de forma rápida otros OXILOGENOS del manto están afectados y lo expresan asumiendo el color rojo o naranja.

Deglución 48

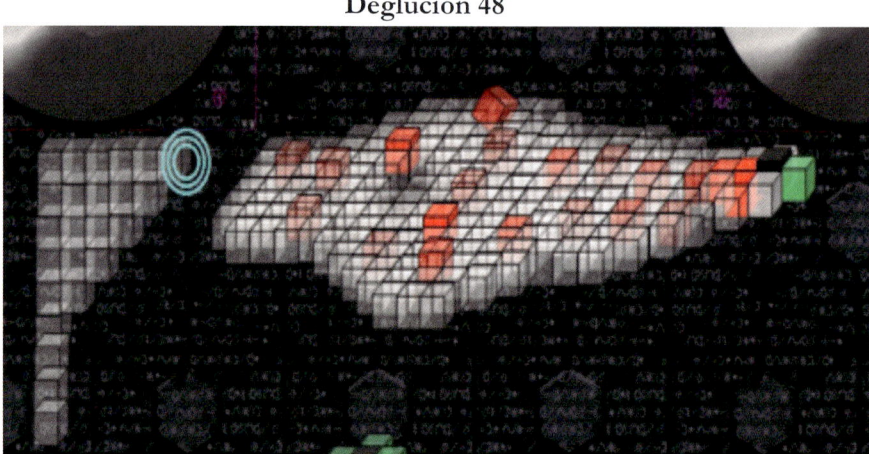

Formación de muchos más colectivos de color rojo.

Ahora (**deglución 49**), la secuencia presenta que se han formado colectivos rojos, con la partícula del medio totalmente de color negro en lugares aislados del plano de esta parte del manto.

Deglución 49

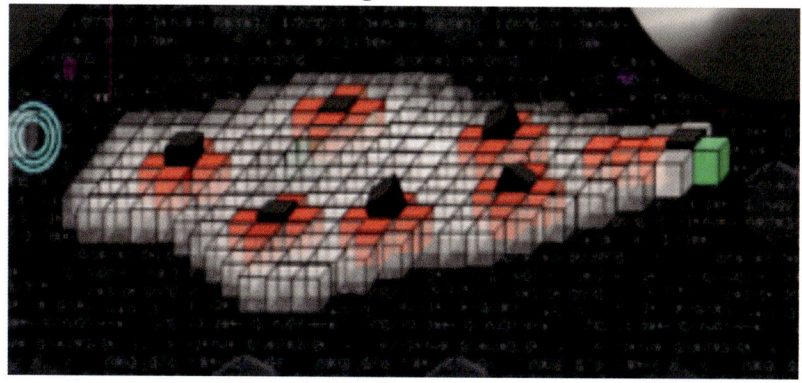

Trayectoria de los colectivos rojos y su agresividad.

Después (**deglución 50**), de varias imágenes que indican las diferentes presentaciones de los cambios de cada colectivo en sí mismo, se deciden todas en su conjunto avanzar y cambia de color que nos expresa otro estado evolutivo, al reconocer que no se muestran más planos del manto, indica que se encuentran en otra dirección.

Deglución 50

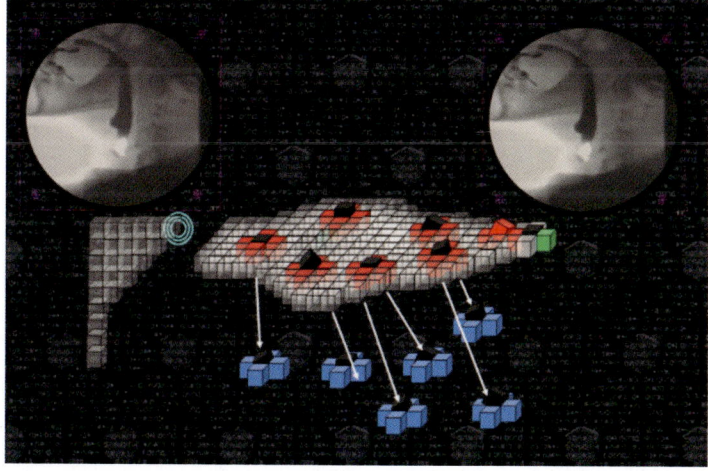

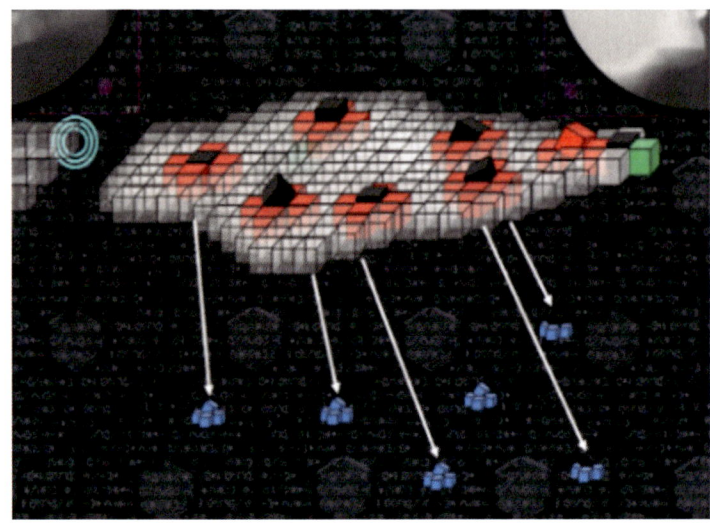

Claramente (**deglución 51**), las flechas marcan la dirección del destino de los colectivos de color azul, los pulmones.

Deglución 5

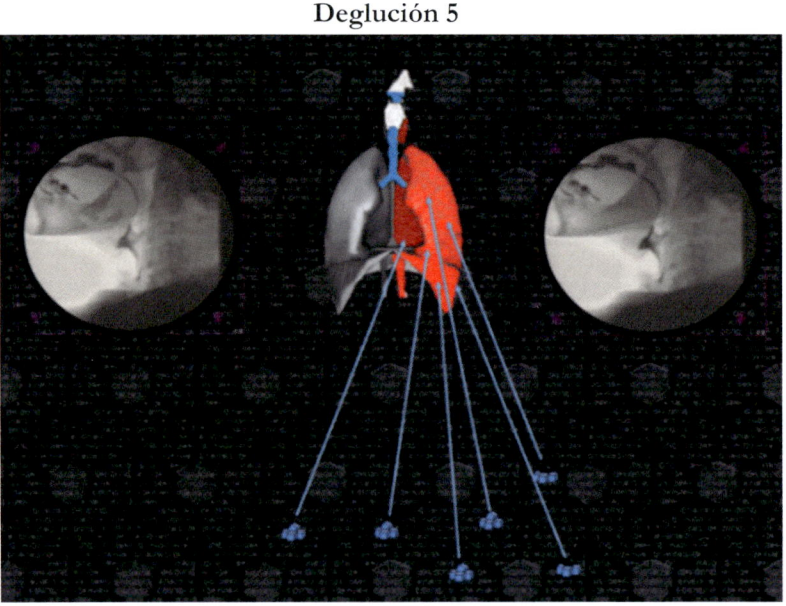

Se puede apreciar (**deglución 52**), que los colectivos azules ya están ubicados en los pulmones.

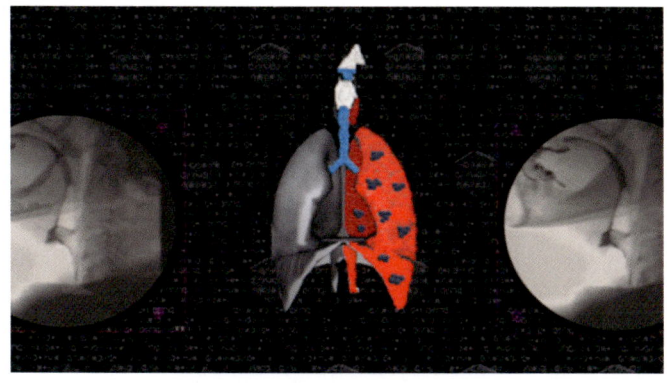

Deglución 52

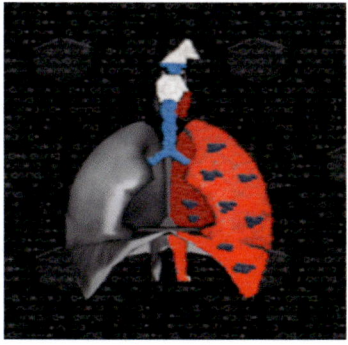

Se ha mostrado (**deglución 53**), en cada ilustración que las actividades de los colectivos azules, están muy activas y en consecuencia afectando agresivamente los pulmones.

Deglución 53

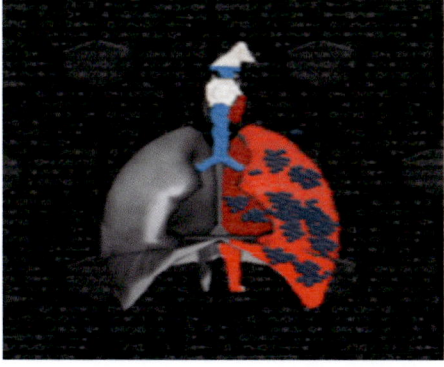

RESUMEN

En el trascurso de la explicación lo importante para continuar, es haber entendido que una partícula de color rojo estaba en un colectivo, sea líquido, gaseoso, coloidal o sólido, se traslada dentro del manto del corredor de la deglución, y por sus **características,** fue catalizado por uno de los SAGITALIZADORES del paso, ubicado en la parte inferior y al hacer contacto de incidencia en uno de sus puertos hábitats, evento que se le llama **incidencia de obstrucción**, en consecuencia por las propiedades de los OXILOGENOS.

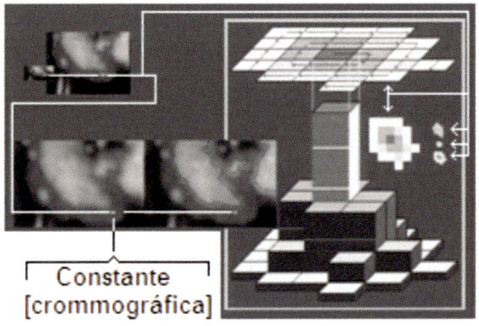

Producto: fármaco
Nombre del producto: "**andreaqvi**" (**an d rea q vi**) antídoto de **rea**cción química viral. (Corto, ADRQV)

Concepto de Patente: nueva estructura química (fórmula de fármaco) cuyo nombre es "**andreaqv**," antídoto de reacción química viral, para el tratamiento de patologías virales como el COVI coronavirus. Que también es vinculante directa en la constitución de la vacuna.

Plantilla ilustradora de los valores de incidencia de la estructura química (compuesto químico) **andreaqvi** verificable en el código fuente del sistema **SDF HmolikC,** *(SDF HmolikC, MARCA M3039208-X Núm. reg.: 482030 18/07/2012 11:26:31)*

SECUENCIA DE FILTRACIÓN MEDIANTE PLANTILLAS DE LA ARQUITECTURA ESTRUCTURAL MOLECULAR

1º **(Imagen publicable)**

ARQUITECTURA ESTRUCTURAL MOLECULAR

2º **(Imagen publicable)**

Fórmula química

Las siguientes imágenes proporciona la **secuencia de filtración**

Plantilla ilustradora de los valores de incidencia de la **ARQUITECTURA ESTRUCTURAL MOLECULAR** (compuesto químico) andreaqvi**,** verificable en el código fuente del sistema **SDF HmolikC,** (*SDF HmolikC, MARCA M3039208-X Núm. reg.: 482030 18/07/2012 11:26:31*)

```
0 1 42 02 41 01 01 01 02 01 01 02 08 44
02 83 01 83 02 41 21 01 42 02 83 02 41
01 02 01 01 02 08 44 23 04 01 08 44 08
01 02 01 42 02 02 42 01 02 21 02 08 02
02 02 01 02 02 83 01 02 02 02 42 02 83
02 02 02 02 83 01 83 02 41 21 41 01 21
```

```
0 1 42 02 41 01 01 01 02 01 01 02 08 44
02 83 01 83 02 41 21 01 42 02 83 02 41
01 02 01 01 02 08 44 23 04 01 08 44 08
01 02 01 42 02 02 42 01 02 21 02 08 02
02 02 01 02 02 83 01 02 02 02 42 02 83
02 02 02 02 83 01 83 02 41 21 41 01 21
```

```
                 41 01 01 01
                 83 02 41 21
01 02 01 01 02          23 04       08 44
01 02 01 42 02 02 42 01 02 21 02 08
02 02 01 02 02 83 01 02 02 02 42 02
02 02 02                        41 01 21
```

```
                 41 01 01 01
                 83 02 41 21
01 02 01 01 02          23 04       08 44
01 02 01 42 02 02 42 01 02 21 02 08
02 02 01 02 02 83 01 02 02 02 42 02
02 02 02                        41 01 21
```

41 01 01 01
83 02 41 21
01 02 01 01 02 23 04 08 44
01 02 01 42 02 02 42 01 02 21 02 08
02 02 01 02 02 83 01 02 02 02 42 02
02 02 02 41 01 21

41 41
01 01 01
83 02 21
01 02 01 01 02 23 04 08 44
01 02 01 42 02 02 42 01 02 21 02 08
02 83 01 02 02 02 42 02
02 02 01 02 41 01
02 02 02 21

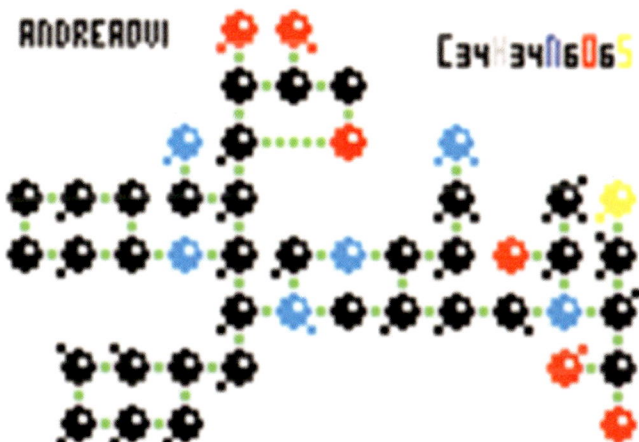

ANDREADVI

C34 34 6 06 5

297

En la figura siguiente, se encuentra la estructura molecular mediante filtros expresada en la forma más próxima a la representación de la presentación, que ilustra las organizaciones competentes del estudio tradicional.

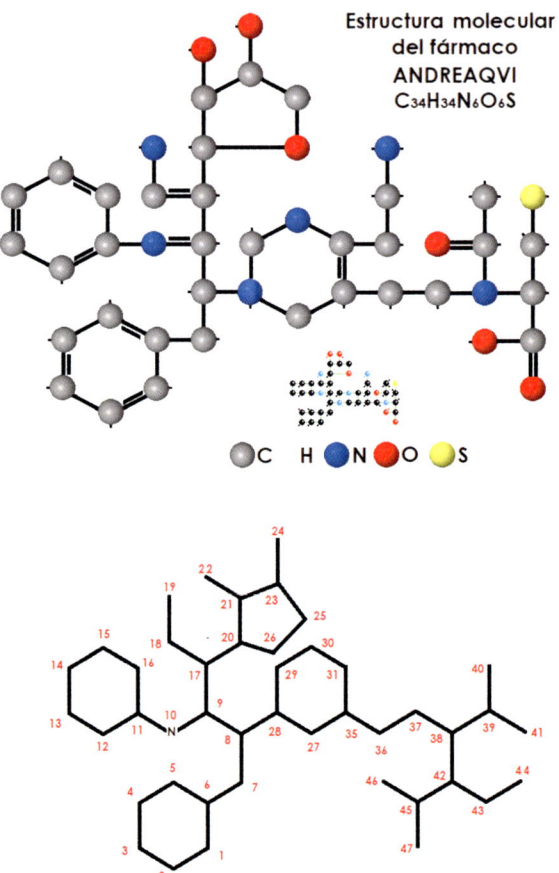

EXPRESIONES E ILUSTRACIONES EN EL SISTEMA, de las fuentes de referencia de los conocimientos adquiridos, que los acreditan a los profesionales del estudio tradicional de la **ARQUITECTURA ESTRUCTURAL MOLECULAR,** de la fórmula química de esta variante **C34H34N6O6S,** llamada **ANDREAQVI**, por el titular solicitante de la Patente Holmes Molik Candelo.

REIVINDICACIONES 2.

1 Antídoto **de rea**cción **q**uímica viral.
2 Vinculante directa en la constitución de la vacuna.

El Fármaco –andreaqvi- (compuesto químico con su fórmula y estructura química) la constituyen y conforman valores de incidencia de constantes, también valores localizadores del estado y lugar específico de incidencia de los elementos químicos comprometidos, mediante la infraestructura operativa de las plantillas, gestionados por su único código fuente, de la herramienta SDF HmolikC.

OTRO ARGUMENTO RELEVANTE DE CRITERIOS

En este momento, tengo la amplia comprensión que todos los profesionales facultados en sus ejercicios siguen parámetros específicos, que son dictados por las fuentes de referencias de los conocimientos adquiridos que los acreditan, es muy, **repito**, muy válido.

Facultades que cuando se presenta la novedad de un nuevo **fármaco**, en este caso que me ocupa, el fármaco **ANDREAQVI**, con su **fórmula molecular C34H34N6O6S** y como todos los otros compuestos químicos con reivindicación de utilidad tramitado y patentado con su única e irrepetible **ARQUITECTURA ESTRUCTURAL MOLECULAR,** la cual se diferencia de todas así tengan la misma **LITERAL** fórmula química, tantas ya existentes o por existir. y reitero con rigurosidad, pero la **ARQUITECTURA ESTRUCTURAL MOLECULAR** no se repite.

Requerimiento de la **ARQUITECTURA ESTRUCTURAL MOLECULAR** *ya explicado, con pasos de la secuencia técnica y que filtran el proceso hasta proporcionar la ilustración (imagen) de la ARQUITECTURA ESTRUCTURAL MOLECULAR en el lenguaje expresado por las fuentes de conocimientos tradicionales.*

En primera instancia, uno de los recursos en las fuentes de referencias de los conocimientos adquiridos que los acreditan, para lograr obtener una fórmula que responda de forma favorable a la necesidad de un cuadro clínico, es **recurrir al banco de datos**, colocarlos en los espacios de observación, realizar (para mí las fichas técnicas) el programa, lista de componentes (elementos químicos, implementación) y pasar cuando todo está listo, a introducir en cada uno, de una gran cantidad (miles y en caso muchos miles) de **TUBOS DE ENSAYO**, los elementos químicos para inducirlos en actividades de diferentes estados, y en consecuencia en la proyección de las **PROBABILIDADES** en el tiempo, encontrar la respuesta óptima o más próxima, y posiblemente en casos, no se tenga ninguna respuesta, y razonablemente es y será siempre estas posibilidades una verdad indiscutible.

En el caso de obtener en este recurso, en uno de esos tubos de ensayo el logro definitivo, se pasa a realizar el informe de los datos de la reacción favorable contenido en el tubo óptimo, y se obtiene la fórmula química, y estructura molecular, y por supuesto el nombre. (científico o el simple nombre de socialización en el escaparate a disposición del público).

EXPLICACIÓN CONCLUYENTE

Actividad inventiva.

Los fármacos obtenidos que son consecuencia de una dispendiosa labor de ensayos previos en los laboratorios, pasos que están sustentados en **fichas de procedimientos técnicos**, sin descartar *los errores, porque constituyen en constancia de la* **ACTIVIDAD INVENTIVA**, *que describen cómo se aproximan al resultado deseado,* **sin llegar a omitir**, *las innumerables cantidades de tubos de ensayo y otros recursos de implementación, más el tiempo asociado, sumando las altas cantidades de presupuestos económicos, que se conjugan,* **estos hechos concretos en la dimensión de las probabilidades**, *son* **muy válidos**, *o el no obtener el resultado deseado, y si se logra obtener el resultado, (tratándose de lo que nos ocupa, es obtener la* **ESTRUCTURA MOLECULAR**) *y en consecuencia producirlo en cantidades industriales para colocarlo a la disposición de la propia razón de ser de su* **REIVINDICACIÓN DE UTILIDAD**. /*También he explicado en las observaciones por mi enviada/.*

Adjuntando a esta característica se debe llevar muy unidas la actividad inventiva antes mencionada, que es siempre desarrollada por el **generador de la invención**, *este que es y será el elemento base para el desarrollo de la* **memoria descriptiva o memoria técnica,** *de la solicitud de patente donde se demostrarán que se cumplen con estos requisitos que marca los criterios para avanzar favorablemente.* /*También he explicado en las observaciones por mi enviada/.*

Estado de la técnica

Está constituido por una serie de características que deben congregarse para que se entienda esta definición.

La primera característica: *es que son* conocimientos técnicos. /*También* explicado en las observaciones por mi enviada. Manifestados en varias ocasiones secuencia de ilustraciones técnicas/.

La segunda característica; *es que los conocimientos técnicos se han hecho públicos mediante una descripción con ilustración, oral, escrita, o imágenes desarrolladoras de la técnica. Este punto debe entenderse como la divulgación de una invención.*

301

El hacerlo del conocimiento del público, hace que se encuentre en ese momento en el **estado de la técnica.** *Es importante saber que se* **han escrito tres libros,** *en cuyos escritos se presentan* **imágenes ilustrativas,** *de recursos útiles como* **plantillas,** *que en el contenido hay* **información relevante,** *que al* **utilizarlas solo esas son las que están programadas para la funcionalidad de la codificación y decodificación de valores comprometidos en las NOVEDADES** *procesadas originadas en las investigaciones realizadas, conocimientos totalmente nuevos congregados en el* **perfil HmolikC.** *conducto utilizado para dejar constancia a la disposición pública las herramientas, pero sin las instrucciones de uso, que el único que hasta ahora sabe y tiene la facultad operativa para activar la razón de ser es* **Holmes Molik Candelo.**

El estado jurídico anterior que, **la novedad deberá ser universal,** *en otras palabras,* **no debe conocerse en el mundo dicha tecnología.**

Entonces el panorama real e indiscutible indica que, las referencias de conocimientos de los profesionales competentes y acreditados, esas referencias aportan la **técnica del procedimiento**, en la actividad de ensayos, en la actividad de búsqueda, y no podemos perder la perspectiva (de admitir por más credenciales que se tengan) es lo suficientemente claro (que lo antecede - **un proceso de búsqueda** -) claro indicador que **no se tiene el conocimiento,** hasta tanto no se obtenga la reacción en uno de los tubos de ensayo o el recurso válido utilizado en el proceso de investigación.

Mencionado de otra forma, todos los apuntes de la investigación con sus logros y descubrimientos congregados en el perfil HmolikC, cada, que recurro a referenciar los temas que se requieren para proporcionar la presentación y explicación en ella, incorporo las secuencias técnicas de los procedimientos comprometidos, que me permiten sustentar para demostrar y comprobar en la explicación la funcionalidad y utilidad de la razón de ser de los logros definitivos obtenidos, y así evidentemente otorgar la claridad y fácil comprensión. **Cada párrafo del contenido de este libro está respaldado con instrucciones del proceso de específicos pasos, mediante la redacción, imágenes y plantillas que convocan la técnica constitutiva de la operatividad del tema en referencia y la técnica que me permite transmitirla.**

Dicho lo anterior, ahora sí puedo hacer la observación de **NOVEDAD** para que se entienda esta definición.

Falta de novedad y de actividad inventiva (art. 6 y 8.1 LP 24/2015).

Observación: la NOVEDAD,
Lo que no se percibe en los recursos de la inteligencia humana, no significa que no existe, *(entonces es muy importante aclarar, que se asocia solo a las novedades para el desconocimiento de la inteligencia humana).*

Existen clases de **NOVEDADES**, las que se refiere a lo que existe, pero que las fuentes de referencias de conocimientos lo ignoran, también se puede asociar la simple o rigurosa atención, que no hayan logrado la óptima percepción para descubrir la existencia, y constituirse en **NOVEDAD**, un ejemplo directo y cercano de lo que nos ocupa, los elementos químicos descubiertos y los que aún no se han descubierto, hay que ser razonablemente comprensible que los existentes, se han conformado desde hace muchos años que, en el momento de ser descubiertos se constituyen conceptualmente en **NOVEDAD.** *(lo que el hombre descubre entre lo EXISTENTE, se constituye en novedad para el individuo).*

Manifestado lo anterior fuera de toda duda, la vinculación de la disposición de la facultad innovadora, modificadora, rectificadora, (la inteligencia), al presentarse la predisposición artesanal inspiración de las asignaturas de profesionales acreditados, para la investigación en la actividad creativa, organización, operatividad, armonía de conjunto, proyección funcional, les permite hacer productos o dispositivos con rutinas específicas para que cumpla su razón de ser, es muy importante **NOTIFICAR,** que el material componente en el caso que me ocupa (el fármaco ANDREAQVI) son los **elementos químicos** rigurosamente **congregados** en su ARQUITECTURA ESTRUCTURAL MOLECULAR, siendo incluyente de forma inminente el listado de razones que explican para qué sirve, que cada una de la lista constituyen la colectiva constancia de las reivindicaciones de **UTILIDAD** y particularmente en la composición de la palabra que identifica su propio nombre **ANDREAQVI,** que significa **an**tídoto **de reac**ción **q**uímico **vi**ral, que al no estar su irrepetible ARQUITECTURA ESTRUCTURAL MOLECULAR, en usufructo desde fechas anteriores a la solicitud de la PATENTE, **la constituye como una novedad.** */También explicado en las observaciones por mi enviada/.*

Las jornadas de atenta rigurosa reflexión que nos permite comprender y entender que el ser humano, *"Todo lo que **NO se perciba** por la dotación de cualquiera de sus sentidos (tacto, oído, visual, el gusto, y otros **no descubiertos** por la inteligencia humana)* no se puede constituir determinantemente que **NO EXISTE. La forma** y **lenguaje operativo** de los **componentes genéticos**, cómo **transfieren información**, cómo **adjudican información** para **rutinas funcionales específicas**, el **ser humano las desconoce**, y el ser humano **no sabe cómo opera**, y **por eso** *no puede afirmar* y puede presentar en el 90% una gastroenteritis.

Que no existe. en consecuencia, para tener respuestas, elige la opción de la búsqueda de la investigación, sabe que existen los componentes descubiertos, pero no los puede manufacturar, tiene que recurrir a los yacimientos y extraerlos para darle utilidad en sus proyectos).

ACLARACIÓN: no existen para las fuentes de referencias que facultan al ser humano, **pero sí existen** para la conformación y **funcionalidad operativa de la naturaleza asociada en el todo.**

Entonces si se coloca en la mesa de observación los siguientes temas:

OBJECIONES SEÑALADAS POR ESTA OFICINA
Novedad
Actividad inventiva (art. 6 y 8.1 LP 24/2015).
Insuficiencia en la descripción (art. 27.1 de la LP 24/2015).
Generador de la invención

/También explicado en las observaciones por mi enviada/. Siempre REPITO siempre escribo e ilustro en todos los comunicados remitidos por mí, NOTIFICÓ que, el fármaco ANDREAQVI se origina de la investigación que proporciona los conocimientos nuevos adquiridos contenidos en el perfil HmolikC. suficiente manifestación que NOTIFICA que es una NOVEDAD, y se agrega que las formas de lograr respuestas se hacen por conducto de las plantillas contenidas en la herramienta del sistema SDF HmolikC, (con funcionalidad implementada con nuevos procedimientos técnicos) que solo yo hasta ahora conozco su forma operativa y reitero que toda afirmación contenida en el perfil HmolikC la respaldo con responsabilidad jurídica.

Memoria descriptiva o memoria técnica.
Estado de la técnica.

*Estos temas en una solicitud con el objeto de patentar una fórmula química asociada a una única ARQUITECTURA ESTRUCTURAL MOLECULAR, al analizarlo como vinculantes recursos del procedimiento que permite en la información proporcionada, facilitar la respuesta definitiva favorable o lo contrario respecto a la patente (voy hacer muy explícito). para mi Holmes Molik Candelo, es lo suficientemente claro e innegablemente muy válida, porque todo el procedimiento para hallar la respuesta más próxima o definitiva se encuentra dentro de los protocolos de la investigación, de ensayos, lo que **me indica innegablemente**, que cualquier actividad (por artesanal que sea o científica así considerada por los profesionales acreditados) se le de utilidad a la investigación y ensayos, se hace porque el **conocimiento directo** de acción reacción, se encuentran en un estado dignificante de **absoluto desconocimiento**.*

*Cuando los profesionales **adquieran el conocimiento** (que no lo tienen) que al tener en sus bancos de datos (que los tienen porque lo sé y lo afirmo con toda mi responsabilidad jurídica), en consecuencia se sientan en una mesa de trabajo y con los valores que registran la información que se requiere de los bancos de datos, realizan la actividad de saber leer, ejecutar fórmulas matemáticas de las inconstantes y constantes, en ese entonces se salta el dispendioso proceso de la investigación, y como resultado final obtendrán en este caso que nos ocupa la ARQUITECTURA ESTRUCTURAL MOLECULAR que se requiere con exactitud.*

Es necesario repetir para acercar la comprensión de la realidad, que se dificulta aceptar.

*El sistema **SDF HmolikC**, en sus aplicaciones incorporadas en consecuencia, recibe la información que se requiere de los bancos de datos, realiza la actividad de decodificar y codificar inconstantes y constantes de imágenes ortocromáticas y pancromáticas (porque tiene el conocimiento incorporado que le permite saber leer), ejecutar fórmulas matemáticas que proporcionan respuestas exactas.*

*Holmes Molik Candelo, como titular de la solicitud de Patente de invención 202000115, No, no puede proporcionar a cualquier actividad que esté asociado a una investigación, porque su método técnico no hace el ejercicio de búsqueda, no se vincula en la dimensión de las probabilidades, si un valor del resultado de la analítica de un componente orgánico indica su información una cifra, en el sistema **SDF HmolikC**, lo que hace es hacer transferencia de valores de información, reconocimiento de incidencias de* *información y proporcionar valores en su código fuente (generado de la fuente directa en la investigación de infraestructura operativa genética).*

Entonces cualquier información que yo proporcione está correlacionada su asociación a su **actividad inventiva,** a **la descripción,** a su ***memoria descriptiva o memoria técnica,*** *sin descartar el* **estado de la técnica,** *yo si he mandado procedimientos consecutivos con ilustraciones y explicaciones desde las primeras comunicaciones en la solicitud de la patente, respondiendo a los parámetros que determinan que la fuente de referencias de conocimientos responde a el descubrimiento de una metodología técnica de leer valores suministrados en exámenes de analítica, anatomía patológica, indicando contundentemente que cada imagen obedece a un proceso de filtro de resultados, que solo se pueden obtener por la aplicación de codificación y decodificación del sistema* **SDF HmolikC.**

Es en ese entonces que se dispone del válido resultado y los datos registran el **constituido nuevo conocimiento.**

Lo que indica ***repito*** que, en los casos específicos que se presenta un cuadro clínico, hay que recurrir al dispendioso ejercicio de ensayos y ensayos en el tiempo no determinado con precisión, sino a la esperada probable reacción.

Ahora necesito de mucha atención en lo siguiente:

Realicé hace más de **45 años,** puntuales observaciones en el material presensibilizado para efectos foto cromáticos, en películas **PANCROMÁTICAS** y **ORTOCROMATICAS**, que me indujo al seguimiento de una cadena de eventos (investigación).

PANCROMÁTICAS especializadas en imágenes de tono continuo o también llamadas de tonos progresivos, en tonos grises, de utilidad en las placas grises de **RAYOS X**, los primeros pasos e inspiración de la **RADIOGRAFÍA**.

PANCROMATICAS POLICROMICAS, en imagen en negativos o positivos de diapositivas, de utilidad en películas diapositivas, transparencias a todo color, comercializadas en los antiguos audiovisuales y en la industria cinematográfica.

ORTOCROMATICAS, especializada en imagen del más alto contraste en dos condiciones de presentación gráfica, el **tono más alto al ciento por**

ciento de un color o la **ausencia total del color**, los primeros pasos de la fototipia y en consecuencia el avance de las **artes gráficas tipográficas y litográficas** en esos años. (En estos tiempos del 2021 las resoluciones de imagen digitalizadas, la presencia de la secuencia /cero o uno – 1- 0).

Entonces la fototipia, en la técnica de la preparación de capas de gelatina, con bicromato y clara de huevo, con la primera, se le proporciona el estado fotosensible a la luz, y siendo aplicadas en superficies de acetato transparente en distintos formatos, como las transparencias o diapositivas de placas de formato grande, o los rollos cortos, carretes fotográficos o largos, de la industria cinematográfica.

Que, por conducto del Instituto técnico práctico de las **Artes y Ciencias Cinematográficas,** de los Ángeles California, **I.A.C.C.** de los Estados Unidos de Norte América, recibí la **credencial BF 1357,** facultado en todas las asignaturas técnicas.

Pero siendo puntual en lo que me ocupa, en la razón de ser de este escrito, me permití, ya hace más de 45 años, disponer de todos los recursos (la mayoría los tuve que obtener fabricando personalmente y acondicionarlos a las necesidades que se presentaron), para hacer las observaciones y análisis en los eventos sucesivos, que fueron surgiendo en la investigación.

UNO

Explicación comprensible de percepción REAL e IRREAL.

Ilustración a) y b), se observa una imagen captada, de la parte parcial de un titular, y se obtiene la primera percepción que corresponde a un escrito en un plano.

∋ranspar
egunda
arencia

a)

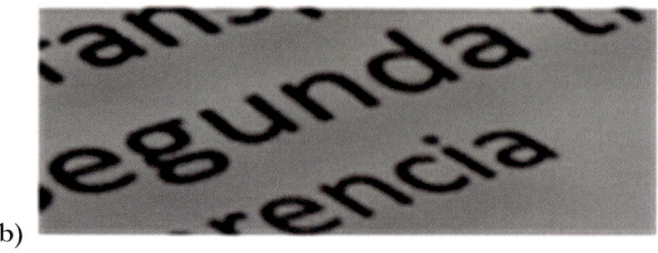

b)

Ilustración c) y d), se observa la representación del espacio físico (acetato transparente), en las que se encuentran los escritos.

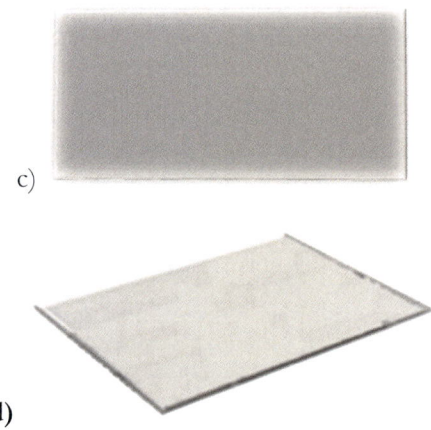

c)

d)

Ilustración e), se observa la imagen que corresponde a la sugerencia de la realidad.

e)

e)

Ilustración f), se observa la imagen que corresponde a la auténtica realidad de la participación de los componentes escritos.

f)

Al tener la comprensión en la fuente de conocimiento de esta realidad, indica que cuando se hace una **valoración** en un formato pico-métrico, que captura la imagen microscópica, por la falta de calidad focal, se omite la presencia invisible de lo que allí existe entre la distancia de los espacios, que separan en este caso cada titular, y si fuera por tomar un ejemplo, un suceso de presencia con novedades avanzando en un proceso desfavorable, en el **corredor de la deglución**, se pueden presentar eventos contributivos a una negativa percepción e **incurrir a un mal diagnóstico**.

El sistema **SDF HmolikC,** y repito cuantas veces sea necesario, en los apuntes de los nuevos conocimientos de la investigación, adquiere las formas de capturar la presencia y la identidad de la composición del contenido de estos invisibles espacios o perceptibles y los planos vinculados en los que se ubican, sólo con **valores** de las unidades de **referencias gráficas expresadas**.

309

Todo mediante los **valores constitutivos,** (si todo está en un mismo plano con relación a distancia focal, técnicamente presenta la resolución de origen ortocromático a pancromático, imperceptible a simple vista y muchos microscopios así sean electrónicos, no captura esta relevante diferencia de **valor**) específicamente expresados en cada uno de los **valores** de la **MÍNIMA EXPRESIÓN GRÁFICA**, que presenta toda imagen negativa o positiva **(no digitalizada)** de origen natural genético, pancromático u ortocromático (en su **ORTO PANCROMÁTICA**). En esta primera observación (**Uno**) se indica que rigurosamente, el sistema **SDF HmolikC,** en su razón de ser desde un principio, ejerce su operatividad con **valores** concretos y **precisos**.

DOS

Las características específicas de la **MÍNIMA EXPRESIÓN GRÁFICA,** que proporciona el origen de una **IMAGEN NATURAL GENÉTICA**, (no digitalizada) siempre cuenta su propia historia del estado en que ha transcurrido (**con valores precisos**), en el que esta y, si la imagen es de una existencia de compuestos orgánicos, se obtiene la información (**con valores precisos**), de todo aquello a lo que estará asociada, si se encuentra comprometido el tiempo de su ciclo.

La comprensión de las características de la **MÍNIMA EXPRESIÓN GRÁFICA**, teniendo en cuenta que siempre cuenta una historia, es una lectura, se pasa a realizar una de las más rigurosas observaciones y, en consecuencia, ampliar el alto nivel de su utilidad y se focalizó toda la atención a una **banda sonora o pista óptica cinematográfica.** Contenido gráfico, en donde se expresa con **valores gráficos precisos ORTOCROMATICOS,** todos los sonidos que participan en la **fono-oscilo-**

Banda sonora o pista óptica cinematográfica gráfica.

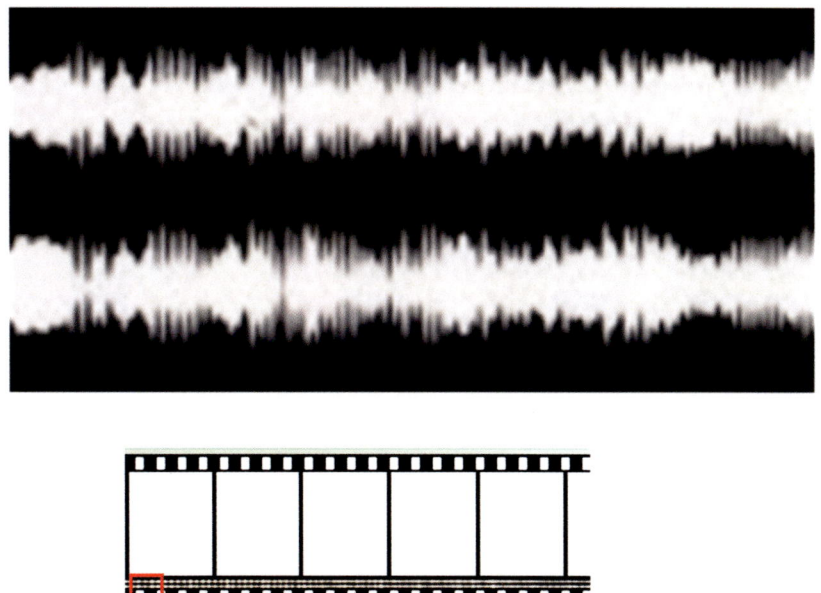

El valioso resultado que se obtuvo de esta imagen constitutiva **ORTOCROMATICA**, de una pista óptica originada por los instrumentos de una orquesta filarmónica, es poder identificar gráficamente, el dibujo específico que expresa cada instrumento u origen fonético.

Cualquier sonido se puede dibujar y en consecuencia reproducirlo

Indicando que cualquier sonido emitido de un instrumento musical, se puede escribir antes en una mesa de dibujo con un rapidógrafo o tiralíneas, empleado en dibujo técnico, (experiencia captada y realizada por Holmes Molik Candelo, personalmente dibujé con rapidógrafo los gráficos que corresponden en una pista fono-óptica de la pista sonora de una cinta cinematográfica, pista que interpreta el sonido emitido por el instrumento saxofón que hace parte de un tema musical.

311

Por supuesto si se tiene el conocimiento del lenguaje gráfico o, realizarlo también por la intervención del sistema, **SDF HmolikC,** los **valores gráficos ORTOCROMATICOS** decodificados en el lenguaje del código fuente, incorporado en el sistema. Se obtiene la expresión en valores **ORTOCROMATICOS** del código fuente, dispuesto en la mínima expresión gráfica contable, desarrollado en un mínimo de 18 a 90 dígitos, de una o la cantidad de compaginaciones asociadas que, al final, se obtendrá el sonido en su momento ya decodificado. Esta disposición técnica no se encuentra, lo que indica que una persona, que haya adquirido la facultad técnica de saber leer las codificaciones de las múltiples expresiones de un instrumento musical, puede escribir una composición inspirada por él, o de las ya existentes. Lo que indica contundentemente, que las fuentes de conocimiento hasta ahora no tienen la puntual instrucción que los capacita, para dibujar técnicamente una banda óptica sonora, o por código fuente resolutivo hacer la transcripción. Proceso técnico que no se encuentra en ninguna de las asignaturas existentes y que el sistema **SDF HmolikC,** sí las puede ejecutar con la precisión que los cálculos de sus operaciones lo constituyen.

TRES

También en la atención en un tono específico, de un color de un negativo de origen natural genético, utilizando un filtro también preparado por mí, y comparándolo con el mismo tono y color de una imagen artificial.

En lo práctico indica, que si tomamos una imagen capturada en una placa (foto-sensibilizada), de una imagen de una superficie plana, que el ser humano la ha pintado de color rojo en el mismo porcentaje de la sangre, y en otra placa, tomamos una imagen de la superficie del vidrio portaobjetos del microscopio, en donde está la muestra de sangre, como resultado, el aspecto o **lectura cromática** son muy distintas, viéndolas en la distancia más corta en el formato pico métrico, y en la distancia normal, la fuerza y características emiten **valores** de la misma proporción, tanto la placa a color de origen genético y la placa de color de origen artificial, realizado, registrado y verificado con un densitómetro. Siempre mi investigación está avanzando en la sustentación de referencia específica de **valores precisos.**

Lo que indica que las constantes de la constitución o aspecto de los valores micro cromáticos gráficos, son totalmente diferentes, presentando una información, una lectura distinta, (si hay lectura, es porque cuentan una historia) y, para lograrlo hay que tener conocimiento de las expresiones de esos **valores** gráficos densitométricos, de cada referencia de unidad gráfica.

Los **valores** de la mínima referencia gráfica cromática, de los componentes de una muestra de sangre, en incidencia con más componentes, se proyectan por tomar un ejemplo, en cuatro sectores de la superficie (muestras dermatológicas) del cuerpo humano, información que transmite el estado de sus carencias, niveles altos que contribuyen en la analítica, pero lo más excepcional es que entregan la lectura exacta de las afecciones de los órganos, también indican, si esos **valores precisos** proyectan, **indican** qué necesitan, evidentemente señalan, en qué parte del cuerpo humano, se hallan esos **valores exactos requeridos**, en perfecto estado metabolizados por la actividad **operativa genética**.

En este párrafo anterior, se está recalcando, recomendando advertencias estrictas, que la operatividad genética proyecta con **valores precisos** en su propio y único **código fuente genético,** la lectura de su propio estado, así bien sea el normal o novedades que afectan y comprometen el tiempo de su ciclo.

La investigación en su logro definitivo, entrega el código fuente /el lenguaje genético), este recurso es, su sistema contable, muy distinto al sistema decimal, representado por los números naturales (que estrictamente no es una nominación cierta de la naturaleza), se trata de unos gráficos contables diseñados por la inteligencia humana y no por la real y **única operatividad genética**.

El sistema **decimal contable y operativo**, tiene ganada su utilidad y a la humanidad le ha sido muy útil.

El sistema contable, el código fuente y operativo genético, no registra aproximaciones, es exacto.

Indicadores lo suficientemente claros, que si se tiene el conocimiento de saber leer y el conocimiento, que permite la comprensión de la información que proporciona el código fuente genético, cuando surge la necesidad se localiza las referencias, (por ejemplo, en el ser humano) que proporciona los valores, se decodifican en el sistema **SDF HmolikC**, en su resultado indica, en qué sector está localizado con precisión la presencia que se necesita, si se trata de novedades de la anormalidad, y por supuesto, si se trata de una presencia que asocie uno o varios elementos químicos que conformen un compuesto químico benéfico con exactitud. Si se elige esta última opción para suplir la necesidad en consecuencia, se hace la ficha técnica, con la ARQUITECTURA ESTRUCTURAL MOLECULAR (porque es el dato que entrega en su resultado el sistema **SDF HmolikC**), y se pasa a la preparación del fármaco directamente.

También se está indicando que el sistema **SDF HmolikC,** entrega el resultado definitivo válido y preciso. Sólo teniendo la información básica, de los bancos de datos que ya existen hasta que el sistema **SDF HmolikC,** tenga en su propia implementación estos recursos.

Es mi deseo que se preste mucha atención a lo siguiente:

Las fuentes de referencia de los conocimientos que faculta a los **profesionales acreditados del estudio tradicional,** para obtener la respuesta que entrega el sistema **SDF HmolikC**, tiene que entrar en el arduo y en casos mucho tiempo, mediante la experimentación con bastantes tubos de ensayo, repetitivas pruebas, sin prescindir, las asociadas altas cantidades de dinero.

Mis Conocimientos, generador de las plantillas codificadoras y decodificadoras del sistema contable **SDF HmolikC**.

Los componentes contenidos en la siguiente plantilla, hacen parte de la operatividad de las herramientas internas del sistema, **SDF HmolikC**, con este ejemplar, se **puede ejecutar manualmente y lo afirmo con responsabilidad jurídica**, realizar un proceso de codificación y decodificación, de la actividad orto-pancromático con la respuesta exacta, no admite aproximaciones.

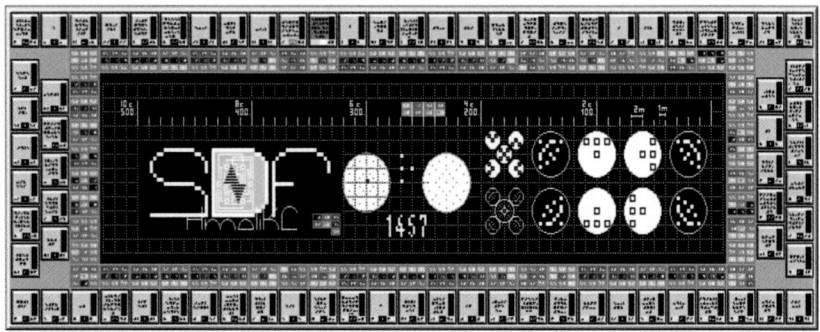

Si una persona, presenta en la información tomada de imágenes pancromáticas, de un cuadro clínico comprometido con el desarrollo de sucesos virales agresivos, si las muestras que se adquieren, se observan con las plantillas del sistema **SDF HmolikC**, en su rutina de codificación y decodificación, ejercicios activados mediante fórmulas de cálculo del propio lenguaje (**o código fuente**), presentan con exactitud sin margen de error, si la presencia es el resultado de la inadecuada admisión, (inadecuada **OVUSECUENCIACION,** palabra de los apuntes de la investigación), lo que aclara que el constitutivo llamado huésped no es un huésped en la realidad, lo que sucede es un evento de reacción de impacto de los componentes ya existentes en el cuerpo humano, rutina que pasa por dar un ejemplo verificable, generalmente en el corredor de la **DEGLUCIÓN**. Particularidades registradas en el desarrollo de gripes, con tos asociada que, no es producida por conformación constitutiva genética de una presencia penetrada nasalmente o la presencia tomada bucalmente.

El puntual caso, que la presencia de la actividad viral la origina un auténtico huésped ya constitutivamente reconocido, el sistema **SDF HmolikC,** entrega los **valores** de constantes en el hospedador, que le permiten al huésped avanzar el desarrollo de su ciclo, también cuales son los valores que al huésped no le favorecen y se constituyen en antídoto.

Hasta ahora el sistema **SDF HmolikC,** nombra repetitivamente, proceso de **cálculo**, también **valores precisos**, y la **identidad** de los componentes comprometidos, ésta inseparable información, permite llegar a los datos de forma más directa, corta, económica y reduce el tiempo.

Datos que permiten preparar el recurso, el fármaco, o entrar en la fuente del cuerpo humano, que produce los componentes metabólicos antídotos de la rutina agresiva, (que la fuente de referencia de los conocimientos del estudio

315

tradicional en todas sus asignaturas desconoce) y hacer el traslado o el estímulo como lo indica el resultado del sistema **SDF HmolikC**.

Esta es mi **NOTIFICACIÓN UNIVERSAL,** (**universal,** esta palabra con mis disculpas la utilizo con el significado **DEL TODO**), todo lo que afirmo e ilustro con imágenes lo respaldo con la responsabilidad jurídica.

Que toda respuesta proporcionada por el sistema **SDF HmolikC,** de **valores** asociados a compuestos químicos, el paso único seguido, es hacer el depósito de la fórmula química, representada en esos **valores** que se filtran de la **PLACA GENERALIZADORA** de componentes adjuntos, depositarlos en un único tubo de ensayo, y se obtendrá el contenido de los componentes químicos congregados literalmente nombrados y en la única composición de su **ARQUITECTURA ESTRUCTURAL MOLECULAR,** que proporcionará la respuesta exacta.

Entonces cualquier explicación de los resultados gestionados por las plantillas del sistema, **SDF HmolikC**, tengo que ilustrar el método técnico de origen, proporcionado por las referencias de las fuentes de los apuntes de mi investigación, conocimientos contenidos en las plantillas operativas del sistema, **SDF HmolikC**, que a continuación se las vuelvo a presentar.

Transición o representación de la **ESTRUCTURA MOLECULAR** de la fórmula **C34H34N6O6S**, del fármaco **ANDREAQVI**, de la expresión del sistema, **SDF HmolikC,** a la forma del estudio tradicional.

Proceso de filtrado de la placa GRAFICADORA de la ARQUITECTURA ESTRUCTURAL MOLECULAR

EXPRESIONES E ILUSTRACIONES DEL SISTEMA SDF HmolikC.

PLACA GENERALIZADORA.

```
01 42 02 41 01 01 01 02 01 01 02 08 44
02 83 01 83 02 41 21 01 42 02 83 02 41
01 02 01 01 02 08 44 23 04 01 08 44 08
01 02 01 42 02 02 42 01 02 21 02 08 02
02 02 01 02 02 83 01 02 02 02 42 02 83
02 02 02 02 83 01 83 02 41 21 41 01 21
```

316

- PLACA GENERALIZADORA

```
01 42 02 41 01 01 01 02 01 01 02 08 44
02 83 01 83 02 41 21 01 42 02 83 02 41
01 02 01 01 02 08 44 23 04 01 08 44 08
01 02 01 42 02 02 42 01 02 21 02 08 02
02 02 01 02 02 83 01 02 02 02 42 02 83
02 02 02 02 83 01 83 02 41 21 41 01 21
ANDREAQVI
```

- VALORES EN PROCESO DE FILTRACIÓN

```
01 42 02 41 01 01 01 02 01 01 02 08 44
02 83 01 83 02 41 21 01 42 02 83 02 41
01 02 01 01 02 08 44 23 04 01 08 44 08
01 02 01 42 02 02 42 01 02 21 02 08 02
02 02 01 02 02 83 01 02 02 02 42 02 83
02 02 02 02 83 01 83 02 41 21 41 01 21
ANDREAQVI
```

```
        41 01 01 01
        83 02 41 21        ANDREAQVI
01 02 01 01 02        23 04      08 44
01 02 01 42 02 02 42 01 02 21 02 08
02 02 01 02 02 83 01 02 02 02 42 02
02 02 02                      41 01 21
        ANDREAQVI
```

VALORES DE ELEMENTOS QUÍMICOS FILTRADOS

```
        41 01 01 01
        83 02 41 21
01 02 01 01 02        23 04      08 44
01 02 01 42 02 02 42 01 02 21 02 08
02 02 01 02 02 83 01 02 02 02 42 02
02 02 02                      41 01 21
        ANDREAQVI
```

-

317

- IDENTIFICACIÓN DE QUÍMICOS /COLOR/

```
        41 01 01 01
        83 02 41 21
01 02 01 01 02      23 04    08 44
01 02 01 42 02 02 42 01 02 21 02 08
02 02 01 02 02 83 01 02 02 02 42 02
02 02 02                  41 01 21
```

- ESTRUCTURA QUÍMICA DE C34H34N6O6S

```
        41 41
        01 01 01
        83 02......21       23
01 02 01 01 02           04    08 44
01 02 01 42 02 02 42 01 02 21 02 08
        02 83 01 02 02 02 42 02
    02 02 01 02              41 01
    02 02 02                    21
```

- ESTRUCTURA MOLECULAR SDF HmolikC.

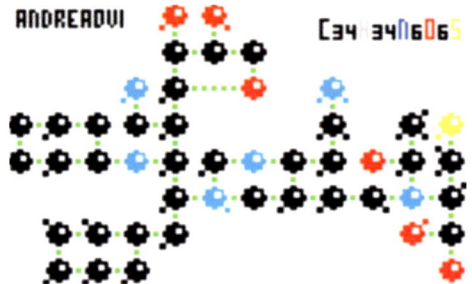

-ESTRUCTURA MOLECULAR SDF HmolikC

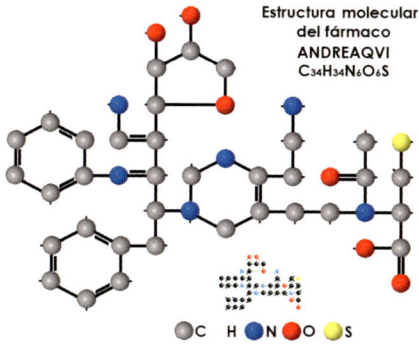

Estructura molecular
del fármaco
ANDREAQVI
$C_{34}H_{34}N_6O_6S$

◯C H ●N ●O ●S

COMPARATIVA POR LOCALIZACIÓN ESTRUCTURAL

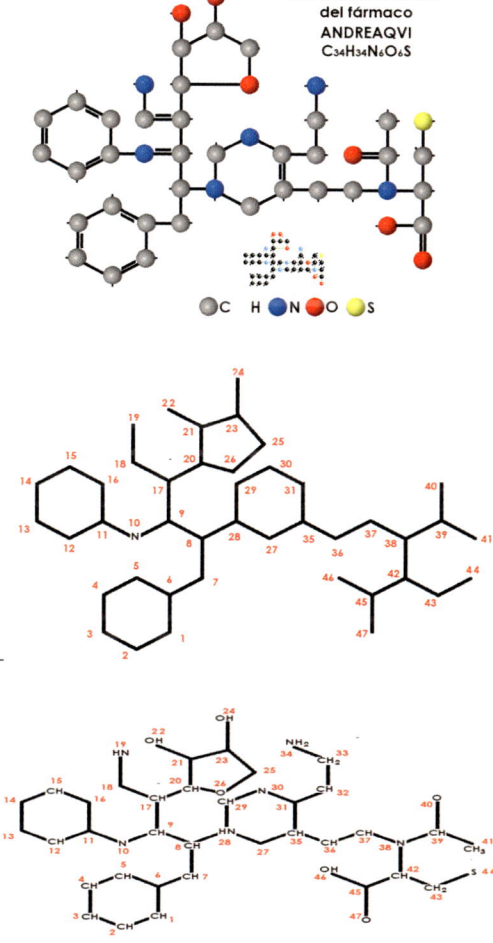

Estructura molecular
del fármaco
ANDREAQVI
$C_{34}H_{34}N_6O_6S$

◯C H ●N ●O ●S

EXPRESIONES E ILUSTRACIONES EN EL SISTEMA, de las fuentes de referencia de los conocimientos adquiridos, que los acreditan a los profesionales del estudio tradicional de la **ARQUITECTURA ESTRUCTURAL MOLECULAR,** de la fórmula química de esta variante **C34H34N6O6S,** llamada **ANDREAQVI,** por el titular solicitante de la Patente Holmes Molik Candelo.

Muy cordialmente, señora **María Paz Corral Martínez,** de forma concluyente le **NOTIFICO** que:

La ilustración de la **NOMENCLATURA MOLECULAR,** no las puedo explicar con líneas y formatos hexagonales, como el estudio tradicional lo expone, porque el sistema **SDF HmolikC**, lo origina, de los conocimientos de operatividad de transmisión de información, por incidencia adjunta que le permite mostrar con precisión, la **PLACA GENERALIZADORA,** como está presentado en la figura número **1** y **2** y en consecuencia, describir el resultado del específico cálculo decodificado y codificado con la exactitud de la razón de ser de la operatividad de la transmisión de datos de la funcionalidad genética.

En el punto **3**

OBJECIONES SEÑALADAS POR ESTA OFICINA:

1. Documentos tenidos èn consideración.

El contenido de esta respuesta ya estaba contestado por mi parte, en los párrafos de las **Observaciones a la (I.E.T.) Solicitud: 202000115 enviado el 29 de junio 2021, (carta abierta)**

Página 2

Fórmula **C34H34N6O6S**, y la **irrepetible ARQUITECTURA ESTRUCTURAL MOLECULAR, (***estructura que establece la identidad por la específica incidencia de los elementos químicos asociados y establece la* **diferencia irrepetible.**

Sugiero que observen, **siempre** en todos los documentos, ilustró plantillas y dibujos asociados, a valores que son cifras de identidad, resultado del ejercicio riguroso de las fórmulas matemáticas, y en este escrito de observaciones a la **I.E.T.** se le muestran una serie de plantillas de valores que, su **ORDEN CONSECUTIVO,** va presentando los pasos específicos en el código fuente, que instruye la incidencia de los elementos químicos, y presenta al final la traducción, en la fuente de conocimiento que sí saben leer y comprender.

ARQUITECTURA ESTRUCTURAL MOLECULAR.

La siguiente ilustración corresponde a la figura 12, página 4 en el documento de:

DIBUJOS E ILUSTRACIONES y explicado en la página 5 del documento, **DESCRIPCIÓN DE DIBUJOS Figura 12, página 4, Plantilla** numérica, ilustradora de las **incidencias** de la estructura química (compuesto químico) o **ARQUITECTURA ESTRUCTURAL MOLECULAR,** del fármaco denominado **andreaqvi,** verificable en el código fuente del sistema, **SDF HmolikC, (SDF HmolikC,** MARCA M3039208-X Núm. reg.: 482030 18/07/2012 5 11:26:31).

Mencionado de otra forma, siempre en todas y cada una de las tantas comunicaciones con la OEPM, se han proporcionado con rigurosidad las respectivas ilustraciones, que explican en su razón de ser la evidencia **comprobable de la invención.**

Ahora que se tiene comprensión de la ARQUITECTURA ESTRUCTURAL MOLECULAR, traducido en vuestro excelente lenguaje gráfico, se puede preparar el fármaco, seguidamente realizar los pasos que se requieren y con esa directa gestión técnico práctica, comprobar el objeto, si estas constancias de invención, si califica como un producto farmacéutico válido. Aplicable en su reivindicación de utilidad, como antídoto óptimo para desactivar la agresividad de presencias virales entre ellas el COVI 19.

Personalmente quiero manifestarle a usted que si no se aclaran los criterios expuestos en lo fundamental, que ya he proporcionado con anterioridad la documentación que ilustra con imágenes que en los conocimientos en mis fuentes de referencias proporcionados por mi investigación indico que:

La fórmula, **C34H34N6O6S,** pueden presentarse, y lo repito, en fechas pasadas muchas variantes, muchos compuestos químicos, en el presente también y en el futuro, **porque cada componente literal y numérico admite una muy numerosa cantidad de compuestos** con utilidad en diferentes objetivos o sin utilidad.

Pero si se observa técnicamente el plano de la **ARQUITECTURA ESTRUCTURAL MOLECULAR**, se está sustentando la **identidad irrepetible** y estos datos que congrega la **ARQUITECTURA ESTRUCTURAL MOLECULAR,** es la que marca e indica con claridad cuál compuesto químico se va a preparar, será de utilidad farmacológica o utilidad industrial, por numerar dos casos de los más asociados virales, que origina la gripe y las del COVI.

Para ser más estrictamente concluyente, existen dos claros procesos:

PRIMERO – cuando a los profesionales de las referenciadas fuentes de conocimiento, se les presenta la novedad de un virus agresivo, lo primero es localizar sus componentes patológicos, hacer un seguimiento, y en paralelo con los conocimientos adquiridos en las gestiones que congregan en su banco de datos experiencias pretéritas, seguidamente recurrir a la múltiple cantidad de tubos de ensayo (miles de miles), cada uno con una etiqueta que describe las particularidades de su contenido, inducidas a diferentes estados, quedando a la espera de las probabilidades que proporcione la respuesta más optimizada, en el tiempo impreciso en esta actividad de **ENSAYOS** válidos como investigación, pero sin ninguna garantía, por una sola razón, que no /y repito/, que no se tiene el conocimiento del ejercicio, cuando no se tiene el conocimiento siempre surgen los ensayos, y es muy válido.

Ahora bien, cuando se logra la respuesta así sea de aproximación para abastecer la necesidad, seguidamente se toman con mucha rigurosidad los datos del contenido del tubo de ensayo y al estado que fue inducido, datos específicos que son los válidos de la ARQUITECTURA ESTRUCTURAL MOLECULAR, que permite la disposición de producirlos industrialmente en grandes cantidades para suplir satisfactoriamente la necesidad.

SEGUNDO – si el sistema **SDF HmolikC**, recibe la información que requiere, ya localizada en los bancos de datos, como tarea inmediata es codificar y decodificar esos datos(igual como lo ejerce una aplicación que responde a un desarrollador computarizado y compaginado, pero en este caso con un código fuente muy diferente), y recibir seguidamente en qué lugares del cuerpo humano se encuentran estos valores, para ser extraídos y conducirlos al área que los requiere o tomar la opción de hacer el reconocimiento de los componentes químicos, en su propia y única e irrepetible **ARQUITECTURA ESTRUCTURAL MOLECULAR**, que indica con exactitud, para ser preparados farmacológicamente y suminístralo para que realicen la razón de ser de su reivindicación de utilidad.

Ahora bien, cabe decir con toda exactitud, que de un proceso técnico en donde se ha utilizado la información requerida del banco de datos, luego se le ha proporcionado al sistema SDF HmolikC, y de su desarrollador operativo (SIN UTILIZAR EL RECURSO DE TANTOS TUBOS DE ENSAYO), en consecuencia, salen las dos opciones directas:

323

A) *En cual lugar del cuerpo humano, se encuentran los componentes que se necesitan para ser sustraídos y trasladados al lugar específico para anular la agresividad.*

B) *Al obtener por el mismo sistema SDF HmolikC, en su respuesta exacta los químicos, que pasarán a conformar los compuestos químicos en incidencia, con su irrepetible* **ARQUITECTURA ESTRUCTURAL MOLECULAR,** *y seguidamente,* **SIN RECURRIR AL DISPENDIOSO EJERCICIO** *de utilizar miles de tubos de ensayo para obtener la respuesta exacta.*

Secuencia técnica.

El sistema **SDF HmolikC,** recibe la información requerida (que ya está en los bancos de datos de cualquier laboratorio), la decodifica y codifica y entrega la estructura molecular y la fórmula química, entregando la respuesta exacta.

Notificación de procedimiento.

El sistema **SDF HmolikC,** es una herramienta totalmente nueva, no está incluida en ninguna de las asignaturas de las fuentes de referencia de los conocimientos de los profesionales facultados para el proceso de encontrar la respuesta, **(EL FÁRMACO)** a una necesidad en este caso, la presencia que marca el estado de excepción como lo asocia el COVI 19.

El sistema **SDF HmolikC,** después de más de 45 años ha estado esperando que las fuentes de referencias de los conocimientos del estudio tradicional, con su admirable implementación de laboratorios y el respaldo de altas sumas de presupuestos económicos, encontrarán (en sus admirados y válidas investigaciones), los conocimientos que están congregados en las plantillas manuales que se encuentran en la operatividad del sistema, **SDF HmolikC.**

Personalmente yo, Holmes Molik Candelo, como conocedor y con la comprensión de los conocimientos adquiridos, que generaron el comportamiento de transmisión de información **(CONDUCTO INCIDENCIA ACTIVA)** *con su propio código fuente contable de la partícula más pequeña con infraestructura operativa, y propietario del sistema* **SDF HmolikC.**

Me he dispuesto a socializar el sistema, **SDF HmolikC,** *en* **primera instancia,** *tocando la puerta de los conductos protocolarios del modelo de desarrollo, entregando a la OEPM el* **documento literal,** *que requiere los estamentos reguladores y auditores de la aprobación farmacológica de las más prestigiosas y entregándoles la fórmula química* **C34H34N6O6S,** nombre del fármaco **ANDREAQVI, (antídoto de reacción química viral)** y su **irrepetible ARQUITECTURA ESTRUCTURAL MOLECULAR,** para obtener la aprobación de la Patente solicitada desde hace más de 4 años, y a continuación atender la presencia del COVI, para erradicarlo de forma definitiva.

Personalmente quiero manifestar, con el mayor relevante respeto a todos los profesionales facultados que están tomando decisiones, después de las observaciones e investigaciones, en el contacto más cercano de percepción con la presencia, comportamiento, del **COVI 19.**

A estas alturas del tiempo transcurrido, también he publicado tres libros, me importa muy poco que ahora se vendan o no se vendan, pero es un instrumento escrito, que tiene notas y criterios, de los conocimientos en los temas, circunstancias y tiempo que me ocupan, contenidos que dejan inevitablemente cronológicamente en el tiempo, argumentos colocados como registro de constancia en la hemeroteca, que lo publicado, lo afirmo con responsabilidad jurídica.

En el reconocimiento de investigación, me ha proporcionado la utilidad activada del sistema, **SDF HmolikC,** he obtenido dos respuestas exactas, (todas sus respuestas son exactas).

Una de las dos, en años más atrás de la pandemia yo padecía de predisposición inesperada constante de TOS y en diagnósticos de médicos cercanos, me informaron que existía la **probabilidad** que yo padeciera de tuberculosis.

Yo ya tenía el conocimiento que me ocupa, pero no la infraestructura e implementación, que me proporcione la información que requieren las plantillas del sistema, **SDF HmolikC,** para obtener la respuesta exacta.

Se presentaron momentos en que la TOS no me dejaba dormir acostado y en unas semanas tenía que dormir sentado, estas circunstancias intolerantes e insoportables, me condujo a preparar mi propio programa, para atenderme el cuadro clínico que estaba padeciendo y por conducto de mis conocimientos, darle la respuesta exacta, porque el sistema operativo no admite en sus respuestas aproximaciones.

Preparé todo lo necesario que me proporcionó la información de **valores válidos,** seguidamente, manualmente se los proporcioné a las plantillas y obtuve la respuesta exacta, lo que indica sin ningún margen de error, preparé lo necesario que se requiere, indicado por la respuesta exacta de las plantillas, y como resultado en mi metabolismo, con más claridad, en el metabolismo de Holmes Molik Candelo, no ha vuelto a padecer de ese cuadro clínico, puedo yo llegar a la sensación de la aproximación de la TOS, pero sé que hacer para que no prospere, las múltiples razones para que se me pueda presentar un cuadro de **GRIPE**, que quiero notificar con lo mencionado, que a mí no me da ni **TOS** ni **GRIPE**.

También activando el sistema, **SDF HmolikC**, he realizado reconocimiento del COVI 19, y en esos criterios congregados en dos de mis libros, manifiesto que, ésta presencia está vinculada a la actividad pasiva y la condición agresiva, esa agresividad la adquiere en un espacio de estancia para proporcionar un retorno, que es el sector que adquiere la agresividad, pero en la información adquirida, en el sistema, **SDF HmolikC,** no se presenta la posibilidad específica, que la presencia en su origen genético no se desarrolla su agresividad, la verdad sí se origina en otro espacio.

Respuestas obtenidas mediante la codificación y decodificación de información de **valores**, (repito), no utilizando el recurso de los tubos de ensayo en experimentos, sino en datos y valores que ya existen en los bancos de datos que el sistema, **SDF HmolikC,** si tiene el conocimiento para proporcionar la **ARQUITECTURA ESTRUCTURAL MOLECULAR** y pasar a obtener la Patente y posteriormente preparar el fármaco.

El llamado COVI 19, es en base a los resultados proporcionados por el sistema, SDF HmolikC, una existencia metabolizada en la **OVUSECUENCIACION**, *en dos sectores del cuerpo humano, y su agresividad aumenta en un proceso del número de retornos, y se aproximan muy malos momentos, así todos estemos vacunados, por los malos procedimientos sin culpa alguna, porque se está tratando de atender el estado de* *excepción, sin el conocimiento contundente de las condiciones operativas patológicas de esta existencia, la explicación que permite la comprensión, la puedo realizar personalmente, al obtener la Patente.*

Ante esta experiencia, he activado el reconocimiento en el sistema, **SDF HmolikC,** de muchos, /repito/, de muchos fármacos que han obtenido la Patente, que les permite estar en el escaparate a la venta al público puntualmente para la gripe y no sirven en absoluto para nada en esa reivindicación. Manifestación que afirmo con la máxima responsabilidad jurídica.

Reiterando lo esencial, se tiene sobre la mesa de observación y desafortunadamente me toca repetir que:

El contenido de esta respuesta ya estaba contestado por mi parte, en los párrafos de las **Observaciones a la (I.E.T.) Solicitud: 202000115 enviado el 29 de junio 2021, (carta o sobre abierto).**

Desconociendo las reiteradas notificaciones manifestadas que, la **fórmula química** que, si se puede repetir, pero que nunca la **ARQUITECTURA ESTRUCTURAL MOLECULAR,** del fármaco llamado por mí, **ANDREAQVI,** ha existido, porque es único y las ilustraciones, imágenes desde el comienzo de tantas cartas abiertas remitidas por mí a la **OEPM,** contienen esta plantilla.

Contenido que, al ser debidamente filtrado, como resultado se proyecta la ilustración en coherencia a las referencias de vuestros conocimientos, la imagen de usual comprensión.

De usted muy atentamente espero, que me proporcione las indicaciones que me permitan los requerimientos para avanzar con el objeto de mi solicitud.

Cordialmente:

Holmes Molik Candelo.

Agradezco la atenta y prestante receptividad, en el hacer que me ocupa, y la razón de ser que me objeta en los comunicados, el sistema SDF HmolikC reconoce respetuosamente a los profesionales, corporaciones de investigación, fundaciones, la digna actividad con sus excepcionales logros y en otras la profesional dedicación en la perseverante búsqueda.

Hay una gran cantidad de aplicaciones en las cuales se puede activar el sistema SDF HmolikC para obtener respuestas exactas, pero el sistema omite su participación porque ya existen herramientas que están proporcionando óptimas respuestas, el omitir es un específico indicador que el sistema SDF HmolikC, solo se activará en los temas que hasta el momento no se han encontrado repuestas.

El sistema SDF Hmolik C, proporciona el beneficio directo de mermar sumas altas de presupuestos económicos, 40 años esperando, que las fuentes de referencias de las diferentes ciencias, en sus rigurosas investigaciones, en sus cuadros de resultados puntualmente se encuentran en proceso experimental, usualmente en conferencia o eventos de congresos que reiteran y se califican en la esperanza de las probabilidades.

LA CORRESPONDENCIA CON LA OEPM

SECTOR DE LA TÉCNICA. El sector de la técnica en donde encuadra la invención corresponde hacer parte del listado de fármacos o composiciones químicas, que conforman el antídoto para reducir las diferentes etapas de agresividad de los virus, como el COVI coronavirus.

ANTECEDENTES DE LA INVENCIÓN.

DESCRIPCIÓN
Producto……………………..…… fármaco
Fórmula química …………………C34H34N6O6S
Nombre del fármaco …………… andrequivi

Explicaciones: Numeral:

1 La fórmula, C34H34N6O6S, (DESCRIBE la forma correctamente expresada) como exigen y conforman la nomenclatura química.

Numeral: 2 NOTIFICACIÓN: Formula, C34H34N6O6S, nomenclatura que no corresponde hasta estas fechas en curso, ningún registro en el listado mundial de fármacos patentados.

Numeral: 3 Descripción de componentes químicos.

Símbolo elemento químico cantidad
C…………………….Carbono…………….... 34
H…………………….Hidrogeno…………..34
N…………………....Nitrógeno……………......6
O…………………....Oxigeno………………6
S…........................Azufre………………….1

Numeral 4: **Se nombra y DESCRIBE** los componentes químicos, el símbolo del elemento químico, el nombre del elemento químico, la proporción de la cantidad de cada elemento químico. (forma correctamente expresada) como lo requiere la distribución y proporcionalidad de los elementos químicos comprometidos.

Específico indicador DESCRIPTIVO, que cada componente participante en la fórmula química, C34H34N6O6S, en las fuentes de referencias de los conocimientos congregados en la tabla periódica, que al realizar la específica preparación farmacológica con sus **rigurosas**

incidencias apropiadas (referencia del más relevante criterio), **ARQUITECTURA ESTRUCTURAL MOLECULAR**, también llamados anclajes, entre los elementos químicos vinculados se obtiene como resultado, en este caso en cuestión, el fármaco, al cual el titular de la solicitud de la Patente Holmes Molik Candelo, le ha proporcionado el nombre de "andreaqvi," nombre que abrevia su principal **DESCRIPTIVA REIVINDICACIÓN** directa – *antídoto de reacción químico viral.*

Así consta en TÍTULO O DISTINTIVO Producto: fármaco. Nombre del producto, "andreaqvi" **(an d rea q vi)** antídoto de reacción química viral. (corto, ADRQV) para el tratamiento de patologías virales como el COVI coronavirus. Que **también DESCRIBE** que es **vinculante directa** en la constitución de la vacuna. **(inducción espiral fraccionada)** Se constata en el suministro de parte de los argumentos de la ficha del fármaco, "andreaqvi" Formula, $C_{34}H_{34}N_6O_6S$ y los **criterios DESCRIPTIVOS**.

La **DESCRIPCIÓN** de las referencias científicas, de las fuentes de conocimiento que corresponde, a las características de cada uno de los elementos químicos, que se asocian para conformar en la preparación de la fórmula química, $C_{36}H_{36}N_6O_6S$, porque se encuentran en la tabla periódica y en la comprensión de los profesionales acreditados en esta asignatura.

EXPLICACIÓN DE LA INVENCIÓN. Argumento necesario para la comprensión, **toda invención con funcionalidades específicas**, requiere **componentes** que hacen **parte del listado** de **existencias ya descubiertas** y, con la probabilidad de la vinculación de nuevos descubrimientos.

Cuando la invención la incorpora, sólo componentes ya descubiertos, no necesita de la DESCRIPCIÓN de las características que los constituye, obviamente ya expresos en las fuentes de referencias de los conocimientos que hacen parte.

En el caso concreto de los fármacos, se requiere para su aprobación, PRIMERO: el **nombre de los componentes (los elementos químicos que van a conformar el compuesto)**, SEGUNDO: la **proporcionalidad** cuantitativa, TERCERO: la **fórmula química**, CUARTO: para obtener la Patente, es indispensable que la **nomenclatura** apropiada (referencia del más relevante criterio), **ARQUITECTURA ESTRUCTURAL**

MOLECULAR, que expresa la fórmula química que no esté en la lista de fármacos patentados en el formato mundial. QUINTO: **reivindicación universal** (si al suministrar ejerce el resultado satisfactorio del cuadro clínico general nuclear), SEXTO: **reivindicación de cuadros clínicos colaterales** (dolor, Inflamación, sintomatologías reflejas etc.), SEPTIMO: *la DESCRIPCIÓN de las reivindicaciones asociadas que objetan preservar la normalidad del saludable funcionamiento*, OCTAVO: preparación, **DESCRIPCIÓN** forma de suministro e indicadores de **precaución**. Para obtener la patente se debe preparar el fármaco, una vez que se obtiene, se hacen las correspondientes (DESCRIPCIÓN)**pruebas de verificación**, y si los resultados corresponden a las reivindicaciones argumentadas en consecuencia, califica favorablemente y obtendrá la Patente.

Los recursos como el método y las formas (las instrucciones del uso de la plantilla 1457, el uso de las plantillas de captación de valores de la densitometría que localizan la identidad de la información, son **DESCRIPCIONES**) para obtener la fórmula química del fármaco, no son relevantes, porque hace parte de otra Patente. (La investigación denominada **perfil HmolikC,** que proporciona conocimientos nuevos y herramientas nuevas, que no consta en ninguna fuente de referencia de los conocimientos nunca registrados).

El producto Fármaco, andreaqvi, proporciona los argumentos desde el cual se debe avanzar para comprobar en su preparación y en consecuencia gestionar las verificaciones específicas que se hacen con todos los compuestos químicos para obtener la validación en las reivindicaciones de su razón de ser. La fórmula química con su estructura molecular apropiados (referencia del más relevante criterio) **ARQUITECTURA ESTRUCTURAL MOLECULAR** de – andreaqvi - es el resultado obtenido de la infraestructura operativa del sistema, marca registrada **SDF HmolikC**, herramienta que congrega en sus plantillas de decodificación y codificación, con su propio y único código fuente, mediante cálculos matemáticos concretos y exactos, proporcionados en la investigación contenidas en el **perfil HmolikC**. Al utilizar valores ortocromáticos, (numéricos) y valores pancromáticos (imágenes tonos gris progresivos) concretos que se encuentran en los bancos de datos, obtenidos en resultados de análisis bioquímicos, el sistema, **SDF HmolikC,** del cual soy propietario, procesos rigurosamente indicadores de raciocinios programados, y no se gestionan con ningún género de apariencias o imaginarios recursos de probabilidades.

El sistema, **SDF HmolikC,** es una nueva herramienta que se origina a partir del conocimiento descubierto en la infraestructura operativa de incidencias que proporciona reacción (por admisión normal para preservar un ciclo o por la novedad de que su evolución incide en la normalidad del ciclo), de estados genéticos, en este caso puntualmente los elementos químicos, el sistema, **SDF HmolikC,** recibe la información que requiere, sobre los temas a utilizar y entrega la respuesta exacta si se considera favorable, mediante el uso de valores constantes o variables en su propio código fuente y el procedimiento de fórmulas matemáticas, de su propio sistema de contabilidad (no el sistema decimal). El sistema, **SDF HmolikC,** no experimenta ni hace pruebas, en este caso, toma la información de valores, que ya se encuentran en los laboratorios, banco de datos o la información que sus recursos le permiten obtener el objetivo con resultado exacto, utilizando valores de incidencia decodificados, 1, antídoto para la reacción química viral, 2, vinculación directa en la constitución de la vacuna.

El fármaco –andreaqvi- (compuesto químico con su fórmula y estructura química), se constituye y conforma valores de incidencia de constantes, localizando también valores del estado y lugar específico de incidencia, de los elementos químicos involucrados, a través de la infraestructura operativa de las **plantillas gestionadas**, por su único código fuente, de la herramienta, **SDF HmolikC**. Mi notificación de responsabilidad, todos y cada una de las expresiones, nombres e imágenes incorporadas totalmente nuevas, son verificables por el investigador Holmes Molik Candelo, anteponiendo su disposición y responsabilidad jurídica, BREVE **DESCRIPCIÓN DE LOS DIBUJOS.** Los recursos como el método y las formas de obtener la fórmula química del fármaco, "andreaqvi" formula, $C_{36}H_{36}N_6O_6S$. En la imagen siguiente se observa la plantilla catalizadora 1 y 2.

Recursos operativos del sistema operativo catalizador de información

En la imagen siguiente se observan la plantilla catalizadora 1 y 2

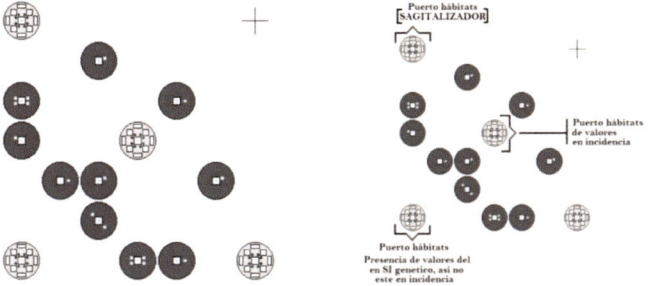

Sistema de catalizadores de los valores suministrados en incidencia de la plantilla, tambien los tomadores de incidencias,

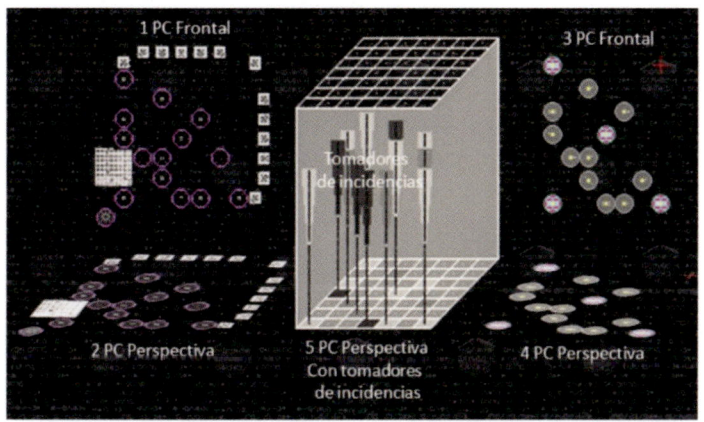

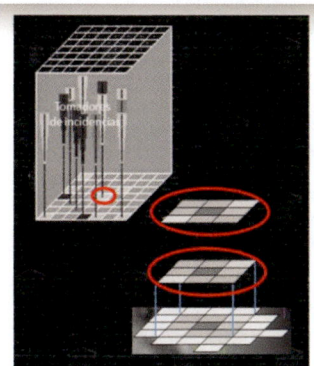

Ejemplo de un tomador de incidencia

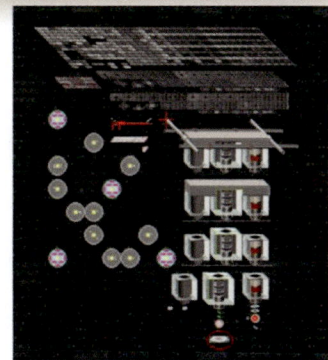

Proceso de la referencia de valores tomada

335

Sistema operativo de las plantillas catalizadoras y tomadoras de las

incidencias que suceden en la escala de un picómetro y la constante
refleja en una muestra de anatomía patológica o el reflejo pancromático
proyectado dermatológicamente en zonas específicas de la piel.

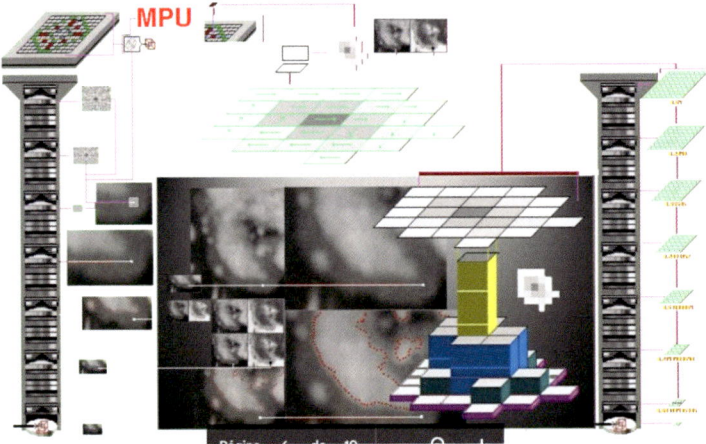

En la siguiente imagen, se observa en el círculo rojo, la incidencia en
presentación negativa, y a su derecha los valores proporcionados por un
densitómetro.

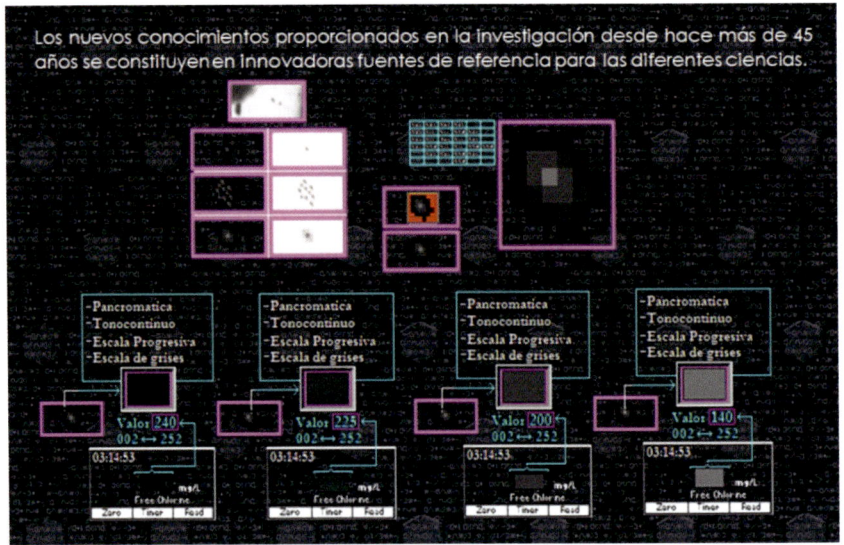

336

Componentes catalizadores en el proceso de la **EXCEPCIONAL PERCEPCION ESPIRAL**

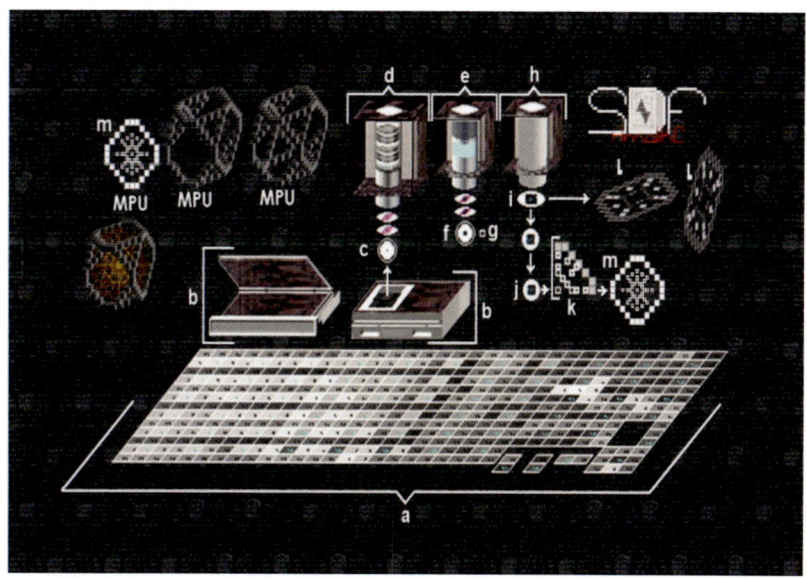

Plantilla ilustradora de los valores de incidencia (referencia del más relevante criterio **ARQUITECTURA ESTRUCTURAL MOLECULAR**), de la estructura química (compuesto químico) andreaqvi, verificable en el código fuente del sistema, SDF HmolikC, (SDF HmolikC, MARCA M3039208-X Núm. reg: 482030 18/07/2012 11:26:31)

REALIZACIÓN PREFERENTE DE LA INVENCIÓN, Los valores de la normalidad o de la anormalidad. Valores que constan en los criterios de analítica, en específicos estados altos o bajos, son los que contribuyen al sistema, **SDF HmolikC,** admitir información precisa para ser codificable o decodificable en incorporación de datos ortocromáticos. Los valores que registran la ilustración anterior **son proyectados en la piel**, dibujo ilustrativo de la placa de presencia operativa del código fuente, gestionados entre los 10 valores pancromáticos, que confirman que el valor en la proyección pancromática si hace falta alguno, (es porque sí está y, está cumpliendo su específica función), constante indicador que en una muestra de anatomía patológica dermatológica, contiene información de valores relevantes, al igual que la muestra de sangre, la información relevante en la piel y en la sangre están expresas, cuentan una historia concreta coherente, pero para ello, se requiere tener el conocimiento, para leer con certeza (no hay lugar para percepción de probabilidades). El sistema, **SDF HmolikC,** en su infraestructura operativa de incidencias de las plantillas incorporadas, proporciona con precisión, cuál es la causante en valores específicos, información adquirida de las muestras de anatomía patológica de las zonas puntuales que las requiera.

REIVINDICACIÓN UNIVERSAL

Tratamiento de patologías virales como el COVI coronavirus. Que también es vinculante directa en la constitución de la vacuna (inducción espiral fraccionada) El fármaco – andreaqvi – antídoto de reacción químico viral, La fórmula química C34H34N6O6S, compuesto químico óptimo al ciento por ciento, óptimo en la aplicación como tratamiento en personas, que presenten el cuadro clínico, la presencia positiva sea pasiva, en **OVUCECUENCIACION,** en primer regreso, segundo retorno, y en agresividad severa, también la fórmula química, C34H34N6O6S, *compuesto químico óptimo al ciento por ciento, óptimo al integrarlo mediante la inducción espiral en la albúmina metabólica, para conformar la vacuna para cualquier presencia con componentes patológicos, virales en este caso el coronavirus.*

COMPOSICIÓN CUALITATIVA Y CUANTITATIVA.
Proteasulfaminolitica de andreaqvi, 200 mg FORMA FARMACÉUTICA
Comprimidos recubiertos.

Recubrimiento con azúcar: grajeada aplicación sucesiva de soluciones de sacarosa, sobre los núcleos del comprimido con el recubrimiento óptimo.

Secciones barnizadas, acabado para facilitar la **OVUSECUENCIACION** satisfactoria, facilitando que, en el corredor de la deglución, el traslado sea normal.

DATOS CLÍNICOS Indicaciones terapéuticas, andreaqvi está indicado en adultos. Propiedades patológicas favorables de la fórmula química C34H34N6O6S – andreaqvi – En primera instancia, regula el sistema nervioso central, optimizando las respuestas a otros neurotransmisores.

Contiene el enlace apropiado (referencia del más relevante criterio **ARQUITECTURA ESTRUCTURAL MOLECULAR**). para regular la evolución del **DISULFURO,** que activa mucosa y sus características comprometidas.

Propicia el estado apropiado bronquial. Preserva la normalidad del **EPITELIO CILIADO,** garantizando que el **APARATO RESPIRATORIO,** permanezca en el estado óptimo.

En casos de que se le proporcione el fármaco, C34H34N6O6S – andreaqvi – cuando el paciente muestre en la sintomatología de la deglución y normaliza sus valores, en consecuencia, reacciona expulsando la flema.

Contiene enlaces apropiados (referencia del más relevante criterio **ARQUITECTURA ESTRUCTURAL MOLECULAR**), totalmente antídoto en cuadros clínicos, que presenten huésped viral con **[OVUSECUENCIACION]** (repito, palabra acuñada en los apuntes de la investigación contenidos en el **perfil HmolikC.**) de agresiva actividad en el corredor de la deglución.

Actúa directamente en la regulación cardiovascular, en los eventos pre activos o activos en proceso.

Actúa intercediendo de forma favorable, en la eliminación de la posibilidad de aumentar el huésped viral, en los glóbulos rojos del cuerpo humano.

Contiene anclajes específicos para atender la regulación de la funcionalidad de glóbulos blancos, como los eosinófilos que hidrolizan la histamina.

Atiende eficientemente las fibras lisas ubicadas en los vasos sanguíneos lisos.

Si se aplica el fármaco, C34H34N6O6S – andreaqvi – cuando el paciente muestre en la **sintomatología de réplicas** en células comprometidas, **elimina** toda posibilidad del **aumento en proceso**.

Es un estabilizador, de los posibles inicios de cambios metabólicos en lo que se puede estar comprometida la **normalidad auto inmunitaria.**

Presenta anclajes específicos, para proporcionar respuestas eficientes, en los requerimientos favorables inmunitarios, programados con anclajes (referencia del más relevante criterio **ARQUITECTURA ESTRUCTURAL MOLECULAR**) que atiende la inmunodeficiencia humana.

Estimula los músculos lisos, cuando se está iniciando **contracción en los bronquios.**

Andreaqvi está indicado en adolescentes (de 12 años de edad y mayores) y en niños de 9 a 11 años de edad de peso corporal, superior a 34 kg para: Deben tenerse en cuenta las recomendaciones referentes al tratamiento.

Cada comprimido recubierto, contiene 200 mg de sulfato de Proteasulfaminolitica de andreaqvi, equivalentes a 155 mg de andreaqvi base.

Cada 6,5 mg/kg de Proteasulfaminolitica de andreaqvi, equivalen a 5 mg/kg de andreaqvi base.

Observaciones a la (I.E.T.) Solicitud: 202000115 enviado el 29 de junio 2021. El 16 de enero del 2021 en DOCUMENTOS explicativos por conducto Resolución Recursos Resolución Recursos @ oepm. es.

12 de febrero del 2021, en el DOCUMENTO RAZONAMIENTOS.
El 17 de febrero del 2021, en documento enviado al **Señor José Antonio Gil Celedonio, Director** de la Oficina Española de la OEMP, en la interpretación del resumen, invención, y reivindicaciones, se describen argumentos que señalan estas reivindicaciones.

También en llamadas telefónicas **(de carácter orientativo), se me indicó** que todo aquello que no esté **escrito en las REIVINDICACIONES, no es tenido en cuenta** para la satisfactoria **obtención de la PATENTE.**

Observaciones reflejas en el **DOCUMENTO DE REIVINDICACIÓN,** en pasados informes el cual se me indico que no corresponden a reivindicaciones, **(Conceptualmente)** y para mi comprensión, **reivindicación significa**: que un suceso previo muestra una necesidad (en este caso la presencia de desarrollo viral de alto nivel agresivo) y, esta le sugiere a la inteligencia diseñar el recurso o herramienta, asociando componentes ya existentes o manufacturar nuevo diseño, que con un orden y funcionalidad específica atiende el suceso proporcionando la satisfactoria intención /que se logra con la invención/ (en consecuencia el sistema, **SDF HmolikC**, en su forma operativa (**TÉCNICA) codifica y decodifica la información** proporcionada y entrega la **ARQUITECTURA ESTRUCTURAL MOLECULAR,** la cual se le proporciona el nombre de ANDREAQVI), y ya teniendo la **ARQUITECTURA ESTRUCTURAL MOLECULAR,** se presenta la **técnica bioquímica** de incidencia activa de los elementos químicos, lo que indica razonablemente comprensible que cada reivindicación pasada enviada en **DOCUMENTOS DE REIVINDICACIÓN**, con criterio de beneficios de la utilidad farmacológica, y otros informes en **DOCUMENTOS DE REIVINDICACIÓN,** en el que **patenta la seguridad ante terceros,** que sin previa autorización del titular de la invención, se disponga a manufacturar el fármaco que responde a la **ARQUITECTURA ESTRUCTURAL MOLECULAR** de **ANDREAQVI**.

Observaciones a la (I.E.T.) Solicitud: 202000115 **enviado el 29 de junio de 2021.** El 16 de enero del 2021 en DOCUMENTOS explicativos por **conducto Resolución Recursos.**

Con todo respeto de las fuentes de referencias congregados, en los excelentes conocimientos que acreditan a los profesionales, responsables de gestionar los pasos que permiten avanzar para proporcionar las constancias, para calificar a favor o en contra de la Patente, me permito **NOTIFICAR** que, el procedimiento para obtener de forma concluyente los criterios que en su resultado proporcionan la fórmula, **C34H34N6O6S** (que **es razonable),** que se **presenten muchos compuestos químicos con la misma fórmula** porque permite variantes, **PERO** la **ARQUITECTURA ESTRUCTURAL MOLECULAR,** es la que las difiere entre ellas mismas, afirmando que la irrepetible **ARQUITECTURA ESTRUCTURAL MOLECULAR,** que establece la identidad por la específica incidencia (en este caso la **incidencia activa,** porque puede suceder incidencia **inactiva**), según los criterios de conocimientos del descubrimiento en las investigaciones que proporcionan el recurso y herramienta del sistema, **SDF HmolikC), Peso molecular 654,7.**

Observaciones reflejas en el documento enviado el 9 de marzo del 2021. **OBSERVACIÓN A DOCUMENTO DE REIVINDICACIONES.**

REIVINDICACIÓN 1.

Patentar el fármaco, **ANDREAQVI, ANDREAQVI. ANTIDOTO DE REACCIÓN QUÍMICO VIRAL,** entre ellos el **COVI,** como su propio significado lo indica, **está indicando el objeto de la invención.** /**Afirmación que, en su constitutivo significado, notifica que su objeto es REIVINDICATIVO/.**

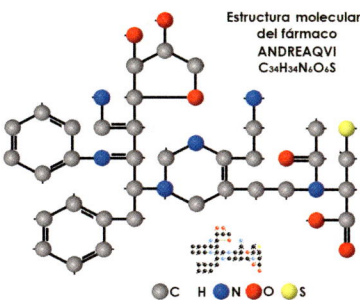

Estructura molecular
del fármaco
ANDREAQVI
C34H34N6O6S

C H N O O S

C34H34N6O6S

ANDREAQVI, si se quiere ilustrar los componentes de la invención, en la **ARQUITECTURA E. MOLECULAR** en la fórmula **IUPAC**, solo me permito dar el nombre literal, y no con los valores numéricos **como por nombrar un AISLADO ejemplo**: 6-metoxi-8-(4-N-(3'-aceto-4',5'- dihidro-2-furanilamino)-1-metilbutilamino), porque no es la única forma de describir estas **ESTRUCTURAS MOLECULARES,** en este recurso **IUPAC**, presenta otras variantes.

(ciclohexano/acetamido/sulfanylpropanoic/acid/metil/dibromo/dietilpen tano/diamina/imidazol/ethanamine/)

Entonces, **solo** me permito describir la **ARQUITECTURA ESTRUCTURAL MOLECULAR,** de la forma que el perfil que origina la información, en la secuencia de valores del código fuente del sistema, **SDF HmolikC,** y los traduce en el sistema numérico más próximo para entregar la información más comprensible, como se ilustra en las siguientes plantillas numéricas en el proceso de filtrado.

Observación que amplía las razones del procedimiento del titular solicitante de la patente, Holmes Molik Candelo.

No lo ejerzo ni ahora ni nunca, como las asignaturas bioquímicas tradicionales lo requieren como demostración de obligatorio cumplimiento, porque mi procedimiento no la origina vuestras muy válidas técnicas de investigación.

01 42 02 41 01 01 01 02 01 01 02 08 44
02 83 01 83 02 41 21 01 42 02 83 02 41
01 02 01 01 02 08 44 23 04 01 08 44 08
01 02 01 42 02 02 42 01 02 21 02 08 02
02 02 01 02 02 83 01 02 02 02 42 02 83
02 02 02 02 83 01 83 02 41 21 41 01 21

01 42 02 41 01 01 01 02 01 01 02 08 44
02 83 01 83 02 41 21 01 42 02 83 02 41
01 02 01 01 02 08 44 23 04 01 08 44 08
01 02 01 42 02 02 42 01 02 21 02 08 02
02 02 01 02 02 83 01 02 02 02 42 02 83
02 02 02 02 83 01 83 02 41 21 41 01 21

41 01 01 01
83 02 41 21
01 02 01 01 02   23 04   08 44
01 02 01 42 02 02 42 01 02 21 02 08
02 02 01 02 02 83 01 02 02 02 42 02
02 02 02   41 01 21

41 01 01 01
83 02 41 21
01 02 01 01 02   23 04   08 44
01 02 01 42 02 02 42 01 02 21 02 08
02 02 01 02 02 83 01 02 02 02 42 02
02 02 02   41 01 21

41 41
01 01 01
83 02   21
01 02 01 01 02   23 04   08 44
01 02 01 42 02 02 42 01 02 21 02 08
    02 83 01 02 02 02 42 02
02 02 01 02   41 01
02 02 02   21

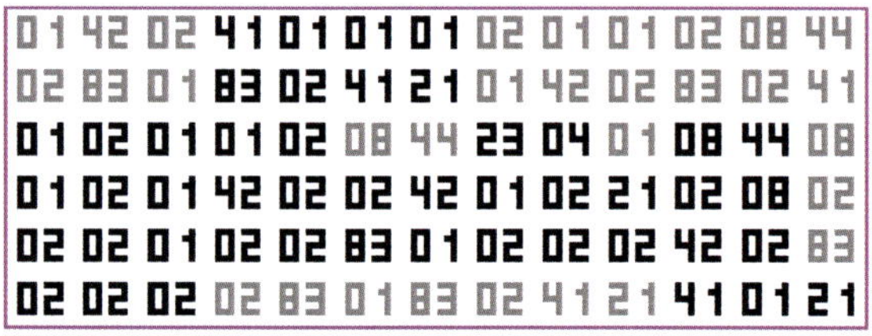

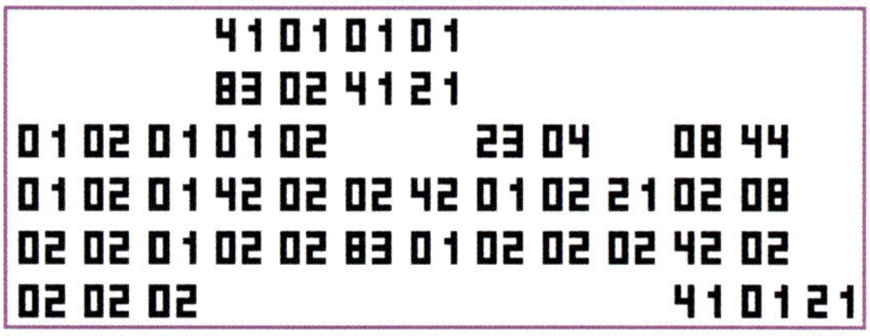

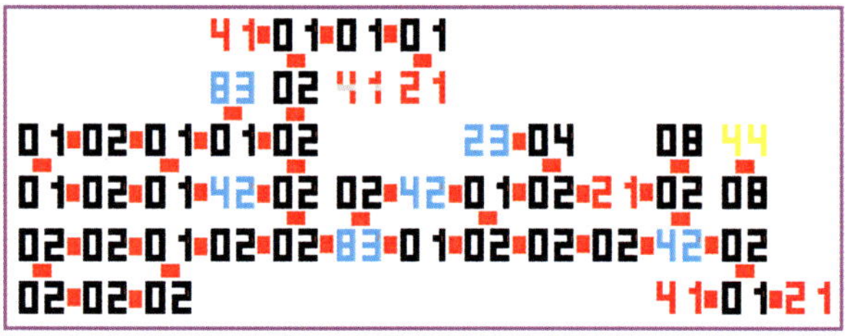

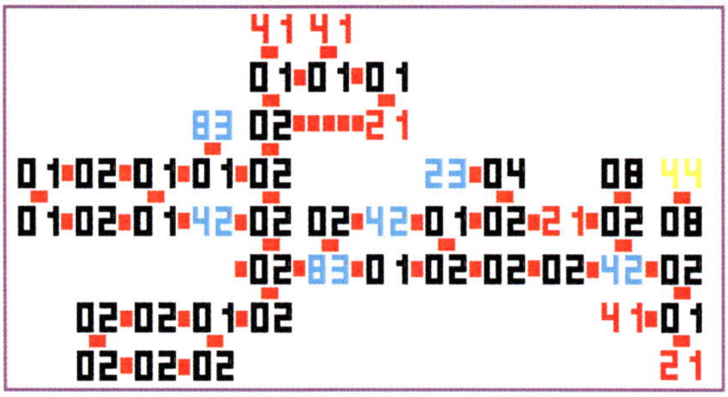

En consecuencia, al traducirlos expresa la imagen de la arquitectura química, en la **ARQUITECTURA ESTRUCTURAL MOLECULAR**.

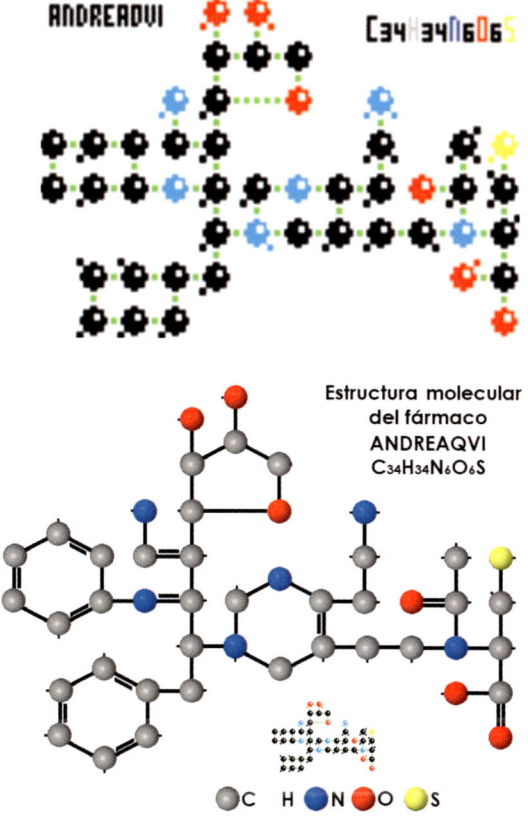

Que, en la fuente de referencia universal, del excelente logro del estudio tradicional lo visualiza, y está facultado para hacer el reconocimiento riguroso, entendiendo que la preparación farmacéutica de las incidencias o enlaces específicos, tal o igual como ilustra el aspecto del dibujo, con un grupo en una **formulación orgánica** y tres grupos en la **formulación orgánica ciclohex**. Mostrando la **ARQUITECTURA ESTRUCTURAL MOLECULAR,** del fármaco, **andreaqvi**, se visualizan los componentes (elementos químicos) **reiterando el objeto de la invención, /Afirmación que en su constitutivo significado notifica que su objeto es REIVINDICATIVO/,** mencionado en la **reivindicación 1.** En la observación de sus específicas incidencias activas o usualmente conocidas como anclajes, y realizando el reconocimiento como avalan las fuentes de referencia bioquímica, se **obtiene la técnica molecular de la**

invención, los grupos de compuestos químicos localizados y programados en las diferentes partes de la secuencia de anclajes, **proporciona la metodología constitutiva de los componentes químicos.**

REIVINDICACIÓN 2

Es una composición de elementos químicos, programados en incidencia activa, en secciones específicas, **para que cumplan una función de utilidad y responder de forma eficiente a diferentes cuadros clínicos,** /**Afirmación que en su constitutivo significado, notifica que su objeto es REIVINDICATIVO/** desde el momento que, en una persona se desarrolle la progresiva gestación de la presencia viral agresiva, proporcionando el **estado de la invención**, el **antídoto** de reacción, que **permite eliminar los riesgos. REITERANDO EL OBJETO DE LA INVENCIÓN** /**Afirmación que en su constitutivo significado notifica, que su objeto es REIVINDICATIVO/.**

REIVINDICACIÓN 3, Anderaqvi, **atiende diferentes cuadros clínicos,** /**Afirmación que en su constitutivo significado, notifica que su objeto es REIVINDICATIVO/,** se hace explícita referencia a pacientes, que se les suministre ANDREAQVI, cuando la **actividad viral presenta estado avanzado** y empieza las etapas para comprometer o en el caso que ya está comprometiendo, **de forma desfavorable al (1) sistema inmunológico**, el **(2) sistema nervioso**, también a la **(3) función medular**, a los componentes del **(4) nervioso central**, en el corredor sanguíneo, en **(5) los glóbulos rojos**, en el **(6) sistema respiratorio**, en los particulares periodos secuenciales de **(7) la deglución**, en el aparato respiratorio y los órganos más relevantes, como él **(8) corazón**, los **(9) pulmones**, **(10) las constantes bronquiales**. Más que suficiente, que atiende estos 10 componentes si presentan estar comprometidos en los cuadros clínicos afectados por la agresividad de la presencia viral, /**Afirmaciones que, en su constitutivo significado, notifica que su objeto es REIVINDICATIVO/.**

Correspondencia de reivindicaciones.
De acuerdo con la **reivindicación 1**. Como esta expreso el objeto de la invención

De acuerdo con la **reivindicación 2**. En la función de utilidad cuando se manifiesta que andreaqvi, es una composición de **elementos químicos, programados en incidencia activa**, en secciones específicas para que cumplan una **función de utilidad** y responder de **forma eficiente** a diferentes **cuadros clínicos, /Afirmación que en su constitutivo significado notifica, que su objeto es REIVINDICATIVO/.**

De acuerdo con la **reivindicación 4**. El fármaco andreaqvi, que está compuesto de elementos químicos congregados en la tabla periódica, con sus rigurosas incidencias activas, presenta la **ARQUITECTURA ESTRUCTURAL MOLECULAR,** y al realizar la e s p e c í f i c a PREPARACIÓN FARMACOLÓGICA, también llamados anclajes.

REIVINDICACIÓN 4.

El fármaco andreaqvi, que está compuesto de elementos químicos congregados en la T. periódica, con sus rigurosas incidencias activas, presenta la **ARQUITECTURA ESTRUCTURAL MOLECULAR,** y al realizar la específica preparación farmacológica, también llamados anclajes, **resultando una composición inmunológica y antídoto de reacción químico viral en condiciones para eliminar la agresividad.** De acuerdo con la **reivindicación 1, /Afirmación que, en su constitutivo significado, notifica que su objeto es REIVINDICATIVO/.**

Como esta expreso el objeto de la invención.

De acuerdo con la **reivindicación 2**. En la función de utilidad cuando se manifiesta que andreaqvi, es una composición de elementos químicos programados en incidencia activa, en secciones específicas para que cumplan una función de utilidad y **responde de forma eficiente a diferentes cuadros clínicos, /Afirmación que en su constitutivo significado notifica, que su objeto es REIVINDICATIVO/.**

REIVINDICACIÓN 5.

En primera **instancia, regula el sistema nervioso central, optimizando las respuestas a otros neurotransmisores, confirmando la utilidad** de atención del fármaco andreaqvi, con su **ARQUITECTURA ESTRUCTURAL MOLECULAR, /Afirmación que en su constitutivo significado notifica, que su objeto es REIVINDICATIVO/.**

De acuerdo con la **reivindicación 1**. Como esta **expresó el objeto de la invención.**

De acuerdo con la **reivindicación 2**. En la función de utilidad cuando se manifiesta que andreaqvi, es una composición de elementos químicos programados en incidencia activa, en secciones específicas para que cumplan una función de utilidad y responder de forma eficiente a diferentes cuadros clínicos, /**Afirmación que en su constitutivo significado notifica, que su objeto es REIVINDICATIVO/**.

De acuerdo con la **reivindicación 4**. El fármaco andreaqvi, que está compuesto de elementos químicos congregados en la tabla periódica, con sus rigurosas incidencias activas, presenta la **ARQUITECTURA ESTRUCTURAL MOLECULAR,** y al realizar la específica preparación farmacológica, también llamados anclajes.

REIVINDICACION 6.

Contiene el enlace apropiado, para **regular la evolución del DISULFURO,** que activa mucosas y sus características comprometidas, /**Afirmación que en su constitutivo significado notifica, que su objeto es REIVINDICATIVO/**.

De acuerdo con la **reivindicación 2**. En la función de utilidad cuando se manifiesta que andreaqvi, es una composición de elementos químicos programados en incidencia activa, en secciones específicas para que cumplan una función de utilidad y responde de forma eficiente a diferentes cuadros clínicos, /**Afirmación que en su constitutivo significado notifica, que su objeto es REIVINDICATIVO/**.

De acuerdo con la **reivindicación 4**. El fármaco andreaqvi que está compuesto de elementos químicos congregados en la tabla periódica, con sus rigurosas incidencias activas, presenta la **ARQUITECTURA ESTRUCTURAL MOLECULAR** y al realizar la específica preparación farmacológica, también llamados anclajes.

Como esta expresó el **objeto de la invención**.
De acuerdo con la **reivindicación 2**. En la función de utilidad cuando se manifiesta que andreaqvi, es una composición de elementos químicos programados en incidencia activa, en secciones específicas para que cumplan una función de utilidad y responde de forma eficiente a diferentes cuadros clínicos, /**Afirmación que en su constitutivo significado notifica, que su objeto es REIVINDICATIVO/**.

REIVINDICACION 7.

Propicia el **estado apropiado bronquial,** /**Afirmación** que en su constitutivo significado notifica, que su objeto es **REIVINDICATIVO/.** Al igual que las reivindicaciones referenciadas 1,2,3,4, ya está repetidamente manifiesta, /**Afirmación** que en su constitutivo significado notifica, que su objeto es **REIVINDICATIVO/.**

De acuerdo con la reivindicación 1. Como esta expresó el objeto de la invención.

De acuerdo con la reivindicación 2. En la función de utilidad cuando se manifiesta que andreaqvi, es una composición de elementos químicos programados en incidencia activa, en secciones específicas **para que cumplan una función de utilidad** y **responder de forma eficiente a diferentes cuadros clínicos.**

De acuerdo con la reivindicación 4. El fármaco andreaqvi, que está compuesto de elementos químicos congregados en la tabla periódica, con sus rigurosas incidencias activas, presenta la **ARQUITECTURA ESTRUCTURAL MOLECULAR,** y al realizar la específica preparación farmacológica, también llamados anclajes.

REIVINDICACIÓN 8.

Preserva la **normalidad del EPITELIO CILIADO,** garantizando que el **APARATO RESPIRATORIO,** permanezca en el **estado óptimo,** /**Afirmación que en su constitutivo significado notifica, que su objeto es REIVINDICATIVO/.** Al igual que las reivindicaciones referenciadas 1,2,3,4, ya está repetidamente manifiesta, /**Afirmación** que en su constitutivo significado notifica, que su objeto es **REIVINDICATIVO/.**

De acuerdo con la reivindicación 1. Como esta expresó el objeto de la invención.

De acuerdo con la reivindicación 2. En la función de utilidad cuando se manifiesta que andreaqvi, es una composición de elementos químicos programados en incidencia activa, en secciones específicas para que cumplan una función de utilidad y responder deforma eficiente a diferentes cuadros clínicos.

De acuerdo con la reivindicación 4. El fármaco andreaqvi, que está compuesto de elementos químicos congregados en la tabla periódica, con sus rigurosas incidencias activas, presenta la **ARQUITECTURA ESTRUCTURAL MOLECULAR**, y al realizar la específica preparación farmacológica, también llamados anclajes.

REIVINDICACIÓN 9.

Cuando el paciente muestre en la **sintomatología de glutatión**, la **ARQUITECTURA ESTRUCTURAL MOLECULARA**, preparada en el fármaco, ANDREAQVI, **normaliza sus valores,** en consecuencia, reacciona **expulsando la flema.** /**Afirmación que en su constitutivo significado notifica, que su objeto es REIVINDICATIVO/**. Al igual que las reivindicaciones referenciadas 1,2,3,4, ya está repetidamente manifiesta, /**Afirmación que en su constitutivo significado notifica, que su objeto es REIVINDICATIVO/**.

De acuerdo con la reivindicación 1. Como esta expresó el objeto de la invención.

De acuerdo con la reivindicación 2. En la función de utilidad cuando se manifiesta que andreaqvi, es una composición de elementos químicos programados en incidencia activa, en secciones específicas para que cumplan una función de utilidad y responder de forma eficiente a diferentes cuadros clínicos.

De acuerdo con la reivindicación 4. El fármaco andreaqvi, que está compuesto de elementos químicos congregados en la tabla periódica, con sus rigurosas incidencias activas, presenta la **ARQUITECTURA ESTRUCTURAL MOLECULAR**, y al realizar la específica preparación farmacológica, también llamados anclajes.

REIVINDICACIÓN 10.

Contiene enlaces apropiados, **totalmente antídotos, en cuadros clínicos que presenten huésped viral** con [**OVUSECUENCIACION**] (palabra acuñada en los apuntes de la investigación contenidos en el perfil HmolikC, (**eventos comprometidos en la invención**) de agresiva actividad en el corredor de la deglución.

La expresión, "totalmente antídoto, en cuadros clínicos que presenten huésped viral", /**Afirmación que en su constitutivo significado notifica, que su objeto es REIVINDICATIVO/**. Al igual que las reivindicaciones referenciadas 1,2,3,4, ya está repetidamente manifiesta,

/**Afirmación que en su constitutivo significado notifica, que su objeto es REIVINDICATIVO**/.

De acuerdo con la reivindicación 1. Como esta expresó el objeto de la invención.

De acuerdo con la reivindicación 2. En la función de utilidad cuando se manifiesta que andreaqvi, es una composición de elementos químicos programados en incidencia activa, en secciones específicas para que cumplan una función de utilidad y responder de forma eficiente a diferentes cuadros clínicos.

De acuerdo con la reivindicación 4. El fármaco andreaqvi, que está compuesto de elementos químicos congregados en la tabla periódica, con sus rigurosas incidencias activas, presenta la **ARQUITECTURA ESTRUCTURAL MOLECULAR**, y al realizar la específica preparación farmacológica, también llamados anclajes.

REIVINDICACIÓN 11.
Actúa directamente en la **regulación cardiovascular,** en los eventos **pre-activos o activos en proceso**, /**Afirmación que en su constitutivo significado notifica, que su objeto es REIVINDICATIVO**/. Al igual que las reivindicaciones referenciadas, 1,2,3,4, ya está repetidamente manifiesta, /**Afirmación que en su constitutivo significado notifica, que su objeto es REIVINDICATIVO**/.

De acuerdo con la reivindicación 1. Como esta expresó el objeto de la invención.

De acuerdo con la reivindicación 2. En la función de utilidad cuando se manifiesta que andreaqvi, es una composición de elementos químicos programados en incidencia activa, en secciones específicas para que cumplan una función de utilidad y responder de forma eficiente a diferentes cuadros clínicos.

De acuerdo con la reivindicación 4. El fármaco andreaqvi, que está compuesto de elementos químicos congregados en la tabla periódica, con sus rigurosas incidencias activas, presenta la **ARQUITECTURA**

ESTRUCTURAL MOLECULAR, y al realizar la específica preparación farmacológica, también llamados anclajes.

REIVINDICACIÓN 14.

Contiene anclajes específicos, para atender la **regulación de la funcionalidad de glóbulos blancos,** como los **eosinófilos,** que hidroliza la histamina, /**Afirmación que en su constitutivo significado notifica, que su objeto es REIVINDICATIVO/**. Al igual que las reivindicaciones referenciadas 1,2,3,4, ya está repetidamente manifiesta, /**Afirmación que en su constitutivo significado notifica, que su objeto es REIVINDICATIVO/**.

De acuerdo con la reivindicación 1. Como esta expresó el objeto de la invención.

De acuerdo con la reivindicación 2. En la función de utilidad cuando se manifiesta que andreaqvi, es una composición de elementos químicos programados en incidencia activa, en secciones específicas para que cumplan una función de utilidad y responder de forma eficiente a diferentes cuadros clínicos.

De acuerdo con la reivindicación 4. El fármaco andreaqvi, que está compuesto de elementos químicos congregados en la tabla periódica, con sus rigurosas incidencias activas, presenta la **ARQUITECTURA ESTRUCTURAL MOLECULAR**, y al realizar la específica preparación farmacológica, también llamados anclajes.

REIVINDICACIÓN 15.

Atiende eficientemente las fibras lisas, ubicadas en los vasos sanguíneos lisos, /**Afirmación que en su constitutivo significado notifica, que su objeto es REIVINDICATIVO/**. Al igual que las reivindicaciones referenciadas 1,2,3,4, ya está repetidamente manifiesta, /**Afirmación que en su constitutivo significado notifica, que su objeto es REIVINDICATIVO/**.

De acuerdo con la reivindicación 1. Como esta expresó el objeto de la invención

De acuerdo con la reivindicación 2. En la función de utilidad cuando se manifiesta que andreaqvi, es una composición de elementos químicos programados en incidencia activa, en secciones específicas para que cumplan una función de utilidad y responder de forma eficiente a diferentes cuadros clínicos.

De acuerdo con la reivindicación 4. El fármaco andreaqvi, que está compuesto de elementos químicos congregados en la tabla periódica, con sus rigurosas incidencias activas, presenta la **ARQUITECTURA ESTRUCTURAL MOLECULAR**, y al realizar la específica preparación farmacológica, también llamados anclajes.

Cuando el paciente muestre, en la sintomatología **de réplicas en células comprometidas, elimina toda posibilidad del aumento** en proceso, /**Afirmación que en su constitutivo significado notifica, que su objeto es REIVINDICATIVO**/. Al igual que las reivindicaciones referenciadas 1,2,3,4, ya está repetidamente manifiesta, /**Afirmación que en su constitutivo significado notifica, que su objeto es REIVINDICATIVO**/.

De acuerdo con la reivindicación 1. Como esta expresó el objeto de la invención.

De acuerdo con la reivindicación 2. En la función de utilidad cuando se manifiesta que andreaqvi, es una composición de elementos químicos programados en incidencia activa, en secciones específicas para que cumplan una función de utilidad y responder de forma eficiente a diferentes cuadros clínicos.

De acuerdo con la reivindicación 4. El fármaco andreaqvi, que está compuesto de elementos químicos congregados en la tabla periódica, con sus rigurosas incidencias activas, presenta la **ARQUITECTURA ESTRUCTURAL MOLECULAR**, y al realizar la específica preparación farmacológica, también llamados anclajes.

REIVINDICACIÓN.

Es un **Estabilizador de los posibles inicios de cambios metabólicos,** en lo que se puede estar comprometida la normalidad auto inmunitaria, /**Afirmación que en su constitutivo significado notifica, que su objeto es REIVINDICATIVO**/. Al igual que las reivindicaciones referenciadas 1,2,3,4, ya está repetidamente manifiesta, /**Afirmación que en su** constitutivo significado notifica, que su objeto es REIVINDICATIVO/.

REIVINDICACIÓN 17.

De acuerdo con las reivindicaciones, 1,2,3,4,6,7,8,9,10,11,12.13. El fármaco andreaqvi, en sus enlaces de incidencia activa, **presenta enzimas (ez), como catalizadores, capaces de acelerar las reacciones químicas en ambos sentidos**, tienen gran capacidad de reacción o sea por el sustrato sobre el cual actúan en **los diferentes órganos /hígado/pulmón/bronquios/corazón/,** que pueden comprometerse o que ya estén comprometidos con **lesiones,** producidas por la **agresividad viral**, Andreaqvi, es un medicamento con propiedades mucolíticas, facilita la **secreción bronquial** así su estado sea denso, proporcionando la normalidad respiratoria, Andreaqvi, cuando se presenta un cuadro clínico de **inflamación bronquial,** en cualquiera de los niveles hasta su estado agudo y crónico. (todo el contenido de este párrafo, /**Afirmación que en su constitutivo significado notifica, que su objeto es REIVINDICATIVO/.** Al igual que las reivindicaciones referenciadas 1,2,3,4,5,6,7,8,9,10,11,12,13 son /**Afirmaciones que en su constitutivo significado notifica, que su objeto es REIVINDICATIVO/.**

Andreqvi, atiende eficientemente las complicaciones **crónicas de obstrucción pulmonar,** /**Afirmación que en su constitutivo significado notifica que su objeto es REIVINDICATIVO/.**

Andreaqvi, cuando están comprometidos los **alvéolos de los pulmones** y afecta la normalidad respiratoria, /**Afirmación que en su constitutivo significado notifica, que su objeto es REIVINDICATIVO/.**

Andreaqvi, en caso de la aparente disminución del **volumen pulmonar,** generado por la **densa mucosidad**, gestiona los valores de incidencia de los elementos químicos de este grupo comprometido y produce el retorno del aspecto que se percibe del volumen del pulmonar, /**Afirmación que en su constitutivo significado notifica, que su objeto es REIVINDICATIVO/.**

Observación relevante de funcionalidad.

En los apuntes congregados en el perfil HmolikC, de los conocimientos, no puede afirmar que el pulmón pierde volumen, si se quiere decir - contenido constitutivo, por ejemplo, el perfil HmolikC, afirma, que cuando el pulmón presenta que, ha perdido volumen, cuando el ser espira o expulsa el aire y POR PERCEPCIÓN, aumenta volumen cuando inspira o igual toma aire, se explica que el volumen constitutivo en las constantes de valores bioquímicos (genometabólicos), para realizar y contar con datos /valores de incidencia que transmiten información de utilidad para preservar la normalidad del ciclo o prescripción pulmonar/, que es el componente fundamental para la decodificación del sistema, **SDF HmolikC**, presenta que antes y después de inspirar o espirar el volumen constitutivo es igual.

Dicho lo anterior, el aspecto del diagnóstico que expresa pérdida de volumen, el pulmón se contrae, lo que genera cambios enzimáticos en el plasma sanguíneo. Comprometiendo la operatividad pulmonar, en un síntoma transitorio y lo conduce a peculiares contracciones y distensión repetida de uno o varios músculos de forma brusca, por el suceso que se presenta en el impedimento de expulsión de la mucosa.

REIVINDICACIÓN 18.

De acuerdo con las reivindicaciones, 1,2,3,4,5,6,7,8,9,10,11,12,13,14,15. El fármaco **andreaqvi**, atiende a la presencia de **variantes virales susceptibles,** que adquieren una nueva identidad **en el corredor respiratorio**, el espacio en el que se ejerce la **deglución**, /**Afirmación que en su constitutivo significado notifica, que su objeto es REIVINDICATIVO/**.

Es muy importante saber que, según los conocimientos del **perfil HmolikC**, que cuando se habla de una variante viral , que se origina por el paso de partículas de la **materia en estado coloidal, sólida, líquida o gaseosa,** en cualquiera de los conductos del cuerpo humano, se está notificando, que la presencia de una nueva variante viral, se origina en excepcionales eventos del irregular procedimiento operativo **respiratorio** o de la **deglución**, /estas secuencias operativas generan reacciones, donde se origina la irregularidad y en consecuencia sin haberse trasladado la nueva cepa física al área pulmonar, u otro órgano, en consecuencia, se presentan por reacción, contracción y distensión repetida de uno o **varios músculos y conductos,** y este impacto, la presencia de **molécula** en la incidencia activa normal, deja de transmitir valores operativos, los que corresponden al ejercicio que preserva la normalidad del ciclo, y si no se restablece, adquiere cada partícula asociada la predisposición de infecciones, y para cualquier cepa viral, la más propicia condición para desarrollar su agresividad, se la proporciona los espacios infectados/.

Permítame adjuntar una observación, que la cepa en evolución, que ya se ha replicado en la zona de la deglución, las partículas del sistema nervioso transmiten la información, mediante los valores en el código fuente operativo dcl sistema genético, y dadas las condiciones de susceptibilidad en que se encuentra el área pulmonar, las partículas adjuntas, adquieren el aspecto de la nueva cepa y se estabiliza, desarrollando su agresividad con la información que le proporciona la infección y contribuye a constituir la infección como la fuente de las réplicas de las nuevas cepas virales, (circunstancia que ha inspirado al excelente estudio tradicional, en todo lo que se compromete con la actividad de la metástasis).

Andreaqvi, cuando surgen los eventos de impacto y compás de espera del resultado que proporciona la normalidad, se registran valores de proyección que se transmiten con mucha rapidez, el primer grupo del cuerpo que lo refleja es la epidermis, presentando el aspecto de paludismo, pero es transitorio si el origen hace la apropiada **OVUSECUENCIACION,** expresión de un proceso registrado en los apuntes del **perfil HmolikC**, favorablemente, pero si la **OVUSECUENCIACION** es desfavorable, en la piel se desarrollarán cuadros de afección dermatológica, infecciones con progresividad agresiva, placas tumorales no agresivas, todas estas secuencias biogenéticas identificadas con valores operacionales de las incidencias activas, entonces cuando andreaqvi se suministra, **intercede directamente en el órgano o sector que origina la proyección** y elimina la presencia del estado de los valores de las partículas que transmiten la agresividad.

REIVINDICACIÓN 19.
De acuerdo con las reivindicaciones, 1,2,3,4,5,14,15,16, el fármaco andreaqvi en su **ARQUITECTURA ESTRUCTURAL MOLECULAR**, lo compone un grupo de elementos químicos, en incidencia que sus valores de transmisión **realizan la transformación de aminoácidos,** los cuales se constituyen en proteínas.

Andreaqvi, en sus incidencias activas, propician la **estimulación de transmisión de información del sistema neurológico**, asociando la hipersensibilidad inmediata, propiedad que establece la predisposición, de la sensibilidad manifiesta en las alergias, /**Afirmación que en su constitutivo significado notifica, que su objeto es REIVINDICATIVO/**.

Las fuentes de referencia del estudio tradicional, a estas incidencias moleculares asocian la reacción inflamatoria, como una respuesta metabólica directa, el suceso de inflamación si se registra, pero no tiene nada que ver con los valores de transmisión de este grupo de partículas, y el diagnóstico obedece a un error de percepción.

Andreaqvi, atiende los **movimientos peristálticos, la secreción de ácido clorhídrico en el estómago**, vasodilatación, permeabilidad de las paredes vasculares, separación de las células de la capa llamada endotelio, lo cual determina una llegada de **mayor flujo de sangre**. Salida de proteínas plasmáticas y suero, extravasación, cuando se presentan edemas.

Andreaqvi, cuando se manifiesta la **rinitis, conjuntivitis, urticaria**, por afectación de la piel, cuando están comprometidos de forma simultánea distintos órganos, /**Afirmación que en su constitutivo significado notifica, que su objeto es REIVINDICATIVO/**.

Andraqvi, cuando el sistema nervioso está comprometido por fijaciones neurológicas no normales, en la **normalidad biogenética** y se manifiesta migraña, la fatiga crónica, contracturas musculares, se establece la regularización, /**Afirmación que en su constitutivo significado notifica, que su objeto es REIVINDICATIVO/**.

REIVINDICACIÓN 20.
De acuerdo con las reivindicaciones, 1,2,3,4,5,6, el fármaco **andreaqvi,** en su **ARQUITECTURA ESTRUCTURAL MOLECULAR,** activa incidencias de elementos químicos que permiten proporcionar el antídoto contra presencias virales.

Andreaqvi, en sus incidencias activas en particulares elementos químicos /la transmisión de valores operativos/,**transfiere información amino, desde un metabolito a otro**, puntualmente los aminoácidos, generando las constantes de regularidad de los valores de normalidad, constituyéndose en catalizadores de reacción química, en consecuencia, se **aumenta la atención favorable de las hormonas**, como la **tiroxina** o los **glucocorticoides**, /**Afirmación que en su constitutivo significado notifica, que su objeto es REIVINDICATIVO**/.

Los grupos de elementos químicos que se asocian para que, en su selecta incidencia activa, específico hacer metabólico, entrega particulares respuestas a todos los cuadros clínicos, que se pueden presentar o que se estén presentando en una persona, /**Afirmación que en su constitutivo significado notifica, que su objeto es REIVINDICATIVO**/.

REIVINDICACIÓN 21.

Andreaqvi, está indicado en adolescentes, (de 12 años de edad y mayores) y en niños de 9 a 11 años de edad, de peso corporal superior a 34 kg. Deben tenerse en cuenta las recomendaciones referentes al tratamiento, las respectivas observaciones para que cumpla el objeto, /**Afirmación que en su constitutivo significado notifica, que su objeto es REIVINDICATIVO**/.

REIVINDICACIÓN 22.

De acuerdo con las reivindicaciones 1,2,3,4, Andreaqvi, se puede suministrar en Comprimidos de 200 mg, Anndraqvi, se puede suministrar vía perfusión intravenosa, 200 mg.

Andreaqvi, se puede suministrar disuelta en la albúmina pre-deglución, 100 mg.

OBSERVACIÓN de condiciones de suministro, /Afirmación que en su constitutivo significado notifica, que su objeto es REIVINDICATIVO/.

REIVINDICACION DE PROTECCIÓN

El nombre del Fármaco andreaquivi, es favorable tener protección, consistente en el derecho a exigir una indemnización, razonable y adecuada a las circunstancias, de cualquier tercero que la Patente en el período del trámite y después de la concepción de la Patente, se hubiera llevado a cabo una utilización de la invención, /**Afirmación que en su constitutivo significado notifica, que su objeto es REIVINDICATIVO/**.

El estado de los componentes químicos, de la invención en la **ARQUITECTURA ESTRUCTURAL MOLECULAR,**

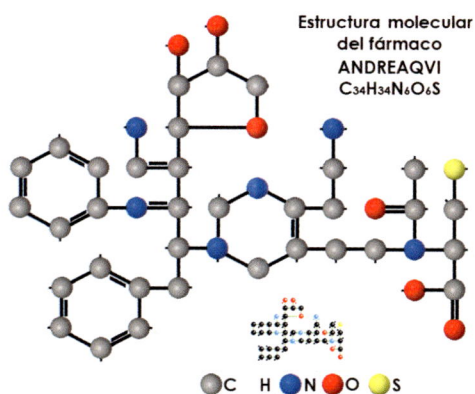

Estructura molecular
del fármaco
ANDREAQVI
C34H34N6O6S

C   H   N   O   S

REIVINDICACIÓN DE SEGURIDAD del fármaco, **ANDREAQVI,** con la fórmula **C34H34N6O6S**: que corresponda a la ARQUITECTURA ESTRUCTURAL MOLECULAR, tener protección, consistente en el derecho a exigir una indemnización, razonable y adecuada a las circunstancias de cualquier tercero que la Patente en el período del trámite y después de la concepción de la Patente, se hubiera llevado a cabo una utilización de la invención, de andreaqvi, /**Afirmación que en su constitutivo significado notifica, que su objeto es REIVINDICATIVO/**.

REIVINDICACIÓN DE PRODUCCIÓN

Fármacos de utilidad en tratamientos o sanación definitiva.

Todo fármaco o producto que tenga en su constitución, el significado de la reivindicación que, notifique la utilidad expresa para tratamiento o sanar, **siendo el resultado** del proceso realizado por las plantillas codificadoras y decodificadoras en el sistema, **SDF HmolikC**, el titular y propietario **Holmes Molik Candelo,** proporciona todos los derechos y prerrogativas a los gobiernos de la producción en cantidades industriales, si el suministro **se proporciona totalmente gratis al consumidor final**, evidentemente el valor de la **MEMBRESÍA,** que cada gobierno beneficiario paga al titular Holmes Molik Candelo, debe ser apostillado previamente en documento notarial, /**Afirmación que en su constitutivo significado notifica, que su objeto es REIVINDICATIVO/.** notificación que afirma el testimonio que la reivindicación se socializa sin ánimo de lucro.

Vinculación de laboratorios y corporaciones farmacéuticas privadas.

Solo en los casos de que los gobiernos no asuman este **condicionante REIVINDICATIVO,** y de por medio quieran participar los laboratorios o corporaciones privadas de la producción farmacéutica, el titular propietario Holmes Molik Candelo, del sistema, **SDF HmolikC**, les concederá mediante documento acuñado por **La Haya,** el condicionante del precio venta al público, y el valor de los derechos de regalías, indicador que el precio final al público, será regulado por el titular Holmes MoliK Candelo, evidentemente el valor de la **MEMBRESÍA,** que cada identidad probada paga al titular Holmes Molik Candelo, debe ser apostillado previamente en documento notarial /**Afirmación que en su constitutivo significado notifica, que su objeto es REIVINDICATIVO/.** notificación que afirma el testimonio que la reivindicación se socializa sin ánimo de lucro.

Fármacos de utilidad que constituyen VACUNAS.
Todo fármaco o producto, que tenga en su constitución el significado de la reivindicación, que **notifique** la utilidad expresa de **VACUNA, siendo el resultado del proceso realizado,** por las plantillas codificadoras y decodificadoras en el sistema, **SDF HmolikC**, el titular y propietario **Holmes Molik Candelo,** proporciona todos los derechos y prerrogativas a los gobiernos de la producción en cantidades industriales, **solo para el suministro de sus nacionales**, si el suministro se proporciona totalmente **gratis al consumidor final**, evidentemente el valor de la **MEMBRESÍA,** que cada gobierno beneficiario paga al titular Holmes Molik Candelo, debe ser apostillado previamente en documento notarial /**Afirmación que en su constitutivo significado notifica, que su objeto es REIVINDICATIVO/,** notificación que afirma el testimonio que la reivindicación se socializa sin ánimo de lucro.

Obstáculos al satisfactorio avance para obtener la Patente.

Es muy importante hacer el **reconocimiento en los contenidos**, sin dejar a un lado las explicaciones, que instruyen las **características técnicas novedosas de la invención**, para las cuales se reclama la protección legal mediante la patente.

Está lo suficientemente claro, que se han remitido estrictos contenidos, que congregan en estado específico las diferentes utilidades, para el cual se ha obtenido el logro de la **ARQUITECTURA ESTRUCTURAL MOLECULAR,** de la fórmula **C34H34N6O6S,** que el titular Holmes Molik Candelo, solicitante de la **Patente a la OEPM**, le ha colocado el nombre distintivo, **ANDREAQVI**, palabra que conforma la razón constitutiva que expresa, la **REIVINDICACION** tácita del fármaco sanitario,- AN – antídoto, - D – de, - REA – reacción, - Q – química, - VI – viral, **an**tídoto **rea**cción **quí**mica, **vir**al, para muchas variantes existentes, por tomar un ejemplo el **COVI**, y de posibles novedades futuras.

Surge en el proceso del respectivo trámite con la **OEPM,** para obtener la Patente de la fórmula **C34H34N6O6S,** con su correspondiente **ARQUITECTURA ESTRUCTURAL MOLECULAR**, la sugerencia de las normas procedimentales, para avanzar en la obtención de la Patente, después de haber denegado la continuidad del trámite, por entregar el titular Holmes Molik Candelo, la documentación que presenta el **RECURSO DE ALZADA de forma EXTEMPORÁNEA.**

BUFETE

Evidentemente para continuar el proceso, el titular Holmes Molik Candelo, activa las exigencias de obligatorio cumplimiento y recurrir a vincular representación profesional, en consecuencia, se gestiona la autorización al **BUFETE INTERNACIONAL, PELAEZ RODRIGUEZ MARTIN,** entidad que delegó al abogado, **MARTIN BLANCO JUAN CARLOS, NIF 02520615E, profesional que se nombró representante legal en el poder** notarial apostilla con el sello internacional de **LA HAYA,** que alberga las sedes del tribunal internacional de justicia y la corte penal internacional en los países bajos, y representando a Holmes Molik Candelo, ante la **Sala de lo Contencioso-Administrativo, del Tribunal Superior de Justicia de la Comunidad Autónoma de Madrid,** para que textualmente, como lo requiere el contenido del poder alegue y demuestre los criterios de las constancias que presenta para constituir las respuestas que dejan **sin peso jurídico a la resolución de la OEPM,** al dictaminar recibo del **RECURSO DE ALZADA** de forma **EXTEMPORÁNEA,** porque las **constancias de incapacidad de salud,** presentadas antes de enviar la documentación del **RECURSO DE ALZADA,** fueron **manifiestas a buen recibo y comprensión de la profesional funcionaria, que lleva el tema del trámite de la solicitud de PATENTE 202000115.**

Presentó los anteriores argumentos, porque el abogado representante, **MARTÍN BLANCO JUAN CARLOS,** solicitó a la **OEPM,** que se le proporcionará la documentación de la historia del proceso del trámite y como corresponde la **OEPM,** le entrega lo que considera los puntos más relevantes del trámite.

En consecuencia, como titular del trámite de la solicitud de Patente y representado, se me presentan dos frentes de acción que requieren mi rigurosa atención, porque mi representante, me manda el informe en las cuales están las resoluciones del proceso y la última que es la que me ocupa, para recurrir a contratar la representación del **BUFETE INTERNACIONAL, PELAEZ RODRIGUEZ MARTIN.**

EL abogado, **MARTÍN BLANCO JUAN CARLOS,** hace lectura y me manda las sugerencias de sus conclusiones, en el cual sugiere que el objeto de la demanda, que demuestra que la calificación por **INADMISIÓN** del **Recurso interpuesto,** por haberse presentado de manera **extemporánea, no tiene peso jurídico,** por cuanto una impugnación, presentada en exceso fuera de plazo, **nunca puede prosperar** por ser **cuestión legal inexcusable de orden público** y constituye un fundamento del derecho procesal, tanto administrativo como judicial.

El representante abogado, **MARTIN BLANCO JUAN CARLOS,** no atiende los hechos tangibles, vinculados del correspondiente pago de las tasas económicas asociadas y la entregada de las constancias que documentan el estado de incapacidad, antes de cumplirse los plazos de tiempo para la presentación del RECURSO DE ALZADA, constancias de incapacidad, que en los tiempos entregados adquieren universalmente, por la sola fuerza excepcional del hecho, todos los derechos y prerrogativas, a la cual de facto se le debe otorgar al asunto o al proceso en curso la pausa (por su estado de excepción), que en este caso la explicación constitutiva del estado de salud, consta el tiempo que afora el consentimiento jurídico de no calificar la extemporaneidad.

Entonces el representante, **MARTÍN BLANCO JUAN CARLOS,** sugiere dejar por terminado el proceso del objeto, para el cual ha sido contratado (que está expreso en el propósito del documento, poder firmado por el representado y representante) técnicamente, cerrar página y solicitar de nuevo el trámite de la Patente, que para el representado, no es procedente, porque como titular solicitante de la Patente, el representante debe cumplir el mandato y demostrar los criterios contenidos en la contestación que les envié al **BUFETE INTERNACIONAL, PELAEZ RODRIGUEZ MARTIN,** directamente al director.

Datos del BUFETE.

Calle Velazquez, 27 (semiesquina Goya) Madrid España.

Calle Bravo Murillo,377 (frente a los juzgados de plaza castilla) Madrid España, teléfono +34 687 391 344, email: guilermopelaez@icam.es

Evidentemente le precedo explicaciones que no vienen al caso por el cual fueron contratados, pero lo hago con toda la gentileza, para proporcionarle contenidos relevantes de mis criterios del panorama del proceso en curso, y después entró directamente a darle reiterativamente, como me he permitido entregar al BUFETE, del objeto por el cual fueron contratados y las razones, por el cual no los contrato, ni constan en el documento del poder, para recurrir a reiniciar la solicitud de la Patente.

BUFETE.

La circunstancia puntual que originó activar la demanda a la OEPM.

En la última resolución, la **OEPM** *califica la inadmisión del recurso, interpuesto por haber presentado de manera extemporánea.*

La **OEPM**, orienta en su misma resolución el paso a seguir, y me sugiere lo siguiente:

Contra la presente resolución no procede la impugnación en vía administrativa, tan sólo cabe recurso jurisdiccional que deberá interponerse ante la Sala de lo Contencioso-Administrativo del Tribunal Superior de Justicia de la Comunidad Autónoma de Madrid.

El demandante, al tener la clara comprensión de la orientación de la **OEPM**, al tener en su poder las constancias que por sus criterios se constituyen en evidencia fuera de toda duda razonable, que le permite avanzar para demostrar que el fallo de la **OEPM**, que *califica la inadmisión de recurso interpuesto por haber presentado de manera extemporánea.* No tiene peso **JURÍDICO**.

En consecuencia yo, Holmes Molik Candelo, como demandante a la OEPM, apoyado en mi interpretación, comprende cuales son las resoluciones que sí procede a impugnar en la vía administrativa, y analizando con todo el rigor, entonces hago lo que coyunturalmente está en el escrito orientativo, que dice de forma concluyente, que entregué el recurso de manera extemporánea, para demostrar y comprobar que no es extemporánea, *tan sólo cabe recurso jurisdiccional que deberá interponerse ante la Sala de lo*

Contencioso-Administrativo del Tribunal Superior de Justicia de la Comunidad Autónoma de Madrid.

Estando claro la médula o la coyuntura del tema y los eventos sugeridos, cualquier actividad que se haga, debe ser rodear con los argumentos y pruebas sustentadoras, que la CALIFICACIÓN EXTEMPORÁNEA NO TIENE PESO JURÍDICO, y con todo respeto repito, está especificado en el poder apostillado con el SELLO DE LA HAYA.

RESPUESTA DE HOLMES MOLIK CANDELO

Confirmó buen recibo y comprensión de vuestra interpretación, de cada uno de los párrafos que destacó en **colores** (rojo, verde, café claro), si es el único contenido que han colocado a vuestra observación.

Para ello lo atiendo en el siguiente orden.

PRIMERO, El objeto inicial de contactar con vuestro bufete, y así lo interpreto (que puedo estar equivocado) es atender una resolución de la OEPM, en la cual me envía, que he contestado de forma extemporánea, y ante esta evidencia sugieren que el paso apropiado es:

-o-o-o-

Contra la presente resolución no procede la impugnación en vía administrativa, tan sólo cabe recurso jurisdiccional que deberá interponerse ante la Sala de lo Contencioso-Administrativo del Tribunal Superior de Justicia de la Comunidad Autónoma de Madrid.

-o-o-o-

Lo OEPM, indica con este testimonio que, en adelante, dirigirse a ellos es infructuoso.

Entonces para mí como titular, se me presenta la oportunidad de activar la instancia a las cuales la OEPM, me convoca, activar el **recurso jurisdiccional que deberá interponerse ante la Sala de lo Contencioso-Administrativo del Tribunal Superior de Justicia.** Teniendo en cuenta que evidentemente para ello se requiere ser representado y es donde se vincula el bufete. Son pasos del protocolo que permite entregar los criterios que demuestran la razón de ser de las alegaciones.

En este caso, teniendo en cuenta el razonamiento en el cual se **NOTIFICA de forma, QUE NO HAY, NO CABE SER REFUTABLE**, como lo acuña este párrafo:

Combatir el propio Recurso de alzada fue ineficaz por cuanto una impugnación presentada *en exceso fuera de plazo* nunca puede prosperar por ser **cuestión legal inexcusable** de orden público y constituye un **fundamento del derecho procesal, tanto administrativo como judicial**.

Como está contextualizado, no cabe la menor duda, y les doy toda la razón y haré apología a esa descripción.

Pero siempre y cuando se presenten eventos, que vinculan las partes atendiendo novedades excepcionales dentro de los plazos, pues no tienen la razón, y lo que hay que alegar y utilizar la facultad para tener los resultados satisfactorios, es lo que constituye el primer paso, que las consecuencias no son propiciadas de la iniciativa del titular, sino de la OEPM.

El bufete tiene en sus manos los argumentos que les entregó, entre ellos, el pago de las tasas que corresponden al trámite de alzada que nos ocupa, dentro de los plazos, también el intercambio de correos dentro de los plazos, en donde se confirma el recibo de la documentación que entrega constancias del estado de salud y por ello la incapacidad, evidencias que convalidan, el consentimiento del estado excepcional para atender y es bien sabido, que en toda actividad universal que se interrumpa un proceso de obligatorio cumplimiento, por imposibilidad de la salud, se le concede todos los derechos y prerrogativas que objeta de facto una pausa, por el razonable estado del titular.

SEGUNDO, alegación que vincula el contenido entregado 02/agosto/2022: D. Candelo HOLMES (corrección – Holmes Molik Candelo-) presenta Recurso de alzada contra la denegación de la patente. Con una extensión de 58 páginas, y a juicio del Letrado autor de este informe con escasos conocimientos de química molecular, se subsanan los defectos denunciados desde el 02/febrero/2022.

En el documento se reitera y se repite, (al parecer de forma presuntamente molesta y lo digo yo, el mismo titular) pero es para centrar la atención que se rigen, por la referencia de parámetros establecidos por fuentes de conocimientos ya establecidos, (que tienen la razón, sin el producto o fármaco por patentar fuese procesado por los pasos, cuadros técnicos y recursos de ensayos experimentales, facultados por los conocimientos tradicionales) pero se les repite a la OEPM, en cada escrito como lo estoy haciendo ahora, que el producto es el resultado de un conocimiento totalmente nuevo, totalmente procesado por el sistema, SDF HmolikC, (Marca patentada en la misma OEPM, desde hace 10 años), decodificador y codificador de información de imagen ortocromática o pancromática.

TERCERO,

07/marzo/2022: La Comisión de expertos de la OEPM, estiman que ante la imposibilidad de determinar el objeto técnico de la solicitud y a la vista del IET/OE, en el que se muestran compuestos que contienen la misma fórmula molecular que el supuesto compuesto reivindicado, se decide la denegación de la solicitud, por falta de novedad e insuficiencia de la descripción.

Cada párrafo tiene sus razones, pero la comisión de expertos de la OEPM, o la IET/OE, afirmando que muestran compuestos (en plural, confirmando que hay más cantidad) que contienen la misma fórmula molecular C34H34N6O6S, es lógico, y lo repito nuevamente, (con las letras C.H.N.O.S y los números 1,2,3,4,5,6,7,8,9,0, se pueden escribir una gran cantidad de variables) pero con la **ARQUITECTURA ESTRUCTURAL MOLECULAR,** sólo se construye una sola, que responde selectivamente a cada una de las arquitecturas moleculares que referencia la IET/OE, y en consecuencia toman su individual identidad y las constituye en únicas, sus particulares utilidades, ese estado las difiere, y el solo hecho de nombrarlas, por su objeto reivindicativo han obtenido la Patente.

Creo y no tengo la más mínima duda, que los expertos han proporcionado la confirmación, de que hay las cantidades que sean de compuestos con la misma fórmula molecular, pero lo que sí sé, es que **no** han dicho que es razón categórica para negar una patente.

CUARTO, que si se lee rigurosamente el contenido entregado 02/agosto/2022 (que presenta el Recurso de alzada contra la denegación de la patente. Con una extensión de 58 páginas), se encuentran con explicaciones detalladas, con los más sencillos recursos instructivos, de la **técnica innovadora,** la **sustentación,** las **reivindicaciones, ilustraciones comparativas** de los **recursos gráficos,** que presentan dos estructuras moleculares, la expuesta por el titular y otra, que la lectura de los expertos, en el proceso presentado no pueden negar cómo llegan a esos pasos determinantes y ser óptimamente bien interpretados.

Puedo manifestar que en muchos correos enviados a la OEPM repito, explicaciones de criterios, porque es un producto, es un fármaco, producto logrado con una herramienta nueva, y cuando los tiempos presentan novedades, hay que recibir la instrucción para comprender y ser partícipe de la innovación.

Muy respetuosamente, en el hacer que me ocupa, solo se encuentran componentes que interactúan mediante programadas incidencias de fórmulas matemáticas, que cumplen rutinas para entregar respuestas exactas, no admiten ejercicios de probabilidades, en cualquier ciencia que se active la decodificación del sistema SDF HmolikC, en este innovador conocimiento, no se hacen experimentos, ensayos, pruebas, que son muy válidos, cuando se presenta la circunstancia de no tener el conocimiento, pero si la facultad y la infraestructura, para investigar y buscar hasta obtener el acierto o desacierto, eventos que tienen asociados, fichas técnicas de reconocimiento para evaluar la respuesta, al probarla con cuantías demográficas.

Como titular para cada pregunta, tengo en mi haber criterios demostrables.

Lo que se requiere es atender el PRIMER punto, porque es un asunto procedimental administrativo.

Porque hay que lograr obtener el fallo favorable, que demuestra la atención inapropiada en sucesos, que deben ser gestionados con prudencia y precaución administrativa.

Al lograrlo automáticamente la OEPM, tiene en el fallo la disposición jurídica, que debe continuar con el paso que se interrumpió y avanzar con el Recurso de Alzada.

Tener este fallo a favor, se puede continuar y establecer en los eventos demostrativos, que también hay imprudencia y la falta de respeto que se le debe otorgar el apropiado proceso, cuando se presenta un conocimiento nuevo.

Ahora me permito hacer la pregunta directa, ustedes como mis representantes, me pueden confirmar si hay la suficiente y específica comprensión, no de lo que pienso, sino de las constancias que ameritan la intención de activar el paso, **ante la Sala de lo Contencioso-Administrativo del Tribunal Superior de Justicia.**

Quedando en espera de la confirmación del buen recibo y comprensión del contenido,

cordialmente

Holmes Molik Candelo

Me permito comunicarle que he recibido, desde este correo, jcmartin@ammabogados.es, que no tiene la inclusión corporativa en el correo (icam), el siguiente contenido con un PDF adjunto, de ser así, le sugiero que usted le proporcione mi respuesta a Juan Martin

Blanco, en quien el bufete delega la atención representativa.

Estimado SR. HOLMES MOLIK:

El Letrado firmante, recibió encargo de su representante para estudiar la presentación de Recurso judicial contra la desestimación de su Recurso de alzada administrativo de la Oficina Española de Patentes y Marcas (OEPM) en el expediente de tramitación de su solicitud de Patente de invención nº 202000115.

En atención a este mandato, y tras recibir de usted el debido apoderamiento, la OEPM nos facilitó el expediente completo con todos sus documentos y tras su estudio y análisis hemos alcanzado las conclusiones que se expresan en el Informe adjunto.

Le enviamos este Informe anexo a la espera de sus indicaciones e instrucciones.

A su entera disposición.

Saludos

Mi respuesta es la siguiente

Confirmó buen recibo y comprensión de vuestra interpretación, de cada uno de los párrafos que destacó en **colores** (rojo, verde, café claro), si es el único contenido que han colocado a vuestra observación.

Para ello lo atiendo en el siguiente orden

PRIMERO, El objeto inicial de contactar con vuestro bufete, y así lo interpreto (que puedo estar equivocado) es atender una resolución de la OEPM, en la cual me envía, que he contestado de forma extemporánea, y ante esta evidencia sugieren que el paso apropiado es:

-o-o-o-

Contra la presente resolución no procede la impugnación en vía administrativa, tan sólo cabe recurso jurisdiccional que deberá interponerse ante la Sala de lo Contencioso-Administrativo del Tribunal Superior de Justicia de la Comunidad Autónoma de Madrid

-o-o-o-

La OEPM indica con este testimonio, que, en adelante, dirigirse a ellos es infructuoso.

Entonces para mí como titular, se me presenta la oportunidad de activar la instancia a las cuales la OEPM, me convoca, acudir al **recurso jurisdiccional que deberá interponerse ante la Sala de lo Contencioso-Administrativo del Tribunal Superior de Justicia.** Teniendo en cuenta que evidentemente para ello se requiere ser representado y es donde se vincula el bufete. Son pasos del protocolo que permite entregar los criterios que demuestran la razón de ser de las alegaciones.

En este caso, teniendo en cuenta el razonamiento en el cual se **NOTIFICA de forma, QUE NO HAY, NO CABE SER REFUTABLE**, como lo acuña este párrafo:

Combatir el propio Recurso de alzada fue ineficaz por cuanto una impugnación presentada *en exceso fuera de plazo* nunca puede prosperar por ser **cuestión legal inexcusable** de orden público y constituye un **fundamento del derecho procesal**, **tanto administrativo como judicial**.

Como está contextualizado, no cabe la menor duda, y les doy toda la razón y haré apología a esa descripción. Pero siempre y cuando se presenten eventos que vinculan las partes atendiendo novedades excepcionales dentro de los plazos, pues no tienen la razón, y lo que hay que alegar y utilizar la facultad para tener los resultados satisfactorios, es lo que constituye el primer paso, que las consecuencias no son propiciadas de la iniciativa del titular, sino de la OEPM.

El bufete tiene en sus manos los argumentos que les entregó, entre ellos, el pago de las tasas, que corresponden al trámite de alzada que nos ocupa dentro de los plazos, también el intercambio de correos, dentro de los plazos, en donde se confirma el recibo de la documentación que entrega constancias del estado de salud y por ello la incapacidad, evidencias que convalidan, el consentimiento del estado excepcional para atender y es bien sabido, que en toda actividad universal que se interrumpa un proceso de obligatorio cumplimiento, por imposibilidad de la salud, se le concede todos los derechos y prerrogativas que objeta de facto una pausa, por el razonable estado del titular.

-o-o-o-o-

SEGUNDO, alegación que vincula el contenido entregado 02/agosto/2022: D. Candelo HOLMES (corrección – Holmes Molik Candelo-) presenta Recurso de alzada contra la denegación de la patente. Con una extensión de 58 páginas, y a juicio del Letrado autor de este informe con escasos conocimientos de química molecular, se subsanan los defectos denunciados desde el 02/febrero/2022.

En el documento se reitera y se repite, (al parecer de forma presuntamente molesta y lo digo yo, el mismo titular) pero es para centrar la atención que se rigen, por la referencia de parámetros establecidos por fuentes de conocimientos ya establecidos, (que tienen la razón sin el producto o fármaco por patentar fuese procesado por los pasos, cuadros técnicos y recursos de ensayos experimentales facultados por los conocimientos tradicionales) pero se les repite a la OEPM, en cada escrito como lo estoy haciendo ahora, que el producto es el resultado de un conocimiento totalmente nuevo, totalmente procesado por el sistema SDF HmolikC, (Marca patentada en la misma OEPM desde hace 10 años), decodificador y codificador de información de imagen ortocromática o pancromática.

TERCERO,

07/marzo/2022: La Comisión de expertos de la OEPM estiman que ante la imposibilidad de determinar el objeto técnico de la solicitud y a la vista del IET/OE en el que se muestran compuestos que contienen la misma fórmula molecular que el supuesto compuesto reivindicado, se decide la denegación de la solicitud por falta de novedad e insuficiencia de la descripción.

Cada párrafo tiene sus razones, pero la comisión de expertos de la OEPM o la IET/OE, afirmando que muestran compuestos (en plural, confirmando que hay más cantidad) que contienen la misma fórmula molecular $C_{34}H_{34}N_6O_6S$, es lógico, y lo repito nuevamente, (con las letras C.H.N.O.S y los números 1,2,3,4,5,6,7,8,9,0, se pueden escribir una gran cantidad de variables) pero con la estructura de la arquitectura molecular solo se construye una sola, que responde selectivamente a cada una de las arquitectura molécula que referencia la IET/OE, y en consecuencia toman su individual identidad y las constituye en únicas, sus particulares utilidades, ese estado las difiere, y el solo hecho de nombrarlas, por su objeto reivindicativo han obtenida la patente.

Creo y no tengo la más mínima duda que los expertos han proporcionado la confirmación de que hay las cantidades que sean de compuestos con la misma fórmula molecular, pero lo que sí sé, es que **no** han dicho que es razón para negar una patente.

CUARTO, que si se lee rigurosamente el contenido entregado 02/agosto/2022 (que presenta el Recurso de alzada contra la denegación de la patente. Con una extensión de 58 páginas), se encuentran con explicaciones detalladas, con los más sencillos recursos instructivos, de la **técnica innovadora**, la **sustentación**, las **reivindicaciones**, **ilustraciones comparativas** de los **recursos gráficos,** que presentan dos estructuras moleculares, la expuesta por el titular y otra, que la lectura de los expertos no pueden negar como llegan a esos pasos determinante y ser óptimamente bien interpretados.

Puedo manifestar que en muchos correos enviados a la OEPM repito, explicaciones de criterios, porque es un producto es un fármaco, producto logrado con una herramienta nueva, y cuando los tiempos presentan novedades, hay que recibir la instrucción para comprender y ser partícipe de la innovación.

Muy respetuosamente, en el hacer que me ocupa, solo se encuentran componentes que interactúan mediante programadas incidencias de fórmulas matemáticas, que cumplen rutinas para entregar respuestas exactas, no admiten ejercicios de probabilidades, en cualquier ciencia que se active la decodificación del sistema, SDF HmolikC, en este innovador conocimiento no se hacen experimentos, ensayos, (experimentos, pruebas, ensayos que son muy válidos, cuando se presenta la circunstancia de no tener el conocimiento, pero si, la facultad y la infraestructura para investigar y buscar hasta obtener el acierto o desacierto, eventos que tienen asociados fichas técnicas de reconocimiento para evaluar la respuesta, al probarla con cuantías demográficas.

Como titular para cada pregunta, tengo en mi haber criterios demostrables.

Lo que se requiere es atender el PRIMER punto, porque es un asunto procedimental administrativo.

Porque hay que lograr obtener el fallo favorable, que demuestra la atención inapropiada en sucesos que deben ser gestionados con prudencia y precaución administrativa.

Al lograrlo automáticamente la OEPM, tiene en el fallo la disposición jurídica que debe continuar con el paso que se interrumpió y avanzar con el Recurso de Alzada.

Tener este fallo a favor se puede continuar y establecer en los eventos demostrativos, que también hay imprudencia y la falta de respeto que se le debe otorgar el apropiado proceso cuando se presenta un conocimiento nuevo.

Ahora me permito hacer la pregunta directa, ustedes como mis representantes, me pueden confirmar si hay la suficiente y especifica comprensión, no de lo que pienso, sino de las constancias que ameritan la intención de activar el paso, **ante la Sala de lo Contencioso-Administrativo del Tribunal Superior de Justicia.**

Quedando en espera de la confirmación del buen recibo y comprensión del contenido,

cordialmente

Holmes Molik Candelo

COLEGIO DE ABOGADOS.

P R O V I D E N C I A: / En Madrid, a dieciséis de mayo _____/ de dos mil veintitrés. Por recibidos en este Consejo de Colegios de Abogados de la Comunidad de Madrid, en fecha 10 de mayo de 2023, Recurso y antecedentes relativos al Expediente de Información Previa nº 292/23 tramitado por el Ilustre Colegio de la Abogacía de Madrid frente al letrado don Juan Carlos Martín Blanco, en virtud de la queja formulada por don Holmes Molik Candelo, regístrese e incóese el oportuno expediente, al que por turno corresponderá el número

163/2023. Dese traslado de la presente Providencia, junto con el recurso formulado, a las partes interesadas, de conformidad con lo establecido en el artículo el artículo 21.4 y 118.2 de la ley 39/2015, de 1 de octubre, del Procedimiento Administrativo Común de las Administraciones Públicas. En el caso de que deseen en lo sucesivo se le remitan las diferentes resoluciones por correo electrónico podrán hacerlo así constar por escrito, indicando la dirección que designen a tal efecto en la siguiente dirección secretaria1@ccacm.org. CONSEJO DE COLEGIOS DE ABOGADOS DE LA COMUNIDAD DE MADRID Nº Registro de Salida: 1214/2023 Fecha: 16/05/2023 EL SECRETARIO DON HOLMES MOLIK CANDELO.

En los documentos remitidos de forma repetitiva en cartas abiertas, con criterios y observaciones a los expertos y encargados técnicos incluyendo al director de la OEPM, están instruidas las explicaciones que responden muy específicamente que las fuentes de referencias de conocimientos que originan la fórmula química con su correspondiente **ARQUITECTURA ESTRUCTURAL MOLECULAR**, se obtienen por conducto de un conocimiento totalmente nuevo, nunca antes registrado ni contenidos en los bancos de consulta de las diferentes ciencias, notificación suficiente para contestarse los facultados en los método del estudio tradicional, que no están facultados para entender, ni tienen la comprensión, para proporcionar juicios que les permita calificar a favor o en contra el objeto reivindicativo de la **ARQUITECTURA ESTRUCTURAL MOLECULAR**, si para aceptarlo exigen, que el proceso para obtener el producto o fármaco no presenta los procesos técnicos y ensayos que sus conocimientos tal y cual obedecen a sus rutinas.

Toda presencia que corresponda a las rutinas de operatividad genética para preservar la normalidad del ciclo temporal, en su anatomía patológica, para lograrlo no hace investigaciones ni consultas, ni ensayos ni cursos de preparación que a cada partícula que toma un aspecto y hace parte o componente de una identidad para una función específica, ni recibe previamente una capacitación que la faculte para esa competencia funcional, porque la constituye un código fuente genético que la inteligencia humana no ha podido adquirir el conocimiento de las fuentes de referencia para hacer la lectura de los valores de información que transmite.

Respectivamente a las ciencias y puntualmente a los profesionales de la bioquímica sanitaria, aunque se les dificulte aceptarlo, porque no leen con rigurosidad y seriedad, que repetitivamente se manifiesta que toda afirmación que se escribe y manifiesta en los criterios, se presentan con responsabilidad jurídica, que los conocimiento los origina el mismísimo código fuente genético (**"La patología de transmisión de información genética"** conocimiento o patología que no se encuentra en ninguna de las fuentes de referencia de los conocimientos que los faculta), y por ello las **reivindicaciones para activar el suministro** las precede el condicionante que el consumidor final debe de recibirlas **totalmente gratis**

La excepcional propuesta, al originarse de procesos distintos, porque es un conocimiento totalmente nuevo, se debe aceptar con valentía que lo ético, lo procedente es observar y leer con rigurosidad los contenidos, y si se requiere convocar al titular y propietario, para que amplié la información o programar una cita con asistencia física para solicitar explicaciones si se determina necesario.

La sola presentación de la **ARQUITECTURA ESTRUCTURAL MOLECULAR** que corresponde a una fórmula química, y si está en disposición de toda la claridad que permita al otro método de calcular compuestos químicos como la **nomenclatura IUPAC**, que dispone y constituye el compuesto de los componentes que es fundamental para activar el proceso de preparación del fármaco y obtener como resultado el producto suministrable.

El evento más relevante que después fue descubierto por el estudio tradicional, fue los resultados de la resonancia magnética nuclear, lo obtuve con sapo o batracio, ver el sistema circulatorio, la estructura ósea, y los órganos vitales, sin afectar la salud del batracio, procedimiento no recomendable para realizarlo con el ser humano, pero lo importante fue de mucha utilidad para consultar respuesta en la investigación.

Gráficos diseñados en 1972,
para identificar los relevantes apuntes

Gráficos que fueron acotados mucho después adjunto las fuentes de referencias del estudio tradicional

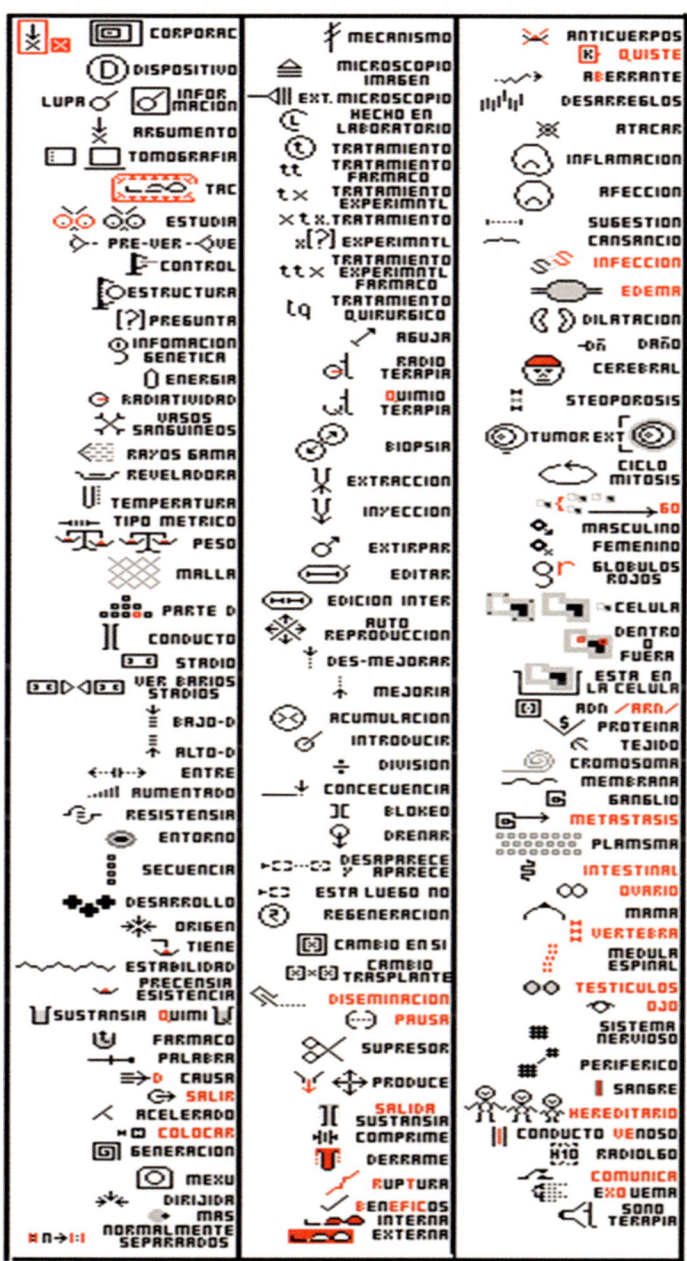

PUBLICACIONES RELEVANTES

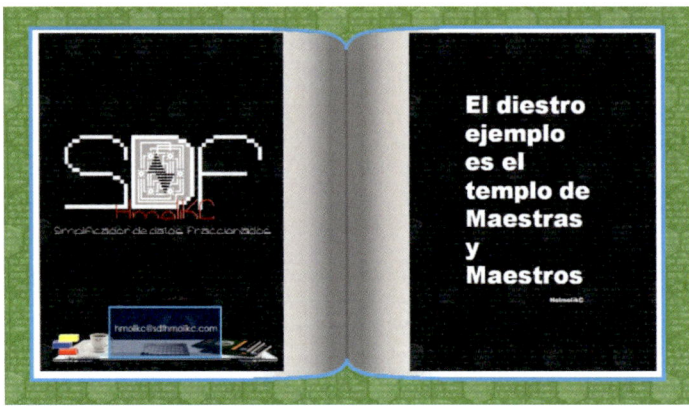

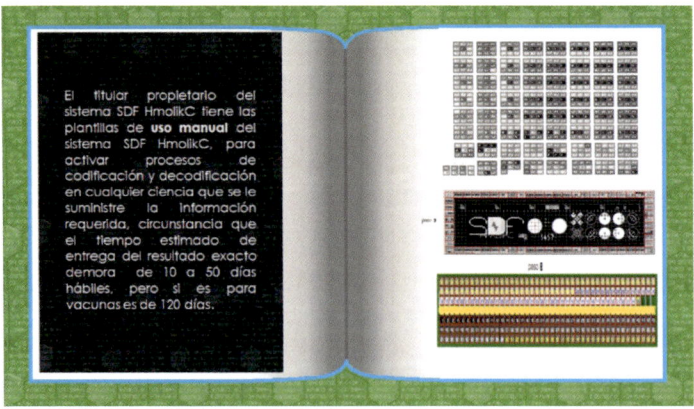

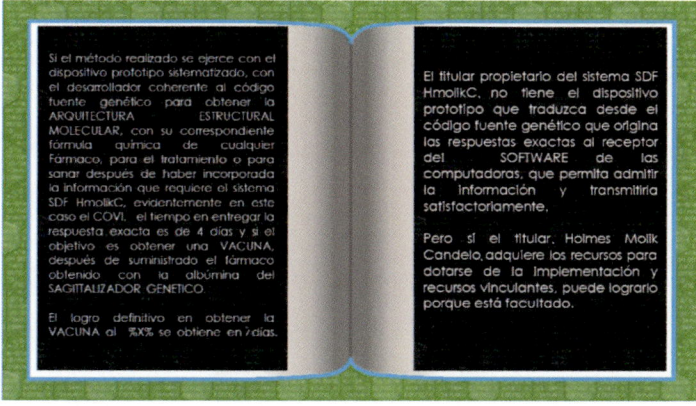

Si el método realizado se ejerce con el dispositivo prototipo sistematizado, con el desarrollador coherente al código fuente genético para obtener la ARQUITECTURA ESTRUCTURAL MOLECULAR, con su correspondiente fórmula química de cualquier Fármaco, para el tratamiento o para sanar después de haber incorporada la información que requiere el sistema SDF HmolikC, evidentemente en este caso el COVI, el tiempo en entregar la respuesta exacta es de 4 días y si el objetivo es obtener una VACUNA, después de suministrado el fármaco obtenido con la albúmina del SAGITALIZADOR GENETICO.

El logro definitivo en obtener la VACUNA al %X% se obtiene en ?días.

El titular propietario del sistema SDF HmolikC, no tiene el dispositivo prototipo que traduzca desde el código fuente genético que origina las respuestas exactas al receptor del SOFTWARE de las computadoras, que permita admitir la información y transmitiria satisfactoriamente.

Pero sí el titular, Holmes Molik Candelo, adquiere los recursos para dotarse de la Implementación y recursos vinculantes, puede lograrlo porque está facultado.

REIVINDICACIÓN DE PRODUCCIÓN DE FÁRMACOS EN BIOGENÉTICA SANITARIA

Fármacos de utilidad en tratamientos o sanación definitiva

Todo fármaco o producto que tenga en su constitución el significado de la reivindicación que, notifique la utilidad expresa para tratamiento o sanar, siendo el resultado del proceso realizado por las plantillas codificadoras y decodificadoras en el sistema SDF HmolikC.

El titular y propietario Holmes Molik Candelo, proporciona todos los derechos y prerrogativas a los gobiernos de la producción en cantidades industriales, sí el suministro, se proporciona totalmente gratis al consumidor final, evidentemente, el valor de la **MEMBRESÍA** que cada gobierno beneficiario paga al titular Holmes Molik, debe ser apostillado previamente en documento notarial. **/Afirmación que en su constitutivo significado notifica que su objeto es REIVINDICATIVO/**. Testimonio que notifica, servicio sin ánimo de lucro.

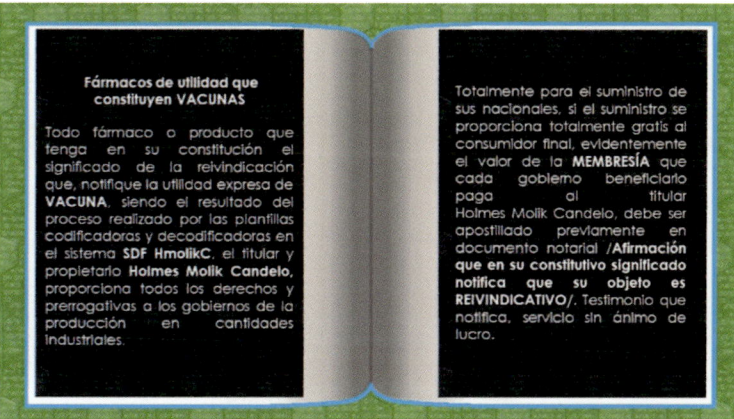

Fármacos de utilidad que constituyen VACUNAS

Todo fármaco o producto que tenga en su constitución el significado de la reivindicación que, notifique la utilidad expresa de **VACUNA**, siendo el resultado del proceso realizado por las plantillas codificadoras y decodificadoras en el sistema **SDF HmolikC**, el titular y propietario **Holmes Molik Candelo**, proporciona todos los derechos y prerrogativas a los gobiernos de la producción en cantidades industriales.

Totalmente para el suministro de sus nacionales, si el suministro se proporciona totalmente gratis al consumidor final, evidentemente el valor de la **MEMBRESÍA** que cada gobierno beneficiario paga al titular Holmes Molik Candelo, debe ser apostillado previamente en documento notarial **/Afirmación que en su constitutivo significado notifica que su objeto es REIVINDICATIVO/**. Testimonio que notifica, servicio sin ánimo de lucro.

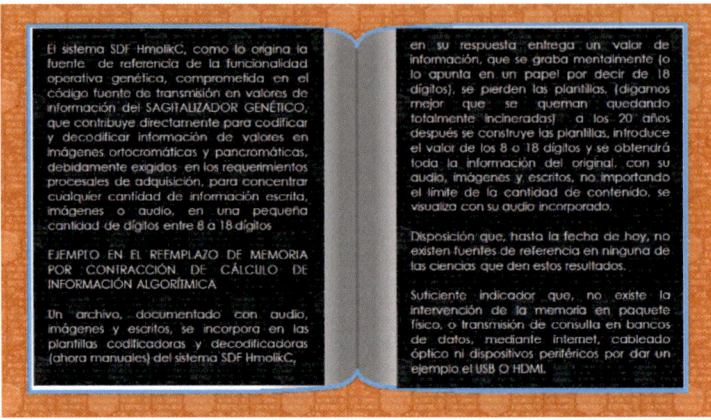

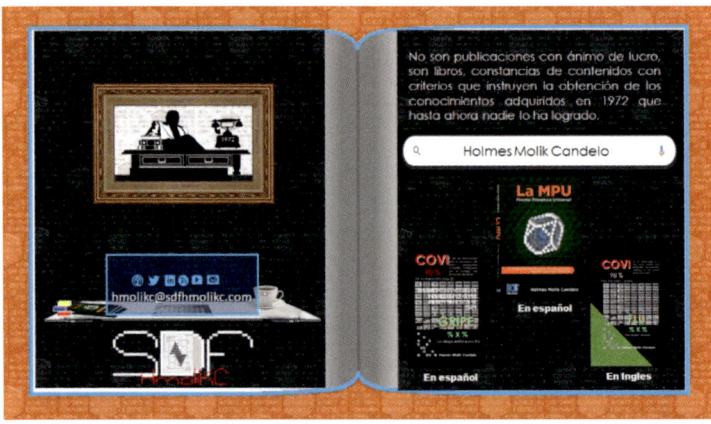

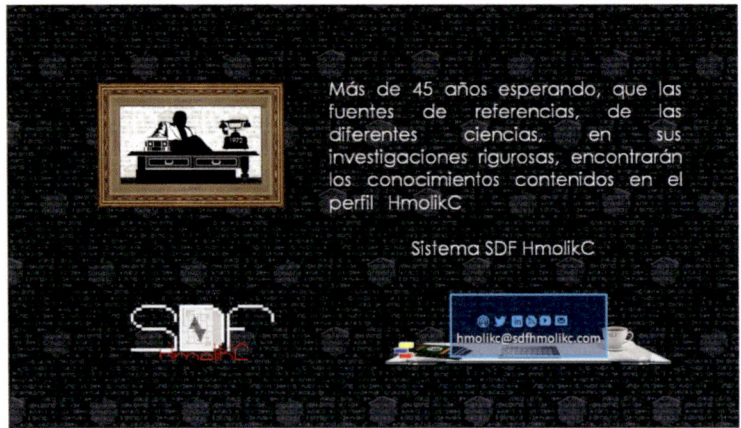

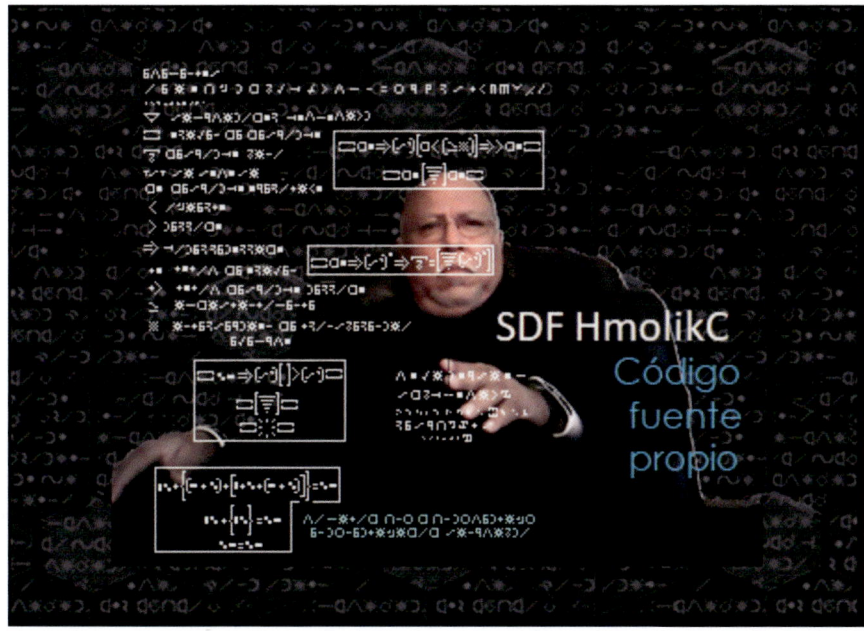

En estos días, los correos electrónicos, se han enviado gradualmente a embajadas o cancillerías en 180 países.

El objeto del contenido, es compartir la sugerencia a todos los países involucrados en la deuda externa, de la opción innovadora, precisa – REDUCIR - y de algunos países exonerarse.

El sistema SDF HmolikC, no tiene la probabilidad, ni la fase experimental, pero con criterios, LA RESPUESTA - REDUCIR - LA DEUDA EXTERNA INTERNACIONAL ENTRE PAÍSES, que tienen actividad de transferencias bancarias de PAGOS entre ellos, en compromisos contractuales a plazo de tres años más de actividad de transferencia de efectivo mediante domiciliación bancaria, registrada a tiempo en el pasivo no corriente de su correspondiente estado de cuentas.

El sistema SDF HmolikC, único en su tipo, administra el ejercicio de comunicación requerido por el modelo de desarrollo actual y apreciamos su receptividad, disponibilidad que ayuda a sincronizar la interrelación entre todos los países y aumenta el valor o la cantidad de dinero que se reducirá.

Gracias por la respuesta gradualmente de países, para iniciar el protocolo del procedimiento de correspondencia del sistema SDF HmolikC, que contienen explicaciones exactas significativas de la razón de ser del sistema SDF HmolikC, en el tema de la deuda externa.

El sistema **SDF HmolikC** no pide dinero para verificar sus resultados **exactos**.

Siempre, la razón de ser del sistema **SDF HmolikC** ha publicado desde hace años que sus prioridades por activar y proporcionar el resultado **EXACTO** son:

Primero, dar la respuesta **EXACTA** (esta listo al %X%), en mermar la deuda externa entre países y en casos excepcionales quedar exentos del pago que se programe en algunos países.

NOTA: se le adjudica la primera prioridad a la deuda externa, porque es el vehículo apropiado que proporciona el financiamiento propio, para avanzar de forma favorable en las siguientes prioridades, sin buscar socios que gestionan las prioridades de la tragedia humana como un PRODUCTO multiplicador de dividendos económicos.

Segundo: atender el cáncer de mama con respuesta EXACTA.
Tercero: el coma con respuesta EXACTA, que sus órganos principales no estén sustituidos con dispositivos periféricos, con respuesta EXACTA.
Cuarto: la gripe respuesta exacta a %X%.

Nota: las circunstancias han cambiado el orden y ahora se encuentra como segunda prioridad la presencia del **COVI corona virus**.
En tiempo real el sistema **SDF HmolikC** esta listo al %X% con la respuesta **EXACTA** y tiene desde mayo del 2020 el fármaco **–andreaqvi- antídoto de reacción químico viral** fórmula y estructura química, $C_{34}H_{34}N_6O_6S$ óptimo para el tratamiento. Fármaco, que hace parte por inducción expiral a la albúmina metabólica y conformar la vacuna.

El tiempo que se demore el protocolo del modelo de supervisar, convalidar, y proporcionar favorablemente la patente, de este fármaco generado de un conocimiento totalmente nuevo, de una cátedra nueva, una nueva cátedra que facilita el conocimiento facultativo para leer el código fuente de la infraestructura genética de los tantos valores que en este momento se tienen en los bancos de datos de tantos excelentes laboratorios.

La referencia de las fuentes de conocimientos de las diferentes ciencias obtienen dignificantemente los valores de la información pero no, no, no tienen el conocimiento, para activar matemáticamente y obtener el resultado **EXACTO** o inducir a los estados específicos para que los componentes indicados proporcionen el resultado.

Fdo,
Holmes Molik Candelo
Responsable legal
SDF HmolikC

HOLMES MOLIK CANDELO
Nacionalidad: Colombiano.
Ciudad de nacimiento: Palmira (Valle del Cauca).
Titular: investigador, con la obtención de los conocimientos que originan la implementación y plantillas codificadoras o de codificadoras de imágenes ortocromáticas y pancromáticas.
Propietario: del sistema Marca, **SDF HmolikC.**
Operatividad: Madrid España.
DOCUMENTO: Constancia abierta del proceso del trámite de patente y socialización en el actual modelo de desarrollo, de uno de los productos, el Fármaco ANDREAQVI, con la fórmula química, $\overline{C34H34N6O6S}$ con su respectiva ARQUITECTURA ESTRUCTURAL MOLECULAR.

La herramienta Marca **SDF HmolikC**, comparte este contenido para acuñar en vuestra rigurosa receptividad, los criterios notificadores, de la presentación de los nuevos conocimientos que constituyen las nuevas asignaturas que permiten consultar la respuesta exacta, en los temas que se le proporcione la información que requiere.

Comparto mis contenidos, no a título de publicidad, sino a título de constancia, en los canales de disposición abierta al público, para dejar incorporado, que lo escrito e ilustrado, son componentes que hacen parte inevitable en la activación de la funcionalidad de la herramienta del sistema SDF HmolikC.

La patología orgánica y la patología psíquica, para detectar sus estados comprometidos en la preservación de lo normal o del riesgo, se detectan mediante muestras que al realizar la analítica, se localizan la constancia o evidencias, que sustenta la respuesta real (coloquialmente dichas por los antiguos pregoneros "Tus mierdas o cagadas revelan tu salud, igualmente tus mierdas o cagadas revelan tus conductas, tus aciertos o errores, directamente que si la has cagado o no")

La voluntad del ser humano, por el nivel de facultades que ha adquirido en su comprensión en la inteligencia, ha contribuido en no dejar que el ciclo de tiempo de 120 años del ser humano se cumpla, curiosamente siendo inconsciente, algunas mujeres han vivido más, no por el propósito premeditado, sino por verse mejor para ella misma o su consorte, por consumir alimentos básicos, tubérculos legumbres, frutas, frutos secos. La patología psíquica en **tus cagadas permite vivir más o menos.**

Los escritos, imágenes de los componentes que conforman la presencia operativa, de la transmisión de valores de información del código fuente genético, logrados en la investigación en 1972, constituyen sin lugar a ninguna duda razonable, en nuevas fuentes de referencia de conocimientos, nunca antes adquiridos, (ni en la fecha de compartir este documento), por ninguna de las asignaturas de ninguna de las ciencias.

Conocimientos que originaron la construcción de las plantillas codificadoras y decodificadoras de constantes en imágenes ortocromáticas y pancromáticas del sistema Marca SDF HmolikC.

BENEFICIOS EN LA SALUD
REIVINDICACIÓN DE PRODUCCIÓN

Fármacos de utilidad en tratamientos o sanación definitiva

Todo fármaco o producto que tenga en su constitución el significado de la reivindicación que, notifique la utilidad expresa para tratamiento o sanar, siendo el resultado del proceso realizado por las plantillas codificadoras y decodificadoras en el sistema SDF HmolikC, el titular y propietario Holmes Molik Candelo, proporciona todos los derechos y prerrogativas a los gobiernos, que ejerzan la producción en cantidades industriales, si el suministro se proporciona totalmente gratis al consumidor final, evidentemente el valor de la **MEMBRESÍA** que cada gobierno beneficiario paga al titular Holmes Molik Candelo, debe ser apostillado previamente en documento notarial, /**Afirmación que en su constitutivo significado notifica que su objeto es REIVINDICATIVO/**. Testimonio que notifica, servicio sin ánimo de lucro.

Laboratorios y corporaciones farmacéuticas privadas

Sólo en los casos de que los gobiernos no asuman este condicionante REIVINDICATIVO, anteriormente planteado, y de por medio quieran participar los laboratorios o corporaciones privadas, de la producción farmacéutica, el titular propietario Holmes Molik Candelo, del sistema **SDF HmolikC**, les concederá mediante documento acuñado por La Haya, el condicionante del precio venta al público, y el valor de los derechos de regalías, indicador que el precio final al público será regulado por el titular Holmes Molik Candelo, evidentemente el valor de la **MEMBRESÍA**, que cada identidad paga al titular Holmes Molik Candelo, debe ser apostillado previamente en documento notarial /**Afirmación que en su constitutivo significado notifica que su objeto es REIVINDICATIVO**/. Testimonio que notifica, servicio sin ánimo de lucro.

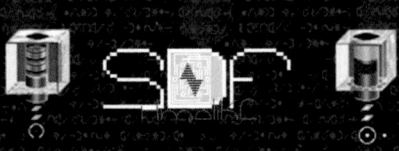

Fármacos de utilidad que constituyen VACUNAS.

Todo fármaco o producto que tenga en su constitución el significado de la reivindicación que, notifique la utilidad expresa de **VACUNA**, siendo el resultado del proceso realizado por las plantillas codificadoras y decodificadoras en el sistema **SDF HmolikC**, el titular y propietario **Holmes Molik Candelo**, proporciona todos los derechos y prerrogativas a los gobiernos de cada país, de la producción en cantidades industriales, sólo para el suministro de sus nacionales, si el suministro se proporciona totalmente gratis al consumidor final, evidentemente el valor de la **MEMBRESÍA** que cada gobierno beneficiario paga al titular Holmes Molik Candelo, debe ser apostillado previamente en documento notarial /**Afirmación que en su constitutivo significado notifica que su objeto es REIVINDICATIVO**/. Testimonio que notifica, servicio sin ánimo de lucro. Membresía

BENEFICIOS EN LA TRANSMISIÓN DE INFORMACIÓN

Siempre, el ejemplo para mejor comprensión, un archivo, documentado con audio, imágenes y escritos, se incorpora en las plantillas codificadoras y decodificadoras (ahora manuales) del sistema SDF HmolikC, en su respuesta entrega un valor de información, que se graba mentalmente (o lo apunta en un papel por decir de 18 dígitos), se pierden las plantillas, (digamos mejor que se queman quedando totalmente incineradas) a los 20 años después se construye las plantillas, introduce el valor y se obtendrá toda la información del original, con su audio, imágenes y escritos, no importando el límite de la cantidad de contenido, se visualiza con su respectivo audio incorporado.

'

Secuencia de eventos con sus complicaciones para tramitar la socialización

Para socializar el conocimiento a la humanidad, me tuve que preparar, porque los facultados del estudio tradicional, exigen que las demostraciones de los resultados, se hacen utilizando los métodos de investigación que los faculta (investigar, experimentar, ensayos, desaciertos o aciertos, dicho de otra forma, fracasos o logros).

Pero no se puede lograr, porque el lenguaje del código fuente genético, la entidad contable es muy distinta, (no hace investigaciones, ni los eventos asociados), entonces no existe el fracaso ni el logro, solo existen constantes del ciclo temporal y retorno al origen de todas las partículas que conforman el compuesto o identidad. Sólo para comprenderlo, queda la opción presencial, para recibir las instrucciones, que no traduce, que enseña otras asignaturas muy diferentes para encontrar respuestas.

Corte Internacional de Justicia, LA HAYA

Corte Internacional de Justicia, LA HAYA.
Se está preparando el documento que será remitido a la **Corte Internacional de Justicia** de la **HAYA**, en donde se sustentan los siguientes requerimientos, evidentemente afirmando que sí han sido proporcionados en las respectivas sustentaciones y observaciones durante el protocolo de correspondencia.

La técnica
La innovación
La invención

Las observaciones de los criterios que demuestran fuera de toda duda razonable, que la fórmula química $C_{34}H_{34}N_6O_6S$, así existan otros más compuestos químicos, con la misma expresión literal, a disposición de los gremios internacionales de consulta, no es causal definitiva, para denegar la Patente.

El criterio que los otros tantos compuestos químicos los difiere y los acredita para haber recibido la aprobación de la patente es la ARQUITECTURA ESTRUCTURAL MOLECULAR, que es la constancia que las difiere, y por ello aprueban los centros de Consultoría internacional. ARQUITECTURA ESTRUCTURAL MOLECULAR, que se les envió repetidas veces en cartas abiertas y directamente al funcionario que atiende el trámite y directamente al director de la OEPM. Ilustración en la representación técnica del sistema SDF HmolikC y respectivamente la ilustración técnica que aprueba la **IET/OE** .

También se enviará la documentación que sustenta con rigurosidad que la ARQUITECTURA ESTRUCTURAL MOLECULAR, se obtiene por conducto del proceso operativo de conocimientos totalmente nuevos originados en las investigaciones realizadas en el año 1972, fuentes de referencias halladas en la infraestructura operativa de transmisión de la información genética por conducto de su propio código fuente, que concluyentemente para atender la múltiple cantidad de eventos comprometidos en los únicos **dos estados**, como **primero**, la preservación del ciclo temporal de un compuesto orgánico y como **segundo**, el retorno al estado de origen de la MPU, Mínima Presencia Universal, con infraestructura operativa denominada también como OXILOGENO, en los apuntes del perfil HmolikC.

El OXILOGENO en su infraestructura operativa, realiza sus funciones mediante la transmisión de información por incidencia, ejecutada en la gestión de cálculos de fórmulas entre valores específicos, para entregar siempre las respuestas exactas que estén comprometidas con los dos estados mencionados anteriormente.

Que para suplir estas genéticas obligatoriedades, no recurre a las investigaciones, experimentos u otras opciones que estén asociadas a las probabilidades.

Estos constitutivos criterios de la operatividad genética, en su fuentes de referencias, proporcionan los conocimientos, para diseñar las plantillas del sistema Marca, SDF HmolikC, que codifica y decodifica información de constantes en imágenes ortocromáticas o pancromáticas, proporcionando en las consultas la respuesta exacta, particularidad que también le permite no hacer investigaciones, experimentos u otras opciones que estén asociadas a las probabilidades.

Holmes Molik Candelo, como propietario del sistema Marca, SDF HmolikC, y titular solicitante de la Patente del fármaco ANDREAQVI, antídoto de reacción químico viral, entre otras el llamado COVI, con fórmula $C34H34N6O6S$, con su única ARQUITECTURA ESTRUCTURAL MOLECULAR.

Notifica que tiene el conocimiento y la comprensión de todos y cada uno de los requerimientos normativos de las técnicas contenidas en el protocolo, para presentar el proceso hasta obtener la ARQUITECTURA ESTRUCTURAL MOLECULAR.

Exigencia circunstancial que no se hace, porque la metodología que proporciona obtener el fármaco que me ocupa, no corresponde a las fuentes de referencia de los conocimientos que faculta y acredita a los profesionales del estudio tradicional.

397

También se enviará la documentación que sustenta que el fallo de inadmisión del recurso de alzada por entregarlo de forma extemporánea, no tiene peso administrativo ni jurídico, puesto que se tienen las pruebas dentro de los términos de tiempos que se realizó el correspondiente pago y del envió de las constancias de incapacidad clínica, manifestando la profesional funcionaria responsable de llevar el trámite, que tiene a buen recibo y comprensión del contenido, de las constancias de incapacidad que sustentan el consentimiento del estado de excepción universal, que compromete proporcionar todos los derechos y prerrogativas que se le deben conferir.

Libros que acuñan en el tiempo las constancias ineludibles notificadoras que, todos los criterios de los conocimientos congregados y registrados en la propiedad intelectual, son indicadores que sólo el autor entiende y comprende la forma operativa.

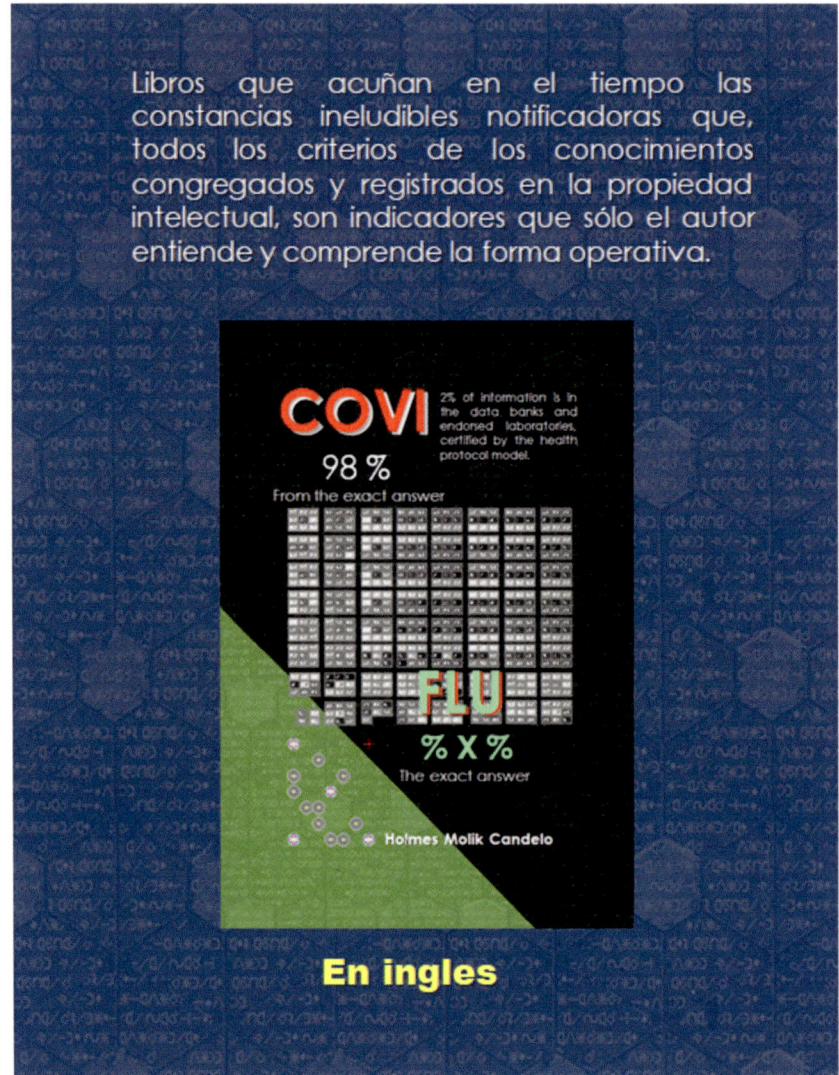

Libros, que contienen los conocimientos que originaron las plantillas incorporadas en la herramienta del sistema SDF HmolikC, para proporcionar como aporte complementario en su funcionalidad los resultados exactos a las consultas de las diferentes ciencias, toda vez que se le proporcione al sistema SDF HmolkkC, la información que requiere.

ACTUALIZACIÓN DEL PROCESO HASTA 30/10/2024

Como investigador titular y propietario del sistema SDF HmolikC, me toca compartir este particular contenido en la cual está comprometido mi estado de salud en estos entonces a mis 72 años desde hace 4 años, me otorga la lectura indicadora, que el estar entre vosotros y en mis facultades adquiridas en las investigaciones de las fuentes de referencia de los conocimientos originadores de la razón de ser de mis logros definitivos obtenidos, que son operativos gracias a las referenciadas plantillas manuales HmolikC 1457, mediante el recurso de la decodificación y codificación de información directa original no digitalizada, al cual se le suministra en el estado ortocromático o pancromático, consecuentemente entrega la respuestas exactas, resultados que se afirman con la responsabilidad jurídica, contenido de respuesta que se obtienen específicamente, entregando en los temas de salud, las siguientes opciones.

a) La arquitectura estructural molecular con su correspondiente fórmula química, para que se desplace a los facultados en los laboratorios competentes para que realicen la procedente preparación del fármaco o la manufactura en cantidades industriales si así lo requiere la circunstancia.

b) La intervención física en los orígenes del cuadro clínicos como esté indicado en el resultado proporcionado por el sistema SDF

HmolikC, mediante la intervención quirúrgica u otro recurso específico, también orientado por el sistema SDF HmolikC.

c) La sustracción física de las zonas periféricas indicada en los resultados, que proporcionan las existencias correspondientes, para restablecer el estado y la funcionalidad normal para el bien del ciclo afectado.

d) Atención a las características neurotransmisoras comprometidas por la comprensión adquirida por el consciente de la inteligencia.

Retomando mis cuadros clínicos, creo que la evolución es muy lenta de mi mejoría, puntualmente en la complicación de la columna, me reconfortan mucho, porque hasta ahora en ninguno de los exámenes radiografías, ecografías, resonancias. Los facultados desde hace 3 años no han logrado establecer un diagnóstico ni siquiera aproximado.

En mis conclusiones estoy viviendo una curiosa paradoja, me afecta tres cuadros clínicos en donde están comprometidos.

1) **La próstata** comprometida en el alto nivel de **ANTÍGENO**, causa detectada y lograda en los exámenes realizados en los laboratorios por los facultados.

2) **La columna**, (como no tengo el consentimiento concluyente de los profesionales), /pero la precisión que mis conocimientos me informan /el sistema metabólico contribuye a producir una presencia líquida (que en los apuntes del perfil HmolikC se le ha proporcionado un nombre), presencia parecida y se puede confundir con el líquido intersticial, esta presencia se encarga de darle fortaleza a los músculos sólo cuando los músculos están poco ejercitados (se activa en reacciones parasimpáticas), presencia que está presente permanente en todos los conductos de información del sistema nervioso.

Cuando esta presencia se produce en bajas cantidades el sistema nervioso y la columna se ven afectadas gradualmente, presentando indicadores sintomáticos desde los más leves hasta críticos.

Las vías para resolver esta afección

> **A) La dieta más simple**, fundamentalmente frutas físicas o en zumos licuados, cero sales, azúcar comprometidas en procesos de laboratorios, no al café, no al licor, si al pollo, pescado, tomate, cebollas, pimientos, brócolis, el agua tomar tres cucharadas sopera, dejarlas en la boca produciendo buches tragar esa misma cantidad en tres sesiones, toma la primera sesión e indica que en la boca quedan dos porciones, este ejercicio se hace cada tres horas, nunca tomarse un vaso lleno ni medio con agua.

Esta opción proporciona la recuperación, es la más lenta, para contribuir al sistema metabólico de producir la presencia líquida que requiere la función natural genética para responder a restablecer la funcionalidad normal genética responsable de cumplir la temporalidad del ciclo de estar estrictamente el tiempo que nos corresponde. Bueno es lo que me está sucediendo de forma favorable.

B) La otra solución más rápida es preparando el fármaco con la respectiva **arquitectura estructural molecular** y su correspondiente **fórmula química**, que la tengo adquirida por conducto del sistema SDF HmolikC, pero no tengo el estado apropiado, dicho de otra forma, no tengo la implementación del laboratorio que se requiere para prepararla personalmente.

El sector privado no la prepara porque el protocolo administrativo del modelo de desarrolló lo dilata, exigiendo la patente que certifica la validez para poder ser preparado de forma legal. La dilatación en mi percepción se presenta porque **la arquitectura estructural molecular y la fórmula química**, se adquiere por conducto de los **conocimientos** totalmente nuevos nunca logrados por la inteligencia humana, congregados en las plantillas HmolikC 1457, evidentemente cuando se menciona **conocimientos**, se proporciona la claridad de la participación de una cantidad de componentes físicos y procedimentales que intervienen en la operatividad para obtener las respuestas, claro específico indicador que para cada componente y para cada ejercicio procedimental si se obedece a los protocolos, para cumplir con las válidas exigencias en la sustentación demostradoras, se tienen que nombrar los componentes y presencias procedimentales de facto solicitarán para cada una la exigencia de tramitar o presentar las respectivas patentes.

Como vivencia concreta, cuando se presentó la **URGENCIA del COVI 19**. Realice de la forma manual el suministro de la información de la patología del COVI 19 que requiere el sistema SDF HmolikC, y como resultado especifico proporcionó la **arquitectura estructural molecular y la fórmula**, en mayo del 2020, lista para preparar el fármaco con el 98 x % de utilidad para colocar fuera de peligro a los pacientes que estuvieran en la UCI, **Procedimiento del sistema SDF HmolikC,** *"en los cuales no se hacen ensayos o experimentos como si se ejerce en el sistema valido de las fuentes de referencias procedimentales, de los facultados que desconocen la herramienta SDF HmolikC".* Como acto seguido se recurrió al trámite en la OEPM de Madrid España para obtener la patente de la **arquitectura estructural molecular y la fórmula del fármaco denominado Andreaqvi (antídoto de reacción químico viral.**

Concluyentemente la OEPM solicita en sus requerimientos la argumentación que sustente las pruebas de la veracidad, entre ellos el proceso de la investigación, los ensayos, mostrando los aciertos y los desaciertos, requerimientos muy válidos, porque así lo indican sus secuencias procedimentales para **adquirir el conocimiento** del resultado como se obtiene la **arquitectura estructural molecular.**

Como propietario del sistema Marca SDF HmolikC registrado en la OEPM manifiesta repetidamente en todas las correspondencias de los recursos de alzada durante 2 años con instrucciones literales y de gráficos, de la secuencia procedimental que permite fuera de toda duda como se **adquiere el conocimiento** expreso en la **arquitectura estructural molecular,** logro obtenido mediante la operatividad de las plantillas HmolikC 1457, que tienen **incorporado el conocimiento** mediante incidencia de fórmulas matemáticas, que las origina el **código fuente** de la **naturaleza genética** de la operatividad de transmisión de información decodificadora y codificadora.

Evidencia que, si le prestaran atención los facultados de la OEPM con la rigurosidad relevante o con la invitación e intervención presencial, yo lo habría demostrado.

También la OEPM me reitera que las fórmulas químicas proporcionadas ya existen otras más, proporcionándole esta manifestación validez para negar la patente.

Para mí y el sentido común y el saber de los facultados en la preparación de la farmacología, si pueden constatar que la existencia de una fórmula química es la misma de otras, a las que se le han validado y patentado, no es un indicador para que no entren otras más solicitudes en trámite con la misma fórmula química.

La sustancial claridad es recurrir a lo que las constituye en únicas y que marca la diferencia, y es la **arquitectura estructural molecular,** a la cual en la correspondencia de recursos, se les envía bien presentada con la correspondiente presentación gráfica como la entrega el sistema SDF HmolikC y el procedimiento de las secuencias que van traduciendo, hasta presentarla como corresponde apropiadamente para la fácil comprensión en los conocimiento adquiridos de los facultados en estas competencias.

Proceso que presento otras circunstancias dilatadoras, viaje a Colombia y por la intervención quirúrgica de cataratas ya hace tres años, mi recuperación certificada por el cirujano me proporcionó el documento de incapacidad por 5 meses específicamente sin poder leer ni escribir, constancias de incapacidad que fueron enviadas a la facultada de la OEPM encargada responsable del proceso del trámite, quien respondió inmediatamente.

Correo electrónico jueves, 5 de mayo 12:58 2021

De: Corral Martínez Paz
Para: Holmes Molik Candelo

Buenos días,
En efecto, recibí su correo con la justificación de su intervención quirúrgica, así como del pago de la tasa de recurso.

Correo, anterior que hace parte de varios dentro de los términos de tiempo que tenía que responder yo a un recurso de alzada en proceso, y después de dos meses y 20 días al cumplirse los términos de 3 meses, me llegó el contenido relevante de la siguiente resolución.

Expediente P 202000115 OEPM

Ante la presentación de Recurso de Alzada la OEPM presentó la resolución considerada y calificada por **extemporaneidad,** en consecuencia, notificó la siguiente sugerencia:

"*Contra la presente resolución no procede la impugnación en vía administrativa, tan sólo cabe recurso jurisdiccional que deberá interponerse ante la Sala de lo Contencioso-Administrativo del Tribunal Superior de Justicia de la Comunidad Autónoma de Madrid*".

Surgiendo otra novedad, otra presencia dilatadora, es importante compartir que, en mayo del 2020, se presentó la **arquitectura**

estructural molecular lista para preparar el fármaco con el 98 x % de utilidad para colocar fuera de peligro a los pacientes que estuvieran en la UCI. Pasado justo un año el 5 de mayo del 2021, de haber recibido la resolución calificada por **extemporaneidad,** el sistema **SDF HmolikC,** en su operatividad entrega los valores de la existencia obtenida por la opción ya mencionada, **La sustracción física** de las zonas periféricas indicada en los resultados, que proporcionan las existencias correspondientes, para restablecer el estado y la funcionalidad normal para el bien del ciclo afectado. Presencia que constituye en albúmina complementaria para conformar junto con la **arquitectura estructural molecular del fármaco Andreaqvi** la vacuna definitiva, (afirmando con responsabilidad jurídica, que el significado conceptual de la palabra vacuna es el activo que se suministra una sola vez y se entrega el antídoto que sana los orígenes y protege estableciendo inmunidad a los que no han adquirido la invasión viral).

Indicador que presenta la constancia que el sistema SDF HmolikC para la fecha del 5 de mayo se habían podido salvar muchas vidas.

En los argumentos de solicitud reivindicativa que fueron desestimados, en el entendido que uno de los párrafos mencionaba que la **arquitectura estructural molecular del fármaco Andreaqvi** proporciona la respuesta exacta como **antídoto de reacción químico viral,** evidentemente la descripción del nombre del fármaco constituye la reivindicación intrínseca, de la funcionalidad y utilidad de objeto, notificando categóricamente que lo afirma con responsabilidad jurídica el propietario de la marca SDF HmolikC, que la respuesta es exacta, que no admite aproximaciones o resultados en el campus de las probabilidades, porque la razón de ser de operatividad del sistema SDF HmolikC lo origina la funcionalidad de la naturaleza genética que me proporcionó en las investigaciones el hallazgo de **"La patología de transmisión de información genética**, código fuente genético" *nuevos campus, nuevos conocimientos.*

La OEPM con las características de la resolución calificada por **extemporaneidad**, técnicamente separa su atención al trámite administrativo en curso.

En consecuencia, se contactó con un buffet adelantando un pago de **4.200 (cuatro mil doscientos euros)** y se le proporcionó poder al respectivo delegado abogado, quien por conducta de omisión (agrega más dilatación) de la cual se tiene constancia, no procedió a activar el encargo que consta en el documento del poder. Situación por la cual se le mandó varios correos que expresan la constancia de cortar totalmente los servicios por la cual ha sido nombrado apoderado y procediera a devolver el pago. También hace caso omiso y no responde.

Las características de esta novedad me conducen a activar otros eventos de dilatación, y me dirijo a recurrir al respetado **COLEGIADO DE ABOGADOS** DE MADRID, de la cual se obtuvo la resolución al respecto al transcurrir 1 año.

Enviándome la resolución en la que mencionaba, que la queja fue archivada porque en el poder apostillado que le mande al abogado, yo no había incluido a la procuradora de **la Sala de lo Contencioso-Administrativo del Tribunal Superior de Justicia de la Comunidad Autónoma de Madrid.**

En respuesta a esta resolución y le conteste al colegiado de abogado que el letrado que me representaba, teniendo en cuenta el argumento que por el cual se dicta el archivo de la queja y reclamación de la devolución de los **4.200 (cuatro mil doscientos euros)***, ha cometido el acto de inducción al colegiado de abogados a tomar dicha calificación porque el letrado ha recurrido a presentar un argumento incierto, dicho de otra forma le ha mentido al colegiado de abogados y es un irrespeto que debe estar tipificado en alguno de los articulados del código disciplinario y con repercusiones penales, porque el colegiado de abogados tiene desde antes de contestar la queja el letrado el contenido de 25 folios que en varios de ellos dice en los correos electrónicos textualmente que el letrado cuando pido el poder de representación no nombro a ninguna procuradora, interesado en varios correos, en que no se gestionará con* **la Sala de lo Contencioso-Administrativo del Tribunal Superior de Justicia de la Comunidad Autónoma de Madrid,** *porque el objeto no prosperará a mi favor, y que lo mejor era reiniciar desde el punto cero la solicitud del trámite de la patente.*

Yo le respondí al letrado en varios correos que también están en el contenido de los 25 folios en poder del colegiado de abogados, que el contenido textual del poder instruye que su responsabilidad es demostrar que se entregaron las constancias de incapacidad de 5 meses, entregados dentro de los tiempos prudenciales y la funcionaria responsable de atender el Expediente P 202000115 OEPM, manifestó el consentimiento.

Que una vez logrado sustentar y demostrar comprobando el objetivo, continuar con el contenido de 60 páginas del recurso que se interrumpió en la OEPM.

Para clarificar y proporcionar comprensión a los 30 días después de haberle enviado el poder al abogado y recibirlo con todo el beneplácito, al darse cuenta que no me convencía, (reiniciar el trámite de la Patente) no tuvo otra opción que mandarme un correo con carácter URGENTE, cuyo contenido de forma concluyente decía "envíeme otro poder a nombre de la procuradora y es URGENTE porque solo se cuenta con 5 días.

Pensé. El letrado sabe con toda contundencia que el poder no le llegaría en 5 días porque yo estoy en Colombia, para hacer un poder en una notaría con la incorporación del apostille respectivo de la HAYA, los tiempos del trámite son los siguientes.

Cita con el secretario que realiza el documento en la NOTARÍA 2

Día de la elaboración del poder

La firma del NOTARIO a los 3 días

Cuando ya está firmado por el notario el apostille se demora 2 días

Lo que indica que el documento se tiene en 7 días hábiles, en consecuencia, por razones obvias queda comprometido un domingo entonces son 8 días.

Como el poder es elaborado en Colombia hay que se tiene que empacar bien y enviarlo con carácter URGENTE a España, que se demora usualmente de Colombia a Madrid España 5 días que es lo ideal, pero siempre se demora 7 días, entonces ya contamos con un total de 15 días,

Sigo pensando como el letrado sabe con toda contundencia que el poder no le llegaría en 5 días porque yo estoy en Colombia, entonces yo cambio de parecer y le digo para no perder el dinero que ya se ha gastado, que reiniciáramos la solicitud de la Patente, que es lo que él quiere desde un principio y repetitivamente manifiesto en cada correo.

Entonces yo le pedí el reintegro del dinero porque se le encomendó en poder notarial un estricto mandato y no lo realizó.

El **COLEGIADO DE ABOGADOS** DE MADRID, no me ha respondido.

Después se adjuntó otro trámite (y con él la dilatación de avance aumentaba), contactando a los juzgados y me mencionaron que recurriera a la representación de un abogado para que gestionará el objeto del reclamo.

Entonces ahora esta opción, toca contratar a otro abogado, pagar a estas alturas de los tiempos 5,000 euros o más, al letrado de turno, más costos que sus valores no he mencionado, que corresponden a gastos de Notaría, costos de apostille, costos de pasajes, costos de envió de paquete internacional y todo para recuperar el reintegro de los **4.200 (cuatro mil doscientos euros).**

Continuando con los cuadros clínicos

3)**cuadro clínico en la garganta**, que los facultados tampoco saben de qué se trata.

Es la presencia de sintomatologías comprometidas con la deglución y el tracto digestivo y la respiración.

4) **la vista**.
a) En la cirugía al retirar el llamado cristalino opaco (catarata) del ojo, para ayudar a ver mejor, no se procesó con la rigurosidad descuidando la limpieza absoluta dejando cuerpos y albúmina entre la córnea y el cristalino que no permiten focalizar lo observado porque todas las imágenes de lejos y de cerca se ven con igual borrosidad, indicando técnicamente que la opción en el

examen cuando se recurre a localizar entre el juego de la gama de cristales para formular los óptimos para mejorar la visión de lejos y de cerca no van dar ninguna solución.

b) la mala fórmula de los llamado cristalino artificial o lente
intraocular en el ojo, en la implantación Pseudofáquicas.

Las siguientes son dos imágenes instructivas de los recursos que se diseñaron artesanalmente en 1972 en un formato para localizar el comportamiento de la PARTÍCULA OXILOGENO MPU que se encuentra en el área de un pico-metro, indicador específico que los lentes y componentes estaban muy por debajo del tamaño de la punta de un cabello humano.

Explicación que proporciona la rigurosidad de la pureza de la materia polivinílica utilizada con característica de lentes blandos y otros no lentes con la dureza de acetatos, que tienen que estar en contacto higiénicamente súper limpio para que la programada específica característica de cada uno transmite la información que se desea focalizar al ciento por ciento.

Facultad adquirida en el trascurso del largo seguimiento de la investigación para obtener **"La patología de transmisión de información genética**, código fuente genético" ***nuevos campus, nuevos conocimientos.***

Afirmaciones con responsabilidad jurídica lograda y que me capacita para saber que me está sucediendo con toda certeza en el estado visual de mis ojos.

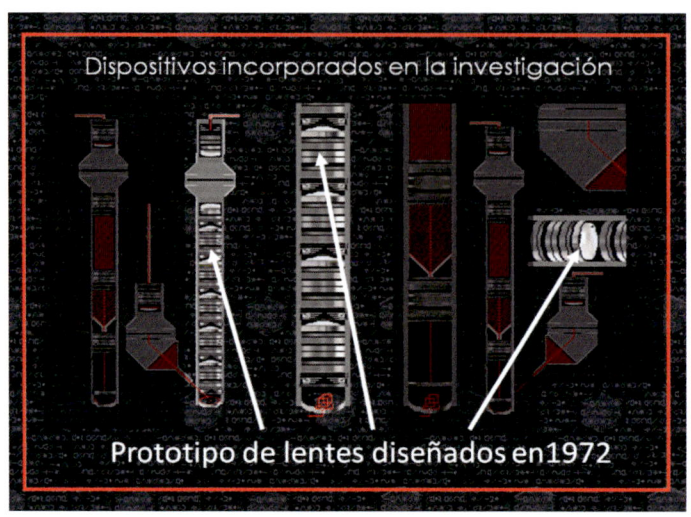

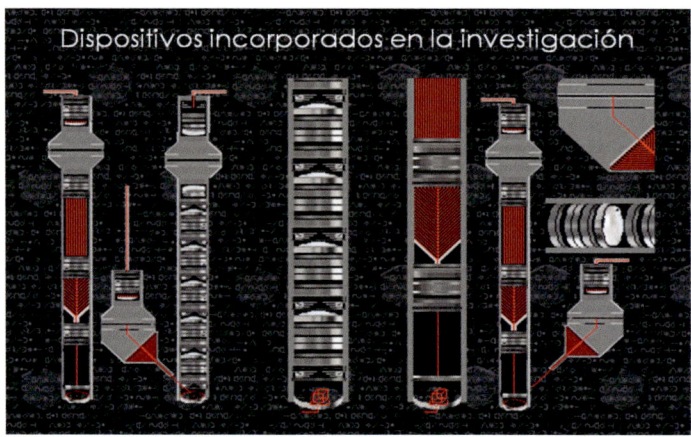

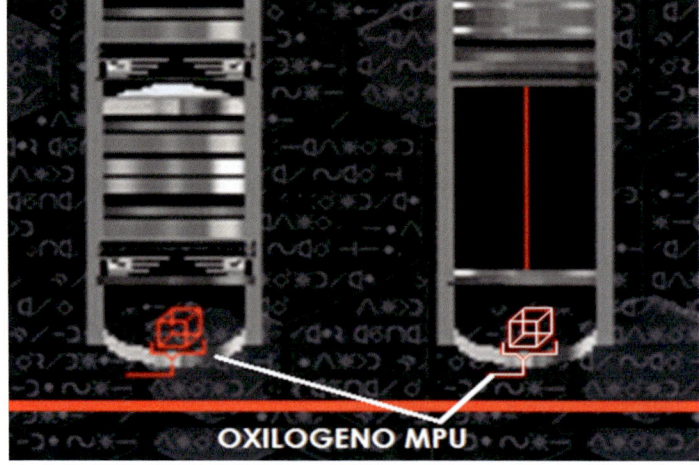

Las circunstancias que surgen no propician las condiciones óptimas para obtener el estado apropiado que permitan avanzar hacia el objetivo que me ocupa, el cual es la obtención de la patente del fármaco andreaqvi con sus respectiva **ARQUITECTURA ESTRUCTURAL MOLECULAR** que proyecta la constancia cuantitativa de los componentes químicos comprometidos en la fórmula química. Fármaco que lo origina una gran cantidad de fuentes de referencias de conocimientos que constituyen al descubrimiento de **"La patología de transmisión de información genética,** código fuente genético" *(totalmente nuevos, nunca descubiertos por ninguno de los facultados de las diferentes ciencias)* materializados en muchas clases de **componentes** que necesitan en la medida que surge la oportunidad de sustentar la validez de los argumentos de la razón de ser de la responsabilidad funcional de cada **componente**, presenta la necesidad de **realizar la patente de cada componente**, y solo imaginarse el tiempo que se requiere para que entidades gubernamentales como la OEPM de España **por omisión**, por rigurosidad administrativa en el respeto a los pasos de los eventos de descubrimientos nuevos, con los procedimientos relevantes que lo caracterizan.

Por la falta de ética del abogado letrado facultados a quien se le otorgó poder notarial apostillado, para que abogara el mandato expreso que incumplió, y le mintió al el **COLEGIADO DE ABOGADOS** DE MADRID, para inducirlos procedimentalmente con el propósito malintencionado y obtener el archivo de la queja.

Concluyentemente la cantidad de **componentes** que participan incluyendo las **técnicas** requieren de muchas solicitudes de **Patentes** con las instrucciones que corresponden, indica que se necesitan muchas Patentes, solo para obtener la Patente del fármaco andreaqvi.

Evidentemente yo como titular solicitante de la Patente, estar preparado de forma moderada, para administrar con rigurosidad la imprudencia ajena, en este caso las procedimentales expresamente en los contenidos de la correspondencia que me envían. Comportamiento que es funcionalmente útil para las comunicaciones administrativas o las extensiones en las gestiones jurídicas.

Cuando la ineptitud es manifiesta, el actor titular produce las evidencias sustentables que lo compromete y acusa su propia culpabilidad.

El estado en que se encuentra la herramienta del sistema SDF HmolikC, es haber descubierto los conocimientos de la operatividad y utilidad de los logros definitivos obtenidos de **"La patología de transmisión de información genética**, código fuente genético" ***nuevos campus, nuevos conocimientos.***

Los conocimientos incorporados en la operatividad del sistema Marca SDF HmolikC para que ejerza su razón de ser, en sus resultados en los casos de cuadros clínicos, entrega la lectura, de los pasos

a) La arquitectura estructural molecular
b) La intervención física en los orígenes del cuadro clínicos

c) La sustracción física

d) Atención a las características neurotransmisoras

Para socializar estos nuevos conocimientos y suministrarlo, se requiere:

- Patentar todos y cada uno de los componentes comprometidos.
- Recursos económicos para suplir las exigencias de los trámites administrativos y judiciales.
- Recursos económicos para la implementación de los recursos para sustentar la precisión de las certezas documentadas.
- Una vez al lograr las respuestas favorables que permiten obtener la certificación y la Patente, se requiere para avanzar, es tener a disposición así sean en propiedad o cedida temporalmente el laboratorio para la preparación definitiva del fármaco como lo instruye la ARQUITECTURA ESTRUCTURAL MOLECULAR.

Yo Holmes Molik Candelo mayor de edad (72 años), mi operatividad la ejerzo desde Madrid España, que por situación de salud estoy en Colombia en cama desde hace 3 años, no puedo estar fuera de cama más de 2 horas desde febrero del año 2024, porque la columna con sus síntomas de preaviso me hace regresar a la cama, el balance dentro de mis conocimientos, se me presenta mejoría muy lenta, sin haber suministrado ningún medicamento, no porque no quiera sino porque en dos años los facultados especialistas, no han encontrado en los exámenes entre ellos rayos X, resonancia magnética, para expedir la receta que corresponda.

El proceso que se atiende en los recursos opcionales que surgen en lo administrativo y jurídico, se gestionan con entereza y administrando la imprudencia ajena de los intereses creados representado por los responsables, porque hacen parte de la normalidad del modelo de desarrollo.

"Las respuestas que se procesen por conducto del sistema SDF HmolikC para la utilidad en temas de salud, no se procede a socializarse, si no se firma acuerdos contractuales con los gobiernos para los procedimientos o manufacturación industrial de los fármacos comprometidos con los costos genéricos y subsidiados. que permita suministrar a todo gratuitamente"

"No se venden los conocimientos que la operatividad Natural Genética entrega en las investigaciones contenidos en los apuntes e instrucciones del perfil HmolikC para la funcionalidad normal de los ciclos de todo lo existente dado".

"La naturaleza genética resuelve eventos para preservar la normalidad de los ciclos"

"Es bueno participar, hacer parte de la preservación de la normalidad sin comprometer la codicia"

"Es mi más relevante deseo que el trámite en la percepción de la CORTE INTERNACIONAL DE JUSTICIA DE LA HAYA, se presenten los medios en los mejores estados apropiados para sustentar, demostrar y comprobar la funcionalidad, la utilidad para el bien humanitario en los temas de salud adquiriendo la aceptación certificada, también la aceptación certificada de las exigencias llamadas también reivindicaciones incorporadas para el bien humanitario, que sean socializadas y suministradas gratuitamente para todos".

"Cuando encuentro contactos nuevos que inician seguirme, le contesto con respetuosa cordialidad y les indico que solo contesto a todo lo referente a contenidos expresos en mis libros o los que publicó en otros canales disponibles, porque creo que los han leído con rigurosidad, y es la razón de seguirme".

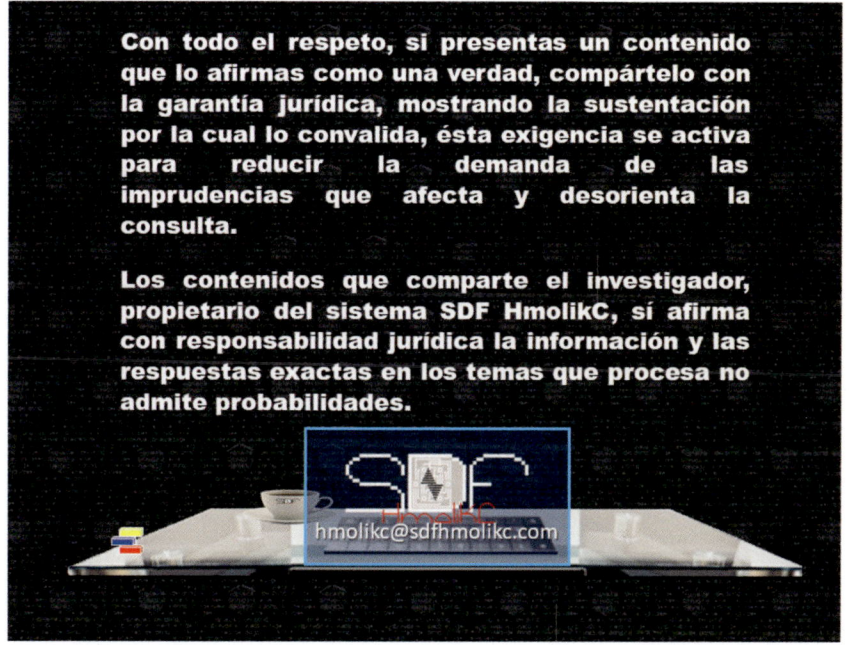

A la nobleza de fundaciones, gobernantes, corporaciones, altruistas que al leer o ver mis publicaciones deciden activar la INICIATIVA de SEGUIR mi perfil

Es apropiado para mi proyecto, NO SUGIERO DARME DONACIONES. Mejor cómo VINCULAR LOS SERVICIOS de MIS CONOCIMIENTOS en SUS PROYECTOS, para obtener los presupuestos para seguir adelante con mis proyectos.

Mis proyectos se activan sin fines de lucro cuando se activa en temas de salud, que sean presentadas, sustentadas, aceptadas la funcionalidad y utilidad.

Razón específica por la que no pido ni doy dinero.

hmolikc@sdfhmolikc.com

De:

Agradezco inmensamente a vuestros asistentes, delegados, que administran la correspondencia del objetivo previsto que representan oficialmente (o pretenden en sus intenciones suplantar).

Gracias por tener presente los datos del perfil de Holmes Molik Candelo, para sugerirme en muchos correos electrónicos, en nombre del perfil de distinguidas personas para que me incorpore en las sugerencias que me manifiestan.

La mayoría de los contactos que inician activar comunicación conmigo, lo hacen por que han leído los contenidos de mis libros ciencia editados o publicaciones que activo de fácil acceso en las redes de internet, con el objetivo de dejar constancia documental abierta de todo un proceso que se está tramitando para sustentarlo, para comprobar la funcionalidad y utilidad de las respuestas exactas para el bien humanitario en los temas de salud, suministrada gratuitamente para todos, recurso originado por las **investigaciones** realizadas en los comportamientos de la **operatividad genética. Holmes Molik Candelo** descubrió en 1972, "La patología de transmisión de información genética, en el específico código fuente genético, (nunca descubierto con anterioridad por la inteligencia humana).

para: hmolikc@sdfhmolikc.com

426

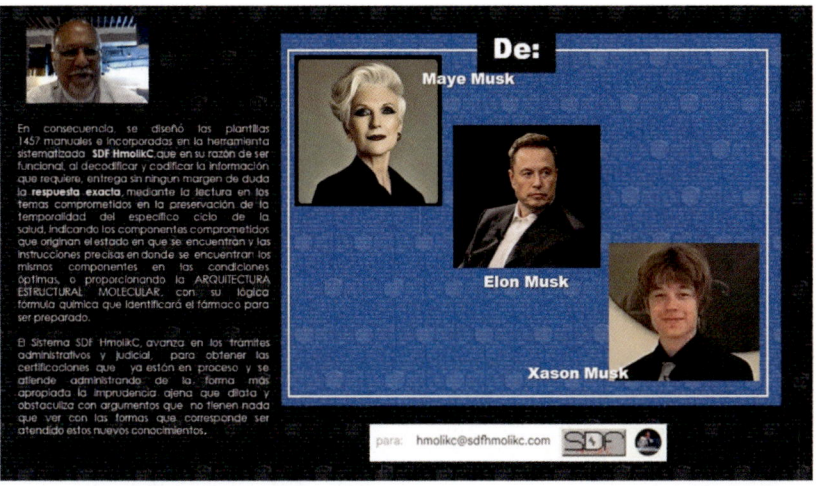

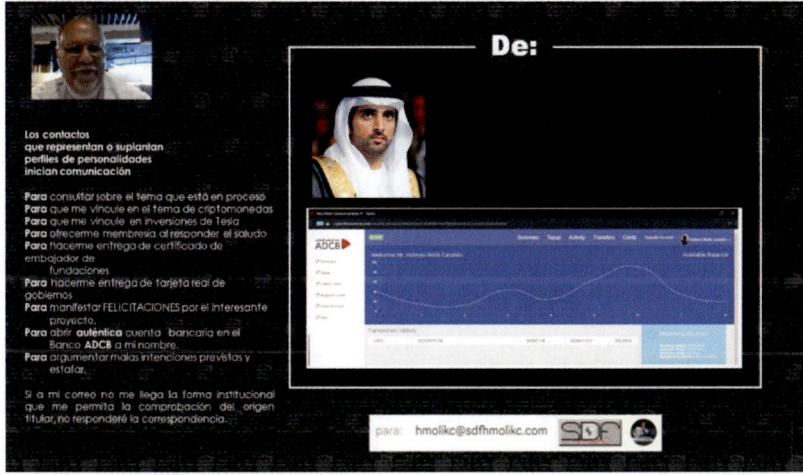

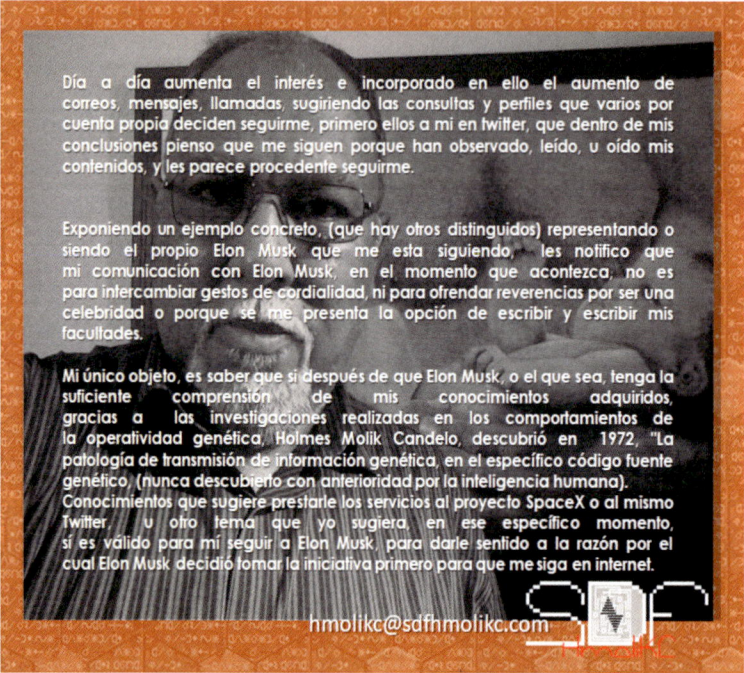

Día a día aumenta el interés e incorporado en ello el aumento de correos, mensajes, llamadas, sugiriendo las consultas y perfiles que varios por cuenta propia deciden seguirme, primero ellos a mi en twitter, que dentro de mis conclusiones pienso que me siguen porque han observado, leído, u oído mis contenidos, y les parece procedente seguirme.

Exponiendo un ejemplo concreto, (que hay otros distinguidos) representando o siendo el propio Elon Musk que me esta siguiendo, les notifico que mi comunicación con Elon Musk, en el momento que acontezca, no es para intercambiar gestos de cordialidad, ni para ofrendar reverencias por ser una celebridad o porque se me presenta la opción de escribir y escribir mis facultades.

Mi único objeto, es saber que si después de que Elon Musk, o el que sea, tenga la suficiente comprensión de mis conocimientos adquiridos, gracias a las investigaciones realizadas en los comportamientos de la operatividad genética, Holmes Molik Candelo, descubrió en 1972, "La patología de transmisión de información genética, en el específico código fuente genético, (nunca descubierto con anterioridad por la inteligencia humana). Conocimientos que sugiere prestarle los servicios al proyecto SpaceX o al mismo Twitter, u otro tema que yo sugiera, en ese específico momento, sí es válido para mí seguir a Elon Musk, para darle sentido a la razón por el cual Elon Musk decidió tomar la iniciativa primero para que me siga en internet.

hmolikc@sdfhmolikc.com

Cuando encuentro contactos nuevos que inician seguirme, le contesto por cordialidad y les indico que sólo escribo de los contenidos que publico, por que creo que los han leído con rigurosidad y es la razón de seguirme.

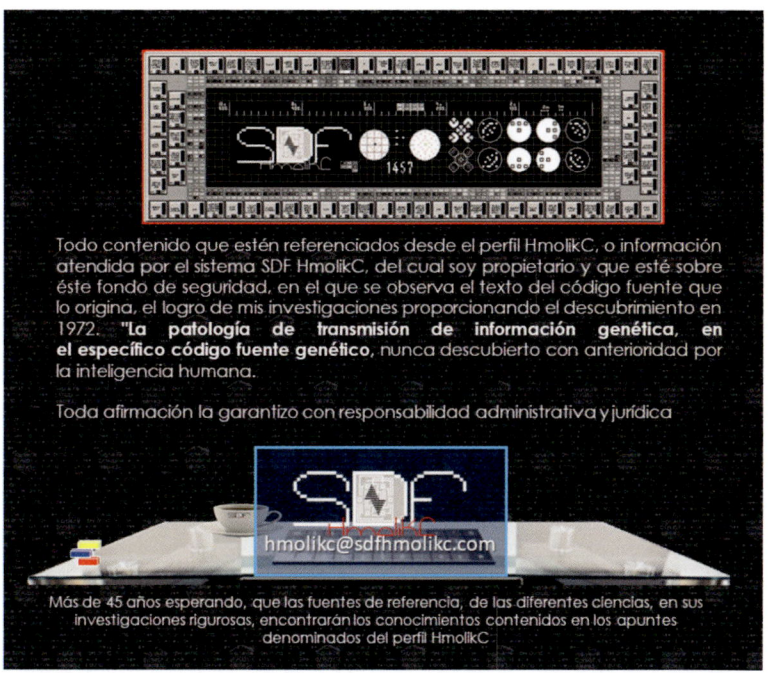

Todo contenido que estén referenciados desde el perfil HmolikC, o información atendida por el sistema SDF HmolikC, del cual soy propietario y que esté sobre éste fondo de seguridad, en el que se observa el texto del código fuente que lo origina, el logro de mis investigaciones proporcionando el descubrimiento en 1972. **"La patología de transmisión de información genética, en el específico código fuente genético**, nunca descubierto con anterioridad por la inteligencia humana.

Toda afirmación la garantizo con responsabilidad administrativa y jurídica

hmolikc@sdfhmolikc.com

Más de 45 años esperando, que las fuentes de referencia, de las diferentes ciencias, en sus investigaciones rigurosas, encontrarán los conocimientos contenidos en los apuntes denominados del perfil HmolikC

Presentar, sustentar, demostrar, comprobar, la funcionalidad, la utilidad, de la razón de ser de la MPU en el conocimiento descubierto de "La patología de transmisión de información genética, en el específico código fuente genético, (nunca descubierto con anterioridad por la inteligencia humana).
Para obtener la aceptación, la certificación, la socialización para el bien humanitario, suministrado gratuitamente para todos, en las respuestas comprometidas en los temas de salud, si no se cumple las reivindicaciones el sistema SDF HmolikC no activará su disponibilidad.
En otros temas un óptimo servicio

Es el único objeto de todo
el proceso que atiendo
No haga parte
de la distracción
de la dilatación

Si haga parte
de la buena atención
De la buena asistencia

Que es buen activo
humanitario

hmolikc@sdfhmolikc.com

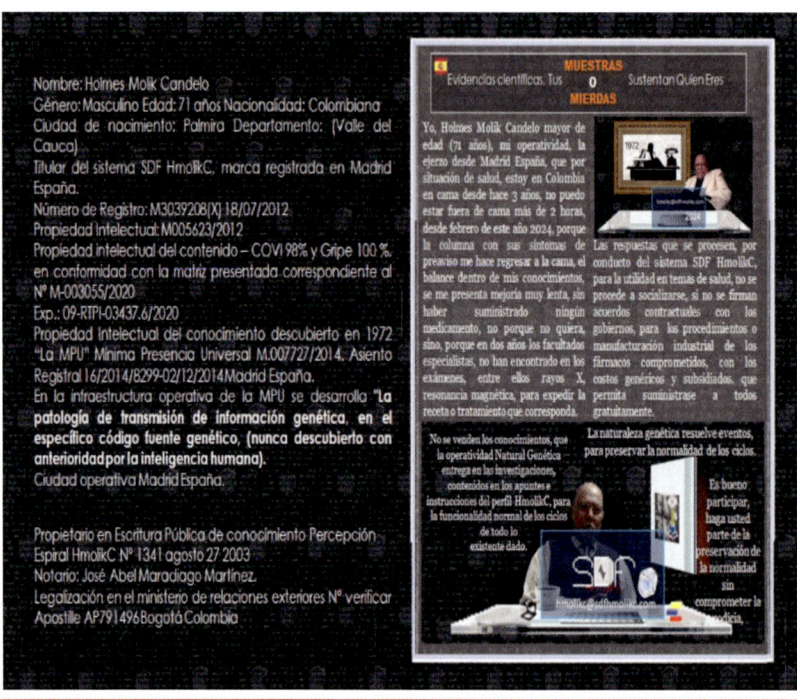

Madrid, a 26 de enero de 2021
HOLMES MOLIK CANDELO

Admisión a trámite de la solicitud de Patente Nacional 202000115.

Titular: HOLMES MOLIK CANDELO
Nacionalidad: Colombiano
Producto: Fármaco
Nombre: andreaqvi
Fórmula química: $H34\ C34\ N6\ O6\ S$
Reivindicación del producto: Antidoto de reacción químico viral, como el COVI coronavirus
Origen mediante la aplicación del sistema SDF HmolikC

La Oficina Española de Patentes y Marcas (OEPM) le comunica que su solicitud de patente 202000115 ha sido admitida a trámite con asignación de fecha de presentación correspondiente al día 11/08/2020.

De acuerdo con el artículo 67.2 de la Ley 24/2015 de Patentes, a partir de la fecha antes mencionada usted podría gozar de una protección provisional frente a cualquier tercero que hubiera llevado a cabo una utilización de la invención siempre y cuando notifique a dicho tercero la presentación y el contenido de esta solicitud. Esta protección implicaría el derecho a exigir una indemnización razonable si dicho tercero prosiguiera utilizando su invención entre la fecha de la notificación y la fecha de publicación de la mención en el Boletín Oficial de la Propiedad Industrial (BOPI) de que la patente ha sido concedida. El citado derecho existiría a partir de la fecha de notificación fehaciente y se podría ejercer Madrid, a 26 de enero de 2021. La OEPM acepta su solicitud de publicación anticipada para acogerse al Programa CAP (Concesión Acelerada de Patentes).

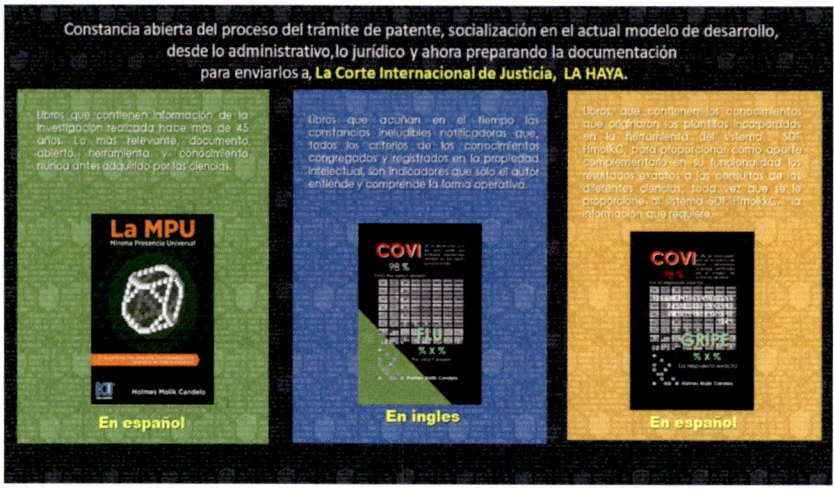

Todos los contenidos que yo Holmes Molik Candelo, he compartido en libros o publicaciones mencionan categóricamente, afirmaciones respaldadas con la garantía de responsabilidad jurídica, del seguimiento inicial en una serie de eventos, que cuando se incorporó la adquisición de la implementación o el diseño artesanal de parte de la misma implementación, para avanzar satisfactoriamente, me permite calificarla como una cautivadora rigurosa investigación, realizando trabajos en paralelo para sostener la cotidianidad y en mi silencio el proceso de la investigación. Mis libros como referentes contenidos publicados, y lo repito porque para mi participación en la posteridad, es un recurso favorable para proporcionar la comprensión en tiempo real, y no invitar a la consulta en contenidos anteriores, - repito - mis libros no hacen parte de compartir un sueño, de tener ningún reconocimiento personal, ni como escritor, ni como investigador, mis contenidos constituyen la documentación de la existencia del hallazgo de la forma de dar lectura exacta mediante herramientas concretas nuevas que las presento y, que sólo yo, Holmes MoliK Candelo hasta este momento, sólo yo conozco la operatividad, - dicho de otra forma - en la oportunidad presencial presento las instrucciones específicas, con sus particulares precisiones que las constituyen, me permite presentar, sustentar, comprobar la funcionalidad y utilidad de la razón de ser de mis logros definitivos obtenidos, originados del comportamiento de la naturaleza, en mi descubrimiento de "La patología de transmisión de información genética, en el específico código fuente genético, constituyen sin lugar a ninguna duda razonable, en nuevas fuentes de referencia de conocimientos, nunca antes adquiridos, ni en la fecha de hacer éste documento, por ninguna de las asignaturas de las ciencias.